必須法規集

陸上自衛隊

補給管理小六法

令和6年版

学陽書房

は し が き

本書は昭和44年発刊以来、隊員諸賢の絶大なご支援とご信頼の下に実務並びに受験者の好必携としてご愛読いただいてまいりましたことは弊社の誠に光栄とするところであります。

補給関係法規は多種に亘り全部を収録することは非常に困難なことでありますが、本書では、読者諸氏の期待に応えるべく収録法令を厳選し、限られた頁数のなかで少しでも使用しやすく、最新でしかも正確な「補給管理小六法」を提供すべく努力しております。

今後とも、読者諸氏のご叱正により、なお一層の充実を図り、ご愛顧にお応えしたいと念願している次第です。

令和６年　夏

学 陽 書 房

総目次

Ⅰ　基本法令

Ⅱ　補給管理

Ⅲ　整備

Ⅳ　その他

Ⅰ 基本法令

物品管理法

昭31・5・22法113

最終改正　令元・5・31法16

目次

第1章　総則

（目的）

第1条　この法律は、物品の取得、保管、供用及び処分（以下「管理」という。）に関する基本的事項を規定することにより、物品の適正かつ効率的な供用その他良好な管理を図ることを目的とする。

（定義）

第2条　この法律において「物品」とは、国が所有する動産のうち次に掲げるもの以外のもの及び国が供用のために保管する動産をいう。

(1)　現金

(2)　法令の規定により日本銀行に寄託すべき有価証券

(3)　国有財産法（昭和23年法律第73号）第2条第1項第2号又は第3号に掲げる国有財産

2　この法律において「供用」とは、物品をその用途に応じて国において使用させることをいう。

3　この法律において「各省各庁の長」とは、財政法（昭和22年法律第34号）第20条第2項に規定する各省各庁の長をいい、「各省各庁」とは、同法第21条に規定する各省各庁をいう。

（分類）

第3条　各省各庁の長は、その所管に属する物品について、物品の適正な供用及び処分（国の事務又は事業の目的に従い用途に応じて行う処分に限る。第19条第１項中契約等担当職員の意義に係る部分、第３章第４節の節名及び第31条第１項を除き、以下同じ。）を図るため、供用及び処分の目的に従い、分類を設けるものとする。

２　前項の分類は、各省各庁の予算で定める物品に係る経費の目的に反しないものでなければならない。ただし、当該経費の目的に従って分類を設けることが、その用途を勘案し、適正かつ効率的な供用及び処分の上から、不適当であると認められる物品については、これに係る事務又は事業の遂行のため必要な範囲内で、当該経費の目的によらない分類をすることは、さしつかえない。

３　各省各庁の長は、物品の管理のため必要があるときは、第１項の分類に基き、細分類を設けることができる。

（所属分類の決定）

第4条　第８条第３項又は第６項に規定する物品管理官又は分任物品管理官は、その管理する物品の属すべき分類（前条第３項の規定による細分類を含む。以下同じ。）を、前条の規定による分類の趣旨に従って、決定しなければならない。

（分類換）

第5条　各省各庁の長又は政令で定めるところによりその委任を受けた当該各省各庁所属の職員は、物品の効率的な供用又は処分のため必要があると認めるときは、前条の物品管理官又は分任物品管理官に対して、物品の分類換（物品をその属する分類から他の分類に所属を移すことをいう。以下同じ。）を命ずることができる。

２　物品管理官又は分任物品管理官は、前項の規定による命令に基づいて分類換をする場合を除くほか、物品の効率的な供用又は処分のため必要があると認めるときは、各省各庁の長（前項の委任を受けた職員があるときは、当該職員）の承認を経て、物品の分類換をすることができる。

（他の法令との関係）

第6条　物品の管理については、他の法律又はこれに基く命令に特別の定がある場合を除くほか、この法律の定めるところによる。

第2章　物品の管理の機関

（管理の機関）

第7条　各省各庁の長は、その所管に属する物品を管理するものとする。

（物品管理官）

第8条　各省各庁の長は、政令で定めるところにより、当該各省各庁所属の職員に、その所管に属する物品の管理に関する事務を委任することができる。

2　各省各庁の長は、必要があるときは、政令で定めるところにより、他の各省各庁所属の職員に、前項の事務を委任することができる。

3　各省各庁の長又は前2項の規定により物品の管理に関する事務の委任を受けた職員は、物品管理官という。

4　各省各庁の長は、必要があるときは、政令で定めるところにより、当該各省各庁所属の職員又は他の各省各庁所属の職員に、物品管理官の事務の一部を分掌させることができる。

5　第1項、第2項又は前項の場合において、各省各庁の長は、当該各省各庁又は他の各省各庁に置かれた官職を指定することにより、その官職にある者に当該事務を委任し、又は分掌させることができる。

6　第4項の規定により物品管理官の事務の一部を分掌する職員は、分任物品管理官という。

（物品出納官）

第9条　物品管理官（分任物品管理官を含む。以下同じ。）は、政令で定めるところにより、その所属する各省各庁所属の職員に、その管理する物品の出納及び保管に関する事務（出納命令に係る事務を除く。）を委任するものとする。

2　前項の規定により物品の出納及び保管に関する事務の委任を受けた職員は、物品出納官という。

3　物品管理官は、必要があるときは、政令で定めるところにより、その所属する各省各庁所属の職員に、物品出納官の事務の一部を分掌させることができる。

4　前条第5項の規定は、第1項又は前項の場合について準用する。

5　第3項の規定により物品出納官の事務の一部を分掌する職員は、分任物品出納官という。

（物品供用官）

第10条　物品管理官は、必要があるときは、政令で定めるところにより、その所属する各省各庁所属の職員に、物品の供用に関する事務を委任することができる。

2　前頁の規定により物品の供用に関する事務の委任を受けた職員は、物品供用官という。

3　第8条第5項の規定は、第1項の場合について準用する。

（事務の代理等）

第10条の2　各省各庁の長は、物品管理官若しくは物品出納官（分任物品出納官を含む。以下同じ。）又は物品供用官に事故がある場合（これらの者が第８条第５項（第９条第４項及び前条第３項において準用する場合を含む。）の規定により指定された官職にある者である場合には、その官職にある者が欠けたときを含む。）において必要があるときは、政令で定めるところにより、当該各省各庁所属の職員又は他の各省各庁所属の職員にその事務を代理させることができる。

2　各省各庁の長は、必要があるときは、政令で定めるところにより、当該各省各庁所属の職員又は他の各省各庁所属の職員に、物品管理官（前項の規定によりその事務を代理する職員を含む。）の事務の一部を処理させることができる。

（都道府県の行う事務）

第11条　国は、政令で定めるところにより、物品の管理に関する事務（第39条の規定による検査を含む。次項において同じ。）を都道府県の知事又は知事の指定する職員が行うこととすることができる。

2　前項の規定により都道府県が行う物品の管理に関する事務については、この法律その他の物品の管理に関する法令の当該事務の取扱に関する規定を準用する。

3　第１項の規定により都道府県が行うこととされる事務は、地方自治法（昭和22年法律第67号）第２条第９項第１号に規定する第１号法定受託事務とする。

（管理事務の総括）

第12条　財務大臣は、物品の管理の適正を期するため、物品の管理に関する制度を整え、その管理に関する事務を統一し、その増減及び現在額を明らかにし、並びにその管理について必要な調整をするものとする。

2　財務大臣は、物品の管理の適正を期するため必要があると認めるときは、各省各庁の長に対し、その所管に属する物品について、その状況に関する報告を求め、当該職員に実地監査を行わせ、又は閣議の決定を経て、分類換、第16条第１項に規定する管理換その他必要な措置を求めることができる。

第３章　物品の管理

第１節　通則

（物品の管理に関する計画）

第13条　物品管理官は、毎会計年度、政令で定めるところにより、その管理する物品の効率的な供用又は処分を図るため、予算及び事務又は事業の予定を勘案して、物品の管理に関する計画を定めなければならない。

2　物品管理官は、前項の計画を定めたときは、当該計画のうち供用に係る部分を物品供用官に通知しなければならない。

第14条 削除

（供用又は処分の原則）

第15条 物品は、その属する分類の目的に従い、かつ、第13条第１項の計画に基づいて、供用又は処分をしなければならない。

（管理換）

第16条 各省各庁の長又は政令で定めるところによりその委任を受けた当該各省各庁所属の職員は、物品の効率的な供用又は処分のため必要があると認めるときは、物品管理官に対して、物品の管理換（物品管理官の間において物品の所属を移すことをいう。以下同じ。）を命ずることができる。

2 物品管理官は、前項の規定による命令に基づいて管理換をする場合を除くほか、物品の効率的な供用又は処分のため必要があると認めるときは、政令で定めるところにより、各省各庁の長（前項の委任を受けた職員があるときは、当該職員）の承認を経て、物品の管理換をすることができる。

3 異なる会計の間において管理換をする場合には、政令で定める場合を除くほか、有償として整理するものとする。

（管理の義務）

第17条 物品の管理に関する事務を行う職員は、この法律その他の物品の管理に関する法令の規定に従うほか、善良な管理者の注意をもってその事務を行わなければならない。

（関係職員の行為の制限）

第18条 物品に関する事務を行う職員は、その取扱に係る物品（政令で定める物品を除く。）を国から譲り受けることができない。

2 前項の規定に違反してした行為は、無効とする。

第２節 取得及び供用

（取得手続）

第19条 物品管理官は、第13条第１項の計画に基づいて、物品の供用又は処分のため必要な範囲内で、契約等担当職員（国のために契約その他物品の取得又は処分の原因となる行為をする職員をいう。以下同じ。）に対し、取得のため必要な措置を請求しなければならない。

2 契約等担当職員は、前項の請求に基づき、かつ、予算を要するものにあってはその範囲内で、物品の取得のため必要な措置をするものとする。

（供用手続）

第20条 物品供用官は、その供用すべき物品について、物品管理官に対し、供用のための払出しを請求しなければならない。

2　物品管理官は、物品の供用のための第23条の規定による命令をし、又は払出しをするときは、供用の目的を明らかにして、その旨を物品供用官に知らせなければならない。

（返納手続）

第21条　物品供用官は、供用中の物品で供用の必要がないもの、修繕若しくは改造を要するもの又は供用することができないものがあると認めるときは、その旨を物品管理官に報告しなければならない。

2　物品管理官は、前項の報告等により同項に規定する物品があると認めるときは、物品供用官に対し、当該物品の返納を命じなければならない。

3　前２項の規定は、供用中の物品で物品管理官が定める軽微な修繕又は改造を要するものについては、適用しない。

第３節　保管

（保管の原則）

第22条　物品は、国の施設において、良好な状態で常に供用又は処分をすることができるように保管しなければならない。ただし、物品管理官が国の施設において保管することを物品の供用又は処分の上から不適当であると認める場合その他特別の理由がある場合は、国以外の者の施設に保管することを妨げない。

（出納命令）

第23条　物品管理官は、物品を出納させようとするときは、物品出納官に対し、出納すべき物品の分類を明らかにして、その出納を命じなければならない。

（出納）

第24条　物品出納官は、前条の規定による命令がなければ、物品を出納することができない。

第25条　削除

（供用不適品等の処理）

第26条　物品出納官は、その保管中の物品（修繕若しくは改造を要するもの又は供用できないものとして、第21条第２項の規定により返納された物品を除く。）のうちに供用若しくは処分をすることができないもの又は修繕若しくは改造を要するものがあると認めるときは、その旨を物品管理官に報告しなればならない。

2　物品管理官又は物品供用官は、修繕又は改造を要する物品（物品供用官にあっては、第21条第３項に規定する物品に限る。）があると認めるときは、契約等担当職員その他関係の職員に対し、修繕又は改造のため必要な措置を請求しなければならない。

3　第19条第2項の規定は、前項の規定による請求があった場合について準用する。

第4節　処分

（不用の決定等）

第27条　物品管理官は、供用及び処分の必要がない物品について管理換若しくは分類換により適切な処理をすることができないとき、又は供用及び処分をすることができない物品があるときは、これらの物品について不用の決定をすることができる。この場合において、政令で定める物品については、あらかじめ、各省各庁の長又は政令で定めるところによりその委任を受けた当該各省各庁所属の職員の承認を受けなければならない。

2　物品管理官は、前項の規定により不用の決定をした物品のうち売り払うことが不利又は不適当であると認めるもの及び売り払うことができないものは、廃棄することができる。

（売払）

第28条　物品は、売払を目的とするもの又は不用の決定をしたものでなければ、売り払うことができない。

2　物品管理官は、第13条第1項の計画に基づいて、契約等担当職員に対し、前項の物品の売払のため必要な措置を請求しなければならない。

3　契約等担当職員は、前項の請求に基づき、物品の売払のため必要な措置をするものとする。

（貸付）

第29条　物品は、貸付を目的とするもの又は貸し付けても国の事務若しくは事業に支障を及ぼさないと認められるものでなければ、貸し付けることができない。

2　前条第2項及び第3項の規定は、前項の物品を貸し付ける場合について準用する。

（出資等の制限）

第30条　物品は、法律に基く場合を除くほか、出資の目的とし、又はこれに私権を設定することができない。

第4章　物品管理職員等の責任

（物品管理職員等の責任）

第31条　次に掲げる職員（以下「物品管理職員」という。）は、故意又は重大な過失により、この法律の規定に違反して物品の取得、所属分類の決定、分類換、管理換、出納命令、出納、保管、供用、不用の決定若しくは処分（以下「物品の管理行為」という。）をしたこと又はこの法律の規定に従った物品の管理行為をしなかったことにより、物品を亡失し、又は損傷し、その他国に損害を与えたときは、弁償の責に任じなければならない。

(1) 物品管理官

(2) 物品出納官

(3) 物品供用官

(4) 第10条の２第１項の規定により前３号に掲げる者の事務を代理する職員

(5) 第10条の２第２項の規定により第１号に掲げる者（その者の事務を代理する前号の職員を含む。）の事務の一部を処理する職員

(6) 第11条の規定により前各号に掲げる者の事務を行う都道府県知事又は知事の指定する職員

(7) 前各号に掲げる者の補助者

2　物品を使用する職員は、故意又は重大な過失によりその使用に係る物品を亡失し、又は損傷したときは、その損害を弁償する責めに任じなければならない。

3　前２項の規定により弁償すべき国の損害の額は、物品の亡失又は損傷の場合にあっては、亡失した物品の価格又は損傷による物品の減価額とし、その他の場合にあっては、当該物品の管理行為に関し通常生ずべき損害の額とする。

（亡失又は損傷等の通知）

第32条　各省各庁の長は、その所管に属する物品が亡失し、若しくは損傷したとき、又は物品管理職員がこの法律の規定に違反して物品の管理行為をしたこと若しくはこの法律の規定に従った物品の管理行為をしなかったことにより国に損害を与えたと認めるときは、政令で定めるところにより、財務大臣及び会計検査院に通知しなければならない。

（検定前の弁償命令）

第33条　各省各庁の長又は政令で定めるところによりその委任を受けた当該各省各庁所属の職員は、物品管理職員が第31条第１項の規定に該当すると認めるときは、会計検査院の検定前においても、その物品管理職員に対して弁償を命ずることができる。

2　前項の規定により弁償を命じた場合において、会計検査院が物品管理職員に対し、弁償の責がないと検定したときは、その既納に係る弁償金は、直ちに還付しなければならない。

第34条　削除

第５章　雑則

（この法律の規定を準用する動産）

第35条　この法律（第３条から第５条まで、第10条、第13条から第16条まで、第19条から第21条まで、第25条から第29条まで、第31条第２項、第34条、第37条及び第38条を除く。）の規定は、物品以外の動産で国が保管するもののうち政令で定めるものについて準用する。

（帳簿）

第36条　物品管理官、物品出納官及び物品供用官は、政令で定めるところにより、帳簿を備え、これに必要な事項を記載し、又は記録しなければならない。

（物品増減及び現在額報告書）

第37条　各省各庁の長は、国が所有する物品のうち重要なものとして政令で定めるものにつき、毎会計年度間における増減及び毎会計年度末における現在額の報告書を作成し、翌年度の７月31日までに、財務大臣に送付しなければならない。

（国会への報告等）

第38条　財務大臣は、前条の報告書に基づき、物品増減及び現在額総計算書を作成しなければならない。

２　内閣は、前項の物品増減及び現在額総計算書を前条の報告書とともに、翌年度10月31日までに、会計検査院に送付しなければならない。

３　内閣は、第１項の物品増減及び現在額総計算書に基づき、毎会計年度間における物品の増減及び毎会計年度末における物品の現在額について、当該年度の歳入歳出決算の提出とともに、国会に報告しなければならない。

（検査）

第39条　各省各庁の長は、政令で定めるところにより、定期的に、及び物品管理官、物品出納官又は物品供用官が交替する場合その他必要がある場合は随時、その所管に属する物品の管理について検査しなければならない。

（適用除外）

第40条　国の事務の運営に必要な書類その他政令で定める物品の管理については、政令で定めるところにより、この法律の一部を適用しないことができる。

（電磁的記録による作成）

第40条の２　この法律又はこの法律に基づく命令の規定により作成することとされている報告書等（報告書、物品増減及び現在額総計算書その他文字、図形その他の人の知覚によって認識することができる情報が記載された紙その他の有体物をいう。次条において同じ。）については、当該報告書等に記載すべき事項を記録した電磁的記録（電子的方式、磁気的方式その他人の知覚によっては認識することができない方式で作られる記録であって、電子計算機による情報処理の用に供されるものとして財務大臣が定めるものをいう。同条第１項において同じ。）の作成をもって、当該報告書等の作成に代えることができる。この場合において、当該電磁的記録は、当該報告書等とみなす。

（電磁的方法による提出）

第40条の３ この法律又はこの法律に基づく命令の規定による報告書等の提出については、当該報告書等が電磁的記録で作成されている場合には、電磁的方法（電子情報処理組織を使用する方法その他の情報通信の技術を利用する方法であって財務大臣が定めるものをいう。次項において同じ。）をもって行うことができる。

２ 前項の規定により報告書等の提出が電磁的方法によって行われたときは、当該報告書等の提出を受けるべき者の使用に係る電子計算機に備えられたファイルへの記録がされた時に当該提出を受けるべき者に到達したものとみなす。

（政令への委任）

第41条 この法律に定めるもののほか、この法律の施行に関し必要な事項は、政令で定める。

附 則〔略〕

物品管理法施行令

昭31・11・10政令339

最終改正　令５・４・７政令163

目次

第１章　総則

（定義）

第１条　この政令において「管理」、「物品」、「供用」、「各省各庁の長」、「各省各庁」、「分類」、「分類換」、「物品管理官」、「分任物品管理官」、「物品出納官」、「分任物品出納官」、「物品供用官」、「物品の管理に関する計画」、「管理換」、「契約等担当職員」、「物品管理職員」又は「物品の管理行為」とは、物品管理法（以下「法」という。）第１条、第２条、第３条第１項、第５条第１項、第８条第３項若しくは第６項、第９条第２項若しくは第５項、第10条第２項、第13条第１項、第16条第１項、第19条第１項又は第31条第１項に規定する管理、物品、供用、各省各庁の長、各省各庁、分類、分類換、物品管理官、分任物品管理官、物品出納官、分任物品出納官、物品供用官、物品の管理に官する計画、管理換、契約等担当職員、物品管理職員又は物品の管理行為をいう。

（管理に関する権限の委任）

第２条　各省各庁の長は、法第５条第１項、法第16条第１項、法第27条第１項又は法第33条第１項の規定により、分類換の命令、管理換の命令、不用決定の承認又は弁償の命令に関する権限を当該各省各庁所属の職員に委任する場合には、内閣府設置法（平成11年法律第89号）第50条の委員長若しくは長官、同法第43条若しくは第57条（宮内庁法（昭和22年法律第70号）第18条第１項において準用する場合を含む。）の地方支分部局の長、宮内庁長官、宮内庁法第17条第１項の地方支部局の長、国家行政組織法（昭和23年法律120号）第６条の委員長若しくは長官、同法第９条の地方支分部局の長又はこれらに準ずる職員（以下「外局の長等」という。）に委任するものとする。

（分類）

第３条　法第３条第１項の分類は、会計の別及び予算で定める部局等の組織の別に区分し、更に当該区分の内において、予算で定める項の目的の別（資金（財政法（昭和22年法律第34号）第44条の規定による資金をいう。）の使用の目的の別を含む。）に区分して設けなければならない。ただし、当該目的の別の区分を更に区分し、又は統合する等当該目的の別によらない分類を設けることが物品の用途を勘案し、適正かつ効率的な供用及び処分の上から適当であると認められる場合は、この限りでない。

第４条　削除

第２章　物品の管理の機関

（物品の管理事務の委任）

第５条　各省各庁の長は、法第８条第１項又は第４項の規定により当該各省各庁所属の職員に物品の管理に関する事務を委任し、又は分掌させる場合において、必要があるときは、同条第１項又は第４項の権限を、当該各省各庁所属の外局の長等に委任することができる。

２　各省各庁の長は、法第８条第２項又は第４項の規定により他の各省各庁所属の職員に物品の管理に関する事務を委任し、又は分掌させる場合には、当該職員及びその官職並びに委任しようとする事務の範囲について、あらかじめ、当該他の各省各庁の長の同意を得なければならない。

３　前項の場合において、委任又は分掌が法第８条第５項の規定により官職を指定することにより行なわれるときは、前項の規定による同意は、その指定しようとする官職及び委任しようとする事務の範囲についてあれば足りる。

（物品の出納保管事務の委任）

第６条　物品管理官（分任物品管理官を含む。以下同じ。）は、法第９条第１項又は第３項の規定によりその所属する各省各庁所属の職員にその管理する物品の出納及び保管に関する事務を委任し、又は分掌させる場合には、各省各庁の長又はその委任を受けた当該各省各庁所属の外局の長等が物品の数量及び保管場所その他物品の管理上の条件を勘案して定める基準に従ってしなければならない。

（物品の供用事務の委任）

第7条 前条の規定は、物品管理官が法第10条第１項の規定によりその所属する各省各庁所属の職員に物品の供用に関する事務を委任する場合について準用する。

（事務の代理等）

第8条 各省各庁の長は、法第10条の２第１項の規定により当該各省各庁所属の職員又は他の各省各庁所属の職員に物品管理官の事務を代理させる場合において、当該各省各庁又は他の各省各庁に置かれた官職を指定することにより、その官職にある者に当該事務を代理させることができる。

2　第５条第１項の規定は、各省各庁の長が法第10条の２第１項の規定により当該各省各庁所属の職員に物品管理官の事務を代理させる場合について、第５条第２項及び第３項の規定は、各省各庁の長が法第10条の２第１項の規定により他の各省各庁所属の職員に物品管理官の事務を代理させ又は官職の指定により代理させる場合について、それぞれ準用する。

3　各省各庁の長は、法第10条の２第１項の規定により当該各省各庁所属の職員又は他の各省各庁所属の職員に物品出納官（分任物品出納官を含む。以下同じ。）又は物品供用官の事務を代理させる場合には、同項の権限を、当該物品出納官又は物品供用官に当該事務を委任した物品管理官に委任するものとし、当該物品管理官は、その所属する各省各庁所属の職員に当該事務を代理させるものとする。

4　第６条及び第１項の規定は、前項の規定により物品管理官が物品出納官又は物品供用官の事務を代理させる場合について準用する。

5　法第10条の２第１項の規定により物品管理官、物品出納官又は物品供用官の事務を代理する職員は、その取り扱う事務の区分に応じて、それぞれ物品管理官代理若しくは分任物品管理官代理、物品出納官代理若しくは分任物品出納官代理又は物品供用官代理という。

第9条 各省各庁の長は、法第10条の２第２項の規定により当該各省各庁所属の職員又は他の各省各庁所属の職員に物品管理官、物品管理官代理又は分任物品管理官代理（以下この条において「物品管理機関」という。）の事務の一部を処理させる場合には、その処理させる事務の範囲を明らかにしなければならない。

2　前条第１項の規定は、法第10条の２第２項の場合について準用する。

3　各省各庁の長は、法第10条の２第２項の規定により当該各省各庁所属の職員に物品管理機関の事務の一部を処理させる場合において、必要があるときは、同項の権限を、当該各省各庁所属の外局の長等に委任することができる。この場合において、各省各庁の長は、同項の規定により当該事務を処理させる職員（当該各省各庁に置かれた官職を指定することによりその官職にある者に当該事務を処理させる場合には、その官職）の範囲及びその処理させる事務の範囲を定めるものとする。

4　第５条第２項及び第３項の規定は、各省各庁の長が法第10条の２第２項の規定により他の各省各庁所属の職員に物品管理機関の事務の一部を処理させ又は官職の指定により処理させる場合について準用する。

5　法第10条の２第２項の規定により物品管理機関の事務の一部を処理する職員（次項において「代行機関」という。）は、当該物品管理機関に所属して、かつ、当該物品管理機関の名において、その事務を処理するものとする。

6　代行機関は、第１項又は第３項に規定する範囲内の事務であっても、その所属する物品管理機関において処理することが適当である旨の申出をし、かつ、当該物品管理機関がこれを相当と認めた事務及び物品管理機関が自ら処理する特別の必要があるものとして指定した事務については、その処理をしないものとする。

（都道府県が行う管理事務）

第10条　各省各庁の長は、法第11条第１項の規定により物品の管理に関する事務を都道府県の知事又は知事の指定する職員が行うこととなる事務として定める場合には、当該知事又は知事の指定する職員が行うこととなる事務の範囲を明らかにして、当該知事又は知事の指定する職員が物品の管理に関する事務を行うこととなることについて、あらかじめ当該知事の同意を求めなければならない。

2　都道府県の知事は、各省各庁の長から前項の規定により同意を求められた場合には、その内容について同意をするかどうかを決定し、同意をするときは、知事が自ら行う場合を除き、事務を行う職員を指定するものとする。この場合において、当該知事は、都道府県に置かれた職を指定することにより、その職にある者に事務を取り扱わせることができる。

3　前項の場合において、都道府県の知事は、同意をする決定をしたときは同意をする旨及び事務を行う者（同項後段の規定により都道府県に置かれた職を指定した場合においてはその職）を、同意をしない決定をしたときは同意をしない旨を各省各庁の長に通知するものとする。

第３章　物品の管理

第１節　通則

（物品の管理に関する計画）

第11条　物品管理官は、法第13条第１項の規定により物品の管理に官する計画を定める場合には、各省各庁の長又はその委任を受けた当該各省各庁所属の外局の長等が物品の管理の目的の適正かつ円滑な達成に資するため物品の管理の実情を考慮して定めるところによらなければならない。

２　物品の管理に関する計画は、四半期ごとに定めるのを例とする。

第12条から**第17条**まで　削除

（管理換の承認）

第18条　物品管理官は、法第16条第２項の規定によりその管理する物品について管理換をし、又は他の物品管理官が管理する物品の管理換を受けようとするときは、これを受けるべき物品管理官又はこれをすべき物品管理官に協議し、その協議の内容を明らかにして所属の各省各庁の長（法第16条第１項の委任を受けた外局の長等があるときは、当該外局の長等）の承認を受けなければならない。

第19条及び**第20条**　削除

（異なる会計の間における管理換を有償としない場合）

第21条　法第16条第３項に規定する政令で定める場合は、次に掲げる場合とする。

(1)　１月以内に返還すべき条件を附した管理換に係る場合

(2)　事務又は事業を異なる会計に委託する場合において、その委託を受ける会計でその受託業務を行うため必要とする物品の管理換に係る場合

(3)　各省各庁の長が財務大臣に協議して指定する管理換に係る場合

（管理換を有償として整理する場合の対価）

第22条　法第16条第３項の規定により管理換を有償として整理する場合においては、当該管理換に係る対価は、時価によるものとする。

（関係職員の譲受を制限しない物品）

第23条　法第18条に規定する政令で定める物品は、次に掲げる物品とする。

(1)　印紙をもってする歳入金納付に関する法律（昭和23年法律第142号）第３条及び第４条に規定する印紙その他一般に売り払うことを目的とする物品でその価格が法令の規定により一定しているもの

(2)　一般に売り払うことを目的とする物品その他の物品で各省各庁の長が財務大臣に協議して指定するもの

第２節　取得及び供用

（取得のための措置の請求）

第24条　物品管理官は、法第19条第１項の規定により物品の取得のため必要な措

置を請求する場合には、取得を必要とする物品の品目、規格及び数量並びに取得を必要とする時期及び場所を明らかにしていなければならない。

2　契約等担当職員は、前項の請求があった場合において、予算その他の事情により当該請求に基いて物品の取得のため必要な措置をすることができないときは、その旨を物品管理官に通知しなければならない。

3　前2項の請求及び通知は、次に掲げる場合には、省略することができる。

(1)　法令の規定により国において取得しなければならないこととなつている物品の取得に係る場合

(2)　物品管理官が契約等担当職員を兼ねる場合

(物品の取得に関する通知)

第25条　物品に係る事務又は事業を行う職員は、法第19条第1項の規定による請求に基くものを除くほか、その職務を行うことにより国において取得する物品又は取得した物品があると認めるときは、すみやかにその旨を物品管理官に通知しなければならない。

(供用のための払出しの請求)

第26条　物品供用官は、法第20条第1項の規定により供用のための払出しを請求する場合には、当該請求に係る物品の品目、規格、数量及び用途を明らかにしなければならない。

(供用する場合に明らかにする事項)

第27条　物品供用官（物品供用官を置かない場合にあつては、物品管理官）は、物品を供用する場合には、これを使用する職員を明らかにしておかなければならない。

第3節　保管

(国以外の者の施設における保管のための措置の請求)

第28条　物品管理官は、法第22条ただし書の規定により物品を国以外の者の施設に保管しようとする場合には、次に掲げる事項を明らかにして、契約等担当職員に対し、その保管のため必要な措置を請求しなければならない。

(1)　保管を必要とする物品の品目及び数量

(2)　保管の期間

(3)　物品の管理上保管について附すべき条件

2　第24条第2項又は第3項第2号の規定は、前項の請求があつた場合又はこれをすべき場合についてそれぞれ準用する。

(出納命令)

第29条　物品管理官は、法第23条の規定により物品の出納を命ずる場合には、次に掲げる事項を明らかにしてしなければならない。
(1) 出納すべき物品の分類、品目、規格及び数量
(2) 出納の時期
(3) 出納すべき物品の引渡を物品出納官から受け、又は物品出納官に対してすべき者

（出納）

第30条 物品出納官は、前条の命令に係る物品の出納をしようとするときは、その出納が当該命令の内容に適合しているかどうかを確認しなければならない。

第31条 削除

（修繕又は改造のための措置の請求）

第32条 物品管理官又は物品供用官は、法第26条第2項の規定により物品の修繕又は改造のため必要な措置を請求する場合には、次に掲げる事項を明らかにしてしなければならない。
(1) 修繕又は改造を必要とする物品の品目及び数量
(2) 修繕又は改造の時期
(3) 修繕又は改造の内容
(4) 物品の管理上修繕又は改造について附すべき条件

2 第24条第2項又は第3項第2号の規定は、前項の請求があつた場合又はこれをすべき場合についてそれぞれ準用する。

第4節 処分

（不用の決定の承認を要する物品）

第33条 法第27条第1項に規定する政令で定める物品は、第43条第1項に規定する機械、器具及び美術品その他各省各庁の長が指定する物品とする。

（不用の決定の承認を求める場合に明らかにする事項）

第34条 物品管理官は、法第27条第1項の承認を求める場合には、その承認を受けようとする物品の処分の予定を明らかにしてしなければならない。

（不用の決定及び廃棄の基準）

第35条 法第27条第1項の規定による不用の決定及び同条第2項の規定による廃棄は、各省各庁の長の定める基準に従つてしなければならない。

（売払又は貸付のための措置の請求）

第36条 物品管理官は、法第28条第2項（法第29条第2項において準用する場合を含む。）の規定により物品の売払又は貸付のため必要な措置を請求する場合には、次に掲げる事項を明らかにしてしなければならない。
(1) 売払又は貸付を必要とする物品の品目及び数量

⑵ 売払又は貸与の時期

⑶ 物品の管理上売払又は貸付について附すべき条件

2 第24条第2項又は第3項の規定は、前項の請求があつた場合又はこれをすべき場合についてそれぞれ準用する。

第4章 物品管理職員等の責任

（亡失等の報告及び通知）

第37条 物品を使用する職員は、その使用中の物品が亡失し、又は損傷したときは、すみやかにその旨を物品供用官（物品供用官が置かれていない場合にあつては、物品管理官）に報告しなければならない。

2 物品出納官又は物品供用官は、その保管中若しくは供用中の物品が亡失し、若しくは損傷したとき、又は法の規定に違反して物品の出納、保管若しくは供用をし、若しくは法の規定に従つた物品の出納、保管若しくは供用をしなかつた事実があるときは、すみやかにその旨を物品管理官に報告しなければならない。

3 契約等担当職員は、その締結した契約（物品の処分の原因となる行為で契約以外のものを含む。）でこれにより処分された物品を後日返還すべきことをその内容又は条件としているものにより処分された物品が亡失し、又は損傷した事実があると認めるときは、すみやかにその旨を物品管理官に通知しなければならない。

4 物品管理官は、前3項の報告又は通知等により、その管理する物品が亡失し、若しくは損傷した事実又は当該物品について物品管理職員が法の規定に違反して物品の管理行為をし、若しくは法の規定に従つた物品の管理行為をしなかった事実があると認めるときは、すみやかにその旨を各省各庁の長及び法第33条第1項の委任を受けた外局の長等に報告しなければならない。この場合において、物品が亡失し、又損傷した事実が物品を使用する職員に係るものであるときは、物品管理官は、第40条の委任を受けた職員にも、これをしなければならない。

5 第24条第3項第2号の規定は、第3項の通知をすべき場合について準用する。

第38条 各省各庁の長は、法第32条の規定に該当する事実があつた場合には、会計検査院又は財務大臣の定めるところにより、その旨をそれぞれ会計検査院又は財務大臣に通知しなければならない。

（検定の請求）

第39条 法第33条第1項の規定により弁償を命ぜられた物品管理職員は、その責を免かれるべき理由があると信ずるときは、その理由を明らかにする書面を作成し、証拠書類を添え、同項の委任を受けた外局の長等及び各省各庁の長を経由してこれを会計検査院に送付し、その検定を求めることができる。

2　各省各庁の長（法第33条第１項の委任を受けた外局の長等があるときは、当該外局の長等）は、前項の場合においても、その命じた弁償を猶予しない。

（使用職員に対する弁償命令）

第40条　各省各庁の長又はその委任を受けた職員は、物品を使用する職員が法第31条第２項の規定に該当すると認めるときは、当該職員に対して弁償を命じなければならない。

第５章　雑則

（法の規定を準用する動産）

第41条　法第35条に規定する政令で定める動産は、次に掲げる動産のうち現金及び有価証券以外のものとする。

⑴　国が寄託を受けた動産

⑵　刑事収容施設及び被収容者等の処遇に関する法律（平成17年法律第50号）第47条第２項（同法第288条及び第289条第１項において準用する場合を含む。）、第48条第４項（同法第250条第３項、第288条及び第289条第１項において準用する場合を含む。）若しくは第249条第２項、少年院法（平成26年法律第58号）第69条第１項若しくは第70条第３項若しくは第４項（これらの規定を同法第133条第３項において準用する場合を含む。）、少年鑑別所法（平成26年法律第59号）第53条第１項若しくは第54条第３項若しくは第４項又は出入国管理及び難民認定法（昭和26年政令第319号）第61条の７第４項の規定により領置した動産

⑶　各省各庁の長が指定する動産

（帳簿）

第42条　物品管理官、物品出納官又は物品供用官は、物品管理簿、物品出納簿又は物品供用簿を備え、それぞれの職務に応じ、その管理する物品についての異動を記録しなければならない。ただし、財務大臣が指定する場合は、この限りでない。

（物品増減及び現在額報告書の作成）

第43条　法第37条に規定する政令で定める物品は、機械、器具及び美術品のうち財務大臣が指定するものとする。

2　法第37条に規定する物品増減及び現在額報告書は、財務省令で定める様式及び記入の方法により、毎会計年度末の物品管理簿における記録の内容に基づいて作成するものとする。

（検査）

第44条　各省各庁の長は、毎会計年度１回及び物品管理官、物品出納官又は物品供用官（以下「物品管理官等」という。）が交替するとき、又はその廃止があつ

たときはそのつど、検査員に、物品管理官等の物品の管理行為が法の規定に適合しているかどうかをその管理に係る物品及び帳簿について検査させなければならない。

2　前項の場合において、その検査が物品管理官に係るものであるときは、各省各庁の長が命ずる当該各省各庁所属の職員又は他の各省各庁所属の職員を、その検査が物品出納官又は物品供用官に係るものであるときは、これらの職員が所属する物品管理官又はその命ずる職員をそれぞれ検査員とする。

3　各省各庁の長は、第1項の規定によるほか、必要があると認めるときは、随時、当該各省各庁所属の職員又は他の各省各庁所属の職員のうちから検査員を命じて、物品管理官等の物品の管理の状況及び帳簿について検査させるものとする。

4　各省各庁の長は、前2項の規定により検査員を命ずる場合（他の各省各庁所属の職員のうちから検査員を命ずる場合を除く。）において必要があるときは、当該各省各庁所属の職員にこれを行なわせることができる。

5　第5条第2項の規定は、各省各庁の長が第2項又は第3項の規定により他の各省各庁所属の職員のうちから検査員を命ずる場合について準用する。

（検査の立会い）

第45条　検査員は、前条の検査をするとき、これを受ける物品管理官等その他適当な者を立ち会わせなければならない。

（検査書の作成等）

第46条　検査員は、第44条第1項又は第3項の検査をしたときは、検査書2通を作成し、その1通はその検査を受けた物品管理官等に交付し、他の1通は、その検査が物品出納官又は物品供用官に係るものである場合であつて当該検査員が同条第2項に規定するこれらの者が所属する物品管理官である場合は当該検査員が自ら保有し、その他の場合は当該検査員を命じた者に提出しなければならない。

2　検査員は、前項の検査書に記名するとともに、前条の規定により立ち会つた者に記名させるものとする。

（適用除外）

第47条　国の事務の運営に必要な書類については、法第3条から法第5条まで、法第8条から法第11条まで、法第13条から法第16条まで、法第19条から法第21条まで、法第23条から法第27条まで、法第28条第2項及び第3項、法第29条第2項、法第31条から法第34条まで並びに法第36条から法第39条までの規定は、適用しない。

2　法第40条に規定する政令で定める物品は、次に掲げる物品（第２号及び第７号に掲げる物品にあつては、各省各庁の長の定めるところにより物品管理官に引き継いだものを除く。）とし、第１号から第３号までに掲げる物品については、前項に規定する法の規定を、第４号に掲げる物品については法第９条、法第10条、法第11条、法第13条、法第14条、法第20条、法第21条、法第23条から法第25条まで、法第26条第１項、法第34条及び法第39条の規定を、第５号及び第６号に掲げる物品については、前項に規定する法の規定及び法第22条を、第７号に掲げる物品については法第３条から法第５条まで、法第８条から法第11条まで、法第13条から法第16条まで、法第19条から法第21条まで、法第23条から法第27条まで、法第28条第２項及び第３項、法第29条第２項、法第31条第１項、法第33条、法第34条並びに法第36条から法第39条までの規定をそれぞれ適用しない。

⑴　小切手用紙及び国庫金振替書用紙

⑵　法令の規定により国において没収し、没取し、若しくは収去し、又は国庫に帰属した物品

⑶　国の事務の処理に必要な物品で法令の規定により国の機関に占有のみを移して保管するもの

⑷　職員の数が僅少で物品の管理に関する事務の分掌を困難とする事情がある官署において管理する物品で財務省令で定めるもの

⑸　義務教育諸学校の教科用図書の無償措置に関する法律（昭和38年法律第182号）第４条の規定に基づき購入した同法第２条第２項に規定する教科用図書

⑹　障害のある児童及び生徒のための教科用特定図書等の普及の促進等に関する法律（平成20年法律第81号）第11条の規定に基づき購入した同法第２条第１項に規定する教科用特定図書等

⑺　災害の発生に際し応急の用に供する物品で、各省各庁の長が財務大臣に協議して定めるもの

3　各省各庁の長は、前２項に規定する物品の管理について必要な事項を定めなければならない。

（省令への委任）

第48条　この政令で定めるもののほか、この政令の施行に関し必要な事項は、財務省令で定める。

附　則〔略〕

物品管理法施行規則

昭31・12・29大蔵省令85

最終改正　令２・12・４財務省令73

目次

第１章　総則

（定義）

第１条　この省令において「管理」、「物品」、「供用」、「各省各庁の長」、「各省各庁」、「分類」、「細分類」、「分類換」、「物品管理官」、「分任物品管理官」、「物品出納官」、「分任物品出納官」、「物品供用官」、「管理換」若しくは「契約等担当職員」又は「物品管理官代理」、「分任物品管理官代理」、「物品出納官代理」、「分任物品出納官代理」若しくは「物品供用官代理」とは、物品管理法（昭和31年法律第113号。以下「法」という。）第１条、第２条、第３条第１項若しくは第３項、第５条第１項、第８条第３項若しくは第６項、第９条第２項若しくは第５項、第10条第２項、第16条第１項若しくは第19条第１項又は物品管理法施行令（昭和31年政令第339号。以下「令」という。）第８条第５項に規定する管理、物品、供用、各省各庁の長、各省各庁、分類、細分類、分類換、物品管理官、分任物品管理官、物品出納官、分任物品出納官、物品供用官、管理換若しくは契約等担当職員又は物品管理官代理、分任物品管理官代理、物品出納官代理、分任物品出納官代理若しくは物品供用官代理をいう。

第２条　削除

（所属分類決定の手続）

第3条 物品管理官（分任物品管理官を含む。第6条、第37条の2第2項及び第42条を除き、以下同じ。）は、その管理する物品の属すべき分類（細分類を含む。第38条第1項を除き、以下同じ。）を決定したときは、当該物品を保管し、又は供用する物品出納官（分任物品出納官を含む。第6条、第37条の2第1項及び第42条を除き、以下同じ。）又は物品供用官にその分類、品目及び数量を明らかにして、所属分類を決定した旨を通知しなければならない。

2 物品出納官又は物品供用官は、前項の通知を受けたときは、その保管中又は供用中の物品について、各省各庁の長の定めるところに従い、分類、番号等の標示をしなければならない。

3 物品出納官又は物品供用官を置かない場合における前項の標示は、物品管理官がするものとする。

第4条 削除

（分類換の整理）

第5条 物品管理官は、その管理する物品の分類換をしたときは、当該物品を保管し、又は供用する物品出納官又は物品供用官に当該物品の分類、品目及び数量を明らかにして、分類換をした旨を通知しなければならない。

2 物品出納官又は物品供用官は、前項の通知を受けたときは、その保管中又は供用中の物品について、第3条第2項の規定による標示を変更しなければならない。

3 第3条第3項の規定は、前項の標示の変更について準用する。

第2章 物品の管理の機関

（物品管理官と物品出納官の兼職の禁止）

第6条 物品管理官（分任物品管理官、物品管理官代理及び分任物品管理官代理を含む。以下この条において同じ。）と物品出納官（分任物品出納官、物品出納官代理及び分任物品出納官代理を含む。以下この条において同じ。）は、兼ねることはできない。ただし、法第10条の2第2項の規定により物品管理官の事務の一部を処理する職員が、物品出納官を兼ねるときは、この限りでない。

（代理をさせる場合）

第7条 各省各庁の長（各省各庁の長が物品の管理に関する事務を委任し、代理させ又は分掌させる場合において、これらを令第5条第1項（令第8条第2項において準用する場合を含む。）の規定により令第5条第1項の外局の長等に委任するときは、当該外局の長等）は、物品管理官代理、分任物品管理官代理、物品出納官代理、分任物品出納官代理又は物品供用官代理がそれぞれ物品管理官、物品出納官又は物品供用官の事務を代理する場合をあらかじめ定めて置くものとする。ただし、やむを得ない事情がある場合には、代理させるつど定めることを妨げない。

2 物品管理官代理、分任物品管理官代理、物品出納官代理、分任物品出納官代理又は物品供用官代理は、前項の規定により各省各庁の長又は外局の長等の定める場合において、物品管理官、物品出納官又は物品供用官の事務を代理するものとする。

3 物品管理官、物品出納官又は物品供用官及び物品管理官代理、分任物品管理官代理、物品出納官代理、分任物品出納官代理又は物品供用官代理は、物品管理官代理、分任物品管理官代理、物品出納官代理、分任物品出納官代理又は物品供用官代理が前項の規定により物品管理官、物品出納官又は物品供用官の事務をそれぞれ代理するときは、代理開始及び終止の年月日並びに物品管理官代理、分任物品管理官代理、物品出納官代理、分任物品出納官代理又は物品供用官代理が取り扱った物品の管理に関する事務の範囲を適宜の書面において明らかにしておかなければならない。

4 前項の規定は、物品管理官代理、分任物品管理官代理、物品出納官代理、分任物品出納官代理又は物品供用官代理が物品管理官、物品出納官又は物品供用官の事務を代理している間に当該物品管理官代理、分任物品管理官代理、物品出納官代理、分任物品出納官代理又は物品供用官代理に異動があったときについて準用する。

第3章 物品の管理

第1節 通則

第8条から**第13条**まで削除

(管理換の手続)

第14条 物品管理官は、その管理する物品の管理換をしようとするときは、当該物品を保管し、又は供用する物品出納官又は物品供用官（物品供用官を置かない場合にあっては、物品を使用する職員。以下第3項、第20条第2項及び第29条において同じ。）に対し、物品の払出のための法第23条の規定による命令（以下「払出命令」という。）又は物品の返納のための命令（以下「返納命令」という。）をしなければならない。

2 物品管理官は、その管理する物品の管理換をしようとするときは、当該管理換を受けるべき物品管理官に、当該物品を引き渡すべき者及び当該物品を受け取るべき時期、場所その他必要な事項を通知しなければならない。

3 前項の物品の管理換を受けるべき物品管理官は、同項の規定による通知を受けたときは、当該物品について、関係の物品出納官又は物品供用官に対し、物品の受入のための法第23条の規定による命令（以下「受入命令」という。）をし、又は供用の目的を明らかにして、物品の受領のための命令（以下「受領命令」という。）をしなければならない。

第15条　削除

（管理換を有償として整理する場合の対価）

第16条　令第22条に規定する管理換に係る対価は、当該管理換が返還すべき条件を附したものである場合においては、当該管理換に係る物品についての賃貸料の額とし、その他の管理換の場合においては、当該物品についての売買代金の額とする。

第２節　取得及び供用

（物品の取得に関する通知）

第17条　契約等担当職員その他物品に係る事務又は事業を行う職員は、取引の状況等を勘案して物品を取得することが適当であると認めるときその他その職務を行うことにより物品を取得する予定があるときは、その旨を物品管理官に通知しなければならない。

２　前項の通知又は令第25条の規定による物品の取得に関する通知は、次に掲げる事項を明らかにしてしなければならない。ただし、価格を明らかにする必要がないと認めるときは、これを省略することができる。

(1)　取得する物品又は取得した物品の品目、数量、規格及び価格

(2)　取得の時期及び場所

(3)　取得の原因

（取得のための措置についての通知）

第18条　契約等担当職員は、令第24条第１項の規定による請求に基いて同項の措置をしたときは、すみやかに、当該措置により取得することとなる物品について同項に規定する事項を当該措置を請求した物品管理官に通知しなければならない。

（取得の手続）

第19条　第14条第３項の規定は、物品管理官が前２条の規定による通知を受けた場合について準用する。ただし、物品管理官が第17条第１項の通知を受けた物品についてその取得を不適当と認めるときは、この限りでない。

（供用のための払出命令等）

第20条　物品の供用のための払出命令又は払出しは、庁中常用の事務用雑品については、毎月通常必要と認められる数量を、その他の物品については、必要に

応じ必要な数量を限りしなければならない。ただし、物品管理官が供用のため特に必要があると認めるときは、この限りでない。

2　物品管理官は、物品の供用のための払出命令をし、又は払出しをするときは、物品供用官に対し、供用の目的を明らかにして受領命令をしなければならない。

（物品を使用する職員のうちの主任者）

第21条　物品供用官（物品供用官を置かない場合にあっては、物品管理官。以下第24条及び第27条第２項において同じ。）は、二人以上の職員がともに使用する物品については、これらの職員のうちの主任者を明らかにしておかなければならない。

（返納手続）

第22条　法第21条第１項の規定による報告は、供用の必要がない物品、修繕又は改造を要する物品及び供用することができない物品の別に応じ、当該物品がこれらに該当する理由並びにその分類、品目、数量及び現況その他必要な事項を明らかにしてしなければならない。

2　物品管理官は、返納命令をした物品を物品出納官に保管させようとするときは、当該物品出納官に対し、受入命令をしなければならない。

（供用換）

第23条　物品管理官は、物品供用官の間において物品の所属を移すときは、当該物品を供用している物品供用官に対し、返納命令をし、当該物品を供用すべき物品供用官に対し、供用の目的を明らかにして受領命令をしなければならない。

（物品を使用する職員からの返納）

第24条　物品を使用する職員（第21条の物品にあっては、同条の主任者。以下次項において同じ。）は、当該物品を使用する必要がなくなった場合には、すみやかに、その旨を物品供用官に通知しなければならない。

2　物品供用官は、前項の通知等により物品を供用する必要がないと認めるときは、当該物品を使用する職員に対し、返納命令をしなければならない。

第３節　保管

（保管の方法）

第25条　物品出納官（物品出納官を置かない場合にあっては、物品管理官）は、その保管に係る物品を供用又は処分に適する物品、修繕又は改造を要する物品及び供用又は処分をすることができない物品に区分して整理するものとし、これらの物品についての異動を常に明らかにしておかなければならない。

（国以外の者の施設における保管のための措置についての通知）

第26条　契約等担当職員は、令第28条第１項の規定による請求に基いて同項の措置をしたときは、すみやかに、当該措置について同項各号に掲げる事項を当該請求をした物品管理官に通知しなければならない。

（国以外の者の施設における保管の手続）

第27条　物品管理官は、前条の規定による通知を受けた場合において、当該通知に係る措置が国以外の者の施設を借り上げるためのものであるときは、関係の物品出納官に、当該施設の場所及び借上の期間並びにこれに保管すべき物品の品目及び数量その他必要な事項を通知しなければならない。

2　第14条第1項の規定は、前項の措置が物品出納官の保管中の物品又は物品供用官の供用中の物品を国以外の者の施設に保管するためのものである場合について準用する。

（国以外の者が保管する物品の引渡）

第28条　物品管理官は、国以外の者が保管している物品を引き渡す場合には、当該物品を保管している者にその旨を通知するとともに、当該物品の引渡を受けるべき者にこれを証する書類を交付しなければならない。

2　前項の書類の交付を受けた者は、物品の引渡を受ける場合には、当該書類を当該物品を保管している者に示さなければならない。

（出納の相手方）

第29条　物品管理官は、払出命令若しくは返納命令又は受入命令若しくは受領命令をしたときは、これらの命令に係る物品の引渡を物品出納官若しくは物品供用官から受けるべき者又はこれらの命令に係る物品を物品出納官若しくは物品供用官に引き渡すべき者にこれらの命令の写その他適宜の証明書類を交付しなければならない。ただし、各省各庁の長が定める場合には、これを省略することができる。

2　前項の書類の交付を受けた者は、物品の引渡を受け、又は物品を引き渡す場合には、当該書類を当該物品を引き渡すべき物品出納官若しくは物品供用官又は当該物品の引渡を受けるべき物品出納官若しくは物品供用官に示さなければならない。

第30条　削除

（修繕又は改造のための措置の通知）

第31条　契約等担当職員その他関係の職員は、令第32条第1項の規定による請求に基いて同項の措置をしたときは、すみやかに、当該措置について同項各号に掲げる事項を当該請求をした物品管理官又は物品供用官に通知しなければならない。

2　第14条第1項の規定は、物品管理官が前項の通知を受けた場合について準用する。

第４節　処分

（不用の決定に係る物品の処分の予定）

第32条　令第34条に規定する物品の処分の予定には、売払、解体又は廃棄の別を明らかにし、売払の場合にあっては、その時期及び場所その他必要な事項を、解体の場合にあっては、解体が適当であると認める理由、解体の時期及び解体後の処理その他必要な事項を、廃棄の場合にあっては、廃棄が適当であると認める理由その他必要な事項を明らかにしなければならない。

（不用の決定の整理）

第33条　第５条の規定は、物品管理官が法第27条第１項の規定によりその管理する物品について不用の決定をした場合について準用する。

（解体又は廃棄の手続）

第34条　第14条第１項の規定は、物品管理官が物品を解体し、又は廃棄する場合について準用する。

（売払又は貸付のための措置の通知等）

第35条　契約等担当職員は、令第36条第１項の規定による請求に基いて同項の措置をしたときは、すみやかに、当該措置について同項各号に掲げる事項を当該請求をした物品管理官に通知しなければならない。

２　第14条第１項の規定は、物品管理官が前項の通知を受けた場合について準用する。

（亡失の整理）

第36条　第５条第１項の規定は、物品管理官がその管理する物品について亡失の事実を確認した場合について準用する。

第４章　物品管理職員等の責任

（物品供用官の亡失及び損傷の報告）

第37条　物品供用官は、令第37条第２項の規定によりその供用中の物品の亡失又は損傷の報告をする場合には、当該物品を使用する職員に係るもの及びそれ以外のものに区分してしなければならない。

（分任物品出納官等の亡失及び損傷等の報告）

第37条の２　物品出納官は、分任物品出納官の令第37条第２項の規定による報告をとりまとめて物品管理官に報告するものとする。

２　物品管理官は、分任物品管理官の令第37条第４項の規定による報告をとりまとめて当該報告を受けるべき者に報告するものとする。

第５章　雑則

（帳簿の記録等）

第38条　物品管理簿、物品出納簿及び物品供用簿には、物品の分類、細分類及び品目ごとに、その増減等の異動数量、現在高その他物品の異動に関する事項及びその他物品の管理上必要な事項を、それぞれ、各省各庁の長の定めるところにより記録しなければならない。

２　前項の場合において、令第43条第１項に規定する財務大臣が指定する機械及び器具については、その取得価格（取得価格がない場合又は取得価格が明らかでない場合には、見積価格）を、物品管理簿に記録しなければならない。

３　第１項の場合において、令第43条第１項に規定する財務大臣が指定する美術品については、その取得価格（当該取得価格と時価額とに著しい差がある場合、取得価格がない場合又は取得価格が明らかでない場合には、見積価格）を、物品管理簿に記録しなければならない。

４　物品管理官は、財務大臣の定めるところにより、前２項の規定により物品管理簿に記録された価格を、改定しなければならない。

第39条から**第41条**まで　削除

（交替及び廃止の場合の帳簿の引継等）

第42条　物品管理官、分任物品管理官、物品出納官、分任物品出納官又は物品供用官（以下「物品管理官等」という。）が交替するときは、前任の物品管理官等（物品管理官代理、分任物品管理官代理、物品出納官代理、分任物品出納官代理又は物品供用官代理が、物品管理官等の事務を代理しているときは、物品管理官代理、分任物品管理官代理、物品出納官代理、分任物品出納官代理又は物品供用官代理。以下本項において同じ）は、引き継ぐべき物品管理簿、物品出納簿又は物品供用簿（以下「物品管理簿等」という。）及びこれらの関係書類の名称及び件数並びに引継の日付その他必要な事項を記載した引継書（以下「引継書」という。）を交替の日の前日をもって作成し、後任の物品管理官等とともに記名し、当該引継書を物品管理簿等に添附して、これらを後任の物品管理官等に引き継ぐものとする。

２　物品管理官等が廃止されるときは、廃止される物品管理官等（物品管理官代理、分任物品管理官代理、物品出納官代理、分任物品出納官代理又は物品供用官代理が、物品管理官等の事務を代理しているときは、物品管理官代理、分任物品管理官代理、物品出納官代理、分任物品出納官代理又は物品供用官代理。以下本条において同じ。）は、引継書を廃止される日の前日をもって作成し、引継を受ける物品管理官等とともに記名し、当該引継書を物品管理簿等に添附して、引継を受ける物品管理官等に引き継ぐものとする。

3　前任の物品管理官等又は廃止される物品管理官等が第1項又は前項の規定による引継の手続きをすることができない事由があるときは、後任の物品管理官等又は廃止に伴い引継を受ける物品管理官等が引継書を作成し、これに記名すれば足りる。

（物品増減及び現在額報告書の様式等）

第43条　法第37条に規定する物品増減及び現在額報告書の様式及び記入の方法は、別表第1に定めるところによる。

（適用除外）

第44条　令第47条第2項第4号に規定する財務省令で定める物品は、次の各号に掲げる物品とする。

(1)　会計法（昭和22年法律第35号）第17条の規定により臨時に資金の前渡を受けた職員が当該資金により取得した物品

(2)　各省各庁の長が財務大臣に協議して定める官署において管理する物品

（実地監査）

第45条　法第12条第2項の規定による当該職員の実地監査は、別に定める監査要領に従ってしなければならない。

2　当該職員は、前項の実地監査をする場合には、別表第2に定める監査証票を携帯し、関係者の請求があったときは、呈示しなければならない。

（特例）

第46条　各省各庁の長は、その所管する物品の管理について、この省令の規定により難いときは、あらかじめ、財務大臣に協議してその特例を設けることができる。

附　則〔略〕

別表第1　物品増減及び現在額報告書の様式及び記入の方法

1　様式

年度　物品増減及び現在額報告書

所属省庁　　　　　　　　会計

<table>
<tr><td rowspan="3">(1)
分類及び細分類</td><td rowspan="3">(2)品目</td><td colspan="2" rowspan="2">(3)
年度末現在</td><td colspan="7">(6)　年度間増減</td><td colspan="2" rowspan="2">(17)　年度末現在</td></tr>
<tr><td colspan="2">(7)　増</td><td colspan="2">(10)　減</td><td colspan="2">(13)差引</td><td rowspan="2">(16)価格改定による増又は減</td></tr>
<tr><td>(4)
数量</td><td>(5)
価格</td><td>(8)
数量</td><td>(9)
価格</td><td>(11)
数量</td><td>(12)
価格</td><td>(14)
数量</td><td>(15)
価格</td><td>(18)数量</td><td>(19)価格</td></tr>
<tr><td></td><td></td><td>個</td><td>円</td><td>個</td><td>円</td><td>個</td><td>円</td><td>個</td><td>円</td><td>円</td><td>個</td><td>円</td></tr>
</table>

備考　1　用紙の大きさは、日本産業規格A列4とする。
　　　2　会計別に別葉とする。

2　記入の方法

一　(1)の欄には、物品の分類及び細分類を記入するものとする。

二　(2)の欄には、財務大臣が定める品目の区分により物品の品目を記入するものとする。

三　(3)の欄には、報告対象年度の前年度末において各省各庁所属の物品管理官が管理する物品について、品目ごとにその数量及び価格の合計を記入するものとする。

四　(7)の欄には、報告対象年度中に新たに各省各庁所属の物品管理官が管理することとなった物品について、品目ごとにその数量及び価格の合計を記入するものとする。

五　(10)の欄には、報告対象年度中に各省各庁所属の物品管理官が管理しないこととなった物品について、品目ごとにその数量及び価格の合計を記入するものとする。

六　(13)の欄には、(7)の欄の数量及び価格から(10)の欄の数量及び価格を差し引いた数量及び価格を記入するものとする。この場合において、差引減額のあるときは、その数字の左上部に△を付するものとする。

七　(16)の欄には、第38条第4項の規定による価格の改定が行なわれた場合にあつては当該改定による価格の差引増減額（差引減額のあるときは、その数字の左上部に△を付するものとする。）を、同条第1項の規定により記録された物品のうち当該物品の価格が明らかなものについて見積価格を算定した結果、令第43条第1項の規定に該当することとなつた場合にあつては当該見積価格と当該物品の価格との差引増額を記入するものとする。

八　(17)の欄には、(3)、(13)及び(16)の各欄の数量及び価格のそれぞれの合計を記入するものとする。

別表第２　監査証票の様式

表　面

第　　号

年　　月　　日発行

官職氏名

物品管理法（昭和31年法律第113号）

第12条第２項の規定に基づく監査証票

財務大臣
財務局長
又は福岡財務局長

裏　面

物品管理法（抄）

（管理事務の総括）

第12条（第１項　略）

２　財務大臣は、物品の管理の適正を期するため必要があると認めるときは、各庁の長に対し、その所管に属する物品について、その状況に関する報告を求め、当該職員に実地監査を行わせ、又は閣議の決定を経て、分類換、第16条第１項に規定する管理換その他必要な措置を求めることができる。

この監査証票の有効期限は、発行の日の属する会計年度の終了する日までとする。

備考

１　用紙は厚質青紙とし、寸法は日本産業規格Ｂ列８とする。

２　この監査証票は、財務本省所属の職員に係るものにあっては財務大臣が、財務局所属の職員に係るものにあっては財務局長が、福岡財務支局所属の職員に係るものにあっては福岡財務局長が、それぞれ発行するものとする。

物品の無償貸付及び譲与等に関する法律

昭22・12・23法229

最終改正　平24・6・27法42

〔物品の定義〕

第1条　この法律において、物品とは、国の所有に属する動産であつて、国有財産法の適用を受けないものをいう。

〔貸付〕

第2条　物品を国以外のもの（宗教上の組織若しくは団体又は公の支配に属しない慈善、教育若しくは博愛の事業を営む者を除く。以下同じ。）に無償又は時価よりも低い対価で貸し付けることができるのは、他の法律に定める場合の外、左に掲げる場合に限る。

(1)　国の事務又は事業に関する施策の普及又は宣伝を目的として印刷物、写真、映写用器材その他これに準ずる物品を貸し付けるとき

(2)　国の事務又は事業の用に供する土地、工作物その他の物件の工事又は製造のため必要な物品を貸し付けるとき

(3)　教育、試験、研究及び調査のため必要な物品を貸し付けるとき

(4)　国の職員を以て組織する共済組合に対し、執務のため必要な机、椅子その他これに準ずる物品を貸し付けるとき

(5)　国で経営する保険事業について療養の給付として行う被保険者の療養の委託を受けた者に対し、その療養の給付のため必要な物品を貸し付けるとき

(5)の2　災害による被害者その他の者で応急救助を要するものの用に供するため寝具その他の生活必需品を貸し付け、又は災害の応急復旧を行う者に対し、当該復旧のため必要な機械器具を貸し付けるとき

(6)　地方公共団体又は開拓事業を行う者に対し、開拓のため必要なトラクター（ブルドーザーを含む。）、プロー、ハロー、抜根機その他の開拓用土木機械を貸し付けるとき

(6)の2　植物防疫法第27条の規定によりする場合を除き、地方公共団体、農業者の組織する団体又は植物の防疫事業を行う者に対し植物の防疫を行うため必要な動力噴霧機、動力散粉機、動力煙霧機その他の防除用機具を貸し付けるとき

(7)　家畜の改良、増殖又は有畜営農の普及を図るため家畜を貸し付けるとき

(8)　貸付期間中においても国が必要とする場合には国の事業に使用し得ることを条件として、家畜を貸し付けるとき

〔譲与・譲渡〕

第3条　物品を国以外のものに譲与又は時価よりも低い対価で譲渡することができるのは、他の法律に定める場合の外、左に掲げる場合に限る。

(1)　国の事務又は事業に関する施策の普及又は宣伝を目的として印刷物、写真その他これに準ずる物品を配布するとき

(2)　公用に供するため寄附を受けた物品又は工作物のうち、寄附の条件としてその用途を廃止した場合には、当該物品又は工作物の解体又は撤去により物品となるものを寄附者又はその一般承継人に譲渡することを定めたものを、その条件に従い譲渡するとき

(3)　教育、試験、研究及び調査のため必要な印刷物、写真その他これに準ずる物品及び見本用又は標本用物品を譲渡するとき

(4)　予算に定める交際費又は報償費を以て購入した物品を贈与するとき

(5)　生活必需品、医薬品、衛生材料及びその他の救じゅつ品を災害による被害者その他の者で応急救助を要するものに対し譲渡するとき

(6)　農林水産物の改良又は増殖を図るため種苗、種卵又は稚魚を譲渡するとき

(7)　家畜の改良若しくは増殖を図るため家畜の無償貸付を受け、若しくは飼育管理の委託を受けた者又は有畜営農の普及を図るため無償若しくは時価より低い対価で家畜の貸付を受けた者が、主務大臣の定める条件に従い、飼育管理をしたとき、その者に対し当該家畜を譲渡するとき

(8)　家畜の無償貸付若しくは飼育管理の委託を受けた者又は有畜営農の普及を図るため無償若しくは時価よりも低い対価で家畜の貸付を受けた者に対し、その果実を譲渡するとき

〔譲渡〕

第4条　物品を国以外のものに時価よりも低い対価で譲渡することができるのは、前条及び他の法律に定める場合の外、左に掲げる場合に限る。

(1)　家畜の改良又は増殖を図るため家畜を譲渡するとき

(2)　感染症予防のため必要な医薬品を譲渡するとき

(3)　国有林野の管理経営に関する法律第2条第1項に規定する国有林野の所在する地方の地方公共団体又は住民が震災、風水害、火災その他の災害により著しい被害を受けた場合において、当該地方公共団体に対し、当該林野の産物又はその加工品を災害救助法（昭和22年法律第118号）の規定による救助の用に供し、又は当該地方公共団体の管理に属する事務所、道路、橋その他の

公用若しくは公共用施設の応急復旧の用に供するため譲渡するとき

〔委任〕

第5条　この法律の施行に関し必要な事項は、各省各庁の長（財政法第20条第2項に規定する各省各庁の長をいう。以下同じ。）がこれを定める。

2　前項の場合には、各省各庁の長はあらかじめ、財務大臣に協議しなければならない。

附　則〔略〕

MEMO

防衛省所管に属する物品の無償貸付及び譲与等に関する省令

昭33・1・10総理府令1

最終改正　平29・11・10防衛省令11

（目的）

第１条　物品の無償貸付及び譲与等に関する法律（昭和22年法律第229号）第２条又は第３条の規定による防衛省所管に属する物品（以下「物品」という。）の無償貸付、譲与又は譲渡については、別に定めるもののほか、この省令の定めるところによる。

（無償貸付）

第２条　防衛大臣又はその委任を受けた者（以下「防衛大臣等」という。）は、次の各号に掲げる場合には、当該各号に掲げる物品を無償で貸し付けることができる。

⑴　防衛に関する施策の普及又は宣伝を目的として印刷物、写真、映写用器材、音盤、模型若しくは見本用物品その他これらに準ずる物品を地方公共団体、学校教育法（昭和22年法律第26号）第１条に規定する学校その他当該普及又は宣伝を行う者に貸し付けるとき

⑵　防衛省の用に供する土地、工作物その他の物件の工事又は製造のため必要な物品をその工事又は製造を行う者に貸し付けるとき

⑶　防衛省において委託する試験、研究及び調査（以下「試験研究等」という。）のため必要な機械器具、印刷物、写真、映写用器材その他これらに準ずる物品（以下「機械器具等」という。）を当該試験研究等を行う者に貸し付けるとき

⑷　防衛省の委託を受けて試験研究等を行つた学校法人、独立行政法人、国立大学法人、大学共同利用機関法人、地方独立行政法人、公益社団法人又は公益財団法人（以下「学校法人等」という。）が、その後引き続き当該試験研究等（当該試験研究等に関連する試験研究等を含む。）を行う場合において、当該試験研究等を促進することを適当と認めて、当該学校法人等に対し、機械器具等を貸し付けるとき

⑸　防衛省の職員をもって組織する共済組合に対し、執務のため必要な机、椅子その他これらに準ずる物品を貸し付けるとき

（貸付期間）

第3条　前条の規定による物品の貸付期間は、同条第５号の場合及び防衛大臣が特に必要と認める場合を除き、１年を超えることができない。

（貸付に伴い要する費用の負担）

第4条　貸付品の引渡、管理、修理及び返納に要する費用は、借受人に負担させるものとする。ただし、貸付の性質によりこれらの費用を借受人に負担させることが適当でないと認められるときは、その費用の全部又は１部を負担させないことができる。

（貸付条件）

第5条　第２条の規定により物品を貸し付ける場合には、次の各号に掲げる条件を付さなければならない。

⑴　貸付品の引渡、管理、修理及び返納に要する費用（前条ただし書の規定による費用を除く。）は、借受人において負担すること。

⑵　貸付品は、転貸しないこと。

⑶　貸付品は、貸付の目的以外の目的のために使用しないこと。

⑷　貸付品について使用場所が指定された場合は、指定された場所以外の場所では使用しないこと。

⑸　貸付品は、貸付条件に違反したとき又は防衛庁長官等が特に必要と認めたときは、すみやかに返還すること。

２　防衛大臣等は、前項各号に掲げる条件のほか、必要と認める条件を付することができる。

（無償貸付の申請）

第6条　第２条の規定による物品の貸付を受けようとする者は、次の各号に掲げる事項を記載した申請書を当該物品を管理する物品管理官を経由して、防衛大臣等に提出しなければならない。

⑴　申請者の氏名又は名称及び住所

⑵　借り受けようとする物品の品名及び数量

⑶　使用目的

⑷　借り受けを必要とする理由

⑸　借受希望期間

⑹　使用計画

⑺　その他参考となる事項

（無償貸付等の承認）

第7条　防衛大臣等は、前条の申請書を受理した場合において、貸付を相当と認めるときは、次の各号に掲げる事項を記載した承認書を、貸付を相当と認めないときは、その理由を記載した文書を、申請者に送付しなければならない。
⑴　物品の品名及び数量
⑵　貸付期間
⑶　貸付目的
⑷　使用場所
⑸　貸付条件

（譲与）
第8条　防衛大臣等は、次の各号に掲げる場合には、当該各号に掲げる物品を譲与することができる。
⑴　防衛に関する施策の普及又は宣伝を目的として印刷物、写真その他これらに準ずる物品を配布するとき
⑵　防衛省において委託する試験、研究又は調査のため必要な印刷物、写真、地図その他これらに準ずる物品をその試験、研究又は調査を行う者に譲与するとき
⑶　予算に定める交際費又は報償費で購入した物品を記念又は報償のため贈与するとき

（譲渡）
第9条　防衛大臣等は、防衛省の用に供するため寄附を受けた物品又は工作物のうち、寄附の条件としてその用途を廃止した場合には、当該物品又は工作物の解体又は撤去により物品となるものを寄附者又はその一般承継人に譲渡することを定めたものを、その条件に従い譲渡することができる。

（譲与等の申請）
第10条　第８条（第１号及び第３号を除く。）及び第９条の規定による物品の譲与又は譲渡（以下「譲与等」という。）を受けようとする者は、次の各号に掲げる事項を記載した申請書を当該物品を管理する物品管理官を経由して、防衛大臣等に提出しなければならない。
⑴　申請者の氏名又は名称及び住所
⑵　譲与等を受けようとする物品の品名及び数量
⑶　使用目的
⑷　譲与等を受けようとする理由
⑸　使用計画
⑹　その他参考となる事項

（譲与等の承認）

第11条　防衛大臣等は、前条の申請書を受理した場合において、譲与等を相当と認めるときは、次に掲げる事項を記載した承認書を、譲与等を相当と認めないときは、その理由を記載した文書を、申請者に送付しなければならない。

⑴　物品の品名及び数量

⑵　第九条の規定により譲渡する場合には、譲渡価額

⑶　譲与等の条件

（譲与等の報告）

第12条　第２条に規定する防衛大臣から委任を受けた職員は、第８条及び第９条の規定による物品の譲与等（第８条第１号及び第３号に掲げる物品の譲与を除く。）をしたときは、速やかに、次の各号に掲げる事項を記載した報告書を防衛大臣に提出しなければならない。

⑴　譲与等の年月日

⑵　譲与等の相手方

⑶　譲与等をした物品の品名及び数量

⑷　譲渡価額

⑸　譲与等の理由

⑹　その他参考となる事項

（災害救助の場合の無償貸付）

第13条　防衛大臣等は、自衛隊法（昭和29年法律第165号）第76条第１項、第78条第１項又は第81条第２項の規定により出動を命ぜられた自衛隊の部隊等が国民の保護のための措置（武力攻撃事態等における国民の保護のための措置に関する法律（平成16年法律第112号。以下「国民保護法」という。）第２条第３項に規定する国民の保護のための措置をいう。）又は緊急対処保護措置（国民保護法第172条第１項に規定する緊急対処保護措置をいう。）を実施する場合、第77条の４第１項、第83条第２項若しくは第３項又は第83条の３の規定により派遣が行われた場合及び陸上自衛隊の使用する船舶（水陸両用車両を含む。）又は海上自衛隊の使用する船舶が海難による被害者を救助した場合（以下「災害救助の場合」という。）において必要があるときは、当該災害による被害者で応急救助を要する者に対し、次に掲げる物品を無償で貸し付けることができる。

⑴　被服

⑵　寝具

⑶　天幕

⑷　前各号以外の災害救助のため特に必要な生活必需品

2　防衛大臣等は、災害救助の場合で緊急に必要があるときは、災害の応急復旧

を行う者に対し、次に掲げる物品を無償で貸し付けることができる。

(1) 修理用器具

(2) 照明用器具

(3) 通信器材

(4) 消毒用器具又は防毒用器具

(5) 化学器材

(6) えい航器具

(7) 前各号以外の災害の応急復旧のため特に必要な機械器具

3 前2項に規定する物品の貸付期間は、国民保護法、原子力災害対策特別措置法（平成11年法律第156号）、災害救助法（昭和22年法律第118号）若しくは水難救護法（明治32年法律第95号）による救助を受けられるまでの期間又は災害救助のため必要と認められる期間を限度とする。ただし、3カ月を超えることができない。

（災害救助の場合の譲与）

第14条 防衛大臣等は、災害救助の場合において必要があるときは、災害による被害者で応急救助を要するものに対し、次に掲げる物品を譲与することができる。ただし、国民保護法、原子力災害対策特別措置法、災害救助法又は水難救護法による救助を受ける者に対しては、これらの法律により受ける物品と同一の物品を譲与することはできない。

(1) 糧食品

(2) 飲料水

(3) 医薬品及び衛生材料

(4) 消毒用剤

(5) ちゅう暖房用及び灯火用燃料

(6) 前各号以外の応急救助のため特に必要な救じゅつ品（消耗品に限る。）

2 前条第1項の規定により貸し付けられた被服又は寝具で、通常の用に供することができないと認められるものについては、これを譲与することができる。

（災害救助物品の数量）

第15条 前2条の規定により、無償で貸し付け、又は譲与することができる物品の数量は、前条第1項第1号の糧食品については、災害救助法施行令（昭和22年政令第225号）第9条第1項の規定に基づき厚生労働大臣が定める炊出しその他による食品の給与を実施するため支出できる費用の額を限度として、防衛省の職員の給与等に関する法律施行令（昭和27年政令第368号）第14条第1項の規定に基づき、職員に対して食事を支給する場合の1人1日当たりの費用を参酌して防衛大臣が定める額以内の量額とし、その他については、必要と認められる数量を限度とする。

（災害救助物品の譲与の報告）

第16条　第２条に規定する防衛大臣から委任を受けた職員は、第14条の規定による物品を譲与した場合は、当該物品の品名、数量及び価額その他必要事項を記載した災害救助物品報告書を、速やかに、防衛大臣に提出しなければならない。

（借受証及び受領証）

第17条　防衛大臣等が、第２条又は第13条の規定による物品のを貸付をしようとするときは、当該物品の借受人から、次の各号に掲げる事項を記載した借受証を徴さなければならない。

(1)　借受物品の品名及び数量

(2)　借受期間

(3)　返納場所

(4)　借り受けた旨及び借受物品を借受期間満了の日までに返納する旨

(5)　借受物品を亡失又は損傷したときは、直ちに、書面をもってその旨及び理由の詳細を報告して、その指示に従う旨

(6)　借受物品の亡失又は損傷の原因が火災又は盗難に係るものであるときは、亡失又は損傷の事実及び理由を証する関係官公署の発行する証明書を提出する旨

(7)　貸付条件に従う旨

２　防衛大臣等は、第８条第２号、第９条又は第14条に規定する物品を譲与しようとするときは、当該物品の譲与を受けた者から当該物品の品名及び数量並びに当該物品の譲与を受けた旨を記載した受領証を徴さなければならない。ただし、第14条の規定により譲与しようとするときにおいて受領証を徴することが困難であるときは、受領を証する適宜な証明をもってこれに代えることができる。

（貸付物品の亡失又は損傷）

第18条　借受人は、貸付物品を亡失又は損傷したときは、直ちにその事実及び理由について詳細な報告書を当該物品を貸し付けた防衛大臣等に提出して、その指示を受けなければならない。

２　防衛大臣等は、前項の亡失又は損傷が借受人の責に帰すべき理由によるものであるときは、借受人に、その負担においてこれを補てんさせ、若しくは修理させ、又は弁償させなければならない。

（適用の制限）

第19条　この省令は、日本国とアメリカ合衆国との間の相互防衛援助協定（昭和29年条約第６号）に基き供与を受けた物品については、防衛大臣の承認を受けた場合に限り適用する。

（施行細則）

第20条　この省令の施行に関し必要な事項は、防衛大臣が定める。

附　則〔略〕

需品の貸付に関する訓令

昭37・8・31庁訓54

最終改正　令2・12・28省訓67

（貸付の請求）

第1条　自衛隊法施行規則第89条に定める貸付権者は、自衛隊法（昭和29年法律第165号）第116条第1項の規定により需品の貸付を行う必要があると認めたときは、貸出しを行なう相手方（以下「借受者」という。）に対し自衛隊法施行規則第95条による借受証（様式別紙）4部の提出を求め、物品管理官に払出しの命令を請求するためこれを送付するものとする。

（払出の手続）

第2条　物品管理官は、貸付権者から借受証の送付を受けた場合は、物品出納官又は物品供用官（以下「物品出納官等」という。）に借受証3部を送付し、当該需品の払出を命ずるものとする。

2　物品出納官等は、借受証により需品を払い出すとともに、借受証の1部を物品管理官に返送し、他の1部を借受者に交付するものとする。

3　借受証は、防衛省所管物品管理取扱規制（平成18年防衛庁訓令第115号。以下「訓令」という。）第40条の規定にかかわらず払出の証書として使用することができる。

4　需品を貸し付けた場合は、証書等をもって補助整理することにより、物品管理簿の貸付欄に記帳したものとみなすことができる。

（借受証の送付）

第3条　貸付需品の返還場所が当該貸付を行なった場所以外の場所である場合（次項の場合を除く。）においては、当該貸付を行なった物品管理官は、借受証1部を返還の場所の物品管理官に送付するものとする。

2　借受者が相互に無償で需品の貸付を行い、これを相殺によって決済することにつき防衛大臣との間にあらかじめ合意のある相手方である場合には、物品管理官は、借受証1部を四半期ごとにとりまとめ、当該貸付需品の品目及び規格ごとの数量の合計の報告書とともに、順序を経て、当該貸付需品について相殺の事務を行なうものとして指定された幕僚長（以下「指定幕僚長」という。）に送付するものとする。

（受入の手続）

第4条 物品管理官は、借受者から貸し付けた需品を受領する場合は、物品出納官等に対し、当該需品の分類、品目、規格、数量、時期、場所及び返還の相手方を明らかにして、受入を命ずるものとする。

2 前項の規定に基づく受入の手続は、訓令に定めるところによる。

3 貸し付けた需品が訓令第40条第２項に規定する納品書によって返還される場合は、これを返還物品の受入の証書として使用することができる。

（相殺のための整理）

第5条 第３条第２項に規定する合意のある借受者から需品の貸付を受けた者は、当該需品の品目、規格及び数量を確認した上、訓令第40条第２項及び第３項に規定する供用票又はその他の書類に、借受者の証明を求め、これを直ちに所属の物品管理官に提出しなければならない。

2 物品管理官は、供用票に基づき、受入及び払出の手続をとるものとする。

3 物品管理官は、供用票のうち１部を四半期ごとにとりまとめ、当該借受需品の品目及び規格ごとの数量の合計の報告書とともに、順序を経て、指定幕僚長に送付するものとする。

4 指定幕僚長は、第３条第２項及び前項の規定による報告書を受領したときは、直ちにこれを整理記帳しなければならない。

（相殺）

第6条 指定幕僚長又はその委任を受けた者は、１箇月ごとに、前条の規定により作成された帳簿又は関係書類に基づき、第３条第２項に規定する合意のある借受者の確認を得て、同一の品目及び規格ごとに相殺を行なうものとする。

附　則〔略〕

別　紙

借　受　証　LOAN DOCUMENT	作成日付　DATE PREPARED	分類区分　CLASS

貸付側 TO (OWNER)	基地名(部隊名)又は物品管理単位番号等 NAME OF BASE (ORGANIZATION) OR SUPPLY UNIT CODE	貸付権者氏名 BASE COMMANDER'S NAME	物品管理官氏名 SUPPLY OFFICER'S NAME	物品出納官氏名 BASE SUPPLY OFFICER'S NAME	証書番号 VOUCHER NUMBER
	物品管理簿記帳年月日及び扱者氏名 ENTERED IN SUPPLY RECORD ON　BY	物品出納簿記帳年月日及び扱者氏名 ENTERD IN BASE SUPPLY RECORD ON　BY	貸付年月日及び扱者氏名 LOANED ON　BY	給油車番号又は保管場所記号 POL TRUCK NUMBER OR LOCATION CODE	

項目番号 ITEM NUMBER	物品番号 STOCK NUMBER	品名規格 ITEM NAME SPECIFICATION	単位 UNIT	数量 QUANTITY	処置／摘要 ACTION／REMARK

借受側 FROM (BORROWER)	航空機の型式及び固有番号　AIRCRAFT TYPE AND SERIAL NUMBER	
	借受期間　PERIOD OF LOAN ～	返還場所　RETURN PLACE
	航空機使用者の氏名及び住所 NAME AND ADDRESS OF AIRCRAFT USER	受領者の所属及び住所 PILOT'S HOME BASE (ORGANIZATION) AND MAILING ADDRESS
	受領日付　DATE RECEIVED	受領者の氏名 PILOT'S NAME

用紙寸法　A列4判

装備品等の部隊使用に関する訓令

平19・8・25省訓74

最終改正　平28・3・31省訓37

（目的）

第1条　この訓令は、装備品等（防衛省設置法（昭和29年法律第164号）第4条第1項第13号に規定する装備品等をいう。以下同じ。）を部隊の使用に供する場合の手続に関し必要な事項を定めることを目的とする。

（訓令の適用範囲）

第2条　装備品等を部隊の使用に供する場合の手続に関しては、別に定めのある場合をを除いては、この訓令の定めるところによる。

（用語の定義）

第3条　この訓令において、次の各号に掲げる用語の意義は、当該各号に定めるところによる。

(1)　部隊使用　装備品等を部隊の使用に供することをいう。

(2)　重要装備品等　装備品等のうち、部隊使用について防衛大臣の承認を得る必要のあるものであって、別表に掲げるもの（基本的な性能、諸元、構造その他の事項が部隊使用に適していることが明らかな市販品を除く。）をいう。

(3)　幕僚長　陸上幕僚長、海上幕僚長及び航空幕僚長をいう。

（部隊使用の承認）

第4条　幕僚長は、重要装備品等を部隊の使用に供する必要がある場合には、その名称及び性能、諸元、構造その他の事項が部隊使用に適していることを証する資料を付して防衛大臣に申請し、部隊使用について承認を受けなければならない。ただし、次に掲げる場合は、この限りではない。

(1)　アメリカ合衆国から供与を受ける場合

(2)　試験的に使用する場合

(3)　装備取得委員会の審議を経て、実用試験に係る重要装備品等が部隊の使用に供し得ると防衛大臣が通知した場合

2　幕僚長は、既に部隊の使用に供されている重要装備品等の名称、性能、諸元、構造その他の事項を変更しようとする場合は、当該変更事項及び変更の理由並びに変更する性能、諸元、構造その他の事項が部隊使用に適していることを証する資料を付して防衛大臣に申請し、部隊使用について承認を受けなければな

らない。ただし、試験的に使用する場合及び部隊使用の適否に影響を及ぼさない軽微な変更である場合は、この限りではない。

（緊急時における部隊使用の手続）

第5条　幕僚長は、自衛隊の任務を遂行するに当たり、重要装備品等を緊急に部隊の使用に供する必要があると認めるときは、前条第１項の規定にかかわらず、その性能、諸元、構造等を示す資料を付して防衛大臣に申請し、緊急の部隊使用について承認を求めることができる。ただし、この場合は、使用する部隊の名称及び部隊で使用する場合の留意事項を当該資料に明記しなければならない。

２　幕僚長は、自衛隊の任務を遂行するに当たり、既に部隊の使用に供されている重要装備品等の性能、諸元、構造その他の事項を変更し、緊急に部隊の使用に供する必要があると認めるときは、前条第２項の規定にかかわらず、当該変更事項及び変更の理由並びに変更する性能、諸元、構造等を示す資料を付して防衛大臣に申請し、緊急の部隊使用について承認を求めることができる。ただし、この場合は、使用する部隊の名称及び部隊で使用する場合の留意事項を当該資料に明記しなければならない。

３　幕僚長は、前２項の規定により承認を受け、部隊の使用に供した重要装備品等について、部隊使用に適していることを証する資料を速やかに作成し、前条による防衛大臣の承認を受けなければならない。

（委任規定）

第6条　この訓令の実施に関し必要な事項は、幕僚長が定める。

附　則（抄）

（施行期日）

１　この訓令は、平成19年９月１から施行する。

（装備品等の制式に関する訓令の廃止）

２　装備品等の制式に関する訓令（昭和29年防衛庁訓令第27号）は廃止する。

（装備品等の制式に関する訓令の廃止に伴う経過措置）

３　この訓令の施行の際、前項の規定により廃止された装備品等の制式に関する訓令（以下「旧訓令」という。）の規定に基づき現に制定されている制式装備品等の制式については、旧訓令はこの訓令の施行後も、なおその効力を有し、当該制式の廃止については、従前の例による。

別表（第３条関係）

符号	分　類	品　名
A	航　空　機	1　航空機
B	火　器	1　火器
C	弾　薬	1　弾薬
D	車　両	1　防衛専用車両
E	水　中　武　器	1　水雷武器 2　掃海器材
F	電波器材・光波器材	1　電波器材 2　光波器材
G	Ｃ４Ｉシステム	1　通信・電子システム 2　指揮統制システム
H	音　響　器　材	1　音響器材
I	磁　気　器　材	1　磁気器材
J	ＮＢＣ器材	1　ＮＢＣ器材
K	誘　導　武　器	1　誘導弾 2　誘導武器システム
L	施　設　器　材	1　渡河器材 2　地雷関係器材
M	その他の器材	1　鉄帽 2　落下傘
N	その他防衛大臣の指定する装備品	

MEMO

【参考】装備品等の制式に関する訓令

昭29・11・30庁訓27

平19・8・25庁訓74　廃止

（訓令の目的）

第1条　この訓令は、防衛省の所掌事務の遂行に直接必要な装備品、船舶、航空機及び食糧その他の需品（以下「装備品等」と総称する。）の制式の制定に関し必要な事項を制定することを目的とする。

（訓令の適用範囲）

第2条　装備品等の制式に関しては、別に定めのある場所を除いては、この訓令の定めるところによる。

（制式の意義）

第3条　制式とは、装備品等について、防衛大臣の制定した型式をいう。

（仮制式の意義）

第4条　仮制式とは、未だ制式として決定しない装備品等について、防衛大臣が仮に定めた型式をいう。

（制式装備品等の範囲）

第5条　装備品等のうち制式（仮制式を含む。第8条を除き以下同じ。）をもって規定すべきもの（以下「制式装備品等」という。）の範囲は、別表の分類及び品名の欄に掲げるものとする。

（装備品等の使用制限）

第6条　制式装備品等は、米国から供与を受ける場合、試験的に使用する場合及び防衛大臣の認めた場合のほか、制式を制定した後でなければ部隊の使用に供してはならない。

（制式に関する文書）

第7条　装備品等の制式に関する文書の記載様式は、別に定める。

（制式装備品等の名称）

第8条　制式装備品等の名称は、通常次の各号によるものとする。

(1)　制式又は仮制式を制定したときの西暦年号の末尾2数字、製造所名、創製者の頭文字又は略語等に式を付して冠称し、仮制式にあってはさらに×を付する。

(2)　前号に規定する事項の次に用途、種別、性能又は適当な区分番号を称する。

(3)　前号に規定する事項の次に装備品等の名称を称する。

(4)　既に制式又は仮制式として制定した装備品等の制式又は仮制式が改正され、旧制式又は旧仮制式名称と区分する必要がある場合には、当初の制式又は仮制式名称の次にB、C等の文字を付して区別する。

例　53式　155ミリ榴弾砲（B）

（制式改正による制式装備品等の改造）

第9条　陸上幕僚長、海上幕僚長及び航空幕僚長（以下「幕僚長」と総称する。）は、制式の改正により制式装備品等を改造する場合には、数量の範囲、改造要領及び改造完成の時期等についてあらかじめ、防衛大臣の承認を得なければならない。

（制式改正によらない制式装備品等の改造）

第10条　幕僚長は、制式装備品等の部品等の互換性又は機能に影響を及ぼさずかつ、研究、試験、教育訓練上、その他改造を必要とする相当の理由があると認めた場合には、制式の改正によらないで制式装備品等の改造を部隊及び機関に命じ、又は許可することができる。

第11条　制式装備品等の調達に際し、製造設備又は製造技術上の理由により，受注者から制式と異る製造修理の願出があつた場合には、幕僚長（装備本部が契約したものにあつては、幕僚長の承認を得て装備本部長）は、制式装備品等の機能及び部品等の互換性に影響のない部分について、その願出を許可することができる。

2　幕僚長及び装備本部長は、前項の許可を与えた場合には、速やかに、制式装備品等の名称、数量、許可理由、許可部分及び受注業者名等を技術研究本部長に通報しなければならない。

（制式に関する文書の保管及び配布）

第12条　技術研究本部長は，制式に関する原文、原図を保管し又は制式に関する文書の印刷配布を行う。

（制式の採用の上申）

第13条　幕僚長は、制式装備品等について制式の制定の後、部隊の使用に供する必要がある場合には、当該制式装備品等の性能、諸元、構造その他の事項が部隊の使用に適していることを証する資料を付して制式の採用について防衛大臣に上申するとともに、技術研究本部長に通報しなければならない。

（制式の採用の決定）

第14条　防衛大臣は、前条の上申を受けた場合には、制式の採用の可否を定め、幕僚長及び技術研究本部長に通知する。

（制式の制定）

第15条　技術研究本部長は、前条の規定により制式の採用が決定された制式装備品について、すみやかに、制式の制定に必要な資料を作成し、防衛大臣に提出するとともに、幕僚長に送付しなければならない。

2　幕僚長は、技術研究本部長から送付された資料に基づき、技術研究本部長と連名で、制式の制定を防衛大臣に上申するものとする。

3　防衛大臣は、前項の上申に基づき、制定装備品等の制式を制定する。

（制式の改正等）

第16条　第13条から前条までの規定は、制式の改正又は廃止の場合に準用する。

附　則〔略〕

別表

符号	分類	品名
A	航空機	1 航空機 2 航空発動機 3 プロペラ 4 とう載機器 5 航空計器
B	火器	1 火器
C	弾薬	1 弾薬 2 火薬
D	車両	1 自走車 2 トレーラー
E	水中武器	1 水中武器 2 的器材 3 掃海器材
F	電波器材	1 レーダー装置 2 敵味方識別機 3 電波航法器材 4 電子算定具 5 特殊電波機器
G	無線通信器材	1 無線送受信機 2 無線中継器材
H	有線通信器材	1 有線電話機 2 交換器材 3 搬送器材 4 通信器材
J	特殊通信器材	1 暗号器材 2 テレタイプ 3 写真電送機 4 模写電送機 5 特殊テレビジョン 6 暗視器
K	音響器材	1 音響器材

符号	分類	品名
L	磁気器材	1 磁気器材
M	気象器材	1 気象観測装置
N	化学器材	1 発煙器材 2 焼夷器材 3 ＣＢＲ防護器材 4 ＣＢＲ検知器材 5 ＣＢＲ除毒器材 6 訓練用ＣＢＲ器材
P	誘導武器	1 誘導飛体 2 誘導装置 3 発射装置
Q	射撃統制機器	1 射撃指揮装置 2 射撃算定具 3 遠隔操縦装置 4 照準具 5 観測器材
R	施設器材	1 土木器材 2 渡河交通器材 3 給水器材 4 気力器材 5 荷役器材 6 地雷関係器材 7 消火器材 8 測図器材 9 電気器材 10 木工器材
		1 鉄帽 2 鉄帽ライナー 3 防弾衣

S	その他器材	4 落下傘
		5 航空浮舟
		6 航空浮衣
		7 担架
		8 野外医療セット
		9 個人医療のう
		10 重装測定器
		11 特殊整備器材
		12 転輪羅針儀
		13 測程儀
		14 風信儀
		15 対勢儀
		16 大口径双眼鏡（8cm以上）
		17 特殊六分儀
		18 測距儀
		19 探照灯
		20 大型信号灯
		21 特殊写真機
T	その他長官の指定する重要装備品	

MEMO

装備品等の類別に関する訓令

昭37・8・24庁訓53

最終改正　令6・3・27省訓31

（目的）

第1条　この訓令は、装備品等及びＮＣＳ国産品の類別に関して必要な事項を定め、もつて装備品等の補給に関する業務（以下「補給業務」という。）その他これに関連する業務の効率化に資することを目的とする。

（用語の意義）

第2条　この訓令において用いる次の各号に掲げる用語の意義は、当該各号に定めるところによる。

(1)「幕僚長等」とは、大臣官房長、防衛省本省の施設等機関の長、統合幕僚長、幕僚長（陸上幕僚長、海上幕僚長及び航空幕僚長をいう。以下同じ。）、情報本部長、防衛監察監、地方防衛局長及び防衛装備庁長官をいう。

(2)「装備品等」とは、防衛省設置法（昭和29年法律第164号）第４条第１項第13号に規定する装備品等のうち船舶及び航空機並びに図書、定型用紙及び地図を除いたものをいう。

(3)「記述型式」とは、類別の実施に当たり、品目を識別するために明らかにすべき装備品等の特性に係る細目を品名ごとに示したものであつて、アメリカ合衆国の1952年の国防類別標準化法による連邦カタログ制度（以下「連邦カタログ制度」という。）において定められている記述型式（参考図を含む。）、防衛大臣がこれに準じて定めた記述型式（参考図を含む。）及び北大西洋条約機構の135連合委員会によるNATOカタログ制度（以下「NATOカタログ制度」という。）において定められている記述型式（参考図を含む。）をいう。それぞれの装備品等は、同種の物品単位ごとにいずれかの品名の下に区分され、連邦カタログ制度において定められている指定品名索引、防衛大臣がこれに準じて定めた指定品名索引又はNATOカタログ制度において定められている指定品名索引により、それぞれの品名について適用される記述型式が決定される。

(4)「製造者」とは、装備品等及びＮＣＳ国産品の製造図面、製造仕様書等を作成し、又は管理する者（法人を含む。）、団体又は国の機関をいう。

(5)「ナショナル物品番号」とは、連邦カタログ制度において定められた物品番号をいう。

(6) 「NATO物品番号」とは、NATOカタログ制度において定められた物品番号をいう。

(7) 「指定品名」とは、連邦カタログ制度において品目名として使用すべきものとしてアメリカ合衆国国防省が統一的に指定した品名、NATOカタログ制度において品目名として使用すべきものとして北大西洋条約機構の135連合委員会が統一的に指定した品名及び防衛大臣が品目名として使用すべきものとして指定したその他の品名をいう。

(8) 「NCAGE」とは、製造者、卸売り業者及び役務提供者（以下「製造者等」という。）を特定するためNATOカタログ制度において定められた固有の記号をいう。

(9) 「ＮＣＳ国産品」とは、装備品等以外でNATOカタログ制度参加国が補給する日本国内において製造された物品をいう。

(10) 「製造者記号」とは、防衛装備庁長官が製造者等ごとに付与した記号又はNCAGEをいう。

（品目識別等の使用）

第３条 装備品等の補給について直接責任を有する者（物品管理官又は分任物品管理官として指定された官職にあるものに限る。以下「補給責任者」という。）は、次の各号に該当する装備品等の補給に関する業務を除き、補給業務に使用する文書においては、この訓令の規定に基づいて定められた品目識別、品目の属する分類区分、物品番号及び補助品目名（以下「品目識別等」という。）以外のこれらに代わるものを使用してはならない。ただし、緊急を要する場合において、装備品等をこの訓令の規定に基づいてその類別が行なわれる前に補給しようとするときは、その補給に必要な限度で、仮にこれらに代わるものを定めて、これを使用することができる。

(1) 同種のものを反復して補給することが予想されない装備品等

(2) 現地において調達され、かつ、その現地において消費される装備品等

(3) 前各号に掲げるもののほか、防衛大臣がこの訓令による類別をすることが適当でないと認めた装備品等

２ 前項の規定にかかわらず、前項第１号及び第２号に該当する装備品等について、この訓令の規定に基づいて類別が行なわれた場合においては、補給責任者は、当該品目の装備品等の補給に関する業務に使用する文書においても、この訓令の規定に基づいて定められた品目識別等以外のこれらに代わるものを使用してはならない。

3　補給業務に使用するカタログその他これに類する図書を作成する場合においては、この訓令の規定に基づいて定められた品目識別等以外のこれらに代わるものを使用してはならない。

（類別資料の提出）

第4条　補給責任者は、前条第1項各号に該当する装備品等以外の装備品等について、この訓令の規定に基づいて既に設けられている品目以外の品目の設定の必要があるときは、次項の類別資料を作成するのに必要な原資料を順序を経て幕僚長等に提出しなければならない。

2　幕僚長等は、前項の規定により原資料が提出されたとき及び補給責任者が前条第1項各号に該当する装備品以外の装備品等についてこの訓令の規定に基づいて既に設けられている品目以外の品目の設定を必要とすることが予想されるときは、当該装備品等の類別を行うのに必要な資料（以下「類別資料」という。）を作成し、これを防衛装備庁長官に提出しなければならない。

3　幕僚長等は、前項に定める場合のほか、防衛大臣から特に要求があつた場合はその要求に係る類別資料を作成し、これを防衛装備庁長官に提出しなければならない。

（類別資料の作成単位及び構成）

第5条　幕僚長等は、補給業務において同一の取扱いをしようとする装備品等ごとに類別資料を作成するものとする。

2　幕僚長が作成する類別資料は、品目識別案、品目の属する分類区分案その他別に防衛大臣が定める資料からなるものとする。

3　大臣官房長、防衛省本省の施設等機関の長、統合幕僚長、情報本部長、防衛監察監、地方防衛局長及び防衛装備庁長官が作成する類別資料の構成については、別に防衛大臣が定める。

（品目識別案）

第6条　前条第2項の品目識別案は、この条及び次条の規定により作成するものとする。

2　当該装備品等について適用される記述形式に従つて品目の特性（品目に属する装備品等が具備すべき形状、構造、品質、性能等をいう。以下同じ。）及び次の各号に掲げる事項を記述し、その他必要な事項を記載するものとする。

⑴　品目名

⑵　製造者記号

⑶　参考番号（製造者の付与する番号、記号又は商品名であつて、それのみで特定の生産品目を識別することのできるもの並びに当該品目の仕様書番号又

は規格番号をいう。）

3　当該装備品等について適当な記述型式が存しないと認められるときは、記述型式案を作成し、その記述型式案に従つて品目の特性を記述し、その他必要な事項を記載するとともに、その記述型式案及びこれが適用される品名の案を類別資料に添付するものとする。

4　品目識別案における品目名は、該当する指定品名がある場合はこれによるものとし、該当するものがない場合は別に防衛大臣が定める方法により命名したところによるものとする。

第6条の2　前条第2項及び第3項の規定にかかわらず、次の各号に掲げる装備品等（次項及び第9条において「供与品等」という。）について相当と認められるときは、これに係る品目識別案においては、それぞれ当該各号に掲げる事項を明示するものとする。

(1)　日本国とアメリカ合衆国との相互防衛援助協定第1条の規定に基づき有償又は無償で供与又は貸与される装備品等（供与又は貸与は受けないが、アメリカ合衆国政府の仕様書、図面等と同一の仕様書、図面等により調達される装備品等を含む。）であつてナショナル物品番号の確認されたもの　品目名及びナショナル物品番号

(2)　北大西洋条約機構加盟国（米国を除く。）から調達した装備品等（NATOカタログ制度参加国政府の仕様書、図面等と同一の仕様書、図面等により調達される装備品等を含む。）であつてNATO物品番号の確認されたもの　品目名及びNATO物品番号

(3)　幕僚長等が補給業務上前2号に掲げる装備品等と同一の取扱いをしようとするもの　品目名及びナショナル物品番号若しくはNATO物品番号

2　前条第4項の規定にかかわらず、供与品等について該当する指定品名がなく、かつ、別に連邦カタログ制度又はNATOカタログ制度において命名されている品目名が確認されている場合においては、当該品目名による。

（品目の属する分類区分案）

第7条　第5条第2項の品目の属する分類区分案は、その品目名及び品目の特性に基づいて、別に防衛大臣が定める方法に従つて作成するものとする。

（装備品等及びＮＣＳ国産品の類別）

第8条　防衛大臣は、装備品等及びＮＣＳ国産品の類別を行う。

2　装備品等及びＮＣＳ国産品の類別は、次に掲げる類別資料に基づき、品目を設け、その品目について品目識別及び品目の属する分類区分を定めるとともに、当該品目に物品番号を付与することにより行なわれるものとする。

(1) 第4条第2項及び第3項の規定により、幕僚長等から提出された類別資料
(2) NATOカタログ制度参加国からのＮＣＳ国産品の類別依頼に付属する資料

3 防衛装備庁長官は、前項各号に掲げる資料に基づき、類別案を作成し、防衛大臣に申請するものとする。

4 防衛大臣は、第13条の報告に基づき、品目を設けておく必要がなくなつたと認めるときは、これを廃止する。

(物品番号)

第9条 前条第2項の物品番号は、供与品等に係る品目については、品目識別において使用したナショナル物品番号又はNATO物品番号と同一の番号とし、供与品等以外の装備品等及びＮＣＳ国産品に係る品目については、その品目の属する分類区分を示す分類番号及び品目ごとに定められた品目識別番号によつて構成される番号とする。

(補助品目名)

第10条 防衛大臣は、必要があると認める場合には、品目名のほかに、補助品目名を定める。

(品目識別又は品目の属する分類区分の改定)

第11条 補給責任者は、品目識別又は品目の属する分類区分の改定（以下この条において「改定」という。）の必要があると認められるときは、改定を行うのに必要な原資料を順序を経て幕僚長等に提出しなければならない。

2 幕僚長等は、前項の規定により原資料が提出されたとき、その他改定の必要があると認められるときは、改定を行うのに必要な資料（以下「改定資料」という。）を作成し、これを防衛装備庁長官に提出しなければならない。

3 防衛装備庁長官は、幕僚長等から提出された改定資料に基づき、改定案を作成し、防衛大臣に申請するものとする。

4 防衛大臣は、申請された改定案に基づき、必要があると認めるときは所要の改定を行う。

(類別資料及び改定資料の作成の方法等)

第12条 この訓令に定めるもののほか、類別資料及び改定資料の作成の方法、提出の手続その他必要な細目については、別に防衛大臣が定める。

(取扱い品目の報告)

第13条 幕僚長等は、別に防衛大臣が定めるところにより、次条第1項の規定により防衛省カタログが作成された品目については、次の各号に掲げる区分に従い防衛装備庁長官に通知するものとする。

(1) 補給責任者が将来にわたって調達し、又は補給することが予想される装備品等に係る品目

(2) 補給責任者が将来にわたつて調達し、又は補給することが予想されなくなった装備品等に係る品目

2 防衛装備庁長官は、前項の規定により幕僚長等から通知された品目を取りまとめて防衛大臣に報告するものとする。

(防衛省カタログの作成)

第14条 防衛装備庁長官は、この訓令の規定に基づいて定められた品目識別等を記載したカタログを作成する。

2 前項のカタログは、防衛省カタログと称する。

3 防衛装備庁長官は、防衛省カタログを防衛大臣に報告するとともに、関係の幕僚長等に送付する。

4 防衛装備庁長官は、防衛省カタログの内容をNATOカタログに登録する。ただし、供用品等で既にNATOカタログに登録されているものは除く。

5 幕僚長等は、防衛省カタログに準拠して所要のカタログを作成し、これを関係者に配布するものとする。

(委任規定)

第15条 この訓令に定めるもののほか、この訓令の実施に関し必要な事項は、幕僚長等が定める。

附 則〔略〕

装備品等の標準化に関する訓令

昭43・8・26庁訓33

最終改正　令2・3・30省訓19

目次

第1章　総則

（趣旨）

第1条　この訓令は、装備品等の標準化を推進するため、標準品目等の指定、仕様書の規制及び防衛省規格の制定について必要な事項を定めるものとする。

（装備品等の標準化の意義）

第2条　装備品等の標準化とは、装備品等の調達、補給、維持、管理その他の業務の効率化及び装備品等の品質の確保に資するため、装備品等の種類又は仕様を統一し、又は単純化することにより、装備品等の品目数を少なくするとともに装備品等の互換性及び共通性を高くすることをいう。

（用語の意義）

第3条　この訓令において、次の各号に掲げる用語の意義は、当該各号に定めるところによる。

(1)　幕僚長等　大臣官房長、防衛省本省の施設等機関の長、統合幕僚長、幕僚長（陸上幕僚長、海上幕僚長又は航空幕僚長をいう。以下同じ。）、情報本部長、防衛監察監、地方防衛局長又は防衛装備庁長官をいう。

(2)　装備品等　防衛省設置法（昭和29年法律第164号）第4条第1項第13号に規定する装備品等をいう。

(3)　仕様　装備品等の形状、構造、品質、性能その他の特性、装備品等の試験方法、検査方法その他これらの特性を確保するための方法又は装備品等の防せい方法、包装方法、表示方法その他の出荷条件をいう。

(4)　仕様書　調達しようとする装備品等の仕様を記載した文書をいう。

(5)　国定規格　日本産業規格その他国で定めた標準規格をいう。

第２章　標準品目等の指定

（標準品目等の指定）

第４条　防衛大臣は、装備品等の標準化のため必要があるときは、装備品等の類別に関する訓令（昭和37年防衛庁訓令第53号）第２条第７号に規定する指定品名をその品目名としている品目（同訓令第８条第２項の規定により設けた品目をいう。以下同じ。）について標準品目、試用品目又は非標準品目（以下「標準品目等」という。）の指定を行う。

２　防衛装備庁長官は、第20条の３に規定する年度標準化計画に基づき、関係のある幕僚長等と協議の上、標準品目等の指定案を作成し、防衛大臣に標準品目等の指定を申請する。

３　防衛装備庁長官は、防衛大臣が指定した標準品目等を幕僚長等に送付する。

４　前各項の規定は、標準品目等の指定の変更について準用する。

（標準品目）

第５条　標準品目に指定された品目は、装備品等の設計、仕様書の作成その他の装備品等の仕様の決定にあたつて、つとめて採用しなければならない。

（試用品目）

第６条　試用品目に指定された品目については、幕僚長等は、防衛大臣の定めるところにより、これを試用するとともに、その使用実績を防衛大臣に報告しなければならない。

（非標準品目）

第７条　非標準品目に指定された品目は、取得請求（物品管理法（昭和31年法律第113号）第19条第１項の規定に基づく取得のため必要な措置の請求をいう。以下同じ。）をしてはならない。

（その他の品目）

第８条　標準品目に指定された品目がその品目名としている指定品名の範囲（防衛大臣がその範囲内で別に範囲を指定したときは、当該指定に係る範囲。次条において同じ。）に属する品目のうち、標準品目、試用品目又は非標準品目のいずれにも指定されないものの取得請求は、標準品目に指定された品目を取得することによつては目的を達することができないときに限りすることができる。

（品目以外の装備品等）

第９条　標準品目に指定された品目がその品目名としている指定品目の範囲に属

する装備品等については、品目以外のものの取得請求をしてはならない。

第10条及び**第11条**　削除

（取得請求の禁止の特例）

第12条　第７条から第９条までの規定は、装備品等の類別に関する訓令第３条第１項各号に掲げる装備品等及び自衛隊の任務遂行上緊急に必要とされる装備品等の取得請求については、適用しない。

２　第７条から第９条までの規定は、装備品等の調達に伴いあわせて調達される当該装備品等の維持に必要な部品（付属品を含む。次項において同じ。）及び法令、訓令又は防衛大臣の決定に基づき自衛隊において使用すべきものとされた装備品等の取得請求についても、適用しない。ただし、これらの取得請求を当該各規定に抵触しないでできるようにするための措置を、あらかじめ、とることができるときは、この限りでない。

３　前項本文の規定により第７条から第９条までの規定が適用されないこととなる同項の部品又は装備品等の取得請求をした場合においては、関係者は、すみやかにその後のこれらの取得請求を当該各規定に抵触しないでできるようにするための措置をとるものとする。

４　第９条の規定は、防衛省仕様書による装備品等の取得請求についても、適用しない。ただし、その取得請求を同条の規定に抵触しないでできるようにするための措置を、あらかじめ、とることができるときは、この限りでない。

５　第３項の規定は、前項本文の規定により第９条の規定が適用されないこととなる同項の装備品等の取得請求について準用する。

第３章　仕様書の規制

（防衛省仕様書の制定）

第13条　防衛大臣は、装備品等の標準化のため必要があるときは、防衛省仕様書を制定する。

２　装備品等の調達に際し仕様書の作成につき防衛省仕様書によることができるときは、これによらなければならない。

３　幕僚長等は、第20条の３に規定する年度標準化計画に基づき防衛省仕様書の原案を作成し、防衛装備庁長官に送付する。

４　防衛装備庁長官は、前項の原案について関係ある幕僚長等と協議の上、防衛省仕様書の制定案を作成し、防衛大臣に防衛省仕様書の制定を申請する。

５　前２項の防衛省仕様書の原案及び制定案の様式及び記載要領は、防衛大臣が別に定める。

６　防衛装備庁長官は、防衛大臣が制定した防衛省仕様書を幕僚長等に送付する。

7　第１項及び第３項から前項までの規定は、防衛省仕様書の改正又は廃止について準用する。

（仕様書の作成担当区分）

第14条　装備品等の調達に際し仕様書の作成につき防衛省仕様書によることができない場合において、別途仕様書を必要とするときは、この条に定めるところにより、これを作成するものとする。

2　幕僚長若しくは防衛装備庁長官又は陸上自衛隊、海上自衛隊若しくは航空自衛隊若しくは防衛装備庁の物品管理官（物品管理法第８条第３項に規定する物品管理官をいう。以下この条において同じ。）の調達要求に基づき防衛装備庁が契約する装備品等であつて次の各号の一に該当するものに係る仕様書は、防衛装備庁長官が作成する。

(1)　国定規格又は防衛省規格を適用するもの

(2)　市販品で防衛大臣が別に定めるもの

(3)　研究開発に関するもの

3　前項各号の一に該当する装備品等以外の装備品であつて、幕僚長又は陸上自衛隊、海上自衛隊若しくは航空自衛隊の物品管理官が防衛装備庁に対し調達要求する装備品等に係る仕様書は、幕僚長が作成する。ただし、幕僚長は当該仕様書を、それぞれ陸上自衛隊補給統制本部長、海上自衛隊補給本部長又は航空自衛隊補給本部長に作成させることができる。

4　幕僚長等又は防衛省本省の内部部局、施設等機関、統合幕僚監部、陸上自衛隊、海上自衛隊、航空自衛隊、情報本部、防衛監察本部、地方防衛局若しくは防衛装備庁の物品管理官が防衛装備庁に調達を委託する装備品等に係る仕様書は、幕僚長等が作成する。ただし、幕僚長は、当該仕様書を、それぞれ陸上自衛隊補給統制本部長、海上自衛隊補給本部長又は航空自衛隊補給本部長に作成させることができる。

5　幕僚長等が調達する装備品等に係る仕様書は、幕僚長等又はその指定する者が作成する。

（装備品等の標準化の趣旨の尊重）

第15条　仕様書の作成にあたつては、装備品等の標準化の趣旨を尊重しなければならない。

（仕様書の新規作成及び改正手続）

第16条　第14条第２項第１号又は第２号の場合においては、防衛装備庁長官は、あらかじめ、関係のある幕僚長の意見を徴しなければならない。ただし、当該仕様書の内容がこの項の規定によりすでに幕僚長の意見を徴したものと異ならないときは、この限りでない。

2　第14条第３項の場合において、当該仕様書が装備品等の部隊使用に関する訓令（平成19年防衛省訓令第74号）第３条第２号に規定する重要装備品等に係るものであるときは、幕僚長は、当該装備品等の仕様又はその大綱について、防衛装備庁長官と協議の上、防衛大臣の承認を受けなければならない。ただし、当該装備品等の仕様、又はその大綱がこの項の規定によりすでに防衛大臣の承認を受けたものと異ならないときは、この限りでない。

3　前項の規定に係る装備品等のうち、装備品等の研究開発に関する訓令（平成27年防衛省訓令第37号）の規定により開発された装備品等について、防衛装備庁長官は、幕僚長との協議に先立ち、あらかじめ仕様書の作成に必要な資料を作成し、幕僚長に送付しなければならない。

4　第２項の規定に係る装備品等について、防衛大臣が使用の実績を求めた場合は、幕僚長は、防衛大臣の定めるところにより、その使用実績を報告しなければならない。

5　第２項の規定は、当該仕様書の改正について準用する。

（仕様書の記載要領）

第17条　第14条第２項から第５項までの規定により作成される仕様書の様式及び記載要領は、第13条第５項の規定により定められた様式及び記載要領に準ずるものとする。

（仕様書の内容の通知）

第18条　防衛装備庁長官は第14条第２項の規定に基づき仕様書（その内容がこの条の規定により、すでに通知された内容と異ならないものを除く。）を作成したときは関係のある幕僚長に、幕僚長は第16条第２項の規定に基づき防衛装備庁長官と協議のうえ第14条第３項の規定に基づき仕様書を作成したときは防衛装備庁長官に、それぞれ当該仕様書の内容を通知しなければならない。

第４章　防衛省規格の制定

（防衛省規格の制定）

第19条　防衛大臣は、国定規格が定められていない場合において、装備品等の標準化のため必要があるときは、防衛省規格を制定する。

2　防衛装備庁長官は、第20条の３に規定する年度標準化計画に基づき関係のある幕僚長等と協議の上、防衛省規格の原案を作成し、防衛大臣に防衛省規格の制定を申請する。

3　前項の防衛省規格の原案の様式及び記載要領は、防衛大臣が別に定める。

4　防衛装備庁長官は、防衛大臣が制定した防衛省規格を幕僚長等に送付する。

5　前各項の規定は、防衛省規格の改正又は廃止について準用する。

（防衛省規格の採用）

第20条　装備品等の設計、仕様書の作成その他の装備品等の仕様の決定にあたつては、国定規格のほか、つとめて防衛省規格を採用しなければならない。

第４章の２　年度標準化計画

（年度標準化計画）

第20条の２　削除

第20条の３　年度標準化計画は、次に掲げる事項について定めるものとする。

(1)　当該年度における標準品目等の指定又は指定変更に関する事項

(2)　当該年度における防衛省仕様書の制定、改正又は廃止に関する事項

(3)　当該年度における防衛省規格の制定、改正又は廃止に関する事項

(4)　翌々年度以降の標準品目等、防衛省仕様書又は防衛省規格の見直しに関する参考となる事項

(5)　その他前各号に関する必要な事項

2　防衛大臣は、年度標準化計画を当該年度の前年度までに作成するものとし、必要に応じ変更するものとする。

3　防衛装備庁長官は、第１項第１号、第２号及び第４号（標準品目等及び防衛省仕様書の見直しに関する参考となる事項に限る。）並びに第１項第３号及び第４号（防衛省規格の見直しに関する参考となる事項に限る。）について、関係のある幕僚長等と協議の上、年度標準化計画案を作成し、防衛大臣に申請する。

4　前項の規定は、年度標準化計画を変更する場合に準用する。

5　幕僚長等は、事情の変更その他の事由により、年度標準化計画の防衛省規格に関する記載事項、標準品目等又は防衛省仕様書に関する記載事項を変更する場合は防衛装備庁長官に依頼する。

第５章　標準化調整会議

（標準化調整会議）

第21条　装備品等の標準化に係る次の各号に掲げる事項に関し審議し、かつ、幕僚長等相互間の調整を図るため、防衛省に標準化調整会議を置く。

(1)　年度標準化計画の作成又は変更に関すること。

(2)　標準品目等の指定又は指定変更に関すること。

(3)　防衛省仕様書の制定、改正又は廃止に関すること。

(4)　防衛省規格の制定、改正又は廃止に関すること。

(5)　その他装備品等の標準化に関する重要な事項に関すること。

2　衛生資材に関する事項を議題とするときは大臣官房衛生監が、衛生資材を除

く装備品等に関する事項を議題とするときは防衛装備庁長官が標準化調整会議の議長となる。

3　標準化調整会議の委員は、議題に関係のある防衛装備庁調達管理部長、人事教育局衛生官又は防衛装備庁の課長等、統合幕僚長が指名する者及び議題に応じて関係のある幕僚長等が指名する者とする。

4　標準化調整会議は、第2項に定める区分に従い大臣官房衛生監又は防衛装備庁長官が招集する。

5　標準化調整会議を招集するに当たっては，大臣官房衛生監又は防衛装備庁長官は、議題を示し、防衛装備庁調達管理部長、人事教育局衛生官又は防衛装備庁の課長等である委員にあつては直接出席を求め、その他の委員にあつては統合幕僚長及び関係のある幕僚長等に対し委員の指名を求めた上出席を求める。

6　標準化調整会議の庶務は、衛生資材に関する事項を議題とするときは人事教育局衛生官が、衛生資材を除く装備品等に関する事項を議題とするときは防衛装備庁調達管理部調達企画課長が処理する。

7　前各項に定めるもののほか、標準化調整会議の組織及び運営に関し必要な事項は、第2項に定める区分に従い大臣官房衛生監又は防衛装備庁長官が定める。

第6章　雑則

（委任規定）

第22条　この訓令に定めるもののほか、この訓令の実施に関し必要な事項は、幕僚長等が定める。

附　則〔略〕

装備品等及び役務の調達実施に関する訓令

昭49・3・8庁訓4

最終改正　令5・6・30省訓57

（趣旨）

第1条　この訓令は、防衛省における装備品等及び役務の調達の実施について必要な事項を定めるものとする。

（用語の意義）

第2条　この訓令において、次の各号に掲げる用語の意義は、当該各号に定めるところによる。

(1)　大臣官房等　大臣官房、防衛省本省の施設等機関、統合幕僚監部、陸上自衛隊、海上自衛隊、航空自衛隊、情報本部、防衛監察本部及び地方防衛局をいう。

(2)　大臣官房長等　大臣官房長、防衛省本省の施設等機関の長、統合幕僚長、陸上幕僚長、海上幕僚長、航空幕僚長、情報本部長、防衛監察監及び地方防衛局長をいう。

(3)　庁費　（目）庁費により支出する経費をいう。

(4)　装備品等　防衛省設置法（昭和29年法律第164号。以下「法」という。）第4条第1項第13号に規定する装備品等をいう。

(5)　輸入品等　防衛省が直接又は輸入業者を通じて外国から調達する装備品等及び役務（日本国とアメリカ合衆国との間の相互防衛援助協定に基づく有償援助により調達する装備品等及び役務を含む。）をいう。

(6)　物品管理官　物品管理法（昭和31年法律第113号）第8条第3項に規定する物品管理官及び物品管理法施行令（昭和31年政令第339号）第8条第5項に規定する物品管理官代理をいう。

(7)　仕様書　装備品等の標準化に関する訓令（昭和43年防衛庁訓令第33号）第3条第4号に規定する仕様書（役務契約にあつては役務の内容を示す文書）をいう。

(8)　仕様書等　仕様書及び仕様書を補足する細部資料をいう。

（中央調達）

第3条　防衛装備庁の所掌事務（法第4条第1項第13号に掲げる事務に係るものに限る。次項において同じ。）として行う装備品等及び役務の調達は、次に掲げるものとする。

(1)　別表に掲げる装備品等（庁費で購入するものを除く。）及び役務（第４条又は第５条第１項の規定により調達を行う場合を除く。）の調達

(2)　別表に掲げる装備品等及び役務以外であって、適正かつ効率的な遂行が求められる調達

２　前項に規定する防衛装備庁の所掌事務として行う装備品等及び役務の調達は、これを中央調達という。

（調達の実施の特例）

第４条　大臣官房等及び防衛装備庁においては、別表に掲げる装備品等（庁費で購入するものを除く。）又は役務の調達で、調達要求１件の金額が150万円以下のものを行うことができる。

第５条　大臣官房等及び防衛装備庁においては、次の各号の１に該当する場合には、別表に掲げる装備品等（庁費で購入するものを除く。）又は役務の調達（調達要求１件の金額が150万円以下のものを除く。）を行うことができる。

(1)　特に緊急の必要があるため、中央調達の手続を待つては業務の遂行に支障が生じる場合

(2)　その他特別の事由により、防衛大臣の承認を受けた場合

２　大臣官房長等及び防衛装備庁長官は、前項第１号の規定による調達を行つた場合には、当該調達に係る契約を締結した日から30日以内に、その旨を防衛大臣に報告するものとする。

第５条の２　前２条の規定により大臣官房等又は防衛装備庁において行う調達その他中央調達以外の調達は、これを地方調達という。

（調達の受託等）

第６条　防衛装備庁長官は、次の各号に掲げる場合であって、第３条第１項第２号の規定に該当すると認めるときは、これを行うことができる。

(1)　大臣官房長等から、別表に掲げる装備品等（庁費で購入するものを除く。）及び役務以外の装備品等又は役務を調達することの申し込みがあった場合

(2)　防衛装備庁の物品管理官から、その所掌する事務を遂行する上で必要な別表に掲げる装備品等（庁費で購入するものを除く。）及び役務以外の装備品等又は役務を調達することの上申があった場合

（調達の実施の協力）

第７条　大臣官房長等及び防衛装備庁長官は、それぞれ相互間において、別表に掲げる装備品等（庁費で購入するものを除く。）及び役務以外の装備品等又は役務の調達について協力の申込みがあつた場合には、協力するものとする。

（調査及び資料の収集）

第８条 防衛装備庁長官及び地方防衛局長は、装備品等及び役務の調達に関する事務を適正に行うため、次の各号に掲げる調査及び資料の収集を行うものとする。

⑴ 業態調査及び原価調査

⑵ 原価計算、契約の締結及び原価監査に関する資料の収集及び調査

⑶ 監督及び検査に関する資料の収集及び調査

２ 防衛装備庁長官又は地方防衛局長は、前項の規定により行った調査及び資料の収集の結果得た資料のうち、調達業務の遂行に必要と思われる資料を防衛装備庁長官又は地方防衛局長に送付するものとする。

３ 防衛装備庁長官は、前各項の規定により行つた調査及び資料の収集の結果得た資料のうち、大臣官房等における調達業務の遂行に必要と思われる資料を大臣官房長等に送付するものとする。

（調達基本計画の作成）

第９条 大臣官房長等及び防衛装備庁長官は、中央調達について、別記様式により調達基本計画を作成し、前年度の３月20日までに、防衛大臣に提出するとともに、大臣官房長等は、その写しを防衛装備庁長官に送付するものとする。

２ 大臣官房長等及び防衛装備庁長官は、調達基本計画を修正したときは、その修正分について、防衛大臣に報告するとともに、大臣官房長等は防衛装備庁長官に通知するものとする。

３ 大臣官房長等及び防衛装備庁長官は、地方調達（庁費によるものを除く。）について、別記様式により調達基本計画を作成し、前年度の３月20日までに防衛大臣に提出するものとする。

（調達実施計画の作成）

第10条 防衛装備庁長官は、装備品等又は役務の調達の円滑かつ適正な実施に資するため前条第１項の規定により送付を受けた調達基本計画に基づいて調達実施計画を作成するものとする。

（調達実施計画による管理）

第10条の２ 防衛装備庁長官は、前条の規定により作成した調達実施計画に関する情報を大臣官房長等及び防衛装備庁長官に共有し、これにより当該調達実施計画の対象とする年度の調達の管理を行うものとする。

２ 防衛装備庁長官並びに大臣官房長等及び防衛装備庁長官は、前項の管理の実施に関し、相互に必要な情報の提供その他必要な協力を行うものとする。

（調達要求）

第11条　大臣官房長等及び防衛装備庁長官は、船舶（浮標、浮さん橋及び浮ドックを含む。）若しくは航空機、これらに関する役務又は装備品等に関する役務以外の役務の調達をしようとするときは、支出負担行為担当官に対し、その調達に必要な仕様書等を添えた調達要求書により調達要求をするものとする。この場合において、調達要求の内容は、自衛隊予算の執行手続に関する訓令（昭和32年防衛庁訓令第29号）第５条の規定により作成された支出負担行為計画示達内訳書（以下「示達内訳書」という。）に記載されている品目、数量、金額等の範囲を超えるものであつてはならない。

2　大臣官房等及び防衛装備庁の物品管理官は、装備品等又は役務の調達（前項の調達を除く。）をしようとするときは、支出負担行為担当官に対しその調達に必要な仕様書等を添えた調達要求書により調達要求をするものとする。この場合において、調達要求の内容は、示達内訳書に記載されている品目、数量、金額等の範囲を超えるものであつてはならない。

3　陸上幕僚長又は陸上自衛隊の物品管理官は、防衛大臣の承認を得て第１項及び第２項の調達要求書を陸上自衛隊補給統制本部長に、海上自衛隊の物品管理官は、防衛大臣の承認を得て第２項の調達要求書を海上自衛隊補給本部長に、航空幕僚長又は航空自衛隊の物品管理官は、防衛大臣の承認を得て第１項及び第２項の調達要求書を航空自衛隊補給本部長に、それぞれ作成させることができる。

（調達要求に関する協議等）

第12条　防衛装備庁長官は、調達要求の金額若しくは納期又は仕様書等（契約締結後に変更した仕様書等を含む。）の内容が適正でないため、調達要求どおりの装備品等又は役務の調達に関する事務を行うことが困難であると認めるときは、当該調達要求をした大臣官房長等と調達要求の変更について協議するものとする。ただし、次項の措置をとる場合には、この限りでない。

2　防衛装備庁長官は、装備品等又は役務の契約（艦船建造関係の調達に係る契約を除く。）をしようとする場合で当該契約の予定価格が調達要求額を超えるときは、当該契約に係る予算と同一の事項の示達残額のうち100万円の範囲内の額を充当することができる。

（契約履行の途中における協議）

第13条　防衛装備庁の支出負担行為担当官は、契約の相手方が仕様書等に基づいて作成した文書、図面、写真、見本（模型を含む。）その他仕様書等において支出負担行為担当官の承認を受けることとされているものについて、承認しようとする場合には、調達要求をした者と協議するものとする。

（調達実施に関する連絡）

第14条 大臣官房長等及び防衛装備庁長官は、装備品等又は役務の調達を行うにあたり、次の各号に掲げる事項について、相互に連絡及び調整を行い、業務の遂行の円滑を図るものとする。

(1) 調達要求の時期、金額等

(2) 調達の実施状況

（防衛大臣による調達の相手方の選定）

第14条の2 防衛大臣は、支出負担行為担当官（分任支出負担行為担当官を含む。）による装備品等及び役務の契約の相手方の選定に先立ち、当該装備品等及び役務の調達の相手方を選定する必要がある場合には、装備取得委員会に諮問した上、当該調達の相手方を選定し、関係する大臣官房長等及び防衛装備庁長官に通知する。

（指名随契審査会）

第15条 防衛装備庁長官は、次に掲げる場合を除き、第３条に規定する装備品等及び役務について指名競争契約又は随意契約を行う場合には、当該契約の方式によることの妥当性を確認するため、契約の方式及び相手方の選定について指名随契審査会に諮問しなければならない。ただし、当該年度において既に指名随契審査会の答申に基づき装備品等又は役務の契約を締結する場合の契約方式の選定の理由及び相手方と同一の場合については、この限りでない。

(1) 会計法（昭和22年法律第35号）第29条の３第３項又は予算決算及び会計令（昭和22年勅令第165号）第94条第２項の規定による指名競争契約を行う場合で、調達要求１件の金額が1,500万円を超えないとき。

(2) 会計法第29条の３第４項又は予算決算及び会計令第99条第１号、若しくは、第８号の規定による随意契約を行う場合で、調達要求１件の金額が900万円を超えないとき。

(3) 日本国とアメリカ合衆国との間の相互防衛援助協定に基づく有償援助（以下「有償援助」という。）により調達を行う場合

(4) 防衛省が調達する装備品等の開発及び生産のための基盤の強化に関する法律（令和５年法律第54号）第４条第１項の規定により装備品安定製造等確保計画の認定を受けた装備品製造等事業者と当該装備品安定製造等確保計画に係る特定取組に関する契約を行う場合

(5) 指名競争契約又は随意契約によることができる場合で、前条の規定により、防衛大臣から通知のあつた相手方と契約するとき。

2 前項の規定により、指名随契審査会に諮問しなければならない契約のうち、

緊急を要する調達に係る契約であって、次に掲げる場合は、同項の規定による指名随契審査会に諮問することを要しない。この場合において、防衛装備庁長官は、当該調達に係る契約を締結した日から30日以内に指名随契審査会に報告するものとする。

(1)　自衛隊法（昭和29年法律第165号）第6章に規定する自衛隊の行動に関する調達を行う場合

(2)　故障修理又は安全対策に係る調達を行う場合

(3)　その他部隊支援上必要な調達を行う場合

3　指名随契審査会は、防衛装備庁に置く。

4　大臣官房及び各局の関係課長及び衛生官は、指名随契審査会に出席して意見を述べることができる。

5　前項に定めるもののほか、指名随契審査会に関し必要な事項は、防衛装備庁長官が防衛大臣の承認を得て定める。

（防衛大臣の承認又は報告を要する契約）

第16条　大臣官房長等及び防衛装備庁長官は、次の各号に掲げる場合を除き、調達要求1件の金額が7,500万円以上の装備品等及び役務について随意契約を行う場合には、随意契約によることとした大臣官房長等及び防衛装備庁長官の判断の妥当性を確認するため、あらかじめ防衛大臣の承認を得なければならない。ただし、随意契約の選定の理由及び相手方が当該年度において、既に防衛大臣の承認を受けて随意契約を締結する場合の随意契約の選定の理由及び相手方と同一である場合については、この限りでない。

(1)　調達要求1件の金額が1億5,000万円を超えない場合で、装備品等の本体の部品、附属品及びこれらに関連する役務について本体の供給先と契約を行うとき。

(2)　調達要求1件の金額が1億5,000万円を超えない場合で、航空機製造事業法（昭和27年法律第237号）第2条の2又は武器等製造法（昭和28年法律第145号）第3条の規定による許可に係る事業を行う者が一者に限られているため、当該者と契約を行うとき。

(3)　競争に付しても入札者がいない場合又は再度の入札をしても落札者がいない場合に、予定価格その他の条件（契約保証金及び履行期限を除く。）を変更せず随意契約を行うとき。

(4)　契約の履行中に、当初予期し得ない事実の発生により契約の内容を変更する必要が生じ、原契約者と変更契約を行う場合

(5)　契約履行に実際に要した費用を当初契約金額に反映する必要が生じ、原契

約者と変更契約を行う場合

(6) 外国政府及び製造元である外国企業からライセンス生産を認められている日本企業と、当該ライセンスに係る装備品等及び役務について随意契約を行う場合

(7) 装備品等の研究開発に係る業務を数回に分割して発注せざるを得ない場合で、研究開発主体が研究開発過程を通じて同一でなければ研究開発の目的達成に著しい支障が生じるおそれがあることを理由として、分割した２回目以降の契約を随意契約で行うとき（分割した最初の契約の締結に当たつて企画競争等の実施により競争性を確保した場合に限る。）。

(8) 装備品等の定期整備、検査等の契約であって、当該契約の履行中に、当該装備品等の不具合等当初予期し得ない事実の発生により追加契約を行う必要が生じ、原契約者と契約する方が有利な価格をもって契約できることが明らかであって、随意契約以外の手続をとる時間的余裕がない場合又は不具合等の原因が原契約者に起因することが否定できず原契約者と契約を行う必要がある場合

(9) 有償援助として調達を行う場合

(10) 防衛省が調達する装備品等の開発及び生産のための基盤の強化に関する法律第４条第１項の規定により装備品安定製造等確保計画の認定を受けた装備品製造等事業者と当該装備品安定製造等確保計画に係る特定取組に関する契約を行う場合

(11) 第14条の２の規定により、防衛大臣から通知のあつた相手方と随意契約を行う場合

(12) 第５条第１項第１号の規定による調達を行う場合

(13) 調達要求１件の金額が１億5,000万円以上の場合で、航空機製造事業法第２条の２又は武器等製造法第３条の規定による許可に係る事業を行う者が一者に限られているため、当該者と契約を行うときであって、かつ、随意契約の選定の理由及び相手方について、当該年度の前年度以前に防衛大臣の承認を受けて随意契約を締結した場合の随意契約の選定の理由及び相手方と同一である場合

(14) ライセンスの実施権の取得に外国政府の許可を要せず、製造元である外国企業からそのライセンス生産を認められている者が一者に限られているため、当該者と契約を行う場合

(15) 輸入品の製造元である外国企業から日本国内における正当な輸入販売代理権を認められている者が一者に限られているため、当該輸入販売代理権に係

る装備品等及び役務について契約を行う場合

⒃ 試作等を通じて開発した装備品等の量産の場合で、契約の履行に必要な技術又は設備を有する者が一者に限られているため、当該者と契約を行うときであって、かつ、随意契約の選定の理由及び相手方について、当該年度の前年度以前に防衛大臣の承認を受けて随意契約を締結した場合の随意契約の選定の理由及び相手方と同一である場合

⒄ 複数の構成品が一体となって機能を発揮する装備品等の製造請負業務を数回に分割して発注せざるを得ない場合で、当該装備品等の全体の設計及び製造の全過程を通じて同一の者の管理下で契約を履行しなければ、製造の目的達成に支障が生じるおそれがあるため、当該者と契約を行うときであって、かつ、随意契約の選定の理由及び相手方について、当該年度の前年度以前に防衛大臣の承認を受けて当該装備品等の構成品に係る随意契約を締結した場合の随意契約の選定の理由及び相手方と同一である場合

⒅ 試作等に付随して実施が必要となる契約のうち、試作品の機能及び性能の確認に係る部品又は技術支援その他役務の契約であって、当該契約を履行できる者が一者に限られているため、当該者と契約を行うときであって、かつ、随意契約の選定の理由及び相手方について、当該年度の前年度以前に防衛大臣の承認を受けて随意契約を締結した場合の随意契約の選定の理由及び相手方と同一である場合

⒆ 契約の履行に必要な製造図書や知的財産権等を利用できる者が一者に限られているため、当該者と契約を行うときであって、かつ、随意契約の選定の理由及び相手方について、当該年度の前年度以前に防衛大臣の承認を受けて随意契約を締結した場合の随意契約の選定の理由及び相手方と同一である場合

⒇ 契約に必要な設備、技術等について明らかにして公募を行った結果、応募者が一者となったため、当該者と契約を行うときであって、かつ、随意契約の選定の理由及び相手方について、当該年度の前年度以前に契約に必要な設備、技術等について明らかにして公募を行った結果、応募者が一者となったため随意契約を締結した場合の随意契約の選定の理由及び相手方と同一である場合

(21) 企画競争を行った結果、最も優れた提案を行った者と随意契約を行う場合

(22) 作業効率化促進制度又はインセンティブ契約制度の適用を受ける契約の相手方が一定の要件を満たした結果、当該制度の対象となる契約について当該相手方と随意契約を行う場合

2　前項の規定により、あらかじめ防衛大臣の承認を得なければならない契約のうち、緊急を要する調達に係る契約であって、次に掲げる場合は、同項の規定による防衛大臣の承認を得ることを要しない。この場合において、大臣官房長等及び防衛装備庁長官は、当該調達に係る契約を締結した日から30日以内に防衛大臣に報告するものとする。

(1)　自衛隊法第６章に規定する自衛隊の行動に関する調達を行う場合

(2)　故障修理又は安全対策に係る調達を行う場合

(3)　その他部隊支援上必要な調達を行う場合

3　大臣官房長等及び防衛装備庁長官は、第１項第14号、第15号又は第21号に該当する場合にあっては、随意契約によることとした日から30日以内に防衛大臣に報告するものとする。ただし、同項第14号又は第15号に該当する場合において、既にこの項の規定による防衛大臣への報告を行っている場合については、この限りでない。

4　大臣官房長等及び防衛装備庁長官は、第１項第13号から第19号までに該当する場合にあっては、毎年度、契約を履行できる者が一者のみに限られていることを公募等により確認するものとする。

（調達調整会議）

第17条　防衛装備庁長官は、装備品等又は役務の調達の実施に関し関係機関相互間の調整を行う為に調達調整会議を開催する。

2　調達調整会議の運営等に関し必要な事項は別に定める。

（委任規定）

第18条　この訓令の実施に関し必要な事項は、別に訓令で定めるほか、大臣官房長等及び防衛装備庁長官がそれぞれその所掌について定めるものとする。

2　大臣官房長等及び防衛装備庁長官は、前項の定めをした場合には、速やかに、これを防衛大臣に報告しなければならない。

附　則（抄）

1　この訓令は、昭和49年３月８日から施行する。

2　調達実施本部の調達実施に関する訓令（昭和29年防衛庁訓令第13号）及び輸入品の調達に関する訓令（昭和30年防衛庁訓令第47号）は、廃止する。

別表（第３条から第７条まで関係）

大分類　10　武器

小分類番号	分類名称	装備品等の例
1005	口径30mm以下の銃及び砲	けん銃、騎銃、小銃、短機関銃、機関銃、機関砲、銃剣、銃架、砲身、砲架、てき弾発射器、銃身
1010	口径30mmを越え75mm未満の砲	無反動砲、加農砲、りゆう弾砲、迫撃砲、対戦車砲、高射砲、砲架、砲身、装てん機、駐退機
1015	口径75mm以上125mm以下の砲	無反動砲、加農砲、りゆう弾砲、迫撃砲、対戦車砲、高射砲、盾、砲架、砲塔、砲身、揚弾機、装てん機、てき弾発射機、駐退機
1020	口径125mmを越え150mm以下の砲	加農砲、りゆう弾砲、対戦車砲、盾、駐退機、砲架、揚弾機、砲塔、砲身、無反動砲
1025	口径150mmを越え200mm以下の砲	加農砲、りゆう弾砲、迫撃砲、対戦車砲、盾、駐退機、砲架、砲塔、砲身、揚弾機
1030	口径200mmを越え300mm以下の砲	加農砲、りゆう弾砲、盾、駐退機、砲架、装てん機、砲塔、砲身、揚弾機
1035	口径300mmを越える砲	加農砲、りゅう弾砲、盾、駐退機、砲架、装てん機、砲塔、砲身
1040	化学武器及び化学装置	放射機、発煙機、散布機
1045	魚雷発射装置	魚雷発射管、対潜弾投射機
1055	ロケット弾発射装置及び火工品発射装置	ロケット発射機、火工品発射機、信号発射筒（潜水艦用）、発音弾投下機、ソノブイ投射機
1070	防潜網及び防材	防潜網、防材
1075	消磁器材及び掃海器材	船体消磁装置、消磁用器材、掃海電線展開装置、自動管制装置、えい航装置、掃海具巻揚機、掃海具展張揚収装置、掃海具揚収器、切断器、掃海用器材
1080	偽装用器材及び欺まん用器材	偽装用器材
1095	その他の武器	もやい銃、もやい索投射機、信号けん銃、えい航具、信号照明銃、阻さい気球、弾薬車

大分類　12　射撃管制装置

小分類番号	分類名称	装備品等の例
1210	射撃管制用方位盤	対空用方位盤、対水上用方位盤

1220	射撃管制用計算照準器及び射撃管制用計算装置	特殊定規、特殊計算尺、照準器、標定板、対勢盤、弾道計算機
1230	射撃管制装置一式	射撃管制装置、爆撃照準装置、魚雷発射指揮装置、爆雷投射装置、投下指揮装置、水中攻撃指揮装置、爆撃管制装置、爆撃指揮装置、魚雷管制パネル
1240	光学的照準機器及び光学的測定機器	測距儀、測高機器、測角機器、照準機器、砲隊鏡、スナイパースコープ、方位測定機
1250	射撃管制用安定機構	安定資料計算機、安定資料算出セット
1260	射撃管制用指令機器及び射撃管制用指示機器	加速度計、角加速度計、コンソール、砲塔指示用機器、砲指示用機器、探照燈指示用機器、目標指示用機器、同期装置
1265	射撃管制用発信機器及び射撃管制用受信機器（航空機とう載用を除く。）	方位発信機、距離発信機、深度発信機、ふ仰発信機、方位受信機、距離受信機、深度受信機、ふ仰受信機
1270	航空機用射撃管制装置構成品	射撃管制装置構成品
1280	航空機用爆撃管制装置構成品	爆撃管制装置構成品
1285	射撃管制用レーダ装置（航空機とう載用を除く。）	射撃管制用レーダ装置
1287	射撃管制用対潜測音機器	対勢盤、対潜測音装置
1290	その他の射撃管制装置	せん光音源標定セット、音源標定セット、ら針儀、射撃指令セット、インタバロメータ、アーマメントコントロールパネル

大分類　13　弾薬及び火薬類

小分類番号	分類名称	装備品等の例
1305	口径 30 mm以下の銃及び砲の弾薬	普通弾、散弾、狭搾実包、ぜい弱弾、空包、高圧試験弾、信管、雷管、徹甲弾、えい光弾、焼い弾、縮射弾、もやい銃弾、もやい索投射機用薬包
1310	口径 30 mmを越え 75 mm未満の火砲用弾薬	空包、りゆう弾、えい光弾、徹甲弾、礼砲薬包、照明弾、発煙弾、発射装薬、焼い弾、縮射弾、散弾
1315	口径 75 mm以上 125 mm以下の火砲用弾薬	空砲、りゆう弾、えい光弾、焼い弾、照明弾、宣伝弾、縮射弾、徹甲弾、薬包、礼砲薬包、散弾、発射装薬、発煙弾
1320	口径 125 mmを越える火砲用弾薬	空包、カタパルト弾、りゆう弾、えい光弾、信号弾、照明弾、礼砲薬包、発煙弾、発射

		装薬、徹甲弾、消炎剤薬包
1325	爆弾	爆弾（訓練爆弾及び対潜弾を含む。）、信管、爆弾集束装置
1330	てき弾	手りゅう弾、小銃てき弾、てき弾発射薬筒
1336	誘導弾実用頭部及び誘導弾爆発構成品	誘導弾実用頭部及び爆発コンポーネント、伝爆薬、導爆薬、信管
1337	誘導弾爆発推進装置、個体燃料及びその構成品	推進装置、分離装置
1338	誘導弾訓練用推進装置、固体燃料及びその構成品	推進装置、火管、ＡＴＭ擬製弾
1340	ロケット、ロケット弾及びロケット構成品	ロケット（ロケット用固体燃料を含む。）、ロケット弾、擬装ロケット弾、ＪＡＴＯ、信号照明ロケット、実用頭部保護筒、装薬、起爆薬、信管、推進機、実用頭部
1345	地雷	対戦車地雷、対人地雷、訓練地雷
1350	機雷の非爆発性構成品	訓練用機雷、機雷（さく薬なし）、発火装置
1351	機雷の爆発性構成品	機雷（さくてん済）伝爆薬、雷管、火管
1355	魚雷の非爆発性構成品	訓練魚雷、擬製魚雷、魚雷用二次電池、訓練頭部、魚雷本体、起爆器
1356	魚雷の爆発性構成品	実用頭部、伝爆薬、雷管、信管
1360	爆雷の非爆発性構成品	訓練用爆雷、擬製爆雷、爆雷（さく薬なし）、伸張器
1361	爆雷の爆発性構成品	爆雷（さくてん済）、伝爆薬、雷管
1365	化学剤（訓練用）	催涙液、焼い油脂、発煙液
1370	火工品	陸上用信号発煙筒、航空用信号発煙筒、信号けん銃弾、信号筒、照明弾、表示弾、表示筒、ちよう光投弾、発煙投弾、信号煙管、信号火せん、着水照明筒、遭難信号筒、マリンマーカ、エヤクラフトフロートライト、水上救命筒、海面着色弾、航法目標弾、発音弾、エアクラフトフロートシグナル、グリーンマーカ、ボールマーカ
1375	爆破材料	爆薬、推進薬、導火線、導爆線、エンジン始発筒、雷管
1376	爆薬	爆薬、固体推進薬
1377	薬きよう、推進薬起爆装置及びその構成品	導爆線、航空機座席射出機、航空機キヤノピーリムバ、薬きよう

1385	地上用爆発兵器処理工具及び水上用爆発兵器処理工具	点検セット、揚収セット
1386	水中用爆発兵器処理工具	爆発武器処理用工具セット
1390	信管及び火管	信管、火管、擬製信管、擬製火管
1395	その他の弾薬及び火薬類	リンク・カートリツジ類（航空用、掃海具用、標的機用、ソーナー用、ただし航空用緊急脱出装置を除く。）
1398	特殊弾薬取扱い用器材及び特殊弾薬サービス用器材	運搬車、取扱いトラツク、ロケツト取扱装置、輸送用トレーラ、ホイストスリング、ボンブスキツト

大分類　14　誘導弾

小分類番号	分類名称	装備品等の例
1410	誘導弾	誘導弾
1420	誘導弾構成品	誘導弾構成品のうち本体部及び主フインキツト
1425	完成誘導弾装置	防空誘導弾装置、対地誘導弾装置、対空誘導弾装置、対戦車誘導弾装置、対舟艇対戦車誘導弾装置、対艦誘導弾装置
1427	誘導弾サブシステム	発射装置（コンテナ）、プログラマ試験ステーシヨン、遠隔管制装置
1430	誘導弾遠隔管制装置	誘導弾遠隔管制装置、計算機
1440	誘導弾発射装置	誘導弾発射装置
1450	誘導弾サービス用器材	誘導弾操作用機器（運搬用特殊車両を含む。）、トラクタ、トレーラ、電源ステーシヨン

大分類　15　航空機及び航空機機体構造構成品

小分類番号	分類名称	装備品等の例
1510	固定翼航空機	固定翼航空機
1520	回転翼航空機	ヘリコプタ
1530	軽航空機	飛行船、自由気球、係留気球
1540	グライダ	グライダ
1550	ドローン	目標機、無線操縦無人機
1560	航空機機体構造構成品	永久装備の燃料タンク、排気装置、ヘリコプタ操縦機構、補助燃料タンク

大分類　16　航空機用構成品及び航空用アクセサリ

小分類番号	分類名称	装備品等の例

1610	航空機用プロペラ	プロペラ系統コンポーネントアクセサリ機器
1615	ヘリコプタ用ロータブレード及びヘリコプタ用構成品	駆動装置、ロータ、クラッチ、変速機、完備したローター式
1620	航空機着陸装置構成品	車輪（ブレーキを含む。)、着陸系統装置、油圧式首振装置、制動装置、油圧式かじ取り装置、降着装置
1630	航空機用車輪及び航空機用ブレーキ装置	スキー、フロート、着陸車輪スキッド、デテクタ、油圧式車輪ブレーキ、空圧式車輪ブレーキ・ロータ、ブレーキ装置
1650	航空機用油圧装置構成品、航空機用真空装置構成品及び航空機用除氷装置構成品	航空機用油圧系統機器、航空機用真空系統機器、航空機用除氷系統機器、蓄圧機
1660	航空機用空気調節装置、航空機用加温装置及び航空機用与圧装置	航空機用空気調節系統機器、航空機用加温系統機器、航空機用与圧系統機器、ボンベ、酸素マスク、酸素装置、キヤビン圧力調整装置、熱交換器、エア・エキスパンシヨン・タービン、航空機用ヒータ、空気拡散装置、キヤビン圧力セレクタ、液体酸素気化器、酸素調整器、空気膨張タービン、キャビン過給装置
1670	落下さん、空中つり上装置、空中補給装置、空中回収装置及び空輸貨物固縛器材	落下さん、空中輸送ちよう索セット、誘導さん
1680	その他の航空機構成品及びその他の航空機用アクセサリ	動翼作動器、修正だ作動器、エルロン作動器、とう載ウインチ、定速駆動装置、離脱装置、二次電池

大分類　17　航空機の射出用器材、着陸用器材及び地上支援用器材

小分類番号	分類名称	装備品等のの例
1710	航空機バリヤ用器材及び航空機バリケード用器材	クラッシユバリヤ、クラッシユバリヤ作動網
1720	航空機射出装置	カタパルト、ドローン発射装置
1730	航空機地上サービス用器材	エンジン予熱機、エアスタータ、可搬式酸素装置、ホイスト、整備用プラットフオーム、移動航空塔、作業台（プラットフオーム、脚立を含む)、係止金具、電源車油圧機器

1740	飛行場用特殊トラック及び飛行場用特殊トレーラ	トラック、トレーラ、トラクタ、ドーリ

大分類　18　宇宙ビークル

小分類番号	分類名称	装備品等の例
1810	宇宙ビークル	宇宙ビークル
1820	宇宙ビークル構成品	宇宙ビークルの構成品、アクセサリ及び内部制御装置
1830	宇宙ビークル遠隔制御システム	宇宙ビークル遠隔制御システムの専用に設計された構成品
1840	宇宙ビークル発射筒	宇宙ビークル用として設計された発射筒
1850	宇宙ビークル用運用及び整備用装置	宇宙ビークル輸送用のトラック及びトレーラ、宇宙ビークル用の吊り具、吊り上げ装置、ジヤツキ、送風機、掩蔽物
1860	宇宙生存装備	食料及び水製造装置、空気供給装置、シエルタ装備、動力発生、変換装置

大分類　19　船舶、小舟艇、ポンツーン及び浮きドツグ

小分類番号	分類名称	装備品等の例
1905	警備艦	護衛艦、潜水艦、掃海艦、掃海艇、掃海管制艇、掃海母艦、ミサイル艇、輸送艦、輸送艇
1925	補助艦	練習艦、訓練支援艦、多用途支援艦、海洋観測艦、音響測定艦、砕氷艦、敷設艦、潜水艦救難艦、潜水艦救難母艦、試験艦、補給艦、特務艦、特務艇
1935	支援船	えい船、水船、油船、廃油船、運貨船、起重機船、交通船、消防船、設標船、清掃船、作業船、練習船、敷設船、特務船、機動船、カッター、伝馬船、ヨット
1940	小舟艇	偵察ボート、動力ボート、渡河ボート、塔載艇
1945	浮きドツク	浮きドツク
1950	浮き乾ドツク	浮き乾ドツク

大分類　20　船体ぎ装品、船用品及び海上用品

小分類番号	分類名称	装備品等の例
2010	船艇用推進装置構成品	速推進軸、伝動装置（可逆減速ギヤー式）電気防食装置、軸馬力計測装置、プロペラ（30 t以下の小舟艇用を除く。）

2030	甲板補機	かじ取り機、かじ取機管制装置、テレモータ
2040	船用金具類及び船体ぎ装品	潜水艦用潜望鏡、いかり（250 kgf以下ダンホース形を除く。）

大分類　22　鉄道用器材

小分類番号	分類名称	装備品等の例
2210	機関車	蒸気機関車、ディーゼル機関車、電気機関車、ガソリン機関車、蓄電池機関車
2220	軌道車両	貨車、トロツコ、石炭車
2230	鉄道路線工事及び鉄道路線整備器材	タイタンバー、軌道モーターカー、軌道自動自転車、トロリフト
2250	鉄道路線用材料	軽軌条セット

大分類　23　グランドエフエクトビークル、自走車両、トレーラ及び自転車

小分類番号	分類名称	装備品等の例
2310	乗用車	救急車、人員輸送車大型、人員輸送車小型、業務車
2320	装輪式トラック及び装輪式トラツクトラクタ	人員運搬車、武器運搬車、ジープ、ダンプ車、レツカー車、タンク車、燃料給油車、滑油給油車、爆弾運搬車、修理車、冷蔵車、戦車回収車、化学補給車、装甲車、トラック（導板橋用、浮のう橋用）、自走そり、雪上車、セミトレーラけん引車、トラツクカーゴ、工作車、作業車、ウエポン、魚雷運搬車、バキューム車、じんあい収集車、弾薬作業車、けん引車、潤滑油車、集団検診車、衛星試験車、自走浮橋、ボルスタ付トラック、水陸両用装甲車、偵察警戒車、指揮通信車、除染車、化学防護車、冷凍冷蔵車
2330	トレーラ	トレーラ、セミトレーラ、弾薬運搬トレーラ、人員運搬トレーラ、燃料運搬トレーラ、ボールタイプトレーラ、工作用トレーラ、ホイルドーリ、カーゴトレーラ、タンクトレーラ、戦車輸送用トレーラ、ブラッドアンドステーキトレーラ、低床式トレーラ、酸素トレーラ、ボルスタ付トレーラ、窒素トレーラ、シエルタトレーラ
2340	オートバイ	オートバイ

2350	装軌式襲撃用車両及び装軌式戦術用車両	戦車、自走砲、戦車橋、戦車回収車、けん引車、雪上車、装甲車、装甲戦闘車、砲側弾薬車

大分類　24　トラクタ

小分類番号	分類名称	装備品等の例
2410	低速全装軌式トラクタ	カーゴトラクタ、装軌式トラクタ
2420	装輪式トラクタ	装輪式トラクタ、タイヤドーザ
2430	高速装軌式トラクタ	高速装軌式トラクタ

大分類　25　車両構成品

小分類番号	分類名称	装備品等の例
2510	車両用キヤブ構造構成品、車両用ボデー構造構成品及び車両用フレーム構造構成品	車体（ぎ装を含む。）、シエルタ
2530	車両用（制動・操向・車軸・車輪・履帯）装置構成品	ゴム履帯・履帯、雪上履帯
2540	車両用調度品及び車両用アクセサリ	タイヤチエーン
2590	その他の車両構成品	車両用潜望鏡

大分類　26　タイヤ及びチユーブ

小分類番号	分類名称	装備品等の例
2610	航空機用以外の空気入りタイヤ及び航空機用以外の空気入りチユーブ	自動車用タイヤ、自動車用チユーブ、雪上タイヤ
2620	航空機用空気入りタイヤ及び航空機用空気入りチユーブ	空気入りタイヤ、空気入りチユーブ
2630	ソリッドタイヤ及びクツシヨンタイヤ	ソリッドタイヤ、セミクツシヨンタイヤ

大分類　28　エンジン、タービン及びその構成品

小分類番号	分類名称	装備品等の例
2805	航空機用以外のガソリン往復エンジン及びその構成品	船舶用ガソリンエンジン、定着式ガソリンエンジン、ガスエンジン、一般用ガソリンエンジン
2810	航空機用ガソリン往復エンジン及びその構成品	星形ガソリンエンジン、V形ガソリンエンジン、立形ガソリンエンジン、水平対抗形ガソリンエンジン、航空機用ガソリン往復エンジン

2815	デイーゼルエンジン及びその構成品	デイーゼルエンジン、セミデイーゼルエンジン
2820	蒸気往復エンジン及びその構成品	船用エンジン、定置式エンジン
2825	蒸気タービン及びその構成品	船用タービン、蒸気タービン、送風タービン、発電機用タービン、水銀蒸気タービン、推進タービン
2835	航空機用以外のガスタービン及びジエツトエンジン並びにその構成品	ガスタービン、ジエツトエンジン、コア・モジユール
2840	航空機用ガスタービン、航空機用ジエツトエンジン及びその構成品	ターボエンジン、ターボプロツプエンジン、ラムジエツトエンジン、航空機用ガスタービン、ジエツトエンジン、コア・モジユール
2845	ロケツトエンジン及びその構成品	ロケツトエンジン

大分類　29　エンジンアクセサリ

小分類番号	分類名称	装備品等の例
2915	航空機用エンジンの燃料系統構成品	気化器、燃料ポンプ、ジエツトエンジン燃料管制器、フユエルプライマ
2925	航空機用エンジンの電装系統構成品	発電機、配電器、エンジン始動電動機
2935	航空機用エンジンの冷却系統構成品	ラジエータ、冷却系統ポンプ
2950	ターボ過給器	ターボ過給器調節器
2995	航空機用のその他のエンジンアクセサリ	空気始動機、フツシユブル管制装置

大分類　32　木工用機器

小分類番号	分類名称	装備品等の例
3210	製材用のこ盤及び製材用かんな盤	のこ盤、かんな盤、送材車、耳づり盤
3220	加工用木工機械	穴あけ機、木工旋盤、木工フライス盤、帯のこ盤、形削り盤、ほぞ穴機、ほぞみぞ機、サンダー、万能木工機、丸のこ盤、木工ボール盤、彫刻盤、手押かんな盤、マイタリング盤

大分類　34　金属加工用器材

小分類番号	分類名称	装備品等の例
3410	電気的及び超音波浸食機	放電加工機、電食加工機、研摩盤、火花浸食加工機、超音波式工作機械
3411	中ぐり盤	中ぐり盤、立旋盤、穴あけタツプ立盤
3412	ブローチ盤	ブローチ盤
3413	ボール盤及びねじ立て盤	ボール盤、ドリルプレス
3414	歯切り機械及び歯車仕上げ機械	歯切り機械、歯車仕上げ機械、歯切り盤、歯車ホブ盤、歯車ラツプ盤、歯車形削り盤、歯車シエービング盤、歯車研削盤
3415	研削盤	研削盤、バフ盤
3416	旋盤	旋盤、ねじ切り盤
3417	フライス盤	フライス盤、彫刻盤
3418	平削り盤及び形削り盤	平削盤
3419	その他の工作機械	ホース切断機、バフグラインダ、ポリツシヤ、立削り盤、金切りのこ盤、シエーパ、万能工作機、ホーニングマシン、コンターリングマシン（折曲機）
3424	金属熱処理用器材及び金属非熱処理用器材	焼入れ炉、電気炉、高周波誘導発電機、リベツト炉
3426	金属仕上げ用器材	めつき装置、パーカライジング装置、酸洗い装置、陽極処理
3431	アーク溶接用機器	アーク溶接機、アーク接合機
3432	電気低抗溶接用機器	電気低抗溶接機、スポツト溶接機、フラツシユ溶接機
3433	ガス溶接機、加熱切断機及び金属溶射機器	アーク切断機、ガスろう付機、金属溶射装置、ガス溶接器、ガス切断機
3441	ベンディングマシン及び成型機械、折曲機	折曲成型機械、クランプ機、折たたみ機、成型機、みぞ付け機、伸縮機
3442	動力水圧プレス及び動力空圧プレス	油圧プレス、水圧プレス、空気圧プレス
3445	押抜き機及びせん断機	打抜き機、せん断機、ニブリングマシン、ノツチ加工機
3449	その他の金属二次製品（成型・切断）機械	切断機
3450	可搬式工作機械	携帯用研削機、面削り盤、ボール盤、平削り盤、のこ盤、形削り盤、ねじ切り盤、立削り盤、ターニング盤

3456	金属二次製品加工機械用切削工具及び金属二次製品加工機械用成型工具	デイプリングマシン
3460	工作機械用アクセサリ	航空機整備用特殊工具
3465	工作用ジグ、工作用フイクスチユア及び工作用テンプレート	航空機整備用特殊工具

大分類　35　サービス用器材及び商業用器材

小分類番号	分類名称	装備品等の例
3510	洗たく用器材及びドライクリーニング用器材	洗たく機械、分離機、プレス機械、乾燥機、アイロン盤、抽出機、折りたたみ機、蒸留器
3520	くつ修理器材	くつ縫製機械、移動式くつ修理工場、移動式くつ修理工場用トレーラ
3530	工業用ミシン及び移動式衣服工場用機器	工業用ミシン（くつ縫製用を除く。）、移動式織物修理工場（トレーラとう載のもの）
3540	包装用機器及び荷造り用機器	荷造り機、こん包プレス、充てん機、折りたたみ機、密封機、包装機

大分類　36　特殊工業用器材

小分類番号	分類名称	装備品等の例
3610	印刷用器材、複写用器材及び製本用器材	複写機用トレーラ、写真植字機セット・青写真現像機、青写真印刷機、写取り機、穴あけ機、写真製版機、セミトレーラとう載用印刷プラント植字機、製本機、乾燥機、ブローチ盤、モノタイプ、けん盤機
3655	固定ガス発生装置、固定ガス分配装置、移動ガス発生装置及び移動ガス分配装置	ガス発生装置、ガス充てん装置、液酸タンク装置、水素発生機、発生プラント（酸素—窒素、セミトレーラ取付け）、貯蔵ユニット、分離機
3695	その他の特殊工業用器材	チエンのこ、コイル巻き機、特殊せん孔機、含浸装置、食刻機（プリント板）、はぎ（剝）取機

大分類　37　農業用機器

小分類番号	分類名称	装備品等の例
3740	防疫用機器及び防霜用機器	噴霧装置
3750	園芸用機器	草刈機（けん引用）

大分類　38　建設用機械、鉱山用機械、掘さく用機械及び道路整備用機械

小分類番号	分類名称	装備品等の例
3805	運土用機械及び掘さく用機械	ローダ、スクレーパ、グレーダ、みぞ掘り機、油圧シヨベル、地ならし機、ダンプトラクタ、ダンプトレーラ
3810	クレーン及びクレーンシヨベル	クレーン、クレーンシヨベル
3815	クレーンアタツチメント及びクレーンシヨベルアタツチメント	シヨベル、フエアリード、バケツト、ブーム、クレーンシヨベルスキマ
3820	鉱山用機械、さく岩用機械、ボーリング用機械及びその関連機械	はん式アースオーガ、非けん引式アースオーガ、クラツシヤ、クラツシヤプラント、採石セツト、さく井機器、さく岩機、さく孔機、ジヤンボ
3825	道路障害除去用機械及び清掃用機械	モータースイパ、除雪車、散水車、ロードマーカ、地雷処理車、地雷排除車、水運搬車、バキユームスイパ、バキユームクリーナ、ローダ装輪式用除雪装置、マーキング機
3830	トラック用アタツチメント及びトラクタ用アタツチメント	ブルドーザ、シヨベルドーザ、ウインチ（トラツク・トレーラとう載用のもの）、オーガ（トラツク・トレーラとう載用のもの）、ブレード、シヨベル、バケツトローダ、除雪プラウスイパ、ロードマグネツト、散水器、クレーン等のアタツチメント、クレーン（非とう載）
3895	その他の建設用機械	バツチングプラント、トロリーバツチヤ、コンクリートミキサ、トランシツトミキサ、コンクリートカツタ、コンクリート運搬車、コンクリートポンプ、コンクリートスプレツダ、コンクリートバイブレーダ、コンクリートフイニツシヤ、アスフアルトプラント、モートバツチヤ、アスフアルト加熱機、アスフアルトケトル、アスフアルト散布車、アスフアルトフイニツシヤ、ローラ、シープフートローラ、ルータ、ソイルスタピライザ、ドライバーパイル、くい打機、巻線機、ケーブル巻取機、ジヨイントクリーナ、アスフアルト舗装セツト、コンクリートピン打機、集じん機

大分類　39　物資取扱い用器材

小分類番号	分類名称	装備品等の例
3910	コンベヤ物資取扱い機器	コンベヤ、ケーブルウエイ（トロツコ・空中つり式）
3920	非自走式物資取扱い機器	ドリートラツク、ハンドトラツク、ドラムかん運搬機、ドラムかん積卸機、アキオ、トレーラ、トラツク
3930	自走式倉庫用トラツク及び自走式倉庫用トラクタ	フオークリフトトラツク、倉庫用トラツク、ダンプトラツク
3950	ウインチ、ホイスト、クレーン及びデリツク	クレーン、揚びよう機、ホイスト、巻上機、揚貨機、揚艇機
3990	その他の物資取扱い機器	自動倉庫システム

大分類　40　ロープ、ケーブル、チエーン及びその取付け金具

小分類番号	分類名称	装備品等の例
4010	チエーン及びワイヤロープ	ワイヤロープ、チエーン、びよう鎖
4020	繊維製ロープ、繊維製鋼具及び繊維製より糸	繊維ロープ、コード、ランヤード（締め索）、ただし、登山用及びスリング用を除く

大分類　41　冷凍装置、空気調節装置及び空気循環装置

小分類番号	分類名称	装備品等の例
4110	冷凍装置	冷凍機（アイスクリーム製造機を含む。）、冷凍装置、電気冷蔵庫（ＪＩＳ規格品を除く。）、クーラ・ミルク用、製氷機
4120	空気調節装置	空気調節装置
4130	冷凍装置用及び空気調節装置用の構成品	冷凍機用圧縮機、空気調節装置用圧縮機、冷却器、熱交換機
4140	扇風機空気循環装置及び送風装置	送風機、排気装置（家庭用を除く。）

大分類　42　消火用器材、救命用器材及び安全用器材

小分類番号	分類名称	装備品等の例
4210	消火用器材	消防車、消火器、消防整備車、破壊救難車、水運搬車、粉末散布車、液体散布車、ホース搬送車、不時着救護車（消火）、はしご車、消火用トレーラ
4220	海上救命用器材及び潜水用器材	救命いかだ、船用救命具、救命浮舟、救命胴衣、航空用救命ボート、潜水服、潜水具、レスキューチエンバ、膨脹式救命いかだ、潜水夫用長か（靴）、手袋、マスク、上下服、

		ズボン、生存用具（救命）
4230	汚染除去用器材及び防護処理用器材	車載除染装置、可搬式除染器、除染剤、消染装置
4240	安全用器材及び救命用器材	防護マスク、酸素マスク、昇柱器、酸素調整器、呼吸装置、安全ベルト、ヘルメット、防音具、登はんスパイク（柱）

大分類　43　ポンプ及び圧縮機

小分類番号	分類名称	装備品等の例
4310	圧縮機及び真空ポンプ	コンプレッサ（定置式及び製氷用を除く。）、真空ポンプ
4320	動力ポンプ及び手動ポンプ	ポンプ
4330	遠心分離機、分離機、加圧ろ過機及び真空ろ過機	加圧ろ過機、真空ろ過機、油清浄機、油水分離機

大分類　44　炉、蒸気発生装置及び乾燥装置

小分類番号	分類名称	装備品等の例
4410	工業用ボイラ	船用ボイラ、補助ボイラ、温水かん、温水ボイラ
4420	熱交換装置及び複水器	熱交換装置、復水器、冷却器、加熱器（給水、液体）、デイアレータ
4430	工業用炉及び工業用カマド	乾燥炉、電気炉
4440	乾燥機、脱水機及び奪水機	アドソール装置、乾燥機、脱湿機、蒸発機
4460	空気清浄装置	収じん装置、沈殿機

大分類　45　配管用器材、暖房用器材及び衛生用器材

小分類番号	分類名称	装備品等の例
4520	暖房装置及び温水器	大形湯沸器、ガソリンヒータ

大分類　46　浄水器及び汚物処理器材

小分類番号	分類名称	装備品等の例
4610	浄水装置	浄水セット、融雪機、塩素滅菌機、貯水そう、純水製造装置、救命用飲料水蒸留装置
4620	船用水蒸留装置及び工業用水蒸留装置	造水装置
4630	下水処理装置	艦船用汚物処理装置

大分類　47　パイプ、チユーブ、ホース及びそのフイツテイング

小分類番号	分類名称	装備品等の例
4720	フレキシブルホース及びフレキシブルチユーブ	ホース、じゃ管

4730	ホース用フイツテイング、パイプ用フイツテイング、チユーブ用フイツテイング、ホース用特殊消耗品、パイプ用特殊用品及びチユーブ用特殊用品	ノズル（継手を含む。）コネクタ、カツプリング、流出制限器

大分類　49　整備工場用器材及び修理工場用器材

小分類番号	分類名称	装備品等の例
4910	自動車整備工場専用器材及び自動車修理工場専用器材	噴射ポンプ試験機、自動車用リフト、自動車用テストスタンド、バルブリフエーサ、ブレーキテスタ、電気試験機、バルブシートグラインダ、けん引力計、油圧テスタ、サーフエースグラインダ、エンジンアナライザ、動力計
4920	航空機整備工場専用器材及び航空機修理工場専用器材	エンジンスタンド、航空機整備用特殊工具、テストスタンド、テスタ、アナライザ、航空機とう載武器等整備修理用特殊用具、試験器及び付属品、メンテナンスサービスユニツト
4921	魚雷整備専門器材、魚雷修理専用器材及び魚雷点検専用器材	魚雷整備専用器材、魚雷修理専用器材及び魚雷点検専用器材
4923	爆雷整備・修理及び点検専用器材並びに水中機雷の整備修理及び点検専用器材	爆雷整備・修理及び点検専用器材並びに水中機雷の整備修理及び点検専用器材
4925	弾薬整備工場専用器材及び弾薬修理工場専用器材	給弾器、雷管試験装置、電気回路試験装置、地雷収容かん試験セツト
4930	潤滑油供給用器材及び燃料供給用器材	プレオイルタンク装置（ポンプ付）、防せい油噴霧装置
4931	射撃管制装置整備工場専用器材及び射撃管制装置修理工場専用器材	射撃指揮装置整備修理用特殊用具、試験器、追跡距離計算機、アンテナ操作試験セツト、油圧ポンプ、ギヤーリング試験セツトテスタ
4933	武器整備工場専用器材及び武器修理工場専用器材	武器等整備修理用特殊用具、試験器、銃身引伸機、ばね圧縮機、ロケツト発射機電気回路試験セツト

4935	誘導弾整備工場専用器材、誘導弾修理工場専用器材及び誘導弾検査工場専用器材	誘導弾整備修理用特殊用具、試験器、蓄圧器、ミサイル誘導整合セット、発射台整合セット、シンクロ校正器、遠隔操作装置検定器材、制御装置、欠陥記録器、試験セット、誘導弾飛行シミレータ、オシロスコープ操作装置
4940	その他の整備工場専用器材及び修理工場専用器材	修理車、ボイラチユーブクリーナ、ペイント吹付装置、シヨツトブラスト装置散布機、スプレーワーズ、燃料流量計試験機、コイル巻取機、コイル巻線機、加硫機、サンドブラス装置、油分離器、中ぐり盤（鉄道整備形）

大分類　51　工具

小分類番号	分類名称	装備品等の例
5120	刃なし具	携帯シヤベル
5130	動力付き工具	シリンダーホーニングマシン
5133	手動式のドリル・カウンタボア及びカウンタシンク並びにタ動力式のドリル・カウンタボア及びカウンタシンク	航空機用特殊工具
5136	手動式のタツプ・ダイス及びコレツト並びに動力式のタツプ・ダイス及びコレツト	航空機用特殊工具
5140	工具用容器及び金物用容器	航空機整備用特殊工具箱、工具箱
5180	工具セツト、工具キツト及び工具アウトフイツト	工具セツト、工具キツト、空気工具セツト

大分類　52　計測工具

小分類番号	分類名称	装備品等の例
5210	技工用計測工具	インチ計測用工具、航空機用特殊工具、ブロツクゲージ、オプチカルフラツト
5220	検査ゲージ及び精密測定工具	定盤、航空機整備用特殊工具、地上動力用特殊工具、航空機用検査ゲージ、ゲージ類
5280	計測工具（セツト・キツト・アウトフイツト）	航空機用計測工具のセツト・キツト・アウトフイツト、消火器用ゲージ類、砲こう（腔）腐食ゲージセツト

大分類　54　組立式構造物及び足場

小分類番号	分類名称	装備品等の例
5410	組立て式建物及び可搬式建物	シエルタ

5420	固定式橋りよう及び浮遊式橋りよう	固定式ブリツジセツト、浮遊式ブリツジセツト、ポントン式ブリツジ、アルミ導板、ランプ導板、ブラケツト、索道セツト
5430	貯蔵タンク	プレオイルタンク（ポンプなしのもの）、貯蔵タンク
5440	足場装置及びコンクリート打ち形	鋼製わく組足場セツト

大分類　56　建設材料

小分類番号	分類名称	装備品等の例
5680	その他の建設材料	航空機用着陸マツト、けん引車用マツト

大分類　58　通信機材、探知器材及びコヒレント放射線器材

小分類番号	分類名称	装備品等の例
5805	電話装置及び電信装置	電信中継装置、電話中継装置、電話機、電話交換機、電信機、中継台、自動電けん装置、搬送電話端局装置、搬送電信端局装置、搬送電話中継装置、搬送電信中継装置、ハイブリツト、遠隔操縦装置、秘話装置、信号発信機、無電池電話機
5810	通信保全器材及びその構成品	暗号機
5815	印刷電信機及び模写電送装置	さん孔送受信装置、印刷電信機、模写電送装置、写真電送装置、監査装置、テープ巻取機
5820	航空機とう載用以外の無線送受信装置及びテレビジョン送受信装置	送信機、受信機、送受信機、中継装置、端局装置、車載装置、遠隔計測装置
5821	航空機とう載用の無線送受信装置及びテレビジョン送受信装置	送信機、受信機、送受信機、中継装置
5825	航空機とう載用以外の無線航法装置	方向探知機、ビーコン、ロラン、シヨラン、ソデツカ、航法用端局装置、ＶＯＲ装置、ＩＬＳ、ＧＣＡ装置
5826	航空機とう載用無線航法装置	方向探知機、ビーコン、ロラン、シヨラン、デツカ、タカン航法装置、ＶＯＲ装置、電波高度計、ドプラーナビゲータ、計器着陸誘導システム
5830	航空機とう載用以外の相互通信装置及び放声装置	拡声装置、指令装置（指令分岐装置を含む。）、有線放送装置、屋内通信装置

5831	航空機とう載用の相互通信装置及び放声装置	交話装置、構内通信装置
5835	録音装置及び再生装置	録音装置、録画装置、録音再生装置、録画再生装置、蓄音機
5840	航空機とう載用以外のレーダ装置	レーダ装置、ＧＣＩ装置、レーダ指示器、ＧＣＡ装置、レーダ装置用地図信号発生装置
5841	航空機とう載用レーダ装置	レーダ装置、レーダ指示器
5845	水中音響装置	音響探信儀、水中通話機、聴音浮標（同受信装置を含む。）、水中雑音監査機、ソーナドーム、ドツプラーメータ、水中聴音機、音道直視装置、音響試験装置、音響探信儀試験装置、水中聴音機試験装置、ソノブイ発射筒、ソノブイレシーバ、音響式機雷探知器、距離記録器、距離校正装置、対潜測音機
5850	可視光線通信装置及び不可視光線通信装置	赤外線通信装置（暗視器、しよう信儀）
5855	放射線発射暗視器材及び放射線反射暗視器材	照準装置、観測装置、照準観測妨害装置、目標探知機、放射線増幅器、光導電体、遠隔視察装置、操縦用暗視装置、操縦用投光器、操縦用受像器、照準暗視装置、そ撃用暗視装置
5860	誘発コヒレント放射線の装置・構成品及びアクセサリ	レーザ装置、メーザ装置、検知機、反射器、励磁機、照準検知器
5865	ＥＣＭ器材、ＥＣＣＭ器材及びＱＲＣ器材	電波妨害装置、逆探装置
5895	その他の通信装置	敵味方識別装置、モービルコントロールユニット、マツド、コンソール、タカン（航空機とう載用、地上用）、分析指示装置、電子算定機、航法計算装置、距離測定装置、送受切換装置、自動警戒管制装置

大分類　59　電気機器構成品及び電子機器構成品

小分類番号	分類名称	装備品等の例
5960	電子管及び付属金具	電子管
5965	ヘツドセツト、ハンドセツト、マイクロホン及びスピーカ	ヘツドセツト、スピーカ、マイクロホン
5975	電気工事用金具類	柱上帯、宙乗器

5985	アンテナ、導波管及びその関連器材	空中線（導波管を含む。）、空中線同調装置、空中線結合装置、空中線結合器、擬似空中線、レドーム

大分類　60　光ファイバ用材料、構成品及び装置

小分類番号	分類名称	装備品等の例
6015	光ファイバケーブル	光ファイバケーブル
6030	光ファイバ装置	光ファイバ装置

大分類　61　電線、電力用器材及び配電用器材

小分類番号	分類名称	装備品等の例
6105	電動機	電動機
6110	電気制御装置	制御管制装置、電圧調整器、配電盤
6115	発電機及び発電機セット	発電機、発動発電機、電源車、無停電電源装置
6120	配電用変圧器及び発電所用変圧器	変圧器
6125	回転電流変圧器	回転変流機、電動発電機、位相変換機、周波数変換装置
6130	非回転電流変換機	整流器（金属片、管球、機械）、充電器、バイブレータ、無停電電源装置
6140	二次電池	二次電池
6145	電線及びケーブル	船舶用ケーブル（消磁用ケーブルを含む。）、照明装置用配線ケーブル、野外用電線、野外用ケーブル、海底電線

大分類　62　照明器具及びランプ

小分類番号	分類名称	装備品等の例
6210	屋内用電気照明器具及び屋外用電気照明器具	屋内用電気照明器具、屋外用電気照明器具
6220	乗り物用電気照明器具	船舶用照明器具、航空用照明器具、航海燈
6230	可搬式電気照明器具及び手さげ式電気照明器具	投光器、探照燈、照明燈
6240	電燈	

大分類　63　警報装置及び信号装置

小分類番号	分類名称	装備品等の例
6320	船舶用警報装置及び船舶用信号装置	船舶用警報装置、船舶用信号装置
6330	鉄道用警報装置及び鉄道用信号装置	鉄道用警報装置、鉄道用信号装置

6340	航空機用警報装置及び航空機用信号装置	航空機用警報装置、航空機用信号装置
6350	その他の警報装置及び信号装置	警報装置、信号装置（ただし、上記のものを除く。）火災警報操作装置

大分類　65　医科用器材、歯科用器材及び獣医科器材

小分類番号	分類名称	装備品等の例
6515	医療用器械、医療用器具及び医療用用品	診断用器材、手術用器材、治療用器材、保健衛生用器材、獣医科用器材
6520	歯科用器材、歯科用器具及び歯科用用品	診断用器材、手術用器材、治療用器材、技工用器材
6525	医療用Ｘ線装置及び医療用Ｘ線用品	Ｘ線装置、自動現像装置、Ｘ線フイルム用観察装置
6530	病院用器械、病院用器具、病院用備品及び病院用用品	消毒用器材、病室用器材、手術用器材、治療用器材、調剤用器材、製剤用器材、患者運搬用器材
6532	医療施設用被服及び医療施設用特殊繊維製品	医療用被服
6545	医療用セット、医療用キット及び医療用アウトフイット	医療セット、検査セット

大分類　66　計測用器材及び試験用器材

小分類番号	分類名称	装備品等の例
6605	航法用計測器具	八分儀、プロット盤、水中測程儀、偏流測定儀、六分儀、転輪ら針儀、記録盤、測程儀、測深儀、方向指示計、磁気コンパス、傾斜儀、対勢儀、方位鏡、方位かん、照準儀、情報記録装置、航程中継発信機、対勢作図盤、真気速送信機、大気諸元計算装置、慣性航法装置、航法計算機
6610	飛行用計器	姿勢指示装置、速度計、昇降度計、施回計、ピトー管水平儀、加速度計、脚フラップ指示器、大気温度計、高度計
6615	自動操縦装置及び航空機とう載ジャイロ構成品	自動操縦装置、姿勢基準装置
6620	エンジン用計器	航空機エンジン用計器、船舶エンジン用計器

6625	電気特性測定用器材、電気特性試験用器材、電子特性測定用器材及び電子特性試験用器材	周波数測定装置、回路素子測定装置、電波測定器、空中線測定器、発振器、検出器、測定用素子測定器、電子特性測定器、トランジスタ特性測定器、有線用総合試験装置、無線用総合試験装置、絶縁耐圧試験器、線路測定器、電気計器、電圧測定器、電流測定器、電力測定器、抵抗測定器、振動試験機、磁気測定器、航空計器用試験器、電波機器用総合試験装置、ガードループ、磁気探知機、船体磁気測定装置、ストロボスコープ、導磁率計
6630	化学分析用器械	熱量測定器、ガス分析器、ＰＨ試験器、燐酸液測定器、火薬安定度測定器、塩素測定器、血液ガス測定装置、自動分析装置
6635	物理的特性試験用機器	金属材料探傷機、ゴム試験機、スプリング試験機、材料試験機（硬度計を含む。）、木材試験機、ダイナミツクバランサ、紫外線物質測定機、工業用Ｘ線機械、コンクリート試験機、アスフアルト試験機、土質試験機、土圧試験機、強力試験機器、ピトー静圧テスタ、テイルトテーブル、ビツクアツプ、テンシヨンメータ、フイクチヤ
6640	実験室用機器及びその用品	ふ卵器、遠心沈澱器、真空そう、恒温器、実験室用炉
6645	時間測定用機器	各種時計、時計検査機
6650	光学機械	顕微鏡、望遠鏡、病理用顕微鏡、双眼鏡、光学機械試験機、触針式平面検査器
6655	地球物理学用器材及び天文学用器材	水温記録器、水温記録巻上機、海流測定機、流速計、採でい器、水中照度計
6660	気象観測用器械及び気象観測用装置	ラジオゾンデセツト、風向計、風速計、風力計（電動式）、風信儀、温度計、湿度計、気象レーダゾンデ、気象レーダゾンデセツト、観測装置（百葉箱、気密箱、作業盤）雲高計、気圧計、雨量計、気象日記装置、時報電話装置、シーロメータ、トランスミツソメータ、気象レーダ装置

6665	障害検出用器械及び障害検出用装置	放射線測定器、放射線源、ガス検知器、機雷探知機、地雷探知器セット、線量計、線量計用計測器
6670	度量衡器	度量衡器
6675	製図用器材、測量用器材及び地図用器材	トランシット、平板セット、地図判読器、精密実体鏡、経緯儀、精密展開機、実体図化機セット、写真測量セット、航空写真処理セット、地図複製セット、偏位修正セット
6680	流量計、ガス流量計、液面計及び機械的運動計測器械	回転計、回転計試験器、流量計試験器、回転数測定器
6685	圧力計測用器材、温度計測用器材、湿度計測用器材、圧力制御用器材、温度制御用器材及び湿度制御用器材	温度測定器、圧力試験器、気圧計
6695	複合計器及びその他の器械	動力計、ポテンシヨンメータ

大分類　67　写真器材

小分類番号	分類名称	装備品等の例
6710	映画撮影機	撮影機、ガンカメラ
6720	カメラ	航空カメラ、複写機、レーダーレコーディングカメラ、製版カメラ
6730	映写用器材	映写機（スライド用を含む。）、射撃監査装置
6740	写真現像用器材及び写真仕上げ用器材	現像器、焼付け機、引伸し機、乾燥機
6770	処理済みフイルム	映画フイルム（無声、発声）
6780	写真用セット、写真用キット及び写真用アウトフイット	写真装置（トレーラとう載のもの）、野外写真処理装置

大分類　68　化学薬品及び化学製品

小分類番号	分類名称	装備品等の例
6810	化学薬品	試験用燃料、メタミツクス
6850	その他の特殊化学薬品	不凍液、ドライクリーニング溶剤、潤滑油、航空機用洗浄剤

大分類　69　教材及び訓練器材

小分類番号	分類名称	装備品等の例
6910	教材	トレーナ、ダミー

6920	武器訓練器材	装てん演習機、ターゲットプレーン、照準演習機、えい航標的、射撃標的、音響探知標的、ヒットインチゲータ、サブマリンターゲット、魚雷用標的、誘導弾訓練器材
6930	操法訓練器材	リンクトレーナ、脱出訓練装置、旋回試験装置、シミレータ、ガス天幕、操縦訓練機、戦術訓練機、航空士チーム訓練装置、整備訓練機、ソーナ訓練装置、天文航法訓練装置、推測法訓練装置
6940	通信訓練器材	符号練習機、信号訓練機器、レーダ訓練機器、ソノブイトレーナ、ＧＣＡトレーナ

大分類　70　自動データ処理装置

小分類番号	分類名称	装備品等の例
7010	自動データ処理装置	電子計算機、電子計算機システム
7021	自動データ処理中央処理装置	電子計算機用中央処理装置
7025	自動データ処理（入・出力・記憶）装置	電子計算機用（入・出・記憶）装置

大分類　71　家具

小分類番号	分類名称	装備品等の例
7105	住居用家具	ベット、床板
7110	事務用家具	特殊金庫
7125	キヤビネット、ロツカ、ビン及びたな材料	特殊とだな

大分類　72　住宅用調度品、一般用調度品、住宅用器具及び一般用器具

小分類番号	分類名称	装備品等の例
7210	住居用調度品	マットレス、毛布（覆いを含む。）、まくら（覆いを含む。）、掛ふとん（覆いを含む。）、かや、シーツ

大分類　73　調理用器材及び配ぜん用器材

小分類番号	分類名称	装備品等の例
7310	調理用器材・製パン用器材及び配ぜん用器材	ガスボイラ、レンジ、魚焼き器、揚げ物器、保温配食たな、いため機、しるたきがま
7320	台所用機器	連続式食器洗浄機、球根皮むき機、調理機、配食かん
7330	台所用具	保温配食かん
7350	食器類	合成樹脂製食器、金属製食器

7360	調理用セット、調理用キット調理用アウトフイット、ぜん用セット、配ぜん用キット及び配ぜん用アウトフイット	組食器配食たな、野外炊具、野外炊具入組品

大分類　78　娯楽用具及び運動用具

小分類番号	分類名称	装備品等の例
7810	運動用品及び競技用品	銃剣道防具、剣道防具

大分類　80　ブラシ、ペイント閉塞剤及び接着剤

小分類番号	分類名称	装備品等の例
8010	ペイント、ドープ及び関連製品	調合ペイント、防火ペイント、さび止めペイント、プライマ、エナメル、シンナ、ラツカー、ドープ

大分類　81　容器及び包装材料

小分類番号	分類名称	装備品等の例
8110	ドラム及びかん	ドラムかん、燃料携行かん、ふた付かん
8120	商業用ガスボンベ及び工業用ガスボンベ	高圧ガス容器、高圧気蓄機
8130	リール及びスプール	絡車、絡車軸
8140	弾薬箱・弾薬包装材及び弾薬特殊容器	火薬かん、誘導弾輸送容器、誘導弾貯蔵容器

大分類　83　繊維用品、皮革、毛布、衣服用附属品、くつ用附属品、天幕及び旗

小分類番号	分類名称	装備品等の例
8305	織物	生地（補修、雑用を除く。）、帆布
8340	天幕及び防水布	天幕、覆い（航空用エンジン用）、防水帆布、携帯天幕
8345	旗及びペナント	国旗、自衛艦旗、隊旗、信号旗、信号標識

大分類　84　被服、個人装具及び記章

小分類番号	分類名称	装備品等の例
8405	外衣	制服、外とう、雨衣（作業用雨衣を含む。）、ワイシヤツ、正帽（覆いを含む。）、略帽、作業帽、作業服、作業外被
8415	特殊被服	航空用被服、戦車用被服、空てい用被服、偽装用被服、防火用被服、運動服、防護用被服、鉄帽（中帽を含む。）、航空ヘルメット、航空機誘導服、防寒被服
8420	下着	夏シャツ、冬シャツ、夏ズボン下、冬ズボン下

8430	履物	短靴、半長靴、編上靴、航空靴、戦車靴、空挺靴、防寒靴、運動靴、ゴム靴、安全靴、防火靴、潜水艦作業靴
8440	靴下類、手袋及び被服アクセサリ	ネクタイ、バンド、きゃはん、手袋、靴下
8455	バッジ及び記章	部隊章、帽章、階級章、精勤章
8465	個人装具	背のう、衣のう、弾薬帯、けん銃帯、スリーピングバッグ、飯ごう（覆いを含む。）、水筒（覆いを含む。）、スキー、眼鏡、背負板、救急品袋、銃コンテナ、儀礼刀
8475	特殊航空被服及びアクセサリ	対Ｇ服、航空用特殊ヘルメット、与圧手袋、与圧服用耐水下着、与圧服、耐水服、耐寒服

大分類　89　食料

小分類番号	分類名称	装備品等の例
8905	食肉・家きん及び魚	非常用食糧、特殊食糧（艦船用を含む。）
8920	パン及び穀物	非常用食糧、特殊食糧（艦船用を含む。）
8930	ジヤム・ゼリー及びプレザーブ	非常用食糧、特殊食糧（艦船用を含む。）
8940	特殊食料及び特殊加工品	非常用食糧、特殊食糧（艦船用を含む。）
8970	詰合せ食料品	非常用食糧、特殊食糧（艦船用を含む。）

大分類　91　燃料、潤滑油、油脂及びワックス

小分類番号	分類名称	装備品等の例
9110	固形燃料	石炭（船舶用を除く。）
9130	石油を基剤とする液体推進剤及び燃料	ガソリン、ジエット燃料。ただし、寄港地用、貯蔵タンクを保有しない航空基地の航空機用、地方協力本部用及び離島用を除く。
9135	化学薬品を基剤とする液体推進燃料及び酸化剤	誘導弾用燃料
9140	燃料油	灯油、軽油、重油。ただし、寄港地用、貯蔵タンクを保有しない艦船基地の艦船用、地方協力本部用及び離島用を除く。
9150	切削用油、潤滑用油、油圧用油、切削用グリース、潤滑用グリース及び油圧用グリース	エンジン油、タービン油、グリース。ただし、寄港地用、地連用及び離島用を除く。

大分類　99　その他のもの

小分類番号	分類名称	装備品等の例

9905	標識及び広告用品	夜光標識（反射板を含む。）

役務

役務内容
固定翼航空機の組立、整備及び修理（高段階に限る。）
回転翼航空機の組立、整備及び修理（高段階に限る。）
グライダの組立、整備及び修理（高段階に限る。）
船舶の特別改造（海上幕僚長の申請に基づき防衛大臣が承認したものに限る。）
航空機用ガソリンエンジンの組立整備及び修理（高段階に限る。）
航空機用ガスタービン、ジェットエンジンの組立、整備及び修理（高段階に限る。）
ロケットエンジン及びその構成品の組立、整備及び修理（高段階に限る。）
有償援助による調達に伴う輸送
衛星通信役務（一般料金が設定されている場合を除く。）

注：1　本体と共に購入する場合の附属品及び予備部品並びにこれらとおおむね同時期に購入する維持部品は、この表に掲載されているものとみなす。

2　この表に掲載されている装備品等にその特性又は用途が類似している装備品等は、この表に掲載されているものとみなす。

3　この表に掲載する輸入品以外の輸入品（部品を除く。）及び防衛装備庁に係る試作品又は仮作を伴う研究委託は、この表に掲載されているものとみなす。

4　この表に掲載されている装備品等の構成品（この表に掲載されているものを除く。）は、この表に掲載されているものとみなす。ただし、特別な事由があるため、大臣官房長等が自ら調達することが適切なものについては、この限りでない。

5　有償援助により調達する装備品等及び役務については、有償援助による調達の実施に関する訓令（昭和52年防衛庁訓令第18号）第4条の定めるところによる。

6　情報システムの整備（新規開発、機能追加、更改及びこれらに付随する環境の整備をいう。）に係る調達は、この表に掲載されているものとみなす。ただし、特別な事由があるため、大臣官房長等が自ら調達することが適切なものについては、この限りでない。

7　この表に掲載されている装備品等の賃貸借及び調査研究は、この表に掲載されているものとみなす。ただし、特別な事由があるため、大臣官房長等が自ら調達することが適切なものについては、この限りでない。

別記様式（第9条関係）

調達基本計画書
予算科目別総括表

1

予算科目	予算額	予算執行額	事項別												備考
			新装備品	船舶	航空機	車両	武器弾薬	通信	燃料	被服	需品・糧食	ﾅｲｷ･ﾎｰｸ	整備器材	輸送	
(例)															
(組織) 防衛本省															
(項) 防衛本省															
09 営舎費															
営舎用備品費															
寝具費															
燃料費															
09 油購入費															
航空機用油購入費															
車両用油購入費															
(項) 武器車両等購入費															
09 武器購入費															
編成装備品費															
武器購入費															
09 通信機器購入費															
編成装備品費															
通信機器購入費															

（注） 1 事項別の区分については、経理装備局等の装備品等の特徴別に区分する。
2 調達基本計画は、装備品等別、中央調達別、地方調達別に作成する。
3 新装備品は、国家安全保障会議の議決装備品等を記入し、船舶以下各事項の金額の内数とする。

事項別総括表

2

予算科目	1／4		2／4		3／4		4／4		合計		頁	備考
	件数	金額	件数	金額	件数	金額	件数	金額	件数	金額		
(例)												
(需品、糧食)												
庁　　費												
営 舎 費												
糧 食 費												
教育訓練費												
計												
(航空)												
航空機修理費												
諸器材等維持費												
計												
(武器、弾薬)												
教育訓練費												
弾薬購入費												
諸器材購入費												
武器修理費												
計												
(通信)												
教育訓練費												
通信機購入費												
諸器材購入費												
通信維持費												

会計検査院法

昭22・4・19法73

最終改正　令4・6・17法68

目次

第1章　組織

第1節　総則

〔地位〕

第1条　会計検査院は、内閣に対し独立の地位を有する。

〔組織〕

第2条　会計検査院は、3人の検査官を以て構成する検査官会議と事務総局を以てこれを組織する。

〔院長〕

第3条　会計検査院の長は、検査官のうちから互選した者について、内閣においてこれを命ずる。

第2節　検査官

〔任命・俸給〕

第4条　検査官は、両議院の同意を経て、内閣がこれを任命する。

②　検査官の任期が満了し、又は欠員を生じた場合において、国会が閉会中であるため又は衆議院の解散のために両議院の同意を経ることができないときは、内閣は、前項の規定にかかわらず、両議院の同意を経ないで、検査官を任命することができる。

③　前項の場合においては、任命の後最初に召集される国会において、両議院の承認を求めなければならない。両議院の承認が得られなかつたときは、その検査官は、当然退官する。

④　検査官の任免は、天皇がこれを認証する。

⑤　検査官の給与は、別に法律で定める。

〔任期・停年〕

第5条　検査官の任期は、５年とし、１回に限り再任されることができる。

②　検査官が任期中に欠けたときは、後任の検査官は、前任者の残任期間在任する。

③　検査官は、満70歳に達したときは、退官する。

〔職務執行不能又は義務違反による退官〕

第6条　検査官は、他の検査官の合議により、心身の故障のため職務の執行ができないと決定され、又は職務上の義務に違反する事実があると決定された場合において、両議院の議決があつたときは、退官する。

〔処刑による失官〕

第7条　検査官は、刑事裁判により禁錮以上の刑に処せられたときは、その官を失う。

〔身分保障〕

第8条　検査官は、第４条第３項後段及び前２条の場合を除いては、その意に反してその官を失うことがない。

〔兼職禁止〕

第9条　検査官は、他の官を兼ね、又は国会議員、若しくは地方公共団体の職員若しくは議会の議員となることができない。

第3節　検査官会議

〔議長〕

第10条　検査官会議の議長は、院長を以て、これに充てる。

〔議決事項〕

第11条　次の事項は、検査官会議でこれを決する。

⑴ 第38条の規定による会計検査院規則の制定又は改廃
⑵ 第29条の規定による検査報告
⑵の２ 第30条の２の規定による報告
⑶ 第23条の規定による検査を受けるものの決定
⑷ 第24条の規定による計算証明に関する事項
⑸ 第31条及び政府契約の支払遅延防止等に関する法律（昭和24年法律第256号）第13条第２項の規定並びに予算執行職員等の責任に関する法律（昭和25年法律第172号）第６条第１項及び第４項の規定（同法第９条第２項において準用する場合を含む。）による処分の要求に関する事項
⑹ 第32条（予算執行職員等の責任に関する法律第10条第３項及び同法第11条第２項において準用する場合を含む。）並びに予算執行職員等の責任に関する法律第４条第１項及び同法第５条（同法第８条第３項及び同法第９条第２項において準用する場合を含む。）の規定による検定及び再検定
⑺ 第35条の規定による審査決定
⑻ 第36条の規定による意見の表示又は処置の要求
⑼ 第37条及び予算執行職員等の責任に関する法律第９条第５項の規定による意見の表示

第４節 事務総局

〔所掌事務〕
第12条 事務総局は、検査官会議の指揮監督の下に、庶務並びに検査及び審査の事務を掌る。
② 事務総局に官房及び左の５局を置く。
第１局
第２局
第３局
第４局
第５局
③ 官房及び各局の事務の分掌及び分課は、会計検査院規則の定めるところによる。
〔職員〕
第13条 事務総局に、事務総長１人、事務総局次長１人、秘書官、事務官、技官その他所要の職員を置く。
〔職員の任免・進退〕
第14条 前条の職員の任免、進退は、検査官の合議で決するところにより、院長

がこれを行う。

② 院長は、前項の権限を、検査官の合議で決するところにより、事務総長に委任することができる。

〔事務総長・次長〕

第15条 事務総長は、事務総局の局務を統理し、公文に署名する。

② 次長は、事務総長を補佐し、その欠けたとき又は事故があるときは、その職務を行う。

〔局長〕

第16条 各局に、局長を置く。

② 局長は、事務総長の命を受け、局務を掌理する。

〔秘書官・事務官〕

第17条 秘書官は、検査官の命を受けて、機密に関する事務に従事する。

② 事務官は、上官の指揮を受け、庶務、検査又は審査の事務に従事する。

〔技官〕

第18条 技官は、上官の指揮を受け、技術に従事する。

〔支局〕

第19条 会計検査院は、会計検査院規則の定めるところにより事務総局の支局を置くことができる。

第５節 会計検査院情報公開・個人情報保護審査会

〔設置及び組織〕

第19条の２ 行政機関の保有する情報の公開に関する法律（平成11年法律第42号）第19条第１項及び個人情報の保護に関する法律（平成15年法律第57号）第105条第１項の規定による院長の諮問に応じ審査請求について調査審議するため、会計検査院に、会計検査院情報公開・個人情報保護審査会を置く。

② 会計検査院情報公開・個人情報保護審査会は、委員３人をもつて組織する。

③ 委員は、非常勤とする。

〔委員〕

第19条の３ 委員は、優れた識見を有する者のうちから、両議院の同意を得て、院長が任命する。

② 委員の任期が満了し、又は欠員を生じた場合において、国会の閉会又は衆議院の解散のために両議院の同意を得ることができないときは、院長は、前項の規定にかかわらず、同項に定める資格を有する者のうちから、委員を任命することができる。

③ 前項の場合においては、任命後最初の国会で両議院の事後の承認を得なけれ

ばならない。この場合において、両議院の事後の承認が得られないときは、院長は、直ちにその委員を罷免しなければならない。

④　委員の任期は、３年とする。ただし、補欠の委員の任期は、前任者の残任期間とする。

⑤　委員は、再任されることができる。

⑥　委員の任期が満了したときは、当該委員は、後任者が任命されるまで引き続きその職務を行うものとする。

⑦　院長は、委員が心身の故障のため職務の執行ができないと認めるとき、又は委員に職務上の義務違反その他委員たるに適しない非行があると認めるときは、両議院の同意を得て、その委員を罷免することができる。

⑧　委員は、職務上知ることができた秘密を漏らしてはならない。その職を退いた後も、同様とする。

⑨　委員は、在任中、政党その他の政治的団体の役員となり、又は積極的に政治運動をしてはならない。

⑩　委員の給与は、別に法律で定める。

〔準用〕

第19条の４　情報公開・個人情報保護審査会設置法（平成15年法律第60号）第３章の規定は、会計検査院情報公開・個人情報保護審査会の調査審議の手続について準用する。この場合において、同章の規定中「審査会」とあるのは、「会計検査院情報公開・個人情報保護審査会」と読み替えるものとする。

〔罰則〕

第19条の５　第19条の３第８項の規定に違反して秘密を漏らした者は、１年以下の懲役又は50万円以下の罰金に処する。

〔規則への委任〕

第19条の６　第19条の２から前条までに定めるもののほか、会計検査院情報公開・個人情報保護審査会に関し必要な事項は、会計検査院規則で定める。

第２章　権限

第１節　総則

〔決算検査と会計検査〕

第20条　会計検査院は、日本国憲法第90条の規定により国の収入支出の決算の検査を行う外、法律に定める会計の検査を行う。

②　会計検査院は、常時会計検査を行い、会計経理を監督し、その適正を期し、且つ、是正を図る。

③　会計検査院は、正確性、合規性、経済性、効率性及び有効性の観点その他会

計検査上必要な観点から検査を行うものとする。

〔決算の確認〕

第21条 会計検査院は、検査の結果により、国の収入支出の決算を確認する。

第２節 検査の範囲

〔必要的検査事項〕

第22条 会計検査院の検査を必要とするものは、左の通りである。

(1) 国の毎月の収入支出

(2) 国の所有する現金及び物品並びに国有財産の受払

(3) 国の債権の得喪又は国債その他の債務の増減

(4) 日本銀行が国のために取り扱う現金、貴金属及び有価証券の受払

(5) 国が資本金の２分の１以上を出資している法人の会計

(6) 法律により特に会計検査院の検査に付するものと定められた会計

〔任意的検査事項〕

第23条 会計検査院は、必要と認めるとき又は内閣の請求があるときは、次に掲げる会計経理の検査をすることができる。

(1) 国の所有又は保管する有価証券又は国の保管する現金及び物品

(2) 国以外のものが国のために取り扱う現金、物品又は有価証券の受払

(3) 国が直接又は間接に補助金、奨励金、助成金等を交付し又は貸付金、損失補償等の財政援助を与えているものの会計

(4) 国が資本金の一部を出資しているものの会計

(5) 国が資本金を出資したものが更に出資しているものの会計

(6) 国が借入金の元金又は利子の支払を保証しているものの会計

(7) 国若しくは前条第５号に規定する法人（以下この号において「国等」という。）の工事その他の役務の請負人若しくは事務若しくは業務の受託者又は国等に対する物品の納入者のその契約に関する会計

② 会計検査院が前項の規定により検査をするときは、これを関係者に通知するものとする。

第３節 検査の方法

〔書類の提出〕

第24条 会計検査院の検査を受けるものは、会計検査院の定める計算証明の規程により、常時に、計算書（当該計算書に記載すべき事項を記録した電磁的記録（電子的方式、磁気的方式その他人の知覚によつては認識することができない方式で作られる記録であつて、電子計算機による情報処理の用に供されるものとして会計検査院規則で定めるものをいう。次項において同じ。）を含む。以下同

じ。）及び証拠書類（当該証拠書類に記載すべき事項を記録した電磁的記録を含む。以下同じ。）を、会計検査院に提出しなければならない。

② 国が所有し又は保管する現金、物品及び有価証券の受払いについては、前項の計算書及び証拠書類に代えて、会計検査院の指定する他の書類（当該書類に記載すべき事項を記録した電磁的記録を含む。）を会計検査院に提出することができる。

〔実地検査〕

第25条 会計検査院は、常時又は臨時に職員を派遣して、実地の検査をすることができる。この場合において、実地の検査を受けるものは、これに応じなければならない。

〔強制検査〕

第26条 会計検査院は、検査上の必要により検査を受けるものに帳簿、書類その他の資料若しくは報告の提出を求め、又は関係者に質問し若しくは出頭を求めることができる。この場合において、帳簿、書類その他の資料若しくは報告の提出の求めを受け、又は質問され若しくは出頭の求めを受けたものは、これに応じなければならない。

〔事故の報告〕

第27条 会計検査院の検査を受ける会計経理に関し左の事実があるときは、本属長官又は監督官庁その他これに準ずる責任のある者は、直ちに、その旨を会計検査院に報告しなければならない。

(1) 会計に関係のある犯罪が発覚したとき

(2) 現金、有価証券その他の財産の亡失を発見したとき

〔資料提出・鑑定等の依頼〕

第28条 会計検査院は、検査上の必要により、官庁、公共団体その他の者に対し、資料の提出、鑑定等を依頼することができる。

第４節　検査報告

〔掲記事項〕

第29条 日本国憲法第90条により作成する検査報告には、左の事項を掲記しなければならない。

(1) 国の収入支出の決算の確認

(2) 国の収入支出の決算金額と日本銀行の提出した計算書の金額との不符合の有無

(3) 検査の結果法律、政令若しくは予算に違反し又は不当と認めた事項の有無

(4) 予備費の支出で国会の承諾をうける手続を採らなかつたものの有無

⑸ 第31条及び政府契約の支払遅延防止等に関する法律第13条第２項並びに予算執行職員等の責任に関する法律第６条第１項（同法第９条第２項において準用する場合を含む。）の規定により懲戒の処分を要求した事項及びその結果

⑹ 第32条（予算執行職員等の責任に関する法律第10条第３項及び同法第11条第２項において準用する場合を含む。）並びに予算執行職員等の責任に関する法律第４条第１項及び同法第５条（同法第８条第３項及び同法第９条第２項において準用する場合を含む。）の規定による検定及び再検定

⑺ 第34条の規定により意見を表示し又は処置を要求した事項及びその結果

⑻ 第36条の規定により意見を表示し又は処置を要求した事項及びその結果

〔国会への説明権〕

第30条　会計検査院は、前条の検査報告に関し、国会に出席して説明することを必要と認めるときは、検査官をして出席せしめ又は書面でこれを説明することができる。

〔国会及び内閣への報告〕

第30条の２　会計検査院は、第34条又は第36条の規定により意見を表示し又は処置を要求した事項その他特に必要と認める事項については、随時、国会及び内閣に報告することができる。

〔検査結果の報告〕

第30条の３　会計検査院は、各議院又は各議院の委員会若しくは参議院の調査会から国会法（昭和22年法律第79号）第105条（同法第54条の４第１項において準用する場合を含む。）の規定による要請があつたときは、当該要請に係る特定の事項について検査を実施してその検査の結果を報告することができる。

第５節　会計事務職員の責任

〔懲戒処分の要求〕

第31条　会計検査院は、検査の結果国の会計事務を処理する職員が故意又は重大な過失により著しく国に損害を与えたと認めるときは、本属長官その他監督の責任に当る者に対し懲戒の処分を要求することができる。

②　前項の規定は、国の会計事務を処理する職員が計算書及び証拠書類の提出を怠る等計算証明の規程を守らない場合又は第26条の規定による要求を受けこれに応じない場合に、これを準用する。

〔弁償責任の検定〕

第32条　会計検査院は、出納職員が現金を亡失したときは、善良な管理者の注意を怠つたため国に損害を与えた事実があるかどうかを審理し、その弁償責任の有無を検定する。

② 会計検査院は、物品管理職員が物品管理法（昭和31年法律第113号）の規定に違反して物品の管理行為をしたこと又は同法の規定に従つた物品の管理行為をしなかつたことにより物品を亡失し、又は損傷し、その他国に損害を与えたときは、故意又は重大な過失により国に損害を与えた事実があるかどうかを審理し、その弁償責任の有無を検定する。

③ 会計検査院が弁償責任があると検定したときは、本属長官その他出納職員又は物品管理職員を監督する責任のある者は、前２項の検定に従つて弁償を命じなければならない。

④ 第１項又は第２項の弁償責任は、国会の議決に基かなければ減免されない。

⑤ 会計検査院は、第１項又は第２項の規定により出納職員又は物品管理職員の弁償責任がないと検定した場合においても、計算書及び証拠書類の誤謬脱漏等によりその検定が不当であることを発見したときは５年間を限り再検定をすることができる。前２項の規定はこの場合に、これを準用する。

〔犯罪の通告〕

第33条 会計検査院は、検査の結果国の会計事務を処理する職員に職務上の犯罪があると認めたときは、その事件を検察庁に通告しなければならない。

第６節 雑則

〔違法・不当事項の処理〕

第34条 会計検査院は、検査の進行に伴い、会計経理に関し法令に違反し又は不当であると認める事項がある場合には、直ちに、本属長官又は関係者に対し当該会計経理について意見を表示し又は適宜の処置を要求し及びその後の経理について是正改善の処置をさせることができる。

〔利害関係人の審査要求〕

第35条 会計検査院は、国の会計事務を処理する職員の会計経理の取扱に関し、利害関係人から審査の要求があつたときは、これを審査し、その結果是正を要するものがあると認めるときは、その判定を主務官庁その他の責任者に通知しなければならない。

② 主務官庁又は責任者は、前項の通知を受けたときは、その通知された判定に基いて適当な措置を採らなければならない。

〔意見表示又は処置要求〕

第36条 会計検査院は、検査の結果法令、制度又は行政に関し改善を必要とする事項があると認めるときは、主務官庁その他の責任者に意見を表示し又は改善の処置を要求することができる。

〔法令の制定・改廃に対する意見表示権及び職務執行の疑義に対する意見表示義

務〕

第37条　会計検査院は、左の場合には予めその通知を受け、これに対し意見を表示することができる。

(1)　国の会計経理に関する法令を制定し又は改廃するとき

(2)　国の現金、物品及び有価証券の出納並びに簿記に関する規程を制定し又は改廃するとき

②　国の会計事務を処理する職員がその職務の執行に関し疑義のある事項につき会計検査院の意見を求めたときは、会計検査院は、これに対し意見を表示しなければならない。

第３章　会計検査院規則

〔規則への委任〕

第38条　この法律に定めるものの外、会計検査に関し必要な規則は、会計検査院がこれを定める。

附　則〔略〕

＊　会計検査院法は、刑法等の一部を改正する法律の施行に伴う関係法律の整理等に関する法律（令和４年法68）により一部改正されたが、刑法等一部改正法施行日〔令７・６・１〕から施行となるため、一部改正法の形で掲載した。

○刑法等の一部を改正する法律の施行に伴う関係法律の整理等に関する法律（抄）

令４・６・17
法　　　68

（会計検査院法の一部改正）

第68条　会計検査院法（昭和22年法律第73号）の一部を次のように改正する。

第７条中「禁錮」を「拘禁刑」に改める。

第19条の５中「懲役」を「拘禁刑」に改める。

附　則（抄）

（施行期日）

1　この法律は、刑法等一部改正法施行日から施行する。〔ただし書略〕

計算証明規則

昭27・6・7会計検査院規則3

最終改正　令6・4・1会計検査院規則3

目次

第１章　総則

第１節　通則

（通則）

第１条　会計検査院の検査を受けるものの計算証明に関しては、この規則の定めるところによる。

（定義）

第１条の２　この規則において、次の各号に掲げる用語の意義は、当該各号に定めるところによる。

(1)　証明責任者　この規則の定めるところにより計算証明をする者をいう。
(2)　証明期間　証明責任者が計算書を作成する単位となる所定の期間をいう。
(3)　電磁的記録　会計検査院法第24条第１項に規定する電磁的記録をいう。
(4)　計算証明書類　この規則の規定に基づき会計検査院に提出しなければならない書類をいう。
(5)　電磁的方式　電子的方式、磁気的方式その他人の知覚によっては認識することができない方式をいう。
(6)　原情報　会計経理の過程において一定の内容を表示するため確定的なものとして電磁的方式により、作成し、取得し、又は利用した情報（当該情報の全部又は一部を電磁的方式により複写した情報を含む。）をいう。

第２節　電磁的記録による計算証明

（電磁的記録による計算証明）

第１条の３　計算証明書類については、当該計算証明書類を提出することに代えて、当該計算証明書類に記載すべき事項を記録した電磁的記録を提出することができる。

第１条の４　会計検査院法第24条第１項に規定する会計検査院規則で定めるものは、光ディスク（日本産業規格Ｘ6241、Ｘ6245、Ｘ6249、Ｘ6281又はＸ6282に適合する直径120ミリメートルのものに限る。）に計算証明書類に記載すべき事項を記録したものとする。

2　電磁的記録には、会計検査院の定める基準に従い、計算証明書類に記載すべき事項を記録しなければならない。

3　会計検査院は、前項に規定する基準を定めたときは、インターネットの利用その他適切な方法により公表するものとする。

（電磁的記録に係る記録媒体の記載事項等）

第１条の５　電磁的記録に係る記録媒体には、次の各号に掲げる事項を記載し、又は当該事項を記載した書面を貼り付けなければならない。

(1)　計算証明書類の名称

(2)　証明年度及び証明年月

(3)　証明責任者の職（官）又は役職及び氏名

(4)　提出年月日

(5)　整理番号（同時に２枚以上の電磁的記録に係る記録媒体を提出する場合に限る。）

2　電磁的記録には、当該電磁的記録に記録された計算証明書類に記載すべき事項の内容を明らかにした資料を添付しなければならない。ただし、当該事項の内容がファイルの名称等から明らかであるときは、この限りでない。

（電磁的記録における証拠書類等の付記の取扱い）

第１条の６　証拠書類又は次条第１項第３号に規定する添付書類に記載すべき事項を記録した電磁的記録を提出するときは、この規則の規定によりこれらの書類に付記すべきこととされている事項を当該電磁的記録に併せて記録するものとする。

第３節　計算書及び証拠書類の提出

（計算書の提出期限）

第２条　証明責任者は、証明期間ごとに計算書（計算書に記載すべき事項を記録した電磁的記録を含む。以下同じ。）を作成し、次の各号に掲げるものを添えて、当該期間が満了する日の属する月の翌月末日までに会計検査院に到達するように提出しなければならない。

(1)　この規則において計算書に添付しなければならないとされている書類（当該書類に記載すべき事項を記録した電磁的記録を含む。）

(2)　証拠書類（証拠書類に記載すべき事項を記録した電磁的記録を含む。第６条、第７条第１項、第９条、第10条、第15条第２項及び第３項、第16条から第18条まで、第19条の５第２項、第19条の７第２項、第23条から第30条まで、第39条第５項、第40条から第44条まで、第62条第２項並びに第79条において同じ。）

(3) この規則において証拠書類に添付しなければならないとされている書類（以下「添付書類」という。）（添付書類に記載すべき事項を記録した電磁的記録を含む。第６条、第７条第１項、第９条、第10条及び第19条の５第２項において同じ。）

２ 証明責任者が、国の債権の管理に関する事務の一部を分掌する歳入徴収官等、分任歳入徴収官、分任国税収納命令官、分任支出負担行為担当官、分任物品管理官、分任出納官吏若しくはこれらの者の代理官又は出納員の取り扱った計算を併算して計算証明をする場合における前項の規定の適用については、同項中「翌月末日」とあるのは「翌々月15日」とする。

３ 第１項に規定する書類及び電磁的記録を監督官庁等を経由して会計検査院に提出する場合は、証明責任者は第１項又は前項の期限までに監督官庁等に提出し、監督官庁等は受理後１月を超えない期間に会計検査院に到達するように提出しなければならない。この場合において、監督官庁等は計算書に、その受理の年月日を記載し、又は記録しなければならない。

（証明責任者の交替等があったときの計算証明）

第３条 証明責任者が交替し前任者の計算証明が済んでいないときは、前任者の計算を後任者が計算証明をしなければならない。ただし、監督官庁等は、特別の事由があるときは、後任者以外の職員を証明責任者として指名して、計算証明をさせることができる。

２ 前項の交替が証明期間中で、後任者が計算証明をする場合は、前任者の取り扱った計算を併算して計算証明をすることができる。

３ 前２項の場合においては、計算書にその旨並びに前任者の職氏名及び管理期を記載し、又は記録しなければならない。

４ 前３項の規定は、証明責任者に交替以外の異動があったときの計算証明について準用する。

（計算書の訂正）

第４条 提出済みの計算書に記載し、又は記録された事項について、誤記等を発見したときは、その事項及び事由を明らかにした報告書を提出しなければならない。

（証拠書類の形式）

第５条 証拠書類は、原本を提出しなければならない。ただし、原本を提出し難いときは、証明責任者が原本と相違がない旨を証明した謄本をもって、原本に代えることができる。

2　証拠書類につきその作成に代えて電磁的方式により証拠書類に記載すべき事項に係る情報が作成されているときは、当該事項に係る原情報を電磁的記録に記録して提出しなければならない。

3　原情報を電磁的記録に記録して提出し難いときは、証明責任者が原情報と相違がない旨を証明した原情報を出力した書面を証拠書類として提出することができる。この場合において、当該書面には原情報を出力したものである旨を付記しなければならない。

（外国貨幣換算に関する書類等の添付）

第6条　外国貨幣を基礎とし、又は外国貨幣で収支をしたものは、換算に関する書類を証拠書類に添付しなければならない。ただし、支出官事務規程（昭和22年大蔵省令第94号）第11条第２項第４号又は出納官吏事務規程（昭和22年大蔵省令第95号）第14条から第16条までに規定する外国貨幣換算率によって収支をしたものは、証拠書類にその換算価格を付記して、換算に関する書類の添付を省略することができる。

2　証拠書類又は添付書類のうち、外国語で記載し、又は記録されたものについては、その訳文を添付しなければならない。

（提出済みの証拠書類等のある場合の処理）

第7条　証拠書類又は添付書類のうち、計算証明のため既に提出したものがあるとき、又は他の区分に編集して提出するものがあるときは、その旨を関係する証拠書類又は添付書類に付記し、又はその旨及び金額等を記載した書類を計算書に添付しなければならない。

2　証拠書類又は添付書類に記載すべき事項を記録した電磁的記録を提出する場合において、当該電磁的記録であって、計算証明のため既に提出したものがあるとき又は他の区分に編集して提出するものがあるときは、前項の規定にかかわらず、既に提出し、又は他の区分に編集して提出する電磁的記録を複写した電磁的記録を提出することができる。

（証拠書類等の編集）

第8条　証拠書類及び添付書類は、一の歳入の徴収、支出の決定その他の会計経理に係る行為ごとに取りまとめ、これを歳入及び歳出については目別に、その他のものについては受払い等別、種類別に、事情によりなお適宜細分して区分して編集しなければならない。

2　証拠書類及び添付書類には、前項の区分に仕切紙を付して編集し、かつ、表紙を付さなければならない。

3　前項の仕切紙には次の各号に掲げる事項を記載しなければならない。

⑴　科目、受払、種類等の区分の名称
⑵　証拠書類及び添付書類の紙数
⑶　証拠書類及び添付書類の金額

4　第2項の表紙には次の各号に掲げる事項を記載しなければならない。
⑴　証拠書類及び添付書類の名称（所管（主管）及び会計（勘定）名を含む。）
⑵　証明年度及び証明年月
⑶　証明責任者の職（官）又は役職及び氏名
⑷　証拠書類及び添付書類の総紙数
⑸　証拠書類及び添付書類の総金額
⑹　総冊数のうち第何冊分（分冊にして提出する場合に限る。）

第8条の2　前条第1項の規定は、証拠書類及び添付書類に記載すべき事項を電磁的記録に記録して提出する場合（次項に規定するときを除く。）に準用する。この場合において、当該電磁的記録には、前条第3項第1号及び第3号並びに同条第4項第1号から第3号まで及び第5号に掲げる事項を併せて記録しなければならない。

2　一の歳入の徴収、支出の決定その他の会計経理に係る行為について、証拠書類及び添付書類とこれらの書類に記載すべき事項を記録した電磁的記録とを提出するときは、証拠書類及び添付書類の各区分ごとの仕切紙には、前条第3項に規定する事項のほか、電磁的記録により提出するものがある旨を記載しなければならない。この場合において、証拠書類及び添付書類には、次の各号に掲げる事項を付記しなければならない。
⑴　電磁的記録により提出するものがある旨
⑵　当該電磁的記録との関連性を確認することができる事項

3　証拠書類及び添付書類とこれらの書類に記載すべき事項を記録した電磁的記録を提出する場合において、一の歳入の徴収、支出の決定その他の会計経理に係る行為について、証拠書類及び添付書類に記載すべき事項を記録した電磁的記録のみを提出するとき（次項に規定するときを除く。）は、証拠書類及び添付書類の各区分ごとの仕切紙には、前条第3項に規定する事項のほか、電磁的記録により提出するものがある旨及びその金額を記載しなければならない。

4　証拠書類及び添付書類とこれらの書類に記載すべき事項を記録した電磁的記録を提出する場合において、一の仕切紙を付すべき区分に編集するものの全部が電磁的記録であるときは、証拠書類及び添付書類に当該区分についても仕切紙を付し、当該仕切紙には、次の各号に掲げる事項を記載しなければならない。
⑴　前条第3項第1号に掲げる事項

(2) 次条第1項に規定する事項
(3) 第22条第2項及び第39条第3項に規定する事項
(4) 電磁的記録により提出する旨及びその金額

(未到達の証拠書類等に関する処理)

第9条 証明責任者は、証拠書類又は添付書類のうち到達しないため計算書に添えて提出することができないものがあるときは、その旨及び金額を仕切紙に記載し、又は電磁的記録に併せて記録しなければならない。

2 前項の証拠書類又は添付書類が到達したときは、到達したときの証明期間の計算書に添えて提出しなければならない。この場合において、当該証拠書類又は添付書類は支払等のあった証明期間ごとに区分して編集し、その旨及びその証明期間を表紙に記載し、又は電磁的記録に併せて記録しなければならない。

(証拠書類等が滅失した場合の計算証明)

第10条 天災地変その他のやむを得ない事故により、証拠書類又は添付書類が滅失したときは、その事故についての関係官公署の証明書及び監督官庁等の証明した科目別金額等の明細書を計算書に添付しなければならない。

(特別の事情がある場合の計算証明)

第11条 特別の事情がある場合には、会計検査院の指定により、又はその承認を経て、この規則の規定と異なる取扱いをすることができる。

第2章 国の会計事務を処理する職員の計算証明

第1節 通則

第11条の2 会計検査院法第22条第1号から第3号まで及び第23条第1項第1号の規定により会計検査院の検査を受けるものの証明責任者、証明期間及び計算証明書類に関しては、この章の定めるところによる。

第2節 国の債権の管理に関する事務を行う職員の計算証明

(国の債権の証明責任者、証明期間及び計算書)

第11条の3 歳入徴収官等(国の債権の管理等に関する法律(昭和31年法律第114号)第2条第4項に規定する歳入徴収官等をいう。以下同じ。)の管理に属する債権については、証明責任者は、主任歳入徴収官等(歳入徴収官等のうち次条第1項に規定する分任歳入徴収官等及びその事務を代理する歳入徴収官等を除いたものをいう。以下同じ。)とし、証明期間は、会計検査院の別に指定するものは3月、その他のものは1年とする。

2 計算書は、債権管理計算書(第1号書式)とする。

(分任歳入徴収官等の分等の計算証明)

第11条の4 分任歳入徴収官等(債権の管理に関する事務の一部を分掌する歳入

徴収官等をいう。以下同じ。）又はその事務を代理する歳入徴収官等の取り扱った計算は、所属の主任歳入徴収官等の計算に併算する。

2　主任歳入徴収官等が、前項の規定により計算証明をするときは、分任歳入徴収官等又はその事務を代理する歳入徴収官等の取り扱った計算についての証拠書類は、分任歳入徴収官等ごとに別冊とし、第８条及び第９条の規定により区分して編集し、当該分任歳入徴収官等の職氏名を証拠書類の表紙に記載しなければならない。

3　前項の規定は、証拠書類に記載すべき事項を記録した電磁的記録について準用する。この場合において、前項中「ごとに別冊とし、第８条」とあるのは「の別に、第８条の２」と、「の表紙に記載」とあるのは「に記載すべき事項を記録した電磁的記録に併せて記録」と読み替えるものとする。

（一の計算書による計算証明）

第11条の５　同一の官署に２人以上の主任歳入徴収官等がいるときは、当該関係の主任歳入徴収官等は、それぞれの所掌区分を明らかにして、一の計算書によって計算証明をすることができる。ただし、所管若しくは会計又は証明期間が異なる債権については、この限りでない。

（債権管理計算書の証拠書類）

第11条の６　債権管理計算書の証拠書類は、会計検査院が別に指定する。

（債権に関する特別の書類）

第11条の７　国の債権の管理等に関する法律第３条第１項ただし書に規定する債権については、会計検査院が別に指定する書類を提出しなければならない。

第３節　歳入徴収官の計算証明

（歳入の証明責任者、証明期間及び計算書）

第12条　歳入については、証明責任者は、歳入徴収官（歳入徴収官代理を含む。以下同じ。）とし、証明期間は、会計検査院の別に指定するものは１月、その他のものは３月とする。

2　計算書は、歳入徴収額計算書（第１号の２書式）とする。

（分任歳入徴収官の分等の計算証明）

第13条　分任歳入徴収官又は分任歳入徴収官代理の取り扱った計算は、所属の歳入徴収官の計算に併算する。

2　歳入徴収官が、前項の規定により計算証明をするときは、分任歳入徴収官又は分任歳入徴収官代理の取り扱った計算についての証拠書類及び添付書類は、分任歳入徴収官ごとに別冊とし、第８条及び第９条の規定により区分して編集し、当該分任歳入徴収官の職氏名を証拠書類及び添付書類の表紙に記載しなければならない。

3　前項の規定は、証拠書類及び添付書類に記載すべき事項を記録した電磁的記録について準用する。この場合において、前項中「ごとに別冊とし、第８条」とあるのは「の別に、第８条の２」と、「の表紙に記載」とあるのは「に記載すべき事項を記録した電磁的記録に併せて記録」と読み替えるものとする。

（歳入金月計突合表等の添付）

第14条　歳入徴収額計算書には、日本銀行国庫金取扱規程（昭和22年大蔵省令第93号）第79条に規定する歳入金月計突合表を添付しなければならない。ただし、やむを得ない事由により添付し難いときは、その旨を計算書の備考欄に記入して、別に提出することができる。

2　前項に定めるもののほか、歳入徴収額計算書に添付しなければならない書類は、会計検査院が別に指定する。

（歳入徴収額計算書の証拠書類）

第15条　歳入徴収額計算書の証拠書類は、次の各号に掲げる書類とする。

⑴　歳入徴収官事務規程（昭和27年大蔵省令第141号）第３条第４項に規定する歳入の内容を示す書類

⑵　契約書（契約書の作成を省略したときは、請書その他契約の内容を明らかにした書類）

⑶　契約を変更し、若しくは違約処分をしたものについて徴収決定をしたもの又は徴収決定をしたものについて契約を解除したものがあるときは、その関係書類

⑷　民事再生法（平成11年法律第225号）による再生計画案若しくは変更計画案若しくは会社更生法（平成14年法律第154号）若しくは金融機関等の更生手続の特例等に関する法律（平成８年法律第95号）による更生計画案若しくは変更計画案に同意したもの、民事訴訟法（平成８年法律第109号）による和解をしたもの又は民事調停法（昭和26年法律第222号）による調停に応じたものについて徴収決定をしたものがあるときは、その関係書類

⑸　履行期限を延長する特約若しくは処分又は延納の特約若しくは処分をしたものについて、徴収決定をしたものがあるときは、その関係書類

⑹　滞納処分をしたものがあるときは、その関係書類

⑺　不納欠損処分をしたものがあるときは、その関係書類

2　次の各号に掲げる歳入について、歳入証明書（第１号の３書式）を提出したときは、前項各号に規定する証拠書類を会計検査院から要求のあった際に提出することができるように歳入徴収官が保管することができる。

(1) 分割納付債権（法令の規定に基づく特約又は処分により分割して納付することとされているものをいう。以下同じ。）及び貸付料債権等（貸付料債権その他法令又は契約により継続して一定金額を定期に納付することとされているものをいう。以下同じ。）の２回目以降の徴収決定に係る歳入（分割納付債権又は貸付料債権等の内容が変更された場合においては、変更後の初回分を除く。）

(2) 前号に定めるもののほか、会計検査院が別に指定する歳入

3　延納の特約をしたものについて徴収決定をしたものがあるとき又は不納欠損処分をしたものがあるときは、前項の規定にかかわらず、その証拠書類を提出しなければならない。

（競争契約に関する書類の添付）

第16条　一般競争に付した財産の売渡し又は貸付けその他の契約による歳入については、次の各号に掲げる書類を証拠書類に添付しなければならない。ただし、1,000万円（賃貸料については、年額又は総額の計算とする。）を超えない契約に関するものについては、証拠書類に添付することに代えて、会計検査院から要求のあった際に提出することができるように歳入徴収官が保管することができる。

(1) 公告に関する書類

(2) 予定価格及びその算出の基礎を明らかにした書類

(3) 全ての入札書又は入札者氏名及び入札金額を明らかにした関係職員の証明書

(4) 契約書の附属書類

2　前項の規定は、指名競争又はせり売りによった契約による歳入について準用する。

（随意契約に関する書類の添付）

第17条　随意契約によった財産の売渡し又は貸付けその他の契約による歳入については、次の各号に掲げる書類を証拠書類に添付しなければならない。ただし、500万円（賃貸料については、年額又は総額の計算とする。）を超えない契約に関するものについては、証拠書類に添付することに代えて、会計検査院から要求のあった際に提出することができるように歳入徴収官が保管することができる。

(1) 予定価格及びその算出の基礎を明らかにした書類

(2) 見積書

(3) 契約書の附属書類

⑷　予算決算及び会計令（昭和22年勅令第165号）第99条の２又は第99条の３の規定により随意契約をした場合は、前回までの競争に関する概要を明らかにした調書

（証拠書類に付記する事項）

第18条　次の各号に掲げるときは、当該各号に定める事項を関係する証拠書類に付記しなければならない。

⑴　予算決算及び会計令第100条の２第１項第４号の規定により契約書の作成を省略したとき　その旨

⑵　財産の売渡し又は貸付けその他の契約について、指名競争に付したとき、又は随意契約によったとき（予算決算及び会計令第94条第１項第４号から第６号まで又は第99条第５号から第７号までの規定に基づく場合を除く。）　適用した法令の条項

⑶　法令の規定により分割して徴収決定をしたとき　前回までの徴収決定年月日及び金額

（誤びゅう及び訂正の報告）

第19条　最終の歳入徴収額計算書を提出した後において、計算書に記載し、又は記録した年度、科目その他の事項について誤りを発見し、その訂正の処理をしたときは、その都度その内容を記載した報告書を提出しなければならない。

第４節　国税収納命令官等の計算証明

（国税等の徴収の証明責任者、証明期間及び計算書）

第19条の２　国税等の徴収については、証明責任者は、国税収納命令官（国税収納命令官代理を含む。以下同じ。）とし、証明期間は、１月とする。

２　計算書は、国税収納金整理資金徴収額計算書（第２号の２書式）とする。

３　国税収納金整理資金事務取扱規則（昭和29年大蔵省令第39号）第７条の２第１項に規定する期限（以下「整理期限」という。）が翌年度の６月１日又は同月２日となる場合には、前２項の規定（前項の規定に基づく第２号の２書式を含む。）の適用については、これらの日を５月末日とみなす。

（分任国税収納命令官の分等の計算証明）

第19条の３　分任国税収納命令官又は分任国税収納命令官代理の取り扱った計算は、所属の国税収納命令官の計算に併算する。

２　国税収納命令官が、前項の規定により計算証明をするときは、分任国税収納命令官又は分任国税収納命令官代理の取り扱った計算についての証拠書類及び添付書類は、分任国税収納命令官ごとに別冊とし、第９条及び第19条の５第２項の規定により区分して編集し、当該分任国税収納命令官の職氏名を証拠書類

及び添付書類の表紙に記載しなければならない。

3　前項の規定は、証拠書類及び添付書類に記載すべき事項を記録した電磁的記録について準用する。この場合において、前項中「ごとに別冊とし」とあるのは「の別に」と、「の表紙に記載」とあるのは「に記載すべき事項を記録した電磁的記録に併せて記録」と読み替えるものとする。

（国税収納金整理資金受入金月計突合表等の添付）

第19条の4　国税収納金整理資金徴収額計算書には、日本銀行国庫金取扱規程第81条の２に規定する国税収納金整理資金受入金月計突合表を添付しなければならない。ただし、やむを得ない事由により添付し難いときは、その旨を計算書の備考欄に記入して、別に提出することができる。

2　前項に定めるもののほか、国税収納金整理資金徴収額計算書に添付しなければならない書類は、会計検査院が別に指定する。

（国税収納金整理資金徴収額計算書の証拠書類等）

第19条の5　国税収納金整理資金徴収額計算書の証拠書類及び添付書類は、会計検査院が別に指定する。

2　前項に規定する証拠書類及び添付書類の編集の方法は、第８条及び第８条の２の規定にかかわらず、会計検査院が別に指定する。

（国税収納金整理資金からする支払の証明責任者、証明期間及び計算書）

第19条の6　国税収納金整理資金からする支払については、証明責任者は、国税資金支払命令官（国税資金支払命令官代理を含む。以下同じ。）とし、証明期間は、１月とする。

2　計算書は、国税収納金整理資金支払命令額計算書（第２号の３書式）とする。

（国税収納金整理資金支払命令額計算書の証拠書類）

第19条の7　国税収納金整理資金支払命令額計算書の証拠書類は、会計検査院が別に指定する。

2　前項に規定する証拠書類の編集の方法は、第８条及び第８条の２の規定にかかわらず、会計検査院が別に指定する。

（国税等の収納の証明責任者、証明期間及び計算書）

第19条の8　国税等の収納については、証明責任者は、国税収納官吏（国税収納官吏代理を含む。以下同じ。）並びに次条第１項ただし書の規定により計算証明をする分任国税収納官吏（分任国税収納官吏代理を含む。次条第２項（同条第３項において準用する場合を含む。）を除き、以下同じ。）及び出納員とし、証明期間は、３月とする。

2　計算書は、国税収納金等現金出納計算書（第２号の４書式）とする。

（分任国税収納官吏の分等の計算証明）

第19条の９　分任国税収納官吏又は出納員の取り扱った計算は、所属の主任国税収納官吏の計算に併算する。ただし、財務大臣又は国税庁長官の指示があった場合は、分任国税収納官吏又は出納員が単独で計算証明をすることができる。

２　主任国税収納官吏が、前項本文の規定により計算証明をするときは、分任国税収納官吏、分任国税収納官吏代理又は出納員の取り扱った計算についての証拠書類は、分任国税収納官吏又は出納員ごとに別冊とし、第８条及び第９条の規定により区分して編集し、当該分任国税収納官吏又は出納員の職氏名を証拠書類の表紙に記載しなければならない。

３　前項の規定は、証拠書類に記載すべき事項を記録した電磁的記録について準用する。この場合において、前項中「ごとに別冊とし、第８条」とあるのは「の別に、第８条の２」と、「の表紙に記載」とあるのは「に記載すべき事項を記録した電磁的記録に併せて記録」と読み替えるものとする。

（検査書の添付）

第19条の10　国税収納金等現金出納計算書には、予算決算及び会計令第118条の規定による検査書を添付しなければならない。

（国税収納金等現金出納計算書の証拠書類）

第19条の11　国税収納金等現金出納計算書の証拠書類は、会計検査院が別に指定する。

（国税収納金整理資金に関する特別の書類）

第19条の12　この節に定めるもののほか、国税収納金整理資金に関して提出しなければならない書類は、会計検査院が別に指定する。

第５節　物納を取り扱う職員の計算証明

（物納の証明責任者、証明期間及び計算書）

第19条の13　物納については、証明責任者は、税務署長又は国税通則法（昭和37年法律第66号）第43条第３項の規定により物納に関する事務の引継ぎを受けた国税局長とし、証明期間は、１年とする。

２　計算書は、物納額計算書（第２号の５書式）とする。

（物納額計算書の証拠書類等）

第19条の14　物納額計算書の証拠書類及び添付書類は、会計検査院が別に指定する。

第６節　官署支出官の計算証明

（官署支出官が取り扱う支出の証明責任者、証明期間及び計算書）

第20条　官署支出官が取り扱う支出については、証明責任者は、官署支出官（官署支出官代理を含む。以下同じ。）とし、証明期間は、１月とする。

２　計算書は、支出計算書（官署分）（第３号書式）とする。

（支出済みの通知の添付）

第21条　支出計算書（官署分）には、支出官事務規程第41条の規定によりセンター支出官から官署支出官に送信された支出済みの通知に係る事項を記載した書類を添付しなければならない。

２　前項の書類は、項別に区分し、各区分ごとに項名、紙数及び金額を記載した仕切紙を付して編集し、総紙数及び総金額を記載した表紙を付さなければならない。

３　第１項の書類に記載すべき事項を電磁的記録に記録するときは、項別に区分し、各区分ごとの項名及び金額並びに総金額を電磁的記録に併せて記録しなければならない。

４　第１項に規定する書類又は前項に規定する電磁的記録には、支出済みとなったものの整理番号を目別に記載し、又は記録した資料を添付しなければならない。

（主要経費別内訳表等の添付）

第21条の２　最終の支出計算書（官署分）には、次の各号に掲げる書類を添付しなければならない。

⑴　主要経費別内訳表（第３号の２書式）

⑵　事項別内訳表（第３号の３書式）

（支出計算書（官署分）の証拠書類）

第22条　支出計算書（官署分）の証拠書類は、次の各号に掲げる書類とする。

⑴　支出官事務規程第５条に規定する支出の決定の内容を明らかにした書類

⑵　請求書

⑶　契約書（契約書の作成を省略したときは、請書その他契約の内容を明らかにした書類）

⑷　契約の変更、解除又は違約処分をしたものがあるときは、その関係書類

⑸　予算決算及び会計令第101条の９第１項の規定による検査調書又は契約事務取扱規則（昭和37年大蔵省令第52号）第23条第１項の規定による検査に係る書面

⑹　前各号に定めるもののほか、会計検査院が別に指定する書類

２　前金払又は概算払をしたものがあるときは、前金払又は概算払の別にその金額を証拠書類及び添付書類の仕切紙に内数として記載し、又はこれらの書類に記載すべき事項を記録した電磁的記録に内数として併せて記録しなければなら

ない。

（競争契約に関する書類の添付）

第23条　一般競争に付した財産の購入又は借入れその他の契約による支出については、次の各号に掲げる書類を証拠書類に添付しなければならない。ただし、5,000万円を超えない工事の請負及び3,000万円（賃借料については、年額又は総額の計算とする。）を超えないその他の契約に関するものについては、証拠書類に添付することに代えて、会計検査院から要求のあった際に提出することができるように官署支出官が保管することができる。

(1)　公告に関する書類

(2)　予定価格及びその算出の基礎を明らかにした書類

(3)　全ての入札書又は入札者氏名及び入札金額を明らかにした関係職員の証明書

(4)　契約書の附属書類

2　前項の規定は、指名競争によった契約による支出について準用する。

（随意契約に関する書類の添付）

第24条　随意契約によった財産の購入又は借入れその他の契約による支出については、次の各号に掲げる書類を証拠書類に添付しなければならない。ただし、3,000万円を超えない工事の請負及び2,000万円（賃借料については、年額又は総額の計算とする。）を超えないその他の契約に関するものについては、証拠書類に添付することに代えて、会計検査院から要求のあった際に提出することができるように官署支出官が保管することができる。

(1)　予定価格及びその算出の基礎を明らかにした書類

(2)　見積書

(3)　契約書の附属書類

(4)　予算決算及び会計令第99条の２又は第99条の３の規定により随意契約をした場合は、前回までの競争に関する概要を明らかにした調書

（国の材料等を使用するものに関する書類の添付）

第25条　請負に付した工事、製造等について、請負価格に算入されない国の材料又は物件若しくは施設を使用するものがあるときは、その品名等、数量、単価及び価格を証拠書類に付記し、又はその仕訳書を証拠書類に添付しなければならない。

2　前項の規定は、国の労力を使用するものがある場合について準用する。

（直営工事に関する書類の添付等）

第26条　直営工事の最初の支出について計算証明をするときは、その工事の設計

書及びその附属書類を証拠書類に添付しなければならない。ただし、工事費総額が5,000万円を超えないものについては、証拠書類に添付することに代えて、会計検査院から要求のあった際に提出することができるように官署支出官が保管することができる。

2　直営工事の設計書及びその附属書類を提出した後において、その工事の設計等の変更等があった場合には、その設計書等を、変更した後の最初の支出について計算証明をするときの証拠書類に添付しなければならない。

3　第１項の直営工事については、年度内施行部分に関する報告書を年度経過後２月を超えない期間に会計検査院に到達するように提出しなければならない。

（補助金等に関する書類の添付等）

第27条　補助金、負担金その他これらに類するものの支出については、次の各号に掲げる書類を証拠書類に添付しなければならない。ただし、3,000万円を超えない補助金、負担金その他これらに類するものについては、証拠書類に添付することに代えて、会計検査院から要求のあった際に提出することができるように官署支出官が保管することができる。

(1)　補助金等に係る予算の執行の適正化に関する法律（昭和30年法律第179号。以下「補助金等適正化法」という。）第５条に規定する申請書及びその添付書類（補助金等適正化法の適用を受けない補助金、負担金その他これらに類するものについては、これらに準ずる書類）の写し

(2)　補助金等適正化法第８条に規定する交付決定の通知に関する書類（補助金等適正化法の適用を受けない補助金、負担金その他これらに類するものについては、これに準ずる書類）の写し

2　前項の規定により申請書等を会計検査院に提出した補助事業等については、次の各号に掲げる場合には、遅滞なく、当該各号に掲げる書類を会計検査院に提出しなければならない。

(1)　補助金等適正化法第14条後段に規定する補助事業等実績報告書（実績報告に関し、補助金等適正化法の適用を受けないものについては、これに準ずる書類。以下この号において同じ。）の提出があった場合　当該補助事業等実績報告書の写し

(2)　補助金等適正化法第15条に規定する補助金等の額の確定があった場合　補助金等適正化法第14条前段に規定する補助事業等実績報告書の写し及び額の確定に関する書類の写し

（委託に関する書類の添付等）

第28条　委託による支出については、計画書その他委託の内容を明らかにした関

係書類を証拠書類に添付しなければならない。ただし、3,000万円を超えない委託に関するものについては、証拠書類に添付することに代えて、会計検査院から要求のあった際に提出することができるように官署支出官が保管することができる。

2　前項の委託に関する事項については、年度内実施部分に関する報告書を年度経過後３月を超えない期間に会計検査院に到達するように提出しなければならない。

（部分払調書の添付）

第29条　１件の支出負担行為について、２回以上の支出をしたときは、前回までの支出の年月日及び金額を記載した調書を第２回以後の証拠書類に添付しなければならない。

（証拠書類に付記する事項）

第30条　次の各号に掲げるときは、当該各号に定める事項を関係する証拠書類に付記しなければならない。

⑴　予算決算及び会計令第100条の２第１項第４号の規定により契約書の作成を省略したとき　その旨

⑵　財産の購入又は借入れその他の契約について、指名競争に付したとき、又は随意契約によったとき（予算決算及び会計令第94条第１項第１号から第３号まで若しくは第６号又は第99条第２号から第４号まで若しくは第７号の規定に基づく場合を除く。）　適用した法令の条項

⑶　予算決算及び会計令第88条又は第89条の規定により次順位者を落札者としたとき　その旨

⑷　予算決算及び会計令第101条の５の規定により数量以外のものの検査を省略したとき　その旨

⑸　継続費又は国庫債務負担行為に基づく支出負担行為をしたものについて、支出をしたものがあるとき　継続費又は国庫債務負担行為に基づく支出負担行為の年月日及び金額

⑹　財産の購入又は運送についての支出（前金払及び概算払の場合を除く。）をしたとき　国有財産台帳若しくは物品管理簿に記載し、若しくは記録した年月日又は運送済みの年月日

（前金払等の精算に関する明細書の添付）

第30条の２　前金払又は概算払をしたもの（旅費を除く。）について、それに相当する反対給付等があったとき、又は支払額と反対給付等との差額分についての返納があったときは、精算の事実についての計算を明らかにした明細書を支出

計算書（官署分）に添付しなければならない。

2　前項の明細書は、前金払及び概算払に区分し、科目ごとに細分して仕切紙を付して編集しなければならない。

3　第1項の明細書に記載すべき事項を電磁的記録に記録するときは、前金払及び概算払に区分し、科目ごとに細分して編集しなければならない。

（未処理事項の調書の添付等）

第30条の3　最終の証明期間の末日において、次の各号のいずれかに該当するものがあるときは、1件ごとにその金額、事由及び処理の完結予定期限を記載した調書を最終の支出計算書（官署分）に添付しなければならない。

(1)　歳出予算に基づく支出負担行為をしたもので、支出が済まないもの（予算の繰越しをしたものを除く。）

(2)　前金払又は概算払をしたもので、その支払額に相当する反対給付等のない場合で、その差額又は全額の返納を受けていないもの（補助金等適正化法の適用を受ける補助金等（次条において「補助金等」という。）の支出に係る場合を除く。）

(3)　資金の前渡又は交付をしたもので、使用残額の返納を受けていないもの

(4)　年度、科目その他の誤りで、その処理が済まないもの

2　前項の調書（当該調書に記載すべき事項を記録した電磁的記録を含む。）に記載し、又は記録した事項についてその処理が完結したときは、その都度その内容を記載した報告書を提出しなければならない。

（補助金等に関する未精算状況の報告）

第30条の4　補助金等に係る支出で、翌年度以降の各年度の9月30日及び3月31日（以下これらの日を「基準日」という。）現在において補助金等適正化法第15条に規定する額の確定が済んでいないもの（額の確定の結果返納を要するものについては、返納が済んでいないもの）があるときは、基準日現在において、補助金等の未精算状況報告書（第3号の4書式）を作成し、基準日の属する月の翌々月末日までに会計検査院に到達するように提出しなければならない。

2　前項の書類のほか、会計検査院から要求があった場合には、その要求するところに従って、1件ごとにその金額、理由及び処理の完結予定期限を記載した調書を提出しなければならない。

3　前項の調書（当該調書に記載すべき事項を記録した電磁的記録を含む。）に記載し、又は記録した事項についてその処理が完結したときは、その都度その内容を記載した報告書を提出しなければならない。

（誤びゅう及び訂正の報告）

第30条の5　最終の支出計算書（官署分）を提出した後において、計算書に記載し、又は記録した年度、科目その他の事項について誤りを発見し、その訂正の処理をしたときは、その都度その内容を記載した報告書を提出しなければならない。

（前金払又は概算払のために予算決算及び会計令第51条第13号に規定する経費に充てるための資金を交付した場合の取扱い）

第30条の6　前金払又は概算払のために予算決算及び会計令第51条第13号に規定する経費に充てるための資金を交付したときは、前金払又は概算払をしたものとみなして第22条第２項、第30条第６号、第30条の２及び第30条の３の規定並びに第３号書式の乙前金払の表及び丙概算払の表の規定を適用する。

第７節　センター支出官の計算証明

（センター支出官が取り扱う支出の証明責任者、証明期間及び計算書）

第30条の7　センター支出官が取り扱う支出については、証明責任者は、センター支出官（センター支出官代理を含む。以下同じ。）とし、証明期間は、１月とする。

２　計算書は、支出計算書（センター分）（第３号の５書式）とする。

（主要経費別内訳表等の添付）

第30条の8　最終の支出計算書（センター分）には、次の各号に掲げる書類を添付しなければならない。

⑴　主要経費別内訳表（第３号の２書式）

⑵　事項別内訳表（第３号の３書式）

⑶　官署支出官別科目別支出済額内訳表（第３号の６書式）

（支出計算書（センター分）の証拠書類）

第30条の9　支出計算書（センター分）の証拠書類は、次の各号に掲げる書類とする。

⑴　領収証書（会計法（昭和22年法律第35号）第21条の規定により日本銀行に資金を交付した場合は、日本銀行の領収証書）。ただし、領収証書を得難いときは、その事由、支払先及び支払金額を明らかにしたセンター支出官の証明書

⑵　日本銀行の振替済書

⑶　日本銀行の支払済書

⑷　支出官事務規程第30条に規定する小切手の振出し又は支払指図書若しくは国庫金振替書の交付若しくは送信の内容を明らかにした書類

（証拠書類の編集方法の特例）

第30条の10　前条の証拠書類又は証拠書類に記載すべき事項を記録した電磁的記録については、第８条及び第８条の２の規定は適用しない。

２　前条の証拠書類は、日別に編集し、第８条第４項各号に掲げる事項を記載した表紙を付さなければならない。

３　前条の証拠書類に記載すべき事項を記録した電磁的記録は、日別に編集し、第８条第４項第１号から第３号まで及び第５号に掲げる事項を併せて記録しなければならない。

４　前条の証拠書類と当該証拠書類に記載すべき事項を記録した電磁的記録とを提出するときは、当該証拠書類の表紙には、第２項に規定する事項のほか、電磁的記録により提出するものがある旨を記載しなければならない。

（証拠書類に付記する事項）

第30条の11　第30条の９第３号に規定する日本銀行の支払済書（当該支払済書に記載すべき事項を記録した電磁的記録を含む。）には、支払時期、支払方法その他支払の内容を明らかにした事項を付記しなければならない。

（誤びゅう及び訂正の報告）

第30条の12　最終の支出計算書（センター分）を提出した後において、計算書に記載し、又は記録した年度、科目その他の事項について誤りを発見し、その訂正の処理をしたときは、その都度その内容を記載した報告書を提出しなければならない。

第８節　収入官吏の計算証明

（収入金の証明責任者、証明期間及び計算書）

第31条　収入金については、証明責任者は、収入官吏（収入官吏代理を含む。以下同じ。）並びに次条第１項ただし書の規定により計算証明をする分任収入官吏（分任収入官吏代理を含む。次条第２項（同条第３項において準用する場合を含む。）を除き、以下同じ。）及び出納員とし、証明期間は、会計検査院の別に指定するものは３月、その他のものは１年とする。

２　計算書は、収入金現金出納計算書（第４号書式）とする。

（分任収入官吏の分等の計算証明）

第32条　分任収入官吏又は出納員の取り扱った計算は、所属の主任収入官吏の計算に併算する。ただし、各省各庁の長の指示があった場合は、分任収入官吏又は出納員が単独で計算証明をすることができる。

２　主任収入官吏が、前項本文の規定により計算証明をするときは、分任収入官吏、分任収入官吏代理又は出納員の取り扱った計算についての証拠書類は、分任収入官吏又は出納員ごとに別冊とし、第８条及び第９条の規定により区分して編集し、当該分任収入官吏又は出納員の職氏名を証拠書類の表紙に記載しなければならない。

3　前項の規定は、証拠書類に記載すべき事項を記録した電磁的記録について準用する。この場合において、前項中「ごとに別冊とし、第８条」とあるのは「の別に、第８条の２」と、「の表紙に記載」とあるのは「に記載すべき事項を記録した電磁的記録に併せて記録」と読み替えるものとする。

（検査書の添付）

第33条　収入金現金出納計算書には、予算決算及び会計令第118条の規定による検査書を添付しなければならない。

（収入金現金出納計算書の証拠書類）

第34条　収入金現金出納計算書の証拠書類は、日本銀行又は他の出納職員の領収証書とする。

第９節　資金前渡官吏の計算証明

（前渡資金の証明責任者、証明期間及び計算書）

第35条　前渡資金については、証明責任者は、資金前渡官吏（資金前渡官吏代理を含む。第３号書式を除き、以下同じ。）並びに次条第１項ただし書の規定により計算証明をする分任資金前渡官吏（分任資金前渡官吏代理を含む。次条第２項（同条第３項において準用する場合を含む。）及び第３号書式を除き、以下同じ。）及び出納員とし、証明期間は、1月とする。

2　計算書は、前渡資金出納計算書（第５号書式）とする。

（分任資金前渡官吏の分等の計算証明）

第36条　分任資金前渡官吏又は出納員の取り扱った計算は、所属の主任資金前渡官吏の計算に併算する。ただし、各省各庁の長の指示があった場合は、分任資金前渡官吏又は出納員が単独で計算証明をすることができる。

2　主任資金前渡官吏が、前項本文の規定により計算証明をするときは、分任資金前渡官吏、分任資金前渡官吏代理又は出納員の取り扱った計算についての証拠書類及び添付書類は、分任資金前渡官吏又は出納員ごとに別冊とし、第８条及び第９条の規定により区分して編集し、当該分任資金前渡官吏又は出納員の職氏名を証拠書類及び添付書類の表紙に記載しなければならない。

3　前項の規定は、証拠書類及び添付書類に記載すべき事項を記録した電磁的記録について準用する。この場合において、前項中「ごとに別冊とし、第８条」とあるのは「の別に、第８条の２」と、「の表紙に記載」とあるのは「に記載すべき事項を記録した電磁的記録に併せて記録」と読み替えるものとする。

（預託金月計突合表の添付）

第37条　前渡資金出納計算書には、日本銀行国庫金取扱規程第82条に規定する預託金月計突合表（法令の規定に基づき日本銀行以外の銀行に預託したものがある場合は、その現在高を証明する書類）を添付しなければならない。ただし、やむを得ない事由により添付し難いときは、その旨を計算書の備考欄に記入して、別に提出することができる。

（検査書の添付）

第38条　前渡資金出納計算書には、予算決算及び会計令第118条の規定による検査書を添付しなければならない。

（前渡資金出納計算書の証拠書類）

第39条　前渡資金出納計算書の証拠書類は、次の各号に掲げる書類とする。

(1)　領収証書（出納官吏事務規程第48条又は第52条第１項から第３項までの規定により日本銀行に送金又は振込みの請求をした場合は、日本銀行の領収証書、国庫内移換のため日本銀行に国庫金振替書を交付した場合は、日本銀行の振替済書）。ただし、領収証書を得難いときは、その事由、支払先及び支払金額を明らかにした資金前渡官吏の証明書

(2)　支払の内容を明らかにした決議書の類

(3)　請求書

(4)　契約書（契約書の作成を省略したときは、請書その他契約の内容を明らかにした書類）

(5)　契約の変更、解除又は違約処分をしたものがあるときは、その関係書類

(6)　予算決算及び会計令第101条の９第１項の規定による検査調書又は契約事務取扱規則第23条第１項の規定による検査に係る書面

2　国家公務員の給与又は児童手当については、前項第１号の領収証書（当該領収証書に記載すべき事項を記録した電磁的記録を含む。）に代えて、給与証明書（第５号の２書式）又は児童手当支払証明書（第５号の３書式）によることができる。

3　前金払又は概算払をしたものがあるときは、前金払又は概算払の別にその金額を証拠書類及び添付書類の仕切紙に内数として記載し、又はこれらの書類に記載すべき事項を記録した電磁的記録に内数として併せて記録しなければならない。

4　予算決算及び会計令第51条第13号に規定する経費に充てるために交付を受けた資金に係る前渡資金出納計算書の証拠書類は、第１項の規定にかかわらず、次の各号に掲げる書類とする。

(1)　領収証書（国庫内移換のため日本銀行に国庫金振替書を交付した場合は、

日本銀行の振替済書）。ただし、領収証書を得難いときは、その事由、支払先及び支払金額を明らかにした資金前渡官吏の証明書

(2) 支払の内容を明らかにした決議書の類

(3) 支出官事務規程第15条第１項に規定する支払請求書

5 前項の証拠書類は、第１項の証拠書類と区分して編集しなければならない。

（競争契約に関する書類の添付）

第40条 一般競争に付した財産の購入又は借入れその他の契約による支払については、次の各号に掲げる書類を証拠書類に添付しなければならない。ただし、500万円（賃借料については、年額又は総額の計算とする。）を超えない契約に関するものについては、証拠書類に添付することに代えて、会計検査院から要求のあった際に提出することができるように資金前渡官吏等（資金前渡官吏並びに第36条第１項ただし書の規定により計算証明をする分任資金前渡官吏及び出納員をいう。第３号書式を除き、以下同じ。）が保管することができる。

(1) 公告に関する書類

(2) 予定価格及びその算出の基礎を明らかにした書類

(3) 全ての入札書又は入札者氏名及び入札金額を明らかにした関係職員の証明書

(4) 契約書の附属書類

2 前項の規定は、指名競争によった契約による支払について準用する。

（随意契約に関する書類の添付）

第41条 随意契約によった財産の購入又は借入れその他の契約による支払については、次の各号に掲げる書類を証拠書類に添付しなければならない。ただし、300万円（賃借料については、年額又は総額の計算とする。）を超えない契約に関するものについては、証拠書類に添付することに代えて、会計検査院から要求のあった際に提出することができるように資金前渡官吏等が保管することができる。

(1) 予定価格及びその算出の基礎を明らかにした書類

(2) 見積書

(3) 契約書の附属書類

(4) 予算決算及び会計令第99条の２又は第99条の３の規定により随意契約をした場合は、前回までの競争に関する概要を明らかにした調書

（国の材料等を使用するものに関する書類の添付）

第42条 請負に付した工事、製造等について、請負価格に算入されない国の材料又は物件若しくは施設を使用するものがあるときは、その品名等、数量、単価

及び価格を証拠書類に付記し、又はその仕訳書を証拠書類に添付しなければならない。

2　前項の規定は、国の労力を使用するものがある場合について準用する。

（直営工事に関する書類の添付等）

第43条　直営工事の最初の支払について計算証明をするときは、その工事の設計書及びその附属書類を証拠書類に添付しなければならない。ただし、工事費総額が700万円を超えないものについては、証拠書類に添付することに代えて、会計検査院から要求のあった際に提出することができるように資金前渡官吏等が保管することができる。

2　直営工事の設計書及びその附属書類を提出した後において、その工事の設計等の変更等があった場合には、その設計書等を、変更した後の最初の支払について計算証明をするときの証拠書類に添付しなければならない。

3　第１項の直営工事については、年度内施行部分に関する報告書を年度経過後２月を超えない期間に会計検査院に到達するように提出しなければならない。

（証拠書類に付記する事項）

第44条　次の各号に掲げるときは、当該各号に定める事項を関係する証拠書類（第５号にあっては、第２回以後の支払の領収証書）に付記しなければならない。

(1)　予算決算及び会計令第100条の２第１項第４号の規定により契約書の作成を省略したとき　その旨

(2)　財産の購入又は借入れその他の契約について、指名競争に付したとき、又は随意契約によったとき（予算決算及び会計令第94条第１項第１号から第３号まで若しくは第６号又は第99条第２号から第４号まで若しくは第７号の規定に基づく場合を除く。）　適用した法令の条項

(3)　予算決算及び会計令第88条又は第89条の規定により次順位者を落札者としたとき　その旨

(4)　予算決算及び会計令第101条の５の規定により数量以外のものの検査を省略したとき　その旨

(5)　１件の契約等について、２回以上の支払をしたとき　前回までの支払の年月日及び金額

(6)　継続費又は国庫債務負担行為に基づく支出負担行為をしたものについて、支払をしたものがあるとき　継続費又は国庫債務負担行為に基づく支出負担行為の年月日及び金額

(7)　財産の購入又は運送についての支払（前金払及び概算払の場合を除く。）をしたとき　国有財産台帳若しくは物品管理簿に記載し、若しくは記録した年

月日又は運送済みの年月日

（前金払等の精算に関する明細書の添付）

第45条　前金払又は概算払をしたもの（旅費、定額制供給に係る電灯電力料及び日本放送協会に対し支払う受信料を除く。）について、それに相当する反対給付等があったとき、又は支払額と反対給付等との差額分についての返納があったときは、精算の事実についての計算を明らかにした明細書を前渡資金出納計算書に添付しなければならない。

2　前項の明細書は、前金払及び概算払に区分し、科目ごとに細分して仕切紙を付して編集しなければならない。

3　第１項の明細書に記載すべき事項を電磁的記録に記録するときは、前金払及び概算払に区分し、科目ごとに細分して編集しなければならない。

（振出小切手支払未済の調書の添付等）

第46条　最終の証明期間の末日において、振出小切手に対し、日本銀行で支払未済のものがあるときは、その振出日付、番号、科目、金額及び債権者名を記載した調書を最終の前渡資金出納計算書に添付しなければならない。

2　前項の調書（当該調書に記載すべき事項を記録した電磁的記録を含む。）に記載し、又は記録した事項についてその処理が完結したときは、その都度その内容を記載した報告書を提出しなければならない。

（未処理事項の調書の添付等）

第47条　最終の証明期間の末日において、次の各号のいずれかに該当するものがあるときは、１件ごとにその金額、事由及び処理の完結予定期限を記載した調書を最終の前渡資金出納計算書に添付しなければならない。

(1)　契約等により債務を負担したもので、支払が済まないもの

(2)　前金払又は概算払をしたもので、その支払額に相当する反対給付等のない場合で、その差額又は全額の返納を受けていないもの

(3)　資金の残額で、返納が済まないもの

(4)　年度、科目その他の誤りで、その処理が済まないもの

2　前項の調書（当該調書に記載すべき事項を記録した電磁的記録を含む。）に記載し、又は記録した事項についてその処理が完結したときは、その都度その内容を記載した報告書を提出しなければならない。

（誤びゅう及び訂正の報告）

第47条の２　最終の前渡資金出納計算書を提出した後において、計算書に記載し、又は記録した年度、科目その他の事項について誤りを発見し、その訂正の処理をしたときは、その都度その内容を記載した報告書を提出しなければなら

ない。

（予算決算及び会計令第51条第13号に規定する経費に充てるために交付を受けた資金に係る計算証明の特例）

第47条の３　予算決算及び会計令第51条第13号に規定する経費に充てるために交付を受けた資金に係る計算証明については、第40条から第45条まで及び第47条の規定は適用しない。

第10節　歳入歳出外現金出納官吏の計算証明

（歳入歳出外現金の証明責任者、証明期間及び計算書）

第48条　歳入歳出外現金については、証明責任者は、歳入歳出外現金出納官吏（歳入歳出外現金出納官吏代理を含む。以下同じ。）並びに次条第１項ただし書の規定により計算証明をする分任歳入歳出外現金出納官吏（分任歳入歳出外現金出納官吏代理を含む。次条第２項（同条第３項において準用する場合を含む。）を除き、以下同じ。）及び出納員とし、証明期間は、会計検査院の別に指定するものは３月、その他のものは１年とする。

２　計算書は、歳入歳出外現金出納計算書（第６号書式）とする。

（分任歳入歳出外現金出納官吏の分等の計算証明）

第49条　分任歳入歳出外現金出納官吏又は出納員の取り扱った計算は、所属の主任歳入歳出外現金出納官吏の計算に併算する。ただし、各省各庁の長の指示があった場合は、分任歳入歳出外現金出納官吏又は出納員が単独で計算証明をすることができる。

２　主任歳入歳出外現金出納官吏が、前項本文の規定により計算証明をするときは、分任歳入歳出外現金出納官吏、分任歳入歳出外現金出納官吏代理又は出納員の取り扱った計算についての証拠書類は、分任歳入歳出外現金出納官吏又は出納員ごとに別冊とし、第８条及び第９条の規定により区分して編集し、当該分任歳入歳出外現金出納官吏又は出納員の職氏名を証拠書類の表紙に記載しなければならない。

３　前項の規定は、証拠書類に記載すべき事項を記録した電磁的記録について準用する。この場合において、前項中「ごとに別冊とし、第８条」とあるのは「の別に、第８条の２」と、「の表紙に記載」とあるのは「に記載すべき事項を記録した電磁的記録に併せて記録」と読み替えるものとする。

（検査書等の添付）

第50条　歳入歳出外現金出納計算書には、予算決算及び会計令第118条の規定による検査書を添付しなければならない。

２　前項の書類のほか、歳入歳出外現金出納計算書に添付しなければならない書類は、会計検査院が別に指定する。

（歳入歳出外現金出納計算書の証拠書類）

第51条 歳入歳出外現金出納計算書の証拠書類は、受入れについては、金額及び事由等を明らかにした他の職員の証明書とし、払出しについては、領収証書等払出しの事実を証明する書類とする。

（振出小切手支払未済の調書の添付等）

第52条 最終の証明期間の末日において、振出小切手に対し、日本銀行で支払未済のものがあるときは、その振出日付、番号、種別、金額及び債権者名を記載した調書を最終の歳入歳出外現金出納計算書に添付しなければならない。

2 前項の調書（当該調書に記載すべき事項を記録した電磁的記録を含む。）に記載し、又は記録した事項についてその処理が完結したときは、その都度その内容を記載した報告書を提出しなければならない。

第11節 国庫金の運用を管掌する職員の計算証明

（国庫金の運用の証明責任者、証明期間及び計算書）

第53条 国庫金の運用については、証明責任者は、会計検査院が別に指定する国庫金の運用を管掌する職員とし、証明期間は、１月とする。

2 計算書は、会計検査院が別に指定する国庫金運用計算書（貨幣回収準備資金にあっては、貨幣回収準備資金受払計算書。以下この節において同じ。）とする。

（国庫金運用計算書の添付書類）

第54条 国庫金運用計算書に添付しなければならない書類は、会計検査院が別に指定する。

（国庫金運用計算書の証拠書類）

第55条 国庫金運用計算書の証拠書類は、会計検査院が別に指定する。

（財政融資資金に関する特別の書類）

第56条 財政融資資金については、会計検査院が別に指定する書類を提出しなければならない。

第12節 国債その他の債務に関する事務を管掌する職員の計算証明

（国債の証明責任者、証明期間及び計算書）

第57条 国債については、証明責任者は、会計検査院が別に指定する国債事務を管掌する職員とし、証明期間は、３月とする。

2 計算書は、会計検査院が別に指定する国債増減計算書とする。

（国債増減計算書の証拠書類）

第58条 国債増減計算書の証拠書類は、会計検査院が別に指定する。

（国の債務の証明責任者、証明期間及び計算書）

第58条の２　国の債務（国債を除く。以下同じ。）については、証明責任者は、次の各号に掲げる債務の区分に応じ、当該各号に定める者とし、証明期間は、１年とする。

(1)　継続費又は国庫債務負担行為に基づく支出負担行為に係る債務　支出負担行為担当官（支出負担行為担当官代理を含む。以下同じ。）

(2)　次に掲げる債務　当該債務に関する事務を管掌する職員

イ　予算総則で債務負担の限度額が定められているものに係る債務

ロ　法律、条約等で債務の総額又は債務負担の限度額が定められているものに係る債務（法律、条約等で債務の総額又は債務負担の限度額が具体的な金額をもって明確に定められていない債務のうち、次のいずれにも該当する債務を含む。）

①　国の後年度の財政負担となる、又はなることがある債務であること。

②　法律、条約等で債務負担の権限が付与されている債務であること。

③　次項に規定する債務負担額計算書に記載し、又は記録する金額の計数が同計算書の作成時までに制度上具体的に把握できる債務であること。

ハ　他会計への繰入未済金（他会計への繰戻未済金を含む。）

(3)　歳出予算の繰越しに係る債務　歳出予算の繰越しの手続に関する事務を委任された支出負担行為担当官その他の職員

２　計算書は、債務負担額計算書（第６号の２書式）とする。

（分任支出負担行為担当官の分等の計算証明）

第58条の３　分任支出負担行為担当官又は分任支出負担行為担当官代理の取り扱った計算は、所属の支出負担行為担当官の計算に併算する。

２　支出負担行為担当官が前項の規定により計算証明をするときは、分任支出負担行為担当官又は分任支出負担行為担当官代理の取り扱った計算についての証拠書類は、分任支出負担行為担当官ごとに別冊とし、第８条及び第９条の規定により区分して編集し、当該分任支出負担行為担当官の職氏名を証拠書類の表紙に記載しなければならない。

３　前項の規定は、証拠書類に記載すべき事項を記録した電磁的記録について準用する。この場合において、前項中「ごとに別冊とし、第８条」とあるのは「の別に、第８条の２」と、「の表紙に記載」とあるのは「に記載すべき事項を記録した電磁的記録に併せて記録」と読み替えるものとする。

（債務負担額計算書の証拠書類）

第58条の４　第58条の２第１項第１号に掲げる債務に係る債務負担額計算書の証

拠書類は、次の各号に掲げる書類とする。

(1)　契約書

(2)　支出負担行為等取扱規則（昭和27年大蔵省令第18号）第13条に規定する支出負担行為の内容等を示す書類

2　第58条の2第1項第2号及び第3号に掲げる債務に係る債務負担額計算書の証拠書類は、会計検査院が別に指定する。

第13節　物品管理官等の計算証明

（物品の証明責任者、証明期間及び計算書）

第59条　物品（物品管理官の管理に属しないものを除く。第62条の4及び第62条の5を除き、以下この節において同じ。）については、証明責任者は、物品管理官（物品管理官代理を含む。以下同じ。）及び次条第1項ただし書の規定により計算証明をする分任物品管理官（分任物品管理官代理を含む。次条第3項（同条第4項において準用する場合を含む。）を除き、以下同じ。）とし、証明期間は、会計検査院の別に指定するものは3月、その他のものは1年とする。

2　計算書は、物品管理計算書（第7号書式）とする。

（分任物品管理官の分等の計算証明）

第60条　分任物品管理官の取り扱った計算は、所属の主任物品管理官の計算に併算する。ただし、各省各庁の長の指示があった場合は、分任物品管理官が単独で計算証明をすることができる。

2　主任物品管理官は、計算書に分任物品管理官が物品管理計算書に準じて作成した報告書を添付して、前項本文の併算に代えることができる。

3　主任物品管理官が、第1項本文の規定により計算証明をするときは、分任物品管理官又は分任物品管理官代理の取り扱った計算についての証拠書類は、分任物品管理官ごとに別冊とし、第8条及び第9条の規定により区分して編集し、当該分任物品管理官の職氏名を証拠書類の表紙に記載しなければならない。

4　前項の規定は、証拠書類に記載すべき事項を記録した電磁的記録について準用する。この場合において、前項中「ごとに別冊とし、第8条」とあるのは「の別に、第8条の2」と、「の表紙に記載」とあるのは「に記載すべき事項を記録した電磁的記録に併せて記録」と読み替えるものとする。

（未供用物品等調書等の添付）

第61条　物品管理計算書には、同計算書の本年度末に係る何年度末現在欄に記入した物品のうち、供用していないものについて、次の各号に掲げる区分ごとに、それぞれ当該各号に規定する事項を記載した調書を添付しなければならない。

⑴　貸付け　数量並びに有償で貸し付けたものの貸付年月日、貸付期間、貸付先及び貸付けの事由
⑵　寄託　数量並びに寄託年月日、寄託先及び寄託の事由
⑶　保管　数量並びに取得年月日及び供用していない事由

2　前項の書類のほか、物品管理計算書に添付しなければならない書類は、会計検査院が別に指定する。

（物品管理計算書の証拠書類）

第62条　物品管理計算書の証拠書類は、次の各号に掲げる書類とする。
⑴　物品の増減に関する命令の内容を明らかにした書類（命令によらない増減については、当該増減に関する決議書、確認書その他これらに類するもの）
⑵　物品の分類換えをしたものがあるときは、その事由を明らかにした関係書類
⑶　無償で物品を譲り受け、又は譲渡したものがあるときは、その事由並びに品目、数量及び価格を明らかにした関係書類
⑷　無償で物品を貸し付け、又は貸付条件を変更し、若しくは契約を解除したものがあるときは、その事由を明らかにした関係書類
⑸　物品を交換したものがあるときは、その事由を明らかにした関係書類及び価格評定調書
⑹　物品を出資の目的としたものがあるときは、その事由を明らかにした関係書類及び価格評定調書
⑺　物品を廃棄したものがあるときは、品目、数量、不用の決定及び廃棄の事由並びに廃棄の方法を明らかにした関係書類

2　前項第1号及び第2号に規定する証拠書類については、第2条第1項の規定にかかわらず、会計検査院から要求のあった際に提出することができるように物品管理官が保管することができる。

（検査書の提出）

第62条の2　物品管理官等（物品管理官及び第60条第1項ただし書の規定により計算証明をする分任物品管理官をいう。以下同じ。）は、物品管理法施行令（昭和31年政令第339号）第46条の規定による検査書を年度経過後2月を超えない期間に会計検査院に到達するように提出しなければならない。

（検査書による計算証明）

第62条の3　証明期間が1年である物品のうち、物品管理法施行令第43条第1項に規定する物品以外の物品については、会計検査院法第24条第2項の規定により、前条の規定による検査書（当該検査書に記載すべき事項を記録した電磁的

記録を含む。）（同令第47条第２項第４号に掲げる物品については、検査書の様式に準じて作成した物品管理官等の報告書）の提出をもって計算書の提出に代えることができる。この場合において、物品管理官等は、第62条に規定する書類を会計検査院から要求のあった際に提出することができるように保管しなければならない。

（物品管理官の管理に属しない物品の証明責任者、証明期間及び計算書）

第62条の４　物品管理官の管理に属しない物品については、証明責任者は、当該物品を管理する職員とし、証明期間は、会計検査院が別に指定する。

２　計算書は、会計検査院が別に指定する。

（物品管理官の管理に属しない物品の計算書の証拠書類）

第62条の５　物品管理官の管理に属しない物品の計算書の証拠書類は、会計検査院が別に指定する。

第14節　有価証券を取り扱う職員の計算証明

（有価証券の証明責任者、証明期間及び計算書）

第63条　会計検査院が別に指定する国の所有し、又は保管する有価証券については、証明責任者は、有価証券を取り扱う職員とし、証明期間は、１年とする。

２　計算書は、会計検査院が別に指定する有価証券増減計算書とする。

（有価証券増減計算書の証拠書類）

第63条の２　有価証券増減計算書の証拠書類は、会計検査院が別に指定する。

第15節　国有財産の管理及び処分を行う職員の計算証明

（国有財産の証明責任者、証明期間及び計算書）

第64条　国有財産については、証明責任者は、各省各庁の長又は国有財産に関する事務の一部を分掌する部局等の長とし、証明期間は、１年とする。

２　計算書は、国有財産増減及び現在額計算書（第８号書式）及び国有財産無償貸付状況計算書（第９号書式）とする。

３　前項の計算書は、第２条の規定にかかわらず、証明期間経過後４月を超えない期間に会計検査院に到達するように提出しなければならない。この場合において、監督官庁等を経由して提出するときは、監督官庁等は計算書にその受理の年月日を記載し、又は記録しなければならない。

（国有財産の増減事由別の調書の添付）

第64条の２　国有財産増減及び現在額計算書には、土地、建物等の区分ごとにその増減額を国有財産法施行細則（昭和23年大蔵省令第92号）別表第２に定める増減事由用語別に分類した調書を添付しなければならない。この場合において、行政財産にあっては、その種類別に作成するものとする。

2　前項の調書（当該調書に記載すべき事項を記録した電磁的記録を含む。）には、区分ごとに１件３億円以上の増又は減となるものについて、１件ごとに口座別名称、所在地名、区分、種目、数量、価格、増減年月日及び増減事由を明らかにした調書を添付しなければならない。

（国有財産増減及び現在額計算書の証拠書類）

第65条　国有財産増減及び現在額計算書の証拠書類は、次の各号に掲げる書類とする。

⑴　国有財産の分類若しくは種類を変更し、又は国有財産法（昭和23年法律第73号）第14条第４号の規定により土地若しくは建物の用途を変更したものがあるときは、その事由を明らかにした決議書類

⑵　国有財産が滅失し、又はこれを取り壊したものがあるときは、その事由を明らかにした調書

⑶　無償で国有財産を取得し、又は譲与したものがあるときは、その事由を明らかにした決議書類

⑷　公債を交付して国有財産を取得したものがあるときは、その事由を明らかにした決議書類及び価格算定の基礎を明らかにした書類

⑸　交換をしたものがあるときは、その事由を明らかにした決議書類、契約書及び価格評定調書

⑹　信託契約を締結し、又はこれを変更若しくは解除したものがあるときは、その事由を明らかにした決議書類及び契約書

⑺　出資の目的としたものがあるときは、その事由を明らかにした決議書類及び出資額算定の基礎を明らかにした書類

⑻　分収造林契約（部分林契約を含む。）又は共用林野契約を締結し、又はこれを変更若しくは解除したものがあるときは、その事由を明らかにした決議書類及び契約書

（国有財産無償貸付状況計算書の証拠書類）

第66条　国有財産無償貸付状況計算書の証拠書類は、次の各号に掲げる書類とする。

⑴　無償の貸付け（使用又は収益をさせる場合を含む。以下同じ。）に関する事由を明らかにした決議書類及び契約書

⑵　無償の貸付けを変更又は解除したものがあるときは、その関係書類

第16節　都道府県の知事、知事の指定する職員等の計算証明

第66条の２　第２章第２節の規定は、国の債権の管理等に関する法律第５条第２項の規定により、各省各庁の所掌事務に係る債権の管理に関する事務を行うこ

ととされた都道府県の知事又は知事の指定する職員（以下この条において「知事等」という。）について、同章第３節、第６節、第８節から第10節まで及び第12節の規定は、会計法第48条第１項の規定により、国の歳入、歳出、歳入歳出外現金、支出負担行為又は繰越しの手続及び繰越明許費に係る翌年度にわたる債務の負担の手続に関する事務を行うこととされた知事等について、同章第13節の規定は、物品管理法（昭和31年法律第113号）第11条第１項の規定により物品の管理に関する事務を行うこととされた知事等について、同章第15節の規定は、国有財産法第９条第３項の規定により、国有財産に関する事務の一部を行うこととされた都道府県について、それぞれ準用する。

第３章　国庫金及び有価証券を取り扱う日本銀行の計算証明

（通則）

第66条の３　会計検査院法第22条第４号の規定により会計検査院の検査を受けるものの証明責任者、証明期間及び計算証明書類に関しては、この章の定めるところによる。

（国庫金の証明責任者、証明期間及び計算書等）

第67条　日本銀行が取り扱う国庫金については、証明責任者は、日本銀行総裁とし、証明期間は、１月とする。

２　計算書は、会計検査院が別に指定する国庫金出納計算書とする。

３　第１項の国庫金のうち、国税収納金整理資金に属する国庫金については、整理期限が翌年度の６月１日又は同月２日となる場合には、前２項の規定（前項の規定に基づき会計検査院が指定した書式を含む。）の適用については、これらの日を５月末日とみなす。

（国庫金出納計算書の添付書類）

第67条の２　国庫金出納計算書に添付しなければならない書類は、会計検査院が別に指定する。

（国庫金出納計算書の証拠書類）

第67条の３　国庫金出納計算書の証拠書類は、会計検査院が別に指定する。

（日本銀行が取り扱う国庫金に関する特別の書類）

第67条の４　前３条に定めるもののほか、日本銀行が取り扱う国庫金に関して提出しなければならない書類は、会計検査院が別に指定する。

（有価証券の証明責任者、証明期間及び計算書）

第68条　日本銀行が取り扱う国の所有又は保管に係る有価証券については、証明責任者は、日本銀行総裁とし、証明期間は、１月とする。

２　計算書は、会計検査院が別に指定する有価証券受払計算書とする。

（有価証券受払計算書の証拠書類）

第68条の２　有価証券受払計算書の証拠書類は、会計検査院が別に指定する。

（日本銀行が取り扱う国の所有又は保管に係る有価証券に関する特別の書類）

第68条の３　前２条に定めるもののほか、日本銀行が取り扱う国の所有又は保管に係る有価証券に関して提出しなければならない書類は、会計検査院が別に指定する。

第４章　出資法人等の計算証明

第１節　通則

（通則）

第69条　会計検査院法第22条第５号、第６号及び第23条第１項第２号から第７号まで並びに他の法律の規定により会計検査院の検査を受けるもの（以下「出資法人等の会計」という。）の証明責任者、証明期間及び計算証明書類に関しては、この章の定めるところによる。

（証拠書類の形式の特例）

第69条の２　第５条第１項の規定にかかわらず、電磁的記録により出資法人等の会計の計算証明をするときは、証拠書類をスキャナにより読み取る方法により作成した証拠書類に記載すべき事項を記録した電磁的記録をもって原本又は謄本に代えることができる。

第２節　独立行政法人の計算証明

（独立行政法人の証明責任者、証明期間及び計算書等）

第70条　別表第１の第１欄に掲げる独立行政法人（独立行政法人通則法（平成11年法律第103号。以下「通則法」という。）第２条第１項に規定する独立行政法人をいう。以下同じ。）の会計については、証明責任者は、法人の長とし、証明期間は、１月とする。

２　計算書は、合計残高試算表（合計試算表、残高試算表その他これらに類するものを含む。以下同じ。）とする。

３　次条から第75条までに定めるもののほか、前項の計算書の証拠書類その他会計検査院に提出しなければならない書類については、会計検査院が別に指定する。

（合計残高試算表の添付書類）

第71条　合計残高試算表には、次の各号に掲げる書類を添付しなければならない。

(1)　会計単位別、経理単位別、勘定別等（以下「単位別」という。）に会計を区分して経理している場合において、単位別の合計残高試算表を作成してい

るときは、当該合計残高試算表

(2) 仮払金及び仮受金の勘定内訳表（単位別に会計を区分して経理している場合において、単位別の合計残高試算表を作成しているときは、単位別の仮払金及び仮受金の勘定内訳表とする。以下同じ。）

(3) 契約一覧表（第10号書式）

2 前項の書類のほか、別表第1の第2欄に掲げる規定に規定する長期借入金又は債券の償還計画又は返済計画を立て、主務大臣の認可を受けたときは、毎事業年度の最初の月の合計残高試算表に、これを添付しなければならない。償還計画又は返済計画に変更があったときは、変更後の償還計画又は返済計画をその月の合計残高試算表に添付しなければならない。

3 前2項の書類のほか、別表第1の第3欄に掲げる規定による納付金を国庫に納付したときは、同表の第4欄に掲げる規定に規定する書類をその月の合計残高試算表に添付しなければならない。

（中期計画等）

第72条 通則法第30条第1項に規定する中期計画を作成し、主務大臣の認可を受けたときは、遅滞なく、これを会計検査院に提出しなければならない。中期計画に変更があったときも、同様とする。

2 通則法第31条第1項に規定する年度計画を定め、主務大臣に届け出たときは、遅滞なく、これを会計検査院に提出しなければならない。年度計画に変更があったときも、同様とする。

3 通則法第32条第2項に規定する報告書を作成したときは、各事業年度終了後3月以内に会計検査院に到達するように提出しなければならない。

（中長期計画等）

第73条 通則法第35条の5第1項に規定する中長期計画を作成し、主務大臣の認可を受けたときは、遅滞なく、これを会計検査院に提出しなければならない。中長期計画に変更があったときも、同様とする。

2 通則法第35条の8において読み替えて準用する通則法第31条第1項に規定する年度計画を定め、主務大臣に届け出たときは、遅滞なく、これを会計検査院に提出しなければならない。年度計画に変更があったときも、同様とする。

3 通則法第35条の6第3項に規定する報告書を作成したときは、各事業年度終了後3月以内に会計検査院に到達するように提出しなければならない。

4 通則法第35条の6第4項に規定する報告書を作成したときは、同条第2項に規定する末日を含む事業年度終了後3月以内に会計検査院に到達するように提出しなければならない。

（事業計画等）

第74条　通則法第35条の10第１項に規定する事業計画を作成し、主務大臣の認可を受けたときは、遅滞なく、これを会計検査院に提出しなければならない。事業計画に変更があったときも、同様とする。

２　通則法第35条の11第３項に規定する報告書を作成したときは、各事業年度終了後３月以内に会計検査院に到達するように提出しなければならない。

３　通則法第35条の11第４項に規定する報告書を作成したときは、同条第２項に規定する主務省令で定める期間の最後の事業年度終了後３月以内に会計検査院に到達するように提出しなければならない。

（財務諸表及びその添付書類）

第75条　通則法第38条第１項に規定する財務諸表を作成し、主務大臣の承認を受けたときは、遅滞なく、これを会計検査院に提出しなければならない。

２　前項の財務諸表には、通則法第38条第２項に規定する事業報告書及び決算報告書並びに財務諸表及び決算報告書に関する監査報告（通則法第39条第１項の規定により会計監査人の監査を受けなければならない独立行政法人にあっては、監査報告及び会計監査報告）を添付しなければならない。

第３節　国立大学法人等の計算証明

（国立大学法人等の証明責任者、証明期間及び計算書等）

第76条　国立大学法人等（国立大学法人法（平成15年法律第112号）第２条第５項に規定する国立大学法人等をいう。以下同じ。）の会計については、証明責任者は、国立大学法人（同条第１項に規定する国立大学法人をいう。以下同じ。）にあっては学長又は理事長、大学共同利用機関法人（同条第３項に規定する大学共同利用機関法人をいう。以下同じ。）にあっては機構長とし、証明期間は、１月とする。

２　計算書は、合計残高試算表とする。

３　次条から第81条までに定めるもののほか、前項の計算書の証拠書類その他会計検査院に提出しなければならない書類については、会計検査院が別に指定する。

（合計残高試算表の添付書類）

第77条　合計残高試算表には、次の各号に掲げる書類を添付しなければならない。

⑴　単位別に会計を区分して経理している場合において、単位別の合計残高試算表を作成しているときは、当該合計残高試算表

⑵　仮払金及び仮受金の勘定内訳表

⑶　契約一覧表（第10号書式）

2　前項の書類のほか、国立大学法人法第33条の２に規定する長期借入金又は債券の償還計画を立て、文部科学大臣の認可を受けたときは、毎事業年度の最初の月の合計残高試算表に、これを添付しなければならない。償還計画に変更があったときは、変更後の償還計画をその月の合計残高試算表に添付しなければならない。

3　前２項の書類のほか、国立大学法人法第32条第２項の規定による納付金を国庫に納付したときは、国立大学法人法施行令（平成15年政令第478号）第５条第１項本文に規定する書類をその月の合計残高試算表に添付しなければならない。

（合計残高試算表の証拠書類）

第78条　大学に医学に関する学部を置く国立大学法人及び大学共同利用機関法人の合計残高試算表の証拠書類は、次の各号に掲げる書類とする。

⑴　5000万円を超える工事の請負及び3000万円を超えるその他の契約に関する契約書

⑵　前号に規定する契約の変更又は解除に関する書類

（合計残高試算表の証拠書類の添付書類）

第79条　前条に規定する契約については、次の各号に掲げる書類を証拠書類に添付しなければならない。

⑴　契約書の附属書類

⑵　予定価格及びその算出の基礎を明らかにした書類

⑶　入札又は見積り合せに関する書類

（中期計画等）

第80条　国立大学法人法第31条第１項に規定する中期計画を作成し、文部科学大臣の認可を受けたときは、遅滞なく、これを会計検査院に提出しなければならない。中期計画に変更があったときも、同様とする。

2　国立大学法人法第31条の２第２項に規定する報告書を作成したときは、同条第１項各号に掲げる事業年度終了後３月以内に会計検査院に到達するように提出しなければならない。

（財務諸表及びその添付書類）

第81条　国立大学法人法第35条の２において読み替えて準用する通則法（以下「準用通則法」という。）第38条第１項に規定する財務諸表を作成し、文部科学大臣の承認を受けたときは、遅滞なく、これを会計検査院に提出しなければならない。

2　前項の財務諸表には、準用通則法第38条第２項に規定する事業報告書及び決算報告書並びに財務諸表及び決算報告書に関する監査報告及び会計監査報告を添付しなければならない。

第４節　株式会社の計算証明

（株式会社の証明責任者、証明期間及び計算書等）

第82条　別表第２の第１欄に掲げる株式会社の会計については、証明責任者は、代表取締役（指名委員会等設置会社（会社法（平成17年法律第86号）第２条第12号に規定する指名委員会等設置会社をいう。以下同じ。）にあっては、代表執行役）とし、証明期間は、１月とする。

２　計算書は、合計残高試算表とする。

３　次条及び第84条に定めるもののほか、前項の計算書の証拠書類その他会計検査院に提出しなければならない書類については、会計検査院が別に指定する。

（合計残高試算表の添付書類）

第83条　合計残高試算表には、次の各号に掲げる書類を添付しなければならない。

⑴　単位別に会計を区分して経理している場合において、単位別の合計残高試算表を作成しているときは、当該合計残高試算表

⑵　仮払金及び仮受金の勘定内訳表

⑶　契約一覧表（第10号書式）

２　前項の書類のほか、毎事業年度の最初の月の合計残高試算表には、別表第２の第２欄に掲げる法律の規定に規定する当該事業年度の予算、事業計画又は資金計画（以下「予算等」という。）及びその添付書類（当該法律に基づく命令の規定により、予算等に添付しなければならないとされている書類をいう。以下この項において同じ。）を添付しなければならない。予算等に変更があったときは、変更後の予算等及びその添付書類をその月の合計残高試算表に添付しなければならない。

（計算書類等及びその添付書類等）

第84条　会社法第435条第２項に規定する計算書類及び事業報告並びにこれらの附属明細書（以下「計算書類等」という。）を作成したときは、定時株主総会の終結後遅滞なく、これを会計検査院に提出しなければならない。

２　前項の書類のほか、連結計算書類（会社法第444条第１項に規定する連結計算書類をいう。以下同じ。）を作成したときは、定時株主総会の終結後遅滞なく、これを会計検査院に提出しなければならない。

３　計算書類等には、次の各号に掲げる株式会社の区分に応じ、当該各号に定める監査報告又は会計監査報告を添付しなければならない。連結計算書類についても、同様とする。

⑴　会社法第２条第９号に規定する監査役設置会社　監査役の監査報告

⑵　会社法第２条第10号に規定する監査役会設置会社　監査役会の監査報告
⑶　会社法第２条第11号の２に規定する監査等委員会設置会社　監査等委員会の監査報告
⑷　指名委員会等設置会社　監査委員会の監査報告
⑸　会社法第２条第11号に規定する会計監査人設置会社　会計監査報告

第５節　その他の出資法人等の計算証明

第85条　出資法人等の会計（独立行政法人、国立大学法人等及び株式会社の会計を除く。）の証明責任者、証明期間、計算書、証拠書類その他会計検査院に提出しなければならない書類については、会計検査院が別に指定する。

第５章　電子情報処理組織を使用して計算証明をする場合の特則

（電子情報処理組織を使用した計算証明）

第86条　情報通信技術を活用した行政の推進等に関する法律（平成14年法律第151号。以下「情報通信技術活用法」という。）第６条第１項の規定に基づき、電子情報処理組織を使用する方法により計算証明をする場合については、この章の定めるところによる。

第86条の２　証明責任者又は監督官庁等（計算証明書類に記載すべき事項に係る情報（以下「計算証明情報」という。）を会計検査院に送信する際に経由する監督官庁等をいう。以下同じ。）が計算証明情報を会計検査院に送信するときに使用する情報通信技術活用法第６条第１項に規定する会計検査院規則で定める電子情報処理組織は、会計検査院の使用に係る電子計算機（入出力装置を含む。以下同じ。）と証明責任者又は監督官庁等の使用に係る電子計算機とを電気通信回線で接続した電子情報処理組織をいう。

２　前項に規定する証明責任者又は監督官庁等の使用に係る電子計算機は、会計検査院の使用に係る電子計算機と電気通信回線を通じて接続でき、正常に通信できる機能を備えたものとする。

３　証明責任者が計算証明情報を監督官庁等に送信するときに使用する情報通信技術活用法第６条第１項に規定する会計検査院規則で定める電子情報処理組織は、監督官庁等の使用に係る電子計算機と証明責任者の使用に係る電子計算機とを電気通信回線で接続した電子情報処理組織をいう。

４　前項に規定する証明責任者の使用に係る電子計算機は、監督官庁等の使用に係る電子計算機と電気通信回線を通じて接続でき、正常に通信できる機能を備えたものとする。

（電子情報処理組織を使用した計算証明の方法）

第87条　電子情報処理組織を使用して計算証明をするときは、会計検査院の定める基準に従い、計算証明情報を証明責任者又は監督官庁等の使用に係る電子計算機から入力し、送信しなければならない。

2　会計検査院は、前項に規定する基準を定めたときは、インターネットの利用その他適切な方法により公表するものとする。

3　第１項の規定により計算証明情報を会計検査院に送信するときは、同項に規定する基準の定めるところにより設定され若しくは付与された識別符号及び暗証符号を証明責任者若しくは監督官庁等の使用に係る電子計算機から入力し、送信する措置又は同項に規定する基準で定める措置を講じなければならない。

4　第１項の規定により計算証明情報を送信するときは、送信する計算証明情報の内容を明らかにした資料を添付しなければならない。ただし、計算証明情報の内容を明らかにした情報が、ファイルの名称等から明らかであるときは、この限りでない。

（電子情報処理組織を使用する方法により行うことが困難又は著しく不適当と認められる部分がある場合）

第87条の２　情報通信技術活用法第６条第６項に規定する会計検査院規則で定める場合は、第５条第１項の規定により証拠書類の原本を提出しなければならない場合（証拠書類の原本と共に編集するものがある場合を含む。）とする。

第88条　削除

第89条　削除

第90条　削除

（証拠書類の形式の特例）

第91条　第５条第１項の規定にかかわらず、第２章及び第３章に規定する証明責任者が電子情報処理組織を使用して計算証明をするときは、証拠書類の原本をスキャナにより読み取る方法により作成した証拠書類に記載すべき事項に係る情報をもって原本に代えることができる。この場合において、当該情報は、次の各号に掲げる要件の全てを満たすものでなければならない。

⑴　一の歳入の徴収、支出の決定その他の会計経理に係る行為に関する意思決定が電磁的方式により行われ、第87条第１項に規定する基準の定める方法により、当該意思決定に係る情報に関連付けられて管理されているものであること。

⑵　証明責任者が原本と相違がない旨を証明したものであること。

2　第５条第２項及び第３項の規定は、証拠書類に記載すべき事項に係る情報を電子情報処理組織を使用して送信する場合について準用する。

3　第69条の２の規定は、証拠書類に記載すべき事項に係る情報を電子情報処理組織を使用して送信する場合について準用する。この場合において、同条中「記録した電磁的記録」とあるのは、「電子情報処理組織を使用して送信すること」と読み替えるものとする。

（証拠書類等の付記の取扱いの特例）

第92条　第１条の６の規定は、証拠書類又は添付書類に記載すべき事項に係る情報を電子情報処理組織を使用して送信する場合について準用する。

（提出済みの証拠書類等のある場合の処理の特例）

第93条　第７条第２項の規定は、証拠書類又は添付書類に記載すべき事項に係る情報を電子情報処理組織を使用して送信する場合について準用する。

（証拠書類等の編集の特例）

第94条　証拠書類及び添付書類に記載すべき事項に係る情報を電子情報処理組織を使用して送信する場合は、第８条の規定は適用しない。

２　前項に規定する場合は、第８条の２の規定を準用する。この場合において、同条第２項及び第３項中「電磁的記録により提出するものがある旨」とあるのは「電子情報処理組織を使用して提出するものがある旨」と、同条第４項中「電磁的記録により提出する旨」とあるのは「電子情報処理組織を使用して提出する旨」と読み替えるものとする。

第94条の２　証拠書類及び添付書類（第30条の９に規定する証拠書類を除く。以下この条において同じ。）に記載すべき事項に係る情報を第87条第１項に規定する基準で特に認める方法（以下この条において単に「特に認める方法」という。）により電子情報処理組織を使用して送信する場合において、このほかに、証拠書類及び添付書類を提出するときは、当該証拠書類及び添付書類（分冊にして提出する場合は第１冊目）には、次の各号に掲げる事項を第８条第１項に規定する区分ごとに記載した一覧表（以下「区分別一覧表」という。）を付さなければならない。

⑴　科目、受払、種類等の区分の名称

⑵　証拠書類及び添付書類が編集されている箇所（分冊にして提出する場合に限る。）

⑶　証拠書類及び添付書類の金額

２　証拠書類及び添付書類に区分別一覧表を付すときは、第８条第２項及び第８条の２第４項の規定（第94条第２項において読み替えて準用する場合を含む。）にかかわらず、証拠書類及び添付書類に仕切紙を付すことを要しない。この場合において、区分別一覧表には、この規則の規定により仕切紙に記載すべきこととされている事項（第８条第３項各号に掲げる事項を除く。）を記載しなければならない。

3　第１項に規定する場合において、次の各号に掲げる事項に係る情報を電子情報処理組織を使用して併せて送信するときは、前項の規定にかかわらず、当該事項は区分別一覧表に記載することを要しない。

(1)　第９条第１項に規定する事項

(2)　第22条第２項に規定する事項

(3)　第94条第２項において準用する第８条の２第３項に規定する金額

(4)　第94条第２項において準用する第８条の２第４項第４号に規定する金額

4　証拠書類及び添付書類に記載すべき事項に係る情報を特に認める方法により電子情報処理組織を使用して送信する場合において、証拠書類及び添付書類に記載すべき事項に係る情報を電子情報処理組織を使用して送信するほか、証拠書類及び添付書類に記載すべき事項を記録した電磁的記録を提出する場合には、当該情報を送信するときに、電磁的記録により提出するものがある旨及び当該電磁的記録に関する事項に係る情報を併せて送信しなければならない。

5　証拠書類及び添付書類に記載すべき事項に係る情報を特に認める方法により電子情報処理組織を使用して送信する場合における前条第２項及び前４項に規定する編集に関する細目は、会計検査院が別に定める。

6　会計検査院は、前項に規定する細目を定めたときは、インターネットの利用その他適切な方法により公表するものとする。

（分任歳入徴収官等の分等の証拠書類の編集の特例）

第95条　主任歳入徴収官等が、第11条の４第１項の規定により計算証明をする場合において、分任歳入徴収官等又はその事務を代理する歳入徴収官等の取り扱った計算についての証拠書類に記載すべき事項に係る情報を電子情報処理組織を使用して送信するときは、同条第２項の規定は適用しない。この場合において、当該情報は、分任歳入徴収官等の別に、第９条及び第94条第２項において読み替えて準用する第８条の２の規定により区分して編集し、当該分任歳入徴収官等の職氏名に係る情報を併せて送信しなければならない。

（分任歳入徴収官の分等の証拠書類等の編集の特例）

第96条　歳入徴収官が、第13条第１項の規定により計算証明をする場合において、分任歳入徴収官又は分任歳入徴収官代理の取り扱った計算についての証拠書類及び添付書類に記載すべき事項に係る情報を電子情報処理組織を使用して送信するときは、同条第２項の規定は適用しない。この場合において、当該情報は、分任歳入徴収官の別に、第９条及び第94条第２項において読み替えて準用する第８条の２の規定により区分して編集し、当該分任歳入徴収官の職氏名に係る情報を併せて送信しなければならない。

（分任国税収納命令官の分等の証拠書類等の編集の特例）

第97条　国税収納命令官が、第19条の３第１項の規定により計算証明をする場合において、分任国税収納命令官又は分任国税収納命令官代理の取り扱った計算についての証拠書類及び添付書類に記載すべき事項に係る情報を電子情報処理組織を使用して送信するときは、同条第２項の規定は適用しない。この場合において、当該情報は、分任国税収納命令官の別に、第９条及び第19条の５第２項の規定により区分して編集し、当該分任国税収納命令官の職氏名に係る情報を併せて送信しなければならない。

（分任国税収納官吏の分等の証拠書類の編集の特例）

第98条　主任国税収納官吏が、第19条の９第１項本文の規定により計算証明をする場合において、分任国税収納官吏、分任国税収納官吏代理又は出納員の取り扱った計算についての証拠書類に記載すべき事項に係る情報を電子情報処理組織を使用して送信するときは、同条第２項の規定は適用しない。この場合において、当該情報は、分任国税収納官吏又は出納員の別に、第９条及び第94条第２項において読み替えて準用する第８条の２の規定により区分して編集し、当該分任国税収納官吏又は出納員の職氏名に係る情報を併せて送信しなければならない。

２　前項の場合における第19条の８第１項の適用については、同項中「次条第２項（同条第３項において準用する場合を含む。）」とあるのは、「第98条第１項」とする。

（支出済みの通知の編集の特例）

第99条　第21条第１項に規定する支出済みの通知に係る情報を電子情報処理組織を使用して送信するときは、同条第２項の規定は適用しない。この場合において、当該情報は、項別に区分し、各区分ごとの項名及び金額並びに総金額に係る情報を併せて送信しなければならない。

（前金払等の精算に関する明細書の編集の特例）

第100条　第30条の２第１項に規定する明細書に記載すべき事項に係る情報を電子情報処理組織を使用して送信するときは、同条第２項の規定は適用しない。この場合において、当該情報は、前金払及び概算払に区分し、科目ごとに細分して編集しなければならない。

（センター支出官の証拠書類の編集の特例）

第101条　第30条の９に規定する証拠書類に記載すべき事項に係る情報を電子情報処理組織を使用して送信するときは、第30条の10第２項の規定は適用しない。

2　前項に規定する場合は、第30条の10第３項及び第４項の規定を準用する。この場合において、同条第４項中「電磁的記録により提出するものがある旨」とあるのは、「電子情報処理組織を使用して提出するものがある旨」と読み替えるものとする。

3　第30条の９に規定する証拠書類に記載すべき事項に係る情報を電子情報処理組織を使用して送信するほか、同条に規定する証拠書類に記載すべき事項を記録した電磁的記録を提出する場合（これらのほかに同条に規定する証拠書類を提出する場合を除く。）には、当該情報を送信するときに、電磁的記録により提出するものがある旨を併せて送信しなければならない。

（分任収入官吏の分等の証拠書類の編集の特例）

第102条　主任収入官吏が、第32条第１項本文の規定により計算証明をする場合において、分任収入官吏、分任収入官吏代理又は出納員の取り扱った計算についての証拠書類に記載すべき事項に係る情報を電子情報処理組織を使用して送信するときは、同条第２項の規定は適用しない。この場合において、当該情報は、分任収入官吏又は出納員の別に、第９条及び第94条第２項において読み替えて準用する第８条の２の規定により区分して編集し、当該分任収入官吏又は出納員の職氏名に係る情報を併せて送信しなければならない。

2　前項の場合における第31条第１項の適用については、同項中「次条第２項（同条第３項において準用する場合を含む。）」とあるのは、「第102条第１項」とする。

（分任資金前渡官吏の分等の証拠書類等の編集の特例）

第103条　主任資金前渡官吏が、第36条第１項本文の規定により計算証明をする場合において、分任資金前渡官吏、分任資金前渡官吏代理又は出納員の取り扱った計算についての証拠書類及び添付書類に記載すべき事項に係る情報を電子情報処理組織を使用して送信するときは、同条第２項の規定は適用しない。この場合において、当該情報は、分任資金前渡官吏又は出納員の別に、第９条及び第94条第２項において読み替えて準用する第８条の２の規定により区分して編集し、当該分任資金前渡官吏又は出納員の職氏名に係る情報を併せて送信しなければならない。

2　前項の場合における第35条第１項の適用については、同項中「次条第２項（同条第３項において準用する場合を含む。）」とあるのは、「第103条第１項」とする。

（前金払等の精算に関する明細書の編集の特例）

第104条　第45条第１項に規定する明細書に記載すべき事項に係る情報を電子情報

処理組織を使用して送信するときは、同条第２項の規定は適用しない。この場合において、当該情報は、前金払及び概算払に区分し、科目ごとに細分して編集しなければならない。

（分任歳入歳出外現金出納官吏の分等の証拠書類の編集の特例）

第105条　主任歳入歳出外現金出納官吏が、第49条第１項本文の規定により計算証明をする場合において、分任歳入歳出外現金出納官吏、分任歳入歳出外現金出納官吏代理又は出納員の取り扱った計算についての証拠書類に記載すべき事項に係る情報を電子情報処理組織を使用して送信するときは、同条第２項の規定は適用しない。この場合において、当該情報は、分任歳入歳出外現金出納官吏又は出納員の別に、第９条及び第94条第２項において読み替えて準用する第８条の２の規定により区分して編集し、当該分任歳入歳出外現金出納官吏又は出納員の職氏名に係る情報を併せて送信しなければならない。

２　前項の場合における第48条第１項の適用については、同項中「次条第２項（同条第３項において準用する場合を含む。）」とあるのは、「第105条第１項」とする。

（分任支出負担行為担当官の分等の証拠書類の編集の特例）

第106条　支出負担行為担当官が、第58条の３第１項の規定により計算証明をする場合において、分任支出負担行為担当官又は分任支出負担行為担当官代理の取り扱った計算についての証拠書類に記載すべき事項に係る情報を電子情報処理組織を使用して送信するときは、同条第２項の規定は適用しない。この場合において、当該情報は、分任支出負担行為担当官の別に、第９条及び第94条第２項において読み替えて準用する第８条の２の規定により区分して編集し、当該分任支出負担行為担当官の職氏名に係る情報を併せて送信しなければならない。

（分任物品管理官の分等の証拠書類の編集の特例）

第107条　主任物品管理官が、第60条第１項本文の規定により計算証明をする場合において、分任物品管理官又は分任物品管理官代理の取り扱った計算についての証拠書類に記載すべき事項に係る情報を電子情報処理組織を使用して送信するときは、同条第３項の規定は適用しない。この場合において、当該情報は、分任物品管理官の別に、第９条及び第94条第２項において読み替えて準用する第８条の２の規定により区分して編集し、当該分任物品管理官の職氏名に係る情報を併せて送信しなければならない。

２　前項の場合における第59条第１項の適用については、同項中「次条第３項（同条第４項において準用する場合を含む。）」とあるのは、「第107条第１項」とする。

（書式の記載事項の特例）

第108条　証拠書類又は添付書類に記載すべき事項に係る情報を電子情報処理組織を使用して送信するときは、計算書には、電子情報処理組織を使用して提出する旨を記載し、又は記録しなければならない。

附　則〔略〕

別表第１・第２〔略〕

Ⅱ 補給管理

防衛省所管物品管理取扱規則

平18・12・28庁訓115

最終改正　令6・3・19省訓13

目次

第1章　総則

（通則）

第1条　防衛省所管に属する物品の管理については、物品管理法（昭和31年法律第113号。以下「法」という。）、物品管理法施行令（昭和31年政令第339号。以下「政令」という。）、物品管理法施行規則（昭和31年大蔵省令第85号。以下「省令」という。）その他の法令又はこれらに基づく特別の定めがあるもののほか、この訓令の定めるところによる。

（用語の意義）

第2条　この訓令において「管理」、「物品」、「供用」、「分類」、「分類換」、「物品管理官」、「分任物品管理官」、「物品出納官」、「分任物品出納官」、「物品供用官」、「管理換」、「契約等担当職員」若しくは「物品管理職員」又は「物品管理官代理」、「分任物品管理官代理」、「物品出納官代理」、「分任物品出納官代理」、「物品供用官代理」若しくは「代行機関」とは、法第1条、第2条第1項若しくは第2項、第3条第1項、第5条第1項、第8条第3項若しくは第6項、第9条第2項若しくは第5項、第10条第2項、第16条第1項、第19条第1項若しくは第31条第1項又は政令第8条第5項若しくは第9条第5項に規定する管理、物品、供用、分類、分類換、物品管理官、分任物品管理官、物品出納官、分任物品出納官、物品供用官、管理換、契約等担当職員若しくは物品管理職員又は物品管理官代理、分任物品管理官代理、物品出納官代理、分任物品出納官代理、物品供用官代理若しくは代行機関をいう。

2　この訓令において、次の各号に掲げる用語の意義は、当該各号に定めるところによる。

(1)　供与物品　日本国とアメリカ合衆国との間の相互防衛援助協定により、アメリカ合衆国から供与を受けた物品をいう。

(2)　貸与物品　日本国に対する合衆国艦艇の貸与に関する協定により貸与を受けた船舶、艦艇その他の物品をいう。

(3)　幕僚長等　大臣官房長、地方協力局長（別表第1分類表Ⅱ施設発生物品及び返還物品（以下「施設発生物品等」という。）の管理に関する事務に限る。）、防衛大学校長、防衛医科大学校長、防衛研究所長、統合幕僚長、陸上幕僚長、海上幕僚長、航空幕僚長、情報本部長、防衛監察監又は地方防衛局長（施設発生物品等の管理に関する事務を除く。）をいう。

(4)　各自衛隊等　防衛省本省の内部部局、防衛大学校、防衛医科大学校、防衛研究所、統合幕僚監部、陸上自衛隊、海上自衛隊、航空自衛隊、情報本部、防衛監察本部又は地方防衛局をいう。

(5)　統合幕僚監部等　統合幕僚監部、陸上自衛隊、海上自衛隊、航空自衛隊又は情報本部をいう。

（管理に関する権限の委任）

第2条の2　政令第2条の規定により防衛装備庁長官に委任する法第5条第1項、法第16条第1項、法第27条第1項又は法第33条第1項の規定による分類換の命令、管理換の命令、不用決定の承認又は弁償の命令に関する権限の範囲は、次のとおりとする。

(1)　分類換の命令　別表第1分類Ⅰ防衛装備庁に属する物品又は帰属すべき物品（以下「防衛装備庁所属物品」という。）

(2)　管理換の命令　防衛装備庁所属物品

(3)　不用決定の承認　防衛装備庁所属物品のうち政令第33条に規定する物品

(4)　弁償の命令　防衛装備庁に所属する物品管理職員が法第31条第1項の規定に該当したとき

（分類等）

第3条　防衛省における物品の分類は、別表第1のとおりとする。

2　物品は、その性質上次のとおり区分して整理する。

(1)　消耗品　原形のまま比較的長期の反覆使用に耐えない物品及び反覆使用に耐えるが価格が小額か比較的破損しやすい物品

(2)　非消耗品　消耗品以外の物品

(3)　重要物品　非消耗品のうち、政令第43条第1項に規定する機械、器具及び美術品のうち財務大臣が指定するものをいう。

3　物品の種類及び品目は、幕僚長等及び防衛装備庁長官が定める。

4　物品出納官（分任物品出納官を含む。以下同じ。）又は物品供用官（物品出納官又は物品供用官を置かない場合にあっては、物品管理官（分任物品管理官を含む。第7条第1項、第42条及び第45条第1項第1号を除き、以下同じ。））は、省令第3条第1項の規定による所属分類決定の通知又は省令第5条第1項の規定による分類換の通知を受けたときは、その保管中又は供用中の物品について、別記様式第1の物品標示票により、分類、番号等の標示をしなければならない。ただし、当該物品標示票による標示をすることが不可能若しくは困難な物品又は物品管理官が当該物品標示票による標示をする必要がないと認めた物品については、当該物品標示票によらない標示をし、又は標示を省略することができる。

（分類換の命令）

第4条　防衛大臣は、法第5条第1項の規定により分類換を命じようとするときは、別記様式第1の2の物品分類換命令書により行うものとする。

2　各自衛隊等と各自衛隊等以外の国の機関との間における管理換に伴い物品の分類換をする場合には、当該物品の管理換の命令をもって当該物品の分類換の命令があったものとみなす。

（分類換の承認）

第5条　物品管理官は、法第5条第2項の規定により分類換をしようとするときは、別記様式第2の物品分類換承認申請書により防衛省本省所属物品については防衛大臣、防衛装備庁所属物品については防衛装備庁長官の承認を受けなければならない。ただし、次の各号のいずれかに該当する場合には、あらかじめ当該承認があったものとみなす。

(1)　法第12条第2項の規定による財務大臣の求めに応じて分類換をする場合

(2)　各自衛隊等と各自衛隊等以外の国の機関との間における管理換に伴い物品の分類換をする場合

（分類換の通知）

第6条　物品管理官は、省令第5条第1項の規定による分類換の通知をするときは、別記様式第3の物品分類換通知書により行うものとする。ただし、当該通知を分類換をする物品の受入命令又は受領命令（省令第14条第3項に規定する受入命令又は受領命令をいう。）と同時に行うときは、これらの命令は、当該通知を兼ねるものとする。

第2章　物品の管理の機関等

（物品の管理事務の委任）

第7条　防衛省本省に所属する物品管理官、物品管理官代理、分任物品管理官及び分任物品管理官代理として指定する官職並びに委任する事務の範囲は、別表第2のとおりとする。ただし、特別の必要がある場合には、別に分任物品管理官を指定するものとする。

2　別表第2の各表の分任物品管理官代理の官職を指定しない分任物品管理官の欄に掲げる分任物品管理官及び前項ただし書の規定により指定される分任物品管理官について、その事務を代理する分任物品管理官代理を設ける必要がある場合には、当該分任物品管理官の所属する部隊又は機関に所属する職員のうちから、これを指定するものとする。

3　防衛装備庁長官は、防衛装備庁に所属する職員に防衛装備庁所属物品の管理に関する事務を委任し、分掌させ、又は代理させるものとする。

4　防衛装備庁長官は、前項の規定により物品の管理に関する事務を委任し、分掌させ、又は代理させる場合には、当該職員の官職又は氏名及び委任した事務の範囲を明らかにして、その都度防衛大臣に報告するものとする。

（代行機関の設置）

第8条　幕僚長等は、代行機関を設ける必要があると認める場合には、別表第3の基準に従い、代行機関とすべき職員又は官職及び事務の範囲を定めて、防衛大臣にその設置を申請することができる。

2　防衛装備庁に所属する物品管理官及び分任物品管理官の代行機関を設ける必要がある場合には、防衛装備庁長官の定めるところによるものとする。

（物品の出納保管事務の委任基準）

第9条　別表第1分類Ⅰ防衛省本省に属する物品又は帰属する物品（以下「防衛省本省所属物品」という。）に関する政令第6条（政令第8条第4項において準用する場合を含む。）の規定により定める基準は、原則として次の各号のいずれかに該当する場合とする。

(1)　物品を保管する場所が物品管理官の所在地から隔地であって通信手段等をもってしても物品管理官による監督指導ができない場合

(2)　物品の保管の数量が多量であって物品管理官が物品を保管することが適当でないものとして幕僚長等が定めた基準に該当する場合

2　防衛装備庁所属物品に関する政令第6条の規定により定める基準は、防衛装備庁長官の定めるところによるものとする。

（物品の供用事務の委任基準）

第10条　政令第７条において準用する政令第６条の規定により定める基準は、幕僚長等及び防衛装備庁長官の定めるところによるものとする。

（代理をさせる場合）

第11条　物品管理官代理（分任物品管理官代理を含む。以下同じ。）、物品出納官代理（分任物品出納官代理を含む。以下同じ。）又は物品供用官代理は、次の各号のいずれかに該当する場合には、それぞれ物品管理官、物品出納官又は物品供用官の事務を代理するものとする。

(1)　物品管理官、物品出納官又は物品供用官が欠けた場合

(2)　物品管理官、物品出納官又は物品供用官が出張、休暇、欠勤その他の事由によりその職務を行うことができないと認められる場合

（代行機関の事務の取扱い）

第12条　代行機関は、政令第９条第５項の規定により事務を処理する場合には、関係書類に代行機関の代行した旨を明示するものとする。

２　代行機関は、政令第９条第６項の規定により処理をしないこととなった事務については、関係書類にその旨を明示するものとする。

（補助者の事務）

第13条　物品管理官、物品管理官代理、物品出納官、物品出納官代理、物品供用官、物品供用官代理又は代行機関は、補助者の事務の内容を明らかにしておかなければならない。

（支出事務を委任し、又は委任を受けた経費により取得した物品の管理）

第14条　会計法（昭和22年法律第35号）第24条第２項の規定に基づき他の各省各庁所属の職員に支出事務を委任した経費により取得した物品の管理は、当該経費を所掌する官署の部局長が行うものとする。

２　防衛省所管において、職員が他の官署から、当該官署の所掌に属する経費の支出事務の委任を受けたことにより取得した物品は、当該支出事務の委任を受けた職員の所属する官署の物品管理官が、当該物品管理官が所掌する分類により管理するものとする。

第３章　物品の管理

（物品の管理に関する計画）

第15条　法第13条第１項の規定による物品の管理に関する計画は、業務計画（防衛諸計画の作成等に関する訓令（平成27年防衛省訓令第32号）第３条第１項第２号に規定する年度業務計画をいう。）のうち物品の管理に関する部分、調達基本計画（装備品等及び役務の調達実施に関する訓令（昭和49年防衛庁訓令第４号）第９条に規定する調達基本計画をいう。）及び物品管理官の作成する調達に

関する計画とする。

（管理換の命令）

第16条　防衛省本省所属物品に関する法第16条第１項の規定による管理換の命令は、次の各号に掲げる者が、それぞれ当該各号に定める範囲の管理換について行うものとする。

⑴　防衛大臣　各自衛隊等間の管理換（次号に定める範囲のものを除く。）、各自衛隊等と各自衛隊等以外の国の機関（防衛装備庁を除く。次条及び第18条において同じ。）との間における管理換又は各自衛隊等内の部隊及び機関（以下「部隊等」という。）の間における管理換で防衛大臣の指定するもの

⑵　統合幕僚長　自衛隊の運用及び統合訓練に係る統合幕僚監部、陸上自衛隊、海上自衛隊又は航空自衛隊間の管理換（供与物品（部品類及び供与弾薬の打がら薬きょうを除く。）及び貸与物品を除く。）

⑶　幕僚長等　各自衛隊等内又は各自衛隊等と防衛装備庁との間における管理換（第１号及び次号に定める範囲のものを除く。）

⑷　幕僚長等の指定する部隊等の長　当該部隊等内及び幕僚長等の指定する部隊等間の管理換

２　前項第１号又は第２号に規定する管理換をし、又はこれを受けようとする物品管理官に対する防衛大臣又は統合幕僚長の管理換の命令は、それぞれその者を監督する幕僚長等を通じて行うものとする。

３　第１項各号に掲げる者は、同項の規定により管理換を命じようとするときは、物品管理換命令書により行うものとする。

（管理換の協議）

第17条　各自衛隊等間、各自衛隊等と防衛装備庁との間又は各自衛隊等と各自衛隊等以外の国の機関との間における管理換の協議は、別記様式第４の物品管理換協議書の様式により行うものとする。ただし、次に掲げる管理換に係るものについては、他の様式によることができる。

⑴　統合幕僚監部等と各自衛隊等、防衛装備庁又は各自衛隊等以外の国の機関との間における管理換

⑵　各自衛隊等間の管理換で次に掲げるもの

イ　返還すべき条件を付した管理換（以下「一時管理換」という。）を受けた物品の返還に伴う管理換

ロ　各自衛隊等において作成した資料類を教育、試験、研究、調査等に資する目的をもって他の各自衛隊等に配布するための管理換

ハ　自衛隊の運用及び統合訓練に係る統合幕僚監部、陸上自衛隊、海上自衛

隊又は航空自衛隊間の一時管理換

(3) 前2号に掲げるもののほか、防衛大臣が定める管理換

2 防衛装備庁内の管理換及び防衛装備庁と防衛装備庁以外の国の機関（防衛省本省を除く。）との間における管理換の協議は、防衛装備庁長官の定めるところによるものとする。

（管理換の承認）

第18条 物品管理官は、前条第1項の規定による管理換の協議が調ったときは、別記様式第5の物品管理換承認申請書に同意を得た物品管理換協議書（前条ただし書に該当する管理換については、これに類する書類）の写を添えて、当該管理換について次項に規定する者の承認を受けなければならない。ただし、次の各号のいずれかに該当する場合については、あらかじめ当該承認があったものとみなす。

(1) 1月以内に返還すべき条件を付した管理換をする場合

(2) 合同庁舎等の維持管理のため同一の物品管理官により一体として管理する必要がある物品の管理換をする場合

(3) 管理換を目的として統一して調達された物品の管理換をする場合

(4) 法第12条第2項の規定による財務大臣の求めに応じて管理換をする場合

(5) 前各号に掲げる場合のほか、1件の価格が50万円を超えない物品の管理換をする場合

2 前項の管理換の承認は、次の各号に掲げる者が、それぞれ当該各号に定める範囲の管理換について行うものとする。

(1) 防衛大臣 各自衛隊等間の管理換のうち供与物品（部品類及び供与弾薬の打がら薬きょうを除く。）及び貸与物品の管理換並びに各自衛隊等と各自衛隊等以外の国の機関との間における管理換（一時管理換を除く。）その他防衛大臣の指定する物品の管理換（一時管理換及び整備支援のための管理換を除く。）

(2) 幕僚長等 前号及び次号に定める範囲の管理換以外の管理換

(3) 幕僚長等の指定する部隊等の長 当該部隊等内及び幕僚長等の指定する部隊等間の管理換

3 第1項に規定する管理換の承認の申請（前項第1号に該当する管理換に係るものに限る。）は、当該管理換をし、及びこれを受けようとする物品管理官をそれぞれ監督する幕僚長等を通じて行うものとする。

4 前条第2項に関する管理換の承認は、防衛装備庁長官の定めるところによるものとする。

（生産等における管理換）

第19条　地方防衛局又は防衛装備庁に属する契約等担当職員が、他の各自衛隊等の物品管理官の管理する物品を国以外の者に引き渡して生産、試験、実験、工事、改造、修理等（以下「生産等」という。）をさせる契約を締結した場合には、当該物品管理官は、当該契約等担当職員の通知に基づき、当該物品を地方防衛局又は防衛装備庁に管理換することなく、当該国以外の者に引き渡すことができる。

（管理換を有償としない場合）

第20条　政令第21条第３号に規定する管理換を有償としない場合は、次に掲げる場合とする。

⑴　異なる会計に属する物品の管理を一体として行う必要がある場合において、当該物品を一体として管理するため、当該異なる会計の間において当該物品の管理換をする場合

⑵　物品の無償貸付及び譲与等に関する法律（昭和22年法律第229号）第３条第１号、第３号若しくは第４号又は第４条第２号に規定する物品について、これらの規定に該当する管理換をする場合

（物品管理官又は物品供用官と契約等担当職員との関係）

第21条　契約等担当職員は、法第19条第１項又は法第26条第２項の請求に基づくことなくして、物品の取得又は修繕若しくは改造のための措置をしてはならない。

（対価を伴わない物品の取得の機関）

第22条　対価を伴わない物品の取得、保管及び処分（支出又は支払の原因となる契約に付随する場合を除く。）のための原因となる行為は、防衛大臣が指定する者のほか、物品管理官が行う。

（寄附）

第23条　物品管理官は、各自衛隊等及び防衛装備庁が物品の寄附を受けようとする場合には、相手方の申出書に添えてその氏名、寄附の理由、当該物品の品目、数量及び評価額その他参考事項を順序を経て防衛大臣に上申し、その指示に従わなければならない。ただし、１件の評価額20万円未満のものについては、幕僚長等及び防衛装備庁長官の定めるところによる。

（保管の依頼を受けた物品の管理換）

第24条　物品管理官は、各自衛隊等及び防衛装備庁の他の物品管理官からの依頼に基づき物品の保管を引き受けるときは、一時管理換として整理するものとする。

（国以外の者が保管する物品の引渡し）

第25条　物品管理官が省令第28条第１項の規定により行う通知又は証する書類の交付は、別記様式第６の保管物品引渡通知書又は別記様式第７の保管物品引渡証明書により行うものとする。

２　物品管理官は、省令第28条第１項の規定による通知をしたときは、前項に規定する保管物品引渡通知書の写をもって、その旨を契約等担当職員に通知するものとする。

（出納の報告）

第26条　物品出納官は、物品を出納したときは、物品管理官にその旨を報告しなければならない。

（出納の相手方への命令の写し及び証明書類の交付の省略）

第27条　省令第29条第１項ただし書の規定に基づき、物品管理官が出納の相手方への命令の写し及び証明書類の交付を省略することができる場合は、物品出納官又は物品供用官への払出命令又は返納命令に係る物品を国以外の者に引き渡す場合を除く場合とする。

（物品の契約不適合）

第28条　物品出納官又は物品供用官は、契約等担当職員により取得した物品について、種類又は品質に関して契約の内容に適合しないことが判明したときは、その旨を物品管理官に報告しなければならない。

２　物品管理官は、前項の報告等により、契約等担当職員により取得した物品について、種類又は品質に関して契約の内容に適合しないことが判明したときは、その旨を契約等担当職員に対し通知しなければならない。

（不用の決定の承認）

第29条　物品管理官は、法第27条第１項の規定により不用の決定の承認を受けようとするときは、別記様式第８の物品不用決定承認申請書により行うものとする。

２　防衛省本省所属物品に関する不用決定の承認は、次の各号に掲げる者が、それぞれ当該各号に定める物品について行うものとする。

(1)　防衛大臣　単価300万円以上の物品で次条第１項第１号に掲げる物品に該当するもの

(2)　幕僚長等　単価50万円以上の物品（前号及び次号に定める物品を除く。）

(3)　幕僚長等の指定する部隊等の長　単価300万円未満の物品で幕僚長等の指定するもの

３　第１項に規定する不用の決定の承認の申請（前項第１号に該当する物品に係るものに限る。）は、申請しようとする物品管理官を監督する幕僚長等を通じて行うものとする。

4　第１項の規定にかかわらず、統合幕僚監部等の長は、所管する物品の不用の決定の承認の申請のための様式を定めることができる。

5　防衛装備庁所属物品に関する不用決定の承認は、第２条の２第３号に定めるもののほか、防衛装備庁長官の定めるところによるものとする。

（不用の決定及び廃棄の基準）

第30条　政令第35条に規定する物品の不用の決定をする場合の基準は、次のとおりとする。

(1)　供用の必要のない物品で管理換若しくは分類換又は解体により、適切な処理ができない物品

(2)　供用することができない物品

(3)　修繕又は改造に多額の費用を要する物品

2　政令第35条に規定する物品の廃棄をする場合の基準は、次のとおりとする。

(1)　国の機密が漏れるおそれがある場合

(2)　一般の使用又は所持が禁止されている場合その他公序良俗に反する場合

(3)　買受人がない場合

(4)　売払いに際し、売払価格より多額の費用を要する場合

（不用の決定をした物品の措置）

第31条　物品出納官又は物品供用官（これらの者を置かない場合にあっては、物品管理官）は、不用の決定が行われた物品で売り払うこととなったものについて必要と認める場合には、防衛省所管物品であることを標示するための記号、標識等を抹消し又は除去するものとする。

（有償貸付）

第32条　防衛省本省に所属する物品管理官は、法第29条第２項において準用する法第28条第２項の規定により、物品の貸付のため必要な措置を請求する場合において、当該貸付が単価50万円以上の物品の有償貸付であるときは、幕僚長等の承認を受けなければならない。

2　防衛装備庁所属物品に関する有償貸付の手続は、防衛装備庁長官の定めるところによるものとする。

（様式）

第33条　第17条第１項、第18条第１項、第25条及び第29条第１項に規定するもののほか、法第３章、政令第３章及び省令第３章の規定に基づく物品の管理に関する行為に必要な様式は、次の表に定めるところによる。

様　　式	物品の管理に関する行為
物品管理換命令書（別記様式第８の２）	第16条第３項の規定による物品管理換命令
管理換物品引渡通知書（別記様式第９）	省令第14条第２項に規定する引渡しの通知
物品取得措置請求書（別記様式第10）	法第19条第１項の規定による物品の取得のため必要な措置の請求
物品取得通知書（別記様式第11）	(1)　省令第18条の規定による物品の取得のために必要な措置についての通知 (2)　政令第25条の規定による取得する物品又は取得した物品がある旨の通知
物品払出請求書（別記様式第12）	法第20条第１項の規定による払出しの請求（物品供用官を置かない場合にあっては、物品を使用する職員からの請求を含む。）
物品払出命令書（別記様式第13）	(1)　省令第14条第１項（省令第27条第２項、省令第31条第２項又は省令第35条第２項において準用する場合を含む。）並びに省令第20条第１項及び第２項に規定する払出命令 (2)　省令第27条第２項又は省令第35条第２項において準用する省令第14条第１項の払出命令又は返納命令により国以外の者に引渡しをした物品の払出命令
物品受領命令書（別記様式第14）	(1)　省令第14条第３項（省令第19条において準用する場合を含む。）、省令第20条第２項又は省令第23条に規定する受領命令 (2)　省令第31条第２項において準用する省令第14条第１項の払出命令又は返納命令により国以外の者に引渡しをした物品の受領命令
物品返納報告書（別記様式第15）	法第21条第１項に規定する報告（物品供用官を置かない場合にあっては、物品を使用する職員からの報告を含む。）

物品返納命令書（別記様式第16）	⑴　法第21条第２項の規定による返納命令（物品供用官を置かない場合にあっては、物品を使用する職員からの返納の命令を含む。） ⑵　省令第14条第１項（省令第27条第２項、省令第31条第２項又は省令第35条第２項において準用する場合を含む。）、省令第23条及び省令第24条第２項に規定する返納命令
物品受入命令書（別記様式第17）	⑴　省令第14条第３項（省令第19条において準用する場合を含む。）及び省令第22条第２項に規定する受入命令 ⑵　省令第31条第２項において準用する省令第14条第１項の払出命令又は返納命令により国以外の者に引渡しをした物品の受入命令 ⑶　省令第27条第２項又は省令第35条第２項において準用する省令第14条第１項の払出命令又は返納命令により国以外の者に引渡しをした物品の受入命令
物品保管措置請求書（別記様式第18）	政令第28条第１項の規定による国以外の者の施設における保管のための措置の請求
保管物品措置通知書（別記様式第19）	政令第28条第１項の規定による請求に基づいてした措置に関する通知
供用不適格等報告書（別記様式第20）	法第26条第１項の規定による供用不適格品等の報告
物品修繕・改造措置請求書（別記様式第21）	法第26条第２項の規定による必要な措置の請求
物品修繕・改造措置通知書（別記様式第22）	政令第32条第１項の規定による請求に基づいてした措置に関する通知

物品売払・貸付措置請求書（別記様式第23）	法第28条第２項（法第29条第２項において準用する場合を含む。）の規定による物品の売払い又は貸付けのため必要な措置の請求
物品売払・貸付措置通知書（別記様式第24）	政令第36条第１項の規定による請求に基づいてした措置に関する通知

2　前項の規定にかかわらず、統合幕僚監部等の長及び防衛装備庁長官は、必要と認める場合には、前項に定める様式以外の様式を定めて使用することができる。

第４章　物品管理職員等の責任

（亡失等）

第34条　政令第37条第１項の規定による報告は、別記様式第25の物品亡失、損傷等報告書によるものとする。

2　政令第37条第２項の規定による報告は、別記様式第26の物品亡失、損傷等報告書によるものとする。

3　物品管理官、物品出納官又は物品供用官の補助者は、保管中又は供用のため保管中の物品が亡失し、若しくは損傷したとき又は法の規定に違反して物品の管理行為をし若しくは法の規定に従った物品の管理行為をしなかった事実（以下この条において「亡失等」という。）があるときは、速やかにその旨を別記様式第26の物品亡失、損傷等報告書によりそれぞれ物品管理官、物品出納官又は物品供用官に報告しなければならない。

4　前２項の規定は、契約等担当職員が政令第37条第３項の規定により物品管理官に通知する場合について準用する。この場合において、前項中「報告」とあるのは「通知」と読み替え、「物品亡失、損傷等報告書」を「物品亡失損失等通知書」として使用するものとする。

5　政令第37条第４項の規定による報告は、別記様式第27の物品亡失、損傷等報告書による。この場合において、当該報告のうち、防衛大臣への報告にあっては幕僚長等の指定する部隊等の長及び幕僚長等又は防衛装備庁長官の指定する者及び防衛装備庁長官を、それ以外の報告にあっては幕僚長等の指定する部隊等の長又は防衛装備庁長官の指定する者を経由しなければならない。

6　物品管理官は、前項の物品亡失、損傷等報告書を提出する時は、当該報告書に、当該報告を受けるべき者が、法第31条第１項及び第２項の規定による弁償の責任に係る裁定（以下「裁定」という。）をする場合に必要と認められる資料を添付しなければならない。

7 幕僚長等及び防衛装備庁長官は、前項の物品亡失、損傷等報告書（次条の規定により防衛大臣が法第31条第２項の規定による弁償の責任に係る裁定をする亡失又は損傷に係るものに限る。）を受理したときは、弁償の責任に関する意見を記載した書面を当該報告書に添えなければならない。

8 第５項に規定するもののほか、物品管理官は、その管理する物品の亡失等のうち次の各号のいずれかに該当するものがあるときは、速やかに別記様式第28又は別記様式第29の物品亡失（損傷等）報告書により防衛大臣に報告しなければならない。ただし、第４号に該当する亡失等については、四半期ごとに取りまとめて報告することができる。

(1) 天災、火災又は海難により、物品が亡失し又は損傷したとき（当該官署に属する職員の故意又は過失によるものを除く。）。

(2) 倉庫業者に寄託した物品が亡失し又は損傷したとき。

(3) 運送業者に引き渡した物品が亡失し又は損傷したとき。

(4) 供用中の物品（供用のため保管中のものを除く。）が亡失し又は損傷したとき。

9 第５項後段の規定は、前項の規定による報告について準用する。

（物品を使用する職員に係る防衛大臣の指定する裁定権者）

第35条 法第31条第２項の規定による弁償の責任に係る裁定及び政令第40条の規定による命令を行う職員（以下「裁定権者」という。）は、その裁定に係る亡失又は損傷による金額の範囲及び物品の所属に応じ次のとおりとする。

<table>
<tr><th></th><th>防衛省本省所属物品</th><th>防衛装備庁所属物品</th></tr>
<tr><td>１件50万円以上</td><td>防衛大臣</td><td>防衛装備庁長官</td></tr>
<tr><td>１件20万円以上</td><td>幕僚長等</td><td rowspan="2">防衛装備庁長官の指定する者</td></tr>
<tr><td>１件20万円未満</td><td>幕僚長等の指定する部隊等の長</td></tr>
</table>

（調査）

第36条 裁定権者は、裁定をしようとする場合において必要があるときは、必要な事項を自ら調査し、又は所属の職員（当該物品に係る物品管理職員を除く。）をして調査させることができる。

（裁定の通知）

第37条 裁定権者は、裁定の結果を速やかに別記様式第30の裁定書をもって本人に通知するものとする。ただし、防衛装備庁所属物品に係る裁定の通知については、防衛装備庁長官の定めるところによるものとする。

第５章 記録・報告

（帳簿等）

第38条 防衛省本省の内部部局、防衛大学校、防衛医科大学校、防衛研究所、統合幕僚監部、情報本部、防衛監察本部又は地方防衛局に所属する物品管理職員（補助者を除く。第３項において同じ。）が備える政令第42条に規定する物品管理簿、物品出納簿及び物品供用簿（以下「帳簿」という。）の様式並びに物品の異動の整理区分は、別記様式第31から別記様式第33まで及び別表第４から別表第６までに定めるところによるものとする。ただし、大臣官房長、地方協力局長（施設発生物品等の管理に関する事務に限る。）、防衛大学校長、防衛医科大学校長、防衛研究所長、統合幕僚長、情報本部長、防衛監察監又は地方防衛局長（施設発生物品等の管理に関する事務を除く。）は、特に必要があると認めるときは、当該様式に所要の事項を付け加え、又は当該整理区分の細分を定めることができる。

２　陸上自衛隊、海上自衛隊又は航空自衛隊が備える帳簿の様式及び物品の異動の整理区分は、陸上幕僚長、海上幕僚長又は航空幕僚長が、それぞれ別に定めるところによるものとする。

３　陸上幕僚長、海上幕僚長又は航空幕僚長は、陸上自衛隊、海上自衛隊又は航空自衛隊に所属する物品管理職員が備える帳簿の様式及び物品の異動の整理区分を定めた場合には、防衛大臣に報告しなければならない。

４　防衛装備庁における帳簿の様式は、防衛装備庁長官の定めるところによるものとし、物品の異動の整理区分は別表第４から別表第６までに定めるところによるものとする。ただし、防衛装備庁長官は帳簿の様式を定めた場合には、防衛大臣に報告しなければならない。また、防衛装備庁長官は特に必要があると認めるときは、当該整理区分の細分を定めることができる。

（引継書）

第39条 省令第42条の規定により作成する引継書は、別記様式第34の引継書によるものとする。

（証書）

第40条 第17条第１項、第18条第１項、第25条及び第29条第１項に規定する様式並びに第33条第１項の表様式の欄に掲げる様式は、同表物品の管理に関する行為の欄に掲げる物品の管理に関する行為の証として使用する。

2　次の表の左欄に掲げる証書は、同表の右欄に掲げる物品の管理に関する行為に基づく物品の異動の証として使用する。

証　書	物品の管理に関する行為
管理換票・供用換票・保管換票（別記様式第35）	(1)　省令第14条第1項に規定する払出命令又は返納命令 (2)　省令第14条第3項に規定する受入命令又は受領命令 (3)　省令第23条の規定による返納命令又は受領命令 (4)　保管換命令（同一物品管理官から出納及び保管に関する事務の委任を受けた物品出納官の間において物品の保管を移すことをいう。以下同じ。）
供用票（別記様式第36）	(1)　法第20条第1項に規定する払出しの請求（物品供用官を置かない場合にあっては、物品を使用する職員からの請求を含む。） (2)　省令第20条第2項の規定による払出命令、払出し又は受領命令
返納票（別記様式第37）	(1)　法第21条第2項の規定による返納命令（物品供用官を置かない場合にあっては、物品を使用する職員に対する返納のための命令を含む。） (2)　省令第22条第2項の規定による受入命令 (3)　省令第24条第2項の規定による返納命令
納品書・（受領）検査調書（別記様式第38）	(1)　省令第19条において準用する省令第14条第3項の受入命令又は受領命令 (2)　省令第31条第2項において準用する省令第14条第1項の払出命令又は返納命令により国以外の者に引渡しをした物品の受入命令又は受領命令
受領書（別記様式第39）	(1)　省令第27条第2項、省令第31条第2項又は省令第35条第2項において準用する省令第14条第1項の払出命令又は返納命令 (2)　前号のほか物品を生産等のため国以外の者に引き渡す場合における払出命令又は返納命令
返品書・材料使用明細書（別記様式第40）	(1)　省令第27条第2項又は省令第35条第2項において準用する省令第14条第1項の払出命令又は返納命令により国以外の者に引渡しをした物品の受入命令又は払出

	命令 (2)　前号のほか、物品を生産等のため国以外の者に引渡しをした物品の受入命令若しくは受領命令又は払出命令
受払書（別記様式第41）	上記以外の物品の管理に関する行為及びこれらに係る受入命令、受領命令、払出命令又は返納命令

3　前項の規定にかかわらず、幕僚長等は、必要と認める場合には、前項に定める証書（管理換票・供用換票・保管換票にあっては、各自衛隊等内の管理換に係るものに限る。）の様式を定めることができる。

4　幕僚長等は、各自衛隊等と各自衛隊等以外の国の機関との間における管理換又は各自衛隊等間の管理換について、第１項に定める管理換票・供用換票・保管換票を使用することが適当でないと認める場合には、防衛大臣の承認を得て、これらと異なる証書の様式を定めることができる。

5　物品管理官が直接物品の引渡しを行う管理換を行う場合には、第33条第１項に定める管理換物品引渡通知書（同条第２項の規定により定められたこれに相当する様式を含む。）をもって別記様式第35の管理換票・供用換票・保管換票に代えることができる。

6　防衛装備庁所属物品に関する証書の様式は、防衛装備庁長官の定めるところによるものとする。

（諸記録の整理等）

第41条　帳簿及び証書（以下「諸記録」という。）は、会計年度ごとに整理する。ただし、帳簿は更新することなく継続して使用することができる。

（報告資料等の提出）

第42条　物品管理官は、当該物品管理官に属する重要物品について、毎会計年度間における増減及び毎会計年度末における現在額を別記様式第42の物品増減及び現在額報告書により翌年度６月30日までに防衛大臣に報告しなければならない。

第６章　現況調査・検査

（現況調査）

第43条　物品管理官は、その管理する物品について、幕僚長等及び防衛装備庁長官の定めるところにより、現況調査を行うものとする。

（不符合及び異常の整理）

第44条　物品出納官又は物品供用官は、現品と記録との不符合又は異常を発見したときは、速やかに物品管理官に報告しなければならない。

2　物品管理官は、前条の現況調査、前項の報告、次条の検査等により現品と記録との不符合又は異常を発見したときは、その原因を調査した後、物品出納官又は物品供用官に対し、政令第37条第2項の規定に該当すると認めるときは同項の報告をするよう指示し、その他の場合にあっては当該物品の受入を命ずる等必要な措置をとるよう指示しなければならない。

（検査）

第45条　政令第44条第1項及び第3項の規定による検査で防衛省本省に所属する物品管理官に係るものの検査員は、次の各号に掲げる者がそれぞれ当該各号に定める物品管理官に係る検査について命ずるものとする。

⑴　防衛大臣　物品管理官

⑵　幕僚長等　分任物品管理官（次号に定める者を除く。）

⑶　幕僚長等の指定する部隊等の長　当該部隊等に所属する分任物品管理官

2　政令第44条第3項の規定による検査で防衛省本省に所属する物品出納官又は物品供用官に係るものの検査員は、幕僚長等又は幕僚長等の指定する者が命ずるものとする。

3　政令第44条第3項の規定による検査を行うべき場合は、次の各号の1に該当する場合であって、前2項の規定により検査を命ずる権限を有する者が特に検査を必要と認めたときとする。

⑴　水震火災その他の災害により相当量の物品が亡失し、又は損傷した場合

⑵　窃盗、横領その他の犯罪により物品が亡失し、又は損傷した場合

⑶　物品の管理の適正を欠くと認められる事実があった場合

4　第1項及び第2項の規定により検査員を命ずる権限を有する者は、前項の場合以外の場合にも必要があると認めるときは、随時、検査を行わせることができる。

5　政令第44条第1項及び第3項の規定による検査に係る防衛装備庁に所属する検査員の任命は、防衛装備庁長官の定めるところによるものとする。

（検査書）

第46条　政令第46条第1項の検査書は、別記様式第43によるものとする。

（点検）

第47条　物品供用官は、毎月1回及び必要があると認めるときはその都度、供用中の物品について使用状況を点検するものとする。

（適用除外物品の管理）

第48条　政令第47条第2項第1号から第6号までに規定する物品を保有する官署の物品管理官は、その物品を使用する職員に対し、当該物品の管理について適

切な指導を怠ってはならない。
2　防衛大臣は、政令第47条第２項第４号に該当する官署を指定するものとする。
3　政令第47条第２項第７号に規定する物品を保有する機関の上司は、善良な管理者の注意をもってその業務を行うものとする。
（適用除外官署の指定）
第49条　幕僚長等及び防衛装備庁長官は、次の各号のいずれにも該当する官署を、省令第44条第２号に規定する官署（以下「適用除外官署」という。）として指定することができる。
(1)　職員の数が、おおむね50人以下であること。
(2)　当該官署において取得する物品の取得価格の合計額（管理換による増加額を含む。）と維持管理に直接要する経費の総計（以下「取得価格等の合計額」という。）が、当該年度において、おおむね1,000万円以下（事業を行う官署又は物品の取扱いを主な業務とする官署にあっては、おおむね2,000万円以下）であること。
（適用除外官署の指定解除等）
第50条　幕僚長等及び防衛装備庁長官は、前条の規定により指定をした官署について、同条各号に掲げる要件のいずれかに該当しなくなったときは、当該指定を解除するものとする。
2　幕僚長等及び防衛装備庁長官は、前条の規定による指定をし、又は前項の規定により指定の解除をしたときは、その旨を防衛大臣に報告するものとする。

第７章　雑則

（他の各省各庁に置かれた物品管理官の管理事務の特例）
第51条　法第８条第２項の規定により他の各省各庁に置かれた物品管理官に属する防衛省所管の物品の管理については、別に定めるところによる。
（供与物品及び貸与物品の特例）
第52条　供与物品及び貸与物品は、防衛大臣の指示がなければこれを廃棄、売払若しくは譲渡をし又は国以外の者に貸付してはならない。
2　供与物品及び貸与物品で必要のなくなったものが生じた場合には、幕僚長等はこの旨を防衛大臣に報告し、その指示を受けなければならない。
3　供与物品（有償で供与を受けた物品を除く。）及び貸与物品の諸記録は、供与物品及び貸与物品以外の物品の記録と区分して整理しなければならない。ただし、既製被服、部品、附属品又は消耗品について区別ができない場合には、この限りではない。

4　供与物品及び貸与物品の証書は、第40条第1項から第3項の規定にかかわらず、これに準ずる証書をもってこれに代えることができる。

（細部の実施規定）

第53条　幕僚長等及び防衛装備庁長官は、この訓令の実施に関し必要な事項を定めることができる。

附　則〔略〕

別表第１（第３条関係）

防衛省所管物品分類表

会計	分類Ⅰ	分類Ⅱ	説　　明
一般会計	防衛省本省	防衛用品	次の経費により取得する物品その他防衛省本省に必要な物品（防衛装備庁において取得する物品を除く。） （組織）防衛本省 （項）防衛本省共通費 （項）防衛本省施設費 （項）防衛力基盤強化推進費 （項）防衛力基盤強化施設整備費 （項）武器車両等整備費 （項）艦船整備費 （項）航空機整備費 （項）〇〇建造費 （項）在日米軍等駐留関連諸費 （項）安全保障協力推進費 （項）南極地域観測事業費 （項）情報通信技術調達等適正・効率化推進費
		施設発生物品	自衛隊の施設に係る工事等により発生した物品（地方防衛局において取得する物品に限る。）
		返還物品	連合国軍又は駐留軍からの返還又は取得に係る物品
		収用等物品	自衛隊法（昭和29年法律第165号）第103条第１項及び第２項の規定に基づき使用又は収用する物資
		防衛用品	（組織）地方防衛局 （項）地方防衛局 （項）地方防衛局施設費 （項）地方防衛局施設費 （項）情報通信技術調達等適正・効率化推進費
	防衛装備庁	防衛用品	次の経費により取得する物品その他防衛装備庁に必要な物品（防衛省本省において取得する物品を除く。） （組織）防衛装備庁 （項）防衛装備庁共通費

				（項）防衛力基盤強化推進費 （項）防衛力基盤強化施設整備費 （項）放射能調査研究費 （項）情報通信技術調達等適正・効率化推進費

別表第2（第7条関係）

防衛省所管物品管理官等指定官職表

一般会計

(1)　防衛省本省の内部部局

物品管理官	物品管理官代理	事務の範囲	分任物品管理官	分任物品管理官代理	事務の範囲	分任物品管理官代理の官職を指定しない分任物品管理官
大臣官房会計課会計管理官	大臣官房会計課長	防衛省本省の内部部局に属する物品の管理に関する事務	大臣官房文書課長		国立国会図書館支部防衛省図書館に属する図書類の管理に関する事務	大臣官房文書課長

(2)　陸上自衛隊

物品管理官	物品管理官代理	事務の範囲	分任物品管理官	分任物品管理官代理	事務の範囲	分任物品管理官代理の官職を指定しない分任物品管理官
陸上幕僚長	陸上幕僚副長	陸上自衛隊並びに自衛隊情報保全隊、自衛隊体育学校、自衛隊中央病院、陸上幕僚長の監督を受ける自衛隊地区病院及び地方協力本部に属する物品の管理に関する事務	自衛隊情報保全隊司令	自衛隊情報保全隊副司令	自衛隊情報保全隊本部及び中央情報保全隊に属する物品（陸上幕僚長の指定する物品（以下この表において「指定物品」という。）を除く。以下この表において同じ。）の管理に関する事務	

			陸上自衛隊警務隊長	陸上自衛隊警務隊副隊長	陸上自衛隊警務隊本部及び中央警務隊に属する物品の管理に関する事務	
			陸上自衛隊中央業務支援隊長	陸上自衛隊中央業務支援隊副隊長	陸上幕僚監部及び陸上自衛隊中央業務支援隊に属する物品並びに陸上幕僚監部及び市ヶ谷駐屯地に所在する部隊に属する指定物品の管理に関する事務	
			陸上自衛隊中央会計隊長	陸上自衛隊中央会計隊副隊長	陸上自衛隊中央会計隊に属する物品の管理に関する事務	
			陸上自衛隊会計監査隊長	陸上自衛隊会計監査隊副隊長	陸上自衛隊会計監査隊本部に属する物品の管理に関する事務	
			陸上自衛隊中央輸送隊長	陸上自衛隊中央輸送隊副隊長	横浜駐屯地に所在する部隊に属する物品（指定物品を含む。）の管理に関する事務	
			陸上自衛隊中央輸送隊方面分遣隊長	陸上自衛隊中央輸送方面分遣隊副隊長	陸上自衛隊中央輸送隊方面分遣隊に属する物品の管理に関する事務	
			中央音楽隊長	中央音楽隊副隊長	中央音楽隊に属する物品の管理に関する事務	
			中央管制気象隊長	中央管制気象隊副隊長	中央管制気象隊に属する物品の管理に関する事務	
			陸上自衛隊の学校（陸上自衛隊富士学校を除く。）の校長	当該学校の副校長	当該学校（分校を除く。）に属する物品の管理に関する事務。ただし、当該学校の校長をもって充てる分任物品管理官で陸上幕僚長の指定するものにあっては、当該学校と同一の駐屯地に所在する指定部隊（陸上幕僚長の指定する部隊をいう。以下同じ。）に属する物品及び当該駐屯地に所在する部隊及び機関（以下この	

					表、(3)の表及び(4)の表において「部隊等」という。）に属する指定物品の管理に関する事務を含む。		
			陸上自衛隊の学校の分校の分校長	当該分校の総務課長	当該分校に属する物品の管理に関する事務。ただし、当該分校の分校長をもって充てる分任物品管理官で陸上幕僚長の指定するものにあっては、当該分校と同一の駐屯地に所在する指定部隊に属する物品及び当該駐屯地に所在する部隊等に属する指定物品の管理に関する事務を含む。		
			陸上自衛隊富士学校管理部長	陸上自衛隊富士学校管理部管理課長	陸上自衛隊富士学校及び富士駐屯地に所在する指定部隊に属する物品並びに当該駐屯地に所在する部隊等に属する指定物品の管理に関する事務		
			陸上自衛隊の学校の校長隷下部隊（陸上自衛隊幹部候補生学校教導隊、富士教導団、情報教導隊、第311輸送中隊及び化学教導隊を除く。）の長	当該部隊の副大隊長又は副隊長	当該部隊に属する物品の管理に関する事務	武器教導隊長	
			富士教導団直轄部隊の長	当該部隊の副連隊長、副大隊長、副隊長又は対戦車隊長（富士教導団本部付隊に	当該部隊に属する物品の管理に関する事務。ただし、富士教導団本部付隊長をもって充てる分任物品管理官にあっては、富士教導団本部に属する物品の管理に関		

					限る。）	する事務を含む。		
				高射教導隊長	高射教導隊副隊長	高射教導隊（隷下部隊を含む。）に属する部品の管理に関する事務		
				自衛隊体育学校長	自衛隊体育学校副校長	自衛隊体育学校（冬季特別体育教育室を除く。）に属する物品の管理に関する事務	自衛隊体育学校冬季特別体育教育室長	
				自衛隊体育学校冬季特別体育教育室長		自衛隊体育学校冬季特別体育教育室に属する物品の管理に関する事務		
				陸上自衛隊教育訓練研究本部長	陸上自衛隊教育訓練研究本部副本部長	陸上自衛隊教育訓練研究本部（訓練評価支援隊を除く。）及び目黒駐屯地に所在する指定部隊に属する物品並びに当該駐屯地に所在する部隊等に属する指定物品の管理に関する事務		
				訓練評価支援隊長	訓練評価支援隊副隊長	訓練評価支援隊に属する物品の管理に関する事務		
				装備実験隊長	装備実験隊副隊長	開発実験団本部及び装備実験隊に属する物品の管理に関する事務		
				飛行実験隊長	飛行実験隊整備班長	飛行実験隊に属する物品の管理に関する事務		
				部隊医学実験隊長	部隊医学実験隊実験科長	部隊医学実験隊に属する物品の管理に関する事務		
				陸上自衛隊補給統制本部長	陸上自衛隊補給統制本部副本部長	陸上自衛隊補給統制本部及び十条駐屯地に所在する指定部隊に属する物品並びに当該駐屯地に所在する部隊に属する指定物品の管理に関する事務		
				自衛隊中央病院長	自衛隊中央病院副院長	自衛隊中央病院に属する物品の管理に関する事務		
				陸上総隊司令部付隊長	陸上総隊司令部付隊管理班	陸上総隊司令部及び陸上総隊司令部付隊に属する物品		

					長	の管理に関する事務		
				空挺団長	空挺団副団長	空挺団（隷下部隊を含む。ただし、普通科大隊、特科大隊及び後方支援隊を除く。）に属する物品の管理に関する事務		
				空挺団直轄部隊（本部中隊、通信中隊、施設中隊及び空挺教育隊を除く。）の長	当該部隊の副大隊長又は副隊長	当該部隊に属する物品の管理に関する事務		
				水陸機動団直轄部隊の長	当該部隊の副連隊長、副大隊長、副中隊長又は総務科長	当該部隊に属する物品の管理に関する事務。ただし、水陸機動団本部付隊長をもって充てる分任物品管理官にあっては、水陸機動団本部に属する物品の管理に関する事務を含む。	水陸機動団本部付隊長	
				第１ヘリコプター団長	第１ヘリコプター団副団長	第１ヘリコプター団本部及びこれと同一の駐屯地に所属する同団の隷下部隊（輸送ヘリコプター群、第１ヘリコプター野整備隊及び輸送航空隊を除く。）に属する物品の管理に関する事務		
				輸送ヘリコプター群長	輸送ヘリコプター群副群長	輸送ヘリコプター群に属する物品の管理に関する事務		
				第１ヘリコプター野整備隊長	第１ヘリコプター野整備隊補給隊長	第１ヘリコプター野整備隊に属する物品の管理に関する事務		
				輸送航空隊長	輸送航空隊副隊長	輸送航空隊（輸送航空野整備隊を除く。）に属する物品の管理に関する事務		
				輸送航空野整備隊長	輸送航空野整備隊隊本部班長	輸送航空野整備隊に属する物品の管理に関する事務		

				システム通信団直轄部隊の長	当該部隊の副群長、副隊長、副中隊長（映像写真中隊に限る。）	当該部隊に属する物品の管理に関する事務。ただし、システム通信団本部付隊長をもって充てる分任物品管理官にあっては、システム通信団本部に属する物品の管理に関する事務を含む。	システム通信団本部付隊長	
				中央情報隊長	中央情報隊副隊長	中央情報隊本部及びこれと同一の駐屯地に所在する同隊の隷下部隊に属する物品の管理に関する事務		
				地理情報隊長	地理情報隊副隊長	地理情報隊に属する物品の管理に関する事務		
				基礎情報隊長	基礎情報隊副隊長	基礎情報隊に属する物品の管理に関する事務		
				中央即応連隊長	中央即応連隊副連隊長	中央即応連隊に属する物品の管理に関する事務		
				特殊作戦群長	特殊作戦群副群長	特殊作戦群に属する物品の管理に関する事務		
				電子作戦隊長	電子作戦隊副隊長	電子作戦隊に属する物品（駐屯地業務隊長の管理する物品を除く。）の管理に関する事務		
				中央特殊武器防護隊長	中央特殊武器防護隊副隊長	中央特殊武器防護隊に属する物品の管理に関する事務		
				対特殊武器衛生隊長	対特殊武器衛生隊副隊長	対特殊武器衛生隊に属する物品の管理に関する事務		
				国際活動教育隊長	国際活動教育隊副隊長	国際活動教育隊に属する物品の管理に関する事務		
				方面総監部付隊長	方面総監部付隊管理班長	方面総監部及び方面総監部付隊に属する物品の管理に関する事務		
				特科団直轄部隊（特科群及び地対艦ミサイル連隊を除く。）	当該部隊の副中隊長又は管理班長（特科団本部中隊に限る。）	当該部隊に属する物品の管理に関する事務。ただし、特科団本部中隊長をもって充てる分任物品管理官にあっては、特科団本		

				の長		部に属する物品の管理に関する事務を含む。		
				方面特科隊長	方面特科隊副隊長	方面特科隊本部及びこれと同一の駐屯地に所在する同隊の隷下部隊に属する物品の管理に関する事務		
				特科群長	特科群副群長	特科群本部及びこれと同一の駐屯地に所在する同群の隷下部隊に属する物品の管理に関する事務		
				特科群直轄部隊（特科群本部と同一の駐屯地に所在する部隊を除く。）の長	当該部隊の副大隊長	当該部隊に属する物品の管理に関する事務		
				地対艦ミサイル連隊長	地対艦ミサイル連隊副連隊長	地対艦ミサイル連隊に属する物品の管理に関する事務		
				高射特科団本部付隊長	高射特科団本部付隊通信班長	高射特科団本部、高射特科団本部付隊及び高射特科団直轄部隊である無線誘導機隊に属する物品の管理に関する事務		
				高射特科群長	高射特科群副群長	高射特科群に属する物品の管理に関する事務		
				高射特科隊長	高射特科隊副隊長	高射特科隊に属する物品の管理に関する事務		
				第101無人標的機隊長	第101無人標的機隊副隊長	第101無人標的機隊に属する物品の管理に関する事務		
				施設団直轄部隊（施設群及び施設隊を除く。）の長	当該部隊の副隊長又は副中隊長	当該部隊に属する物品の管理に関する事務。ただし、施設団本部付隊長をもって充てる分任物品管理官にあっては施設団本部に属する物品の管理に関する事務を含む。	施設団本部付隊長	

				施設群長	施設群副群長	当該部隊（施設群本部と同一駐屯地に所在しない施設中隊及び水際障害中隊を除く。）に属する物品の管理に関する事務		
				施設群直轄部隊（施設群本部と同一の駐屯地に所在する部隊を除く。）の長	当該部隊の副中隊長	当該部隊に属する物品の管理に関する事務。ただし、陸上幕僚長の指定する分任物品管理官にあっては当該部隊と同一の駐屯地に所在する指定部隊に属する物品及び当該駐屯地に所在する部隊に属する指定物品の管理に関する事務を含む。		
				警備隊長	警備隊副隊長	警備隊に属する物品の管理に関する事務。ただし、対馬警備隊長をもって充てる分任物品管理官にあっては、対馬警備隊と同一の駐屯地に所在する指定部隊に属する物品（指定物品を含む。）の管理に関する事務を含む。		
				方面通信群長	方面通信群副群長	方面通信群本部及びこれと同一の駐屯地に所在する同群の隷下部隊に属する物品の管理に関する事務		
				方面システム通信群長	方面システム通信群副群長	方面システム通信群本部及びこれと同一の駐屯地に所在する同群の隷下部隊に属する物品の管理に関する事務。ただし、西部方面システム通信群長をもって充てる分任物品管理官にあっては、第319基地通信中隊高遊原派遣隊に属する物品の管理に関する事務を含む。		
				基地システム通信	当該部隊の副中隊	当該部隊（基地通信中隊の所在する		

			大隊直轄部隊（方面通信群本部又は方面システム通信群本部と同一の駐屯地に所在する部隊を除く。）の長	長	駐屯地以外の駐屯地に所在する同中隊の派遣隊を除く。）に属する物品の管理に関する事務		
			第302電子戦中隊長	第302電子戦中隊副中隊長	第302電子戦中隊に属する物品の管理に関する事務		
			方面混成団直轄部隊の長	当該部隊の副連隊長、副中隊長、副隊長、管理科長又は管理係長	当該部隊に属する物品の管理に関する事務。ただし、当該部隊の長をもって充てる分任物品管理官で陸上幕僚長の指定するものにあっては、同一駐屯地に所在する指定部隊に属する物品の管理に関する事務を含む。		
			方面後方支援隊長	方面後方支援隊副隊長	方面後方支援隊に属する物品（陸上幕僚長が別に定める物品に限る。）の管理に関する事務		
			方面後方支援隊直轄部隊（方面輸送隊及び不発弾処理隊を除く。）の長	当該部隊の副大隊長、副隊長又は通信小隊長	当該部隊に属する物品（方面後方支援隊長の管理する物品を除く。）の管理に関する事務。ただし、方面後方支援隊本部付隊長をもって充てる分任物品管理官にあっては方面後方支援隊本部に属する物品の管理に関する事務を、当該方面後方支援隊長直轄部隊の長をもって充てる分任物品管理官で陸上幕僚長の指定するものにあっては、当該部隊と同一の駐屯地に所在する指定部隊に属する物品の管理に関する事	副隊長をその編成に有しない直接支援隊長及び直接支援中隊長	

		務を含む。
方面輸送隊長	方面輸送隊副隊長	方面輸送隊に属する物品の管理に関する事務
方面航空隊長	方面航空隊副隊長	方面航空隊本部及びこれと同一の駐屯地に所在する同航空隊の隷下部隊（方面航空野整備隊を除く。）に属する物品の管理に関する事務
方面航空隊直轄部隊（方面航空隊本部と同一の駐屯地に所在する部隊（方面航空野整備隊を除く。）を除く。）の長	当該部隊の副隊長又は補給隊長	当該部隊に属する物品の管理に関する事務
方面衛生隊長	方面衛生隊副隊長	方面衛生隊に属する物品の管理に関する事務
方面指揮所訓練支援隊長	方面指揮所訓練支援隊副隊長	方面指揮所訓練支援隊に属する物品の管理に関する事務
沿岸監視隊長	沿岸監視隊副隊長	沿岸監視隊及びこれと同一の駐屯地又は分屯地に所在する指定部隊に属する物品の管理に関する事務
方面情報処理隊長	方面情報処理隊副隊長	方面情報処理隊に属する物品の管理に関する事務
方面情報隊（西部方面情報隊を除く。）の長	当該方面情報隊の副隊長	方面情報隊（西部方面情報隊及び沿岸監視隊を除く。）に属する物品の管理に関する事務
西部方面情報隊長	西部方面情報隊副隊長	西部方面情報隊（与那国駐屯地に所在する部隊を除く。）に属する物品の管理に関する事務
方面警務	方面警務	方面警務隊（方面

				隊（東部方面警務隊を除く。）の長	隊副隊長	警務隊（東部方面警務隊を除く。）の所在する駐屯地以外の駐屯地に所在する地区警務隊を除く。）に属する物品の管理に関する事務		
				施設隊長	施設隊副隊長	当該部隊（施設隊本部と同一の駐屯地に所在しない施設中隊を除く。）に属する物品の管理に関する事務		
				方面対舟艇対戦車隊長	方面対舟艇対戦車隊副隊長	方面対舟艇対戦車隊に属する物品の管理に関する事務		
				駐屯地業務隊長	当該部隊の総務科長	当該部隊及びこれと同一の駐屯地に所在する指定部隊に属する物品並びに当該駐屯地（陸上幕僚長の指定する分屯地を除く。）に所在する部隊等に属する指定物品の管理に関する事務		
				保安警務中隊長（方面警務隊の所在する駐屯地に所在する保安警務中隊を除く。）	保安警務中隊副中隊長	当該部隊に属する物品の管理に関する事務		
				陸上自衛隊の補給処の処長	当該補給処の副処長	当該補給処（支処及び出張所を除く。）に属する物品の管理に関する事務。ただし、当該補給処の処長をもって充てる分任物品管理官で陸上幕僚長の指定するものにあっては、当該補給処と同一の駐屯地に所在する指定部隊に属する物品及び当該駐屯地（陸上幕僚長の指定する分屯地を除く。）に所在する部隊等に属する指定物品の管理		

					に関する事務を含む。		
			陸上自衛隊の補給処の支処の支処長	当該支処の総務部長、総務課長（陸上自衛隊関東補給処松戸支処、古河支処及び用賀支処並びに陸上自衛隊関西補給処桂支処以外の支処に限る。）又は総務科長	当該支処に属する物品の管理に関する事務。ただし、当該支処の支処長をもって充てる分任物品管理官で陸上幕僚長の指定するものにあっては、当該支処と同一の駐屯地又は分屯地に所在する指定部隊に属する物品及び当該駐屯地又は分屯地に所在する部隊等に属する指定物品の管理に関する事務を含む。		
			陸上自衛隊の補給処の出張所の出張所長		当該出張所に属する物品の管理に関する事務	陸上自衛隊の補給処の出張所の出張所長	
			陸上幕僚長の監督を受ける自衛隊地区病院の病院長	当該病院の副院長	当該病院に属する物品の管理に関する事務。ただし、当該病院の病院長をもって充てる分任物品管理官で陸上幕僚長の指定するものにあっては、当該病院と同一の駐屯地に所在する指定部隊に属する物品及び当該駐屯地に所在する部隊等に属する指定物品の管理に関する事務を含む。		
			地方協力本部長	地方協力本部副本部長	地方協力本部及び同本部と同一の施設に所在する指定部隊に属する物品（指定物品を含む。）の管理に関する事務		
			演習、土木工事等のため臨時に編成された部隊で方面総監の指定するものの長		当該部隊がその演習、土木工事等の期間中に取得する物品（指定物品を含む。）の管理に関する事務	演習、土木工事のため臨時に編成された部隊で方面総監の指定するものの長	

				師団直轄部隊（特科連隊を除く。）の長	当該部隊の副連隊長、副大隊長、副中隊長又は副隊長	当該部隊に属する物品の管理に関する事務。ただし、師団司令部付隊長をもって充てる分任物品管理官にあっては師団司令部に属する物品の管理に関する事務を、当該師団直轄部隊の長をもって充てる分任物品管理官で陸上幕僚長の指定するものにあっては当該部隊と同一の駐屯地に所在する指定部隊に属する物品及び当該駐屯地に所在する部隊に属する指定物品の管理に関する事務を含む。		
				特科連隊長	特科連隊副連隊長	特科連隊本部及びこれと同一の駐屯地（分屯地を除く。）に所在する同連隊の隷下部隊に属する物品の管理に関する事務		
				特科連隊直轄部隊（特科連隊本部と同一の駐屯地（分屯地を除く。）に所在する部隊を除く。）の長	当該部隊の副大隊長	当該部隊に属する物品の管理に関する事務		
				旅団直轄部隊の長	当該部隊の副連隊長、副大隊長、副中隊長又は副隊長	当該部隊に属する物品の管理に関する事務。ただし、旅団司令部付隊長をもって充てる分任物品管理官にあっては旅団司令部に属する物品の管理に関する事務を、当該旅団直轄部隊の長をもって充てる分任物品管理官で陸上幕僚長の指定するものにあっては当該部隊と同一の駐屯地に所在する指定部隊に属		

					する物品及び当該駐屯地に所在する部隊に属する指定物品の管理に関する事務を含む。	
			海上自衛隊呉造修補給所長	海上自衛隊呉造修補給所副所長	海上自衛隊呉造修補給所にある陸上自衛隊の補給用物品の管理に関する事務	
			海上自衛隊の分任物品管理官として指定されている職員のうち陸上幕僚長の指定するもの	海上自衛隊の分任物品管理官代理として指定されている職員のうち陸上幕僚長の指定するもの	指定部隊（自衛隊情報保全隊の隷下部隊に限る。）に属する物品（陸上幕僚長が別に定めるものに限る。）の管理に関する事務	
			航空自衛隊の分任物品管理官として指定されている職員のうち陸上幕僚長の指定するもの	航空自衛隊の分任物品管理官代理として指定されている職員のうち陸上幕僚長の指定するもの	指定部隊（自衛隊情報保全隊の隷下部隊に限る。）に属する物品（陸上幕僚長が別に定めるものに限る。）の管理に関する事務	

(3)　海上自衛隊

物品管理官	物品管理官代理	事務の範囲	分任物品管理官	分任物品管理官代理	事務の範囲	分任物品管理官の官職を指定しない分任物品管理官
海上幕僚長	海上幕僚副長	海上自衛隊及び海上幕僚長の監督を受ける自衛隊地区病院に属する物品の管理に関する事務	海上自衛隊東京業務隊司令	海上自衛隊東京業務隊副長	海上幕僚監部、東京都（特別区に限る。）に所在する海上自衛隊の防衛大臣直轄の部隊及び機関に属する指定物品（海上幕僚長の指定する物品をいう。以下この表において同じ。）の管理に関する事務	
			海上自衛隊第１術科学校長	海上自衛隊第１術科学校副校長	海上自衛隊第１術科学校及び海上幕僚長の指定する部隊等に属する指定物品の管理に関する事務	
			海上自衛隊補給本部長	海上自衛隊補給本部副本部長	海上自衛隊補給本部及び十条警務分遣隊に属する物品（指定物品を除く。）の管理に関する事務	
			海上自衛隊艦船補給処長	海上自衛隊艦船補給処副処長	海上自衛隊艦船補給処に属する物品（指定物品を除く。）の管理に関する事務	
			海上自衛隊航空補給処長	海上自衛隊航空補給処副処長	海上自衛隊航空補給処（下総支処を除く。）及び木更津警務分遣隊に属する物品（指定物品を除く。）の管理に関する事務	
			航空群司令	当該航空群司令部の首席幕僚	当該航空群が所在する航空基地がある部隊等に属する物品の管理に関する事務。ただし、航空群司令をもって充てる分任物品管理官で海上幕僚長の指定するものにあっては、海上	

					幕僚長の指定する部隊に属する物品又は海上幕僚長の指定する船舶に属する指定物品の管理に関する事務を含む。	
			教育航空群司令	当該教育航空群司令部の首席幕僚	当該教育航空群が所在する航空基地がある部隊等に属する物品の管理に関する事務	
			基地隊司令	基地隊副長	基地隊及び当該基地隊本部の所在地に所在する警務分遣隊に属する物品の管理に関する事務	
			第23航空隊司令	第23航空隊副長	第23航空隊に属する物品（指定物品を除く。）の管理に関する事務	
			第24航空隊司令	第24航空隊副長	第24航空隊及び小松島警務分遣隊に属する物品の管理に関する事務	
			第25航空隊司令	第25航空隊副長	第25航空隊に属する物品（指定物品を除く。）の管理に関する事務	
			弾薬整備補給所長	当該弾薬整備補給所副所長又は整備部長（副所長の置かれない弾薬整備補給所に限る。）	当該弾薬整備補給所に属する物品（指定物品を除く。）の管理に関する事務	
			造修補給所長	当該造修補給所副所長	当該造修補給所の所属する地方隊の警備地区に所在する部隊等及び当該地方総監部に籍を置く船舶に属する物品の管理に関する事務（佐世保造修補給所長をもって充てる分任物品管理官にあっては、情報本部喜界島通信所にある海上自衛隊の物品に関する事務を含む。）。ただし、他の分任物	

					品管理官の所掌に属するものを除く。	

(4)　航空自衛隊

物　品管理官	物品管理官代理	事務の範囲	分任物品管理官	分任物品管理官代理	事務の範囲	分任物品管理官代理の官職を指定しない分任物品管理官
航空幕僚長	航空幕僚副長	航空自衛隊及び航空幕僚長の監督を受ける自衛隊地区病院に属する物品の管理に関する事務	基地業務を担当する部隊等（物品の補給業務以外の基地業務を担当する部隊等並びに霞ヶ浦分屯基地、習志野分屯基地及び武山分屯基地（事務の範囲の欄において「霞ヶ浦分屯基地等」という。）の基地業務を担当する部隊等を除く。）の長	当該部隊等の副司令、副隊長、副校長又は副処長	当該部隊等が所在する基地（分屯基地を除く。）又は分屯基地にある部隊等に属する物品の管理に関する事務（当該基地業務を担当する部隊等の長をもって充てる分任物品管理官で航空幕僚長の指定するものにあっては、霞ヶ浦分屯基地等に所在する部隊等に属する物品の管理に関する事務を含む。）ただし、他の分任物品管理官の所掌するものを除く。	航空自衛隊の補給処の支処長
			北部高射群司令	北部高射群副司令	北部高射群（千歳基地及び長沼分屯基地に所在する部隊を除く。）に属する航空幕僚長の指定する物品（以下この表において「指定物品」という。）の管理に関する事務	
			北部高射群第１整備補給隊長	北部高射群第１整備補給隊補給小隊長	北部高射群に属する指定物品の管理に関する事務。ただし、他の分任物品管理官の所掌に属するものを除く。	

			中部高射群司令	中部高射群副司令	中部高射群（岐阜基地、饗庭野分屯基地及び白山分屯基地に所在する部隊を除く。）に属する指定物品の管理に関する事務	
			中部高射群第２整備補給隊長	中部高射群第２整備補給隊補給小隊長	中部高射群に属する指定物品の管理に関する事務。ただし、他の分任物品管理官の所掌に属するものを除く。	
			西部高射群整備補給隊長	西部高射群整備補給隊補給小隊長	西部高射群に属する指定物品の管理に関する事務	
			南西高射群司令	南西高射群副指令	南西高射群に属する指定物品の管理に関する事務	
			航空開発実験集団司令官	航空開発実験集団幕僚長	航空開発実験集団に属する指定物品の管理に関する事務	
			航空自衛隊補給本部長	航空自衛隊補給本部副本部長	航空自衛隊補給本部に属する指定物品の管理に関する事務	
			第３補給処長	第３補給処副処長	第３補給処に属する指定物品の管理に関する事務	
			第４補給処長	第４補給処副処長	第４補給処に属する指定物品の管理に関する事務	
			海上自衛隊呉造修補給所長	海上自衛隊呉造修補給所副所長	海上自衛隊呉造修補給所にある航空自衛隊の補給用物品の管理に関する事務	

(5)　その他の機関

区　分	物品管理官	物品管理官代理	事務の範囲	分任物品管理官	分任物品管理官代理	事務の範囲	分任物品管理官代理の官職を指定しない分任物品管理官
防衛大学校	防衛大学校総務部長	防衛大学校副校長（事務	防衛大学校に属する物品の管理に関	防衛大学校総合情報図書館	防衛大学校総合情報図書館	防衛大学校総合情報図書館に属する物品（防衛大学校	

		官をもって充てる副校長）	する事務	事務長	長	長の指定する物品を除く。）の管理に関する事務	
防衛医科大学校	防衛医科大学校事務局総務部長	防衛医科大学校事務局長	防衛医科大学校に属する物品の管理に関する事務	防衛医科大学校図書館事務長	防衛医科大学校図書館長	防衛医科大学校図書館に属する物品（防衛医科大学校長の指定する物品を除く。）の管理に関する事務	
防衛研究所	防衛研究所企画部長	防衛研究所副所長	防衛研究所に属する物品の管理に関する事務	防衛研究所特別研究官（図書に関することを分掌する特別研究官）	防衛研究所研究幹事	防衛研究所の図書の管理に関する事務	
統合幕僚監部	統合幕僚長	統合幕僚副長	統合幕僚監部及び自衛隊サイバー防衛隊に属する物品の管理に関する事務	統合幕僚監部総務部総務課会計室長	統合幕僚監部総務部総務課長	統合幕僚監部及び自衛隊サイバー防衛隊に属する物品（統合幕僚長の指定する物品を除く。）の管理に関する事務	
情報本部	情報本部長	情報本部副本部長	情報本部に属する物品の管理に関する事務	情報本部総務部長 情報本部の通信所の所長	情報本部総務部総務課長 東千歳通信所、美保通信所及び喜界島通信所にあっては、当該通信所の副所長、大井通信所及び太刀洗通信所にあっては、当該通信所	情報本部（通信所を除く。）に属する物品の管理に関する事務 当該通信所に属する物品の管理に関する事務	

					第１課長、小舟渡通信所にあっては、第１班長		
防衛監察本部	防衛監察本部総務課長	防衛監察本部副監察監	防衛監察本部に属する物品の管理に関する事務				
北海道防衛局	北海道防衛局総務部長	北海道防衛局総務部会計課長	北海道防衛局に属する物品の管理に関する事務（施設発生物品等の管理に関する事務を除く。）	千歳防衛事務所長 帯広防衛支局長	千歳防衛事務所次長 帯広防衛支局総務課長	千歳防衛事務所に属する物品の管理に関する事務 帯広防衛支局に属する物品の管理に関する事務	
	北海道防衛局管理部長	北海道防衛局管理部業務課長	北海道防衛局に属する施設発生物品等の管理に関する事務				
東北防衛局	東北防衛局総務部長	東北防衛局総務部会計課長	東北防衛局に属する物品の管理に関する事務（施設発生物品等の管理に関する事務を除く。）	三沢防衛事務所長 郡山防衛事務所長	三沢防衛事務所次長 郡山防衛事務所総務係長	三沢防衛事務所に属する物品の管理に関する事務 郡山防衛事務所に属する物品の管理に関する事務	
	東北防衛局企画部長	東北防衛局企画部業務課長	東北防衛局に属する施設発生物品等の管理に関する事務				
北関東防衛局	北関東防衛局総務部長	北関東防衛局総務部会計課長	北関東防衛局に属する物品の管理に関する事務（施設	宇都宮防衛事務所、横田防衛事務所の所	当該防衛事務所の次長	当該防衛事務所に属する物品の管理に関する事務	

			発生物品等の管理に関する事務を除く。）	長 百里防衛事務所、前橋防衛事務所、千葉防衛事務所、新潟防衛事務所の所長	当該防衛事務所の業務係長	当該防衛事務所に属する物品の管理に関する事務	
	北関東防衛局管理部長	北関東防衛局管理部業務課長	北関東防衛局に属する施設発生物品等の管理に関する事務	北関東防衛局の出張所の所長	北関東防衛局長の指定する者	当該出張所に属する物品の管理に関する事務	
南関東防衛局	南関東防衛局総務部長	南関東防衛局総務部会計課長	南関東防衛局に属する物品の管理に関する事務（施設発生物品等の管理に関する事務を除く。）	横須賀防衛事務所、座間防衛事務所、吉田防衛事務所、浜松防衛事務所の所長	当該防衛事務所の次長	当該防衛事務所に属する物品の管理に関する事務	
	南関東防衛局管理部長	南関東防衛局管理部業務課長	南関東防衛局に属する施設発生物品等の管理に関する事務	富士防衛事務所長	富士防衛事務所業務課長	富士防衛事務所に属する物品の管理に関する事務	
近畿中部防衛局	近畿中部防衛局総務部長	近畿中部防衛局総務部会計課長	近畿中部防衛局に属する物品の管理に関する事務（施設発生物品等の管理に関する事務を除く。）	小松防衛事務所、京都防衛事務所の所長	当該防衛事務所の次長	当該防衛事務所に属する物品の管理に関する事務	
				舞鶴防衛事務所長	舞鶴防衛事務所総務係長	舞鶴防衛事務所に属する物品の管理に関する事務	
	近畿中部防衛局企画部長	近畿中部防衛局企画部業務課長	近畿中部防衛局に属する施設発生物品等の管理に関する事務	東海防衛支局長	東海防衛支局会計課長	東海防衛支局に属する物品の管理に関する事務	
				岐阜防衛事務所長	岐阜防衛事務所次長	岐阜防衛事務所に属する物品の管理に関する事務	
中国四国防衛局	中国四国防衛局総務	中国四国防衛局総務	中国四国防衛局に属する物	美保防衛事務所、津	当該防衛事務所の次	当該防衛事務所に属する物品の管理に関	

	部長	部会計課長	品の管理に関する事務（施設発生物品等の管理に関する事務を除く。）	山防衛事務所、岩国防衛事務所、高松防衛事務所の所長	長	する事務	
	中国四国防衛局企画部長	中国四国防衛局企画部業務課長	中国四国防衛局に属する施設発生物品等の管理に関する事務	玉野防衛事務所長	玉野防衛事務所総務係長	玉野防衛事務所に属する物品の管理に関する事務	
九州防衛局	九州防衛局総務部長	九州防衛局総務部会計課長	九州防衛局に属する物品の管理に関する事務（施設発生物品等の管理に関する事務を除く。）	佐世保防衛事務所長	佐世保防衛事務所業務課長	佐世保防衛事務所に属する物品の管理に関する事務	
				別府防衛事務所長	別府防衛事務所次長	別府防衛事務所に属する物品の管理に関する事務	
				長崎防衛支局、熊本防衛支局の支局長	当該防衛支局の総務課長	当該防衛支局に属する物品の管理に関する事務	
	九州防衛局管理部長	九州防衛局管理部業務課長	九州防衛局に属する施設発生物品等の管理に関する事務				
				宮崎防衛事務所長	宮崎防衛事務所次長	宮崎防衛事務所に属する物品の管理に関する事務	
				鹿児島防衛事務所長	鹿児島防衛事務所次長	鹿児島防衛事務所に属する物品の管理に関する事務	
沖縄防衛局	沖縄防衛局総務部長	沖縄防衛局総務部会計課長	沖縄防衛局に属する物品の管理に関する事務（施設発生物品等の管理に関する事務を除く。）	名護防衛事務所長	名護防衛事務所次長	名護防衛事務所に属する物品の管理に関する事務	
				沖縄防衛局の出張所の所長	沖縄防衛局長の指定する者	当該出張所に属する物品の管理に関する事務	
	沖縄防衛局管理部長	沖縄防衛局管理部業務課長	沖縄防衛局に属する施設発生物品等の管理に関する事務				

別表第３（第８条関係）

防衛省本省における代行機関とする職員又は官職の範囲及び事務の範囲に関する基準

職員又は官職の範囲	事　務　の　範　囲
物品管理官、分任物品管理官、物品管理官代理又は分任物品管理官代理を責任をもって補佐することのできるもの（官職を指定する場合は、法令又は訓令に定める官職に限る。）	物品管理官又は物品管理官代理及び分任物品管理官又は分任物品管理官代理の行う事務のうち、次に掲げる事務以外の事務 １　防衛大臣及び幕僚長等に対して行う承認の申請に関する事務 ２　物品出納官及び物品供用官の任命に関する事務 ３　物品の管理に関する計画の作成に関する事務 ４　物品の管理換の協議に関する事務 ５　物品の不用の決定に関する事務 ６　物品の寄附受、借受、売払、譲与、貸付及び寄託の決定に関する事務 ７　物品の亡失等の報告に関する事務 ８　物品管理簿の記録に関する事務 ９　物品増減及び現在額報告書の作成に関する事務 10　物品出納官及び物品供用官に対する検査員の任命に関する事務 11　物品管理計算書の作成に関する事務

別表第４（第38条関係）

物品管理官に関する整理区分

区　分	区分に該当する場合
購　入	物品を購入する場合
寄　附	物品の寄附を受ける場合
借　受	物品を借り受ける場合
生　産	部内又は部外で物品を生産する場合
供　用	物品を供用する場合
供用換	物品の供用を他の物品供用官に移す場合
貸　付	物品を貸し付ける場合
寄　託	物品を寄託する場合
売　払	物品を売り払う場合
譲　与	物品を無償で譲与する場合
廃　棄	物品を廃棄する場合
解　体	物品を解体する場合
亡　失	物品の亡失について整理をする場合
編　入	国有財産を物品に又は物品を国有財産に編入する場合
交　換	国の所有に属する自動車の交換に関する法律（昭和29年法律第109号）により交換する場合
返　還	借り入れた物品を返還する場合及び貸し付けた物品又は寄託した物品を返還させる場合
返　納	物品を物品供用官又は使用職員から返納させ、自ら保管し、又は物品出納官に受け入れさせる場合
価格改定	省令第38条第４項に基づき価格を改定する場合
管理換	物品の管理換をし、又は受ける場合
分類換	物品の分類換をする場合
雑　件	物品について上記の各区分に該当しない異動がある場合

別表第５（第38条関係）

物品出納官に係る整理区分

区　分	区分に該当する場合
受　入	物品を受け入れる場合
払　出	物品を払い出す場合
亡　失	物品の亡失について整理をする場合
分類換	物品の分類換について整理をする場合
雑　件	物品について上記の各区分に該当しない異動がある場合

別表第6（第38条関係）

物品供用官に係る整理区分

区　分	区分に該当する場合
受　領	物品を受領する場合
供　用	物品を供用する場合
返　納	物品を使用する職員から当該物品を返納させる場合又は物品管理官からの返納命令により当該物品を返納する場合
亡　失	物品の亡失について整理をする場合
分類換	物品の分類換について整理をする場合
雑　件	物品について上記の各区分に該当しない異動がある場合

別記様式第1（第3条関係）

（官署名）物品標示票	
会計名	
分類、細分類	
種類、品目、細目	
整理番号	
取得年月日	
備考	

備考

1　細分類、種類、品目、細目の記入については、番号又は記号によることができる。

2　物品標示票は、耐久性のある品質のものを使用すること。

3　物品標示票の大きさは、適宜の大きさとする。

4　整理番号は、物品管理官が定めるところにより記入することとする。

5　物品標示票をはりつけることができない場合は、物品管理官が標示について適宜の方法をとるものとする。

（注：様式の各記載欄については、個々に記載する必要がないと判断した場合には、記載を省略できるものとする。）

別記様式第1の2（第4条関係）

第　　　号
年　月　日

物品管理官

殿

防衛大臣

物品分類換命令書

下記のとおり分類換を命ずる。

記

区分	分類	細分類	種類	品目	細目	規格	単位	数量	単価	価格	備考
旧分類											
新分類											
旧分類											
新分類											

分類換の理由	
分類換年月日	令和　年　月　日
その他参考事項	

備　考

1　備考欄には取得年月日、会計名等、参考となる事項を記載する。

（注：様式の各記載欄については、個々に記載する必要がないと判断した場合には、記載を省略できるものとする。）

別記様式第２（第５条関係）

第　　　号
年　　月　　日

殿

物品管理官　官職　氏　　　名

物　品　分　類　換　承　認　申　請　書

下記のとおり分類換したいので申請する。

記

区分	分　類	細分類	種　類	品目	細　目	規　格	単　位	数　量	単 価	価　格	備　考
旧分類											
新分類											
旧分類											
新分類											
分類換の理由											
分類換年月日	令和　年　月　日										
その他参考事項											

備　考
1　備考欄には取得年月日、会計名等、参考となる事項を記載する。

（注：様式の各記載欄については、個々に記載する必要がないと判断した場合には、記載を省略できるものとする。）

別記様式第３（第６条関係）

第　　　号
年　月　日

殿

物品管理官　官職　氏　　名

物　品　分　類　換　通　知　書

下記のとおり分類換したので通知する。

記

区分	分　類	細分類	種　類	品　目	細　目	規　格	単　位	数　量	単　価	価　格	備　考
旧分類											
新分類											
旧分類											
新分類											

（注：様式の各記載欄については、個々に記載する必要がないと判断した場合には、記載を省略できるものとする。）

別記様式第４（第17条関係）

第　　　号
年　月　日

殿

物品管理官　官職　氏　　名

物　品　管　理　換　協　議　書

下記のとおり管理換をしたい（受けたい）ので協議する。

記

区　分	分　類	細分類	種　類
管理換前			
管理換後			

品　目	細　目	規　格	数　量	単　位	単　価	価　格	備　考

管理換にかかる対価	円
管理換予定時期	令和　年　月　日
管理換を必要とする理由	

上記物品の管理換について同意する。

令和　年　月　日

殿

物品管理官
官職　氏　　名

備　考
1　物品の管理換を協議する物品管理官等は、２通を相手方の物品管理官等に送付する。
2　物品の管理換に同意する物品管理官等は、１通を返送する。
3　備考欄には会計名等、参考となる事項を記載する。

（注：様式の各記載欄については、個々に記載する必要がないと判断した場合には、記載を省略できるものとする。）

別記様式第５（第18条関係）

第　　　号
年　　月　　日

殿

物品管理官　官職　氏　　　名

物品管理換承認申請書

下記のとおり管理換をしたい（受けたい）ので申請する。

記

区分	分類	細分類	種類
管理換前			
管理換後			

品目	細目	規格	数量	単位	単価	価格	備考

管理換をする物品管理官	
管理換を受ける物品管理官	
管理換を行う場所	
管理換にかかる対価	円
管理換予定時期	令和　　年　　月　　日
管理換を必要とする理由	
その他参考事項	

備　考

1　物品の管理換に伴って分類換を必要とする場合には「物品管理換承認申請書」とあるのを「物品管理換（分類換）承認申請書」とする。
2　備考欄には会計名等、参考となる事項を記載する。

（注：様式の各記載欄については、個々に記載する必要がないと判断した場合には、記載を省略できるものとする。）

別記様式第6（第25条関係）

第　　　号
年　　月　　日

殿

物品管理官　官職　氏　　　名

保　管　物　品　引　渡　通　知　書

下記により保管中の物品を、保管物品引渡証明書を持参する受領者に引き渡されたい。

記

引渡物品の内容

品　目	品　名	規　格	単　位	数　量	備　考

受領者	
引渡期日	
引渡場所	
引渡理由	
その他参考事項	

別記様式第７（第25条関係）

第　　　号

年　月　日

殿

物品管理官　官職　氏　　名

保　管　物　品　引　渡　証　明　書

下記により保管物品を引き渡すので、保管物品受領の際は、この引渡証明書を保管者に提示願いたい。

記

引渡保管物品

品　目	品　名	規　格	単　位	数　量	備　考

保管者	
引渡期日	
引渡場所	
引渡理由	
その他参考事項	

別記様式第8（第29条関係）

第　　　号
年　　月　　日

殿

物品管理官　官職　氏　　　名

物品不用決定承認申請書

下記のとおり不用の決定をしたいので申請する。

記

分　類	細分類	種　類	品　目	細　目	規　格	単位	数量	単　価	価　格	備　考

不用の決定の理由	
物品の現況	
処分の予定	
その他参考事項	

備　考
1　不用決定の理由については、詳記すること。
2　物品の現況については、詳記し、必要により参考となる写真、図面等の資料を添付すること。
3　処分の予定については、売払いの場合は、売払時期、売払場所及び売払方法その他必要な事項を、解体の場合は、解体が適当であると認める理由、解体の時期及び解体後の処理その他必要な事項を、廃棄の場合は、廃棄が適当であると認める理由その他必要な事項を記載すること。

（注：様式の各記載欄については、個々に記載する必要がないと判断した場合には、記載を省略できるものとする。）

別記様式第８の２（第33条関係）

第　　　号
年　月　日

物品管理官
　　　　　殿

防衛大臣

物　品　管　理　換　命　令　書

下記のとおり管理換を命ずる。

記

区　　分	分　　類	細 分 類	種　　類
管理換前			
管理換後			

品　目	細　目	規　格	数　量	単　位	単　価	価　格	備　考

管理換をする物品管理官	
管理換を受ける物品管理官	
管理換を行う場所	
管理換にかかる対価	円
管理換予定時期	令和　年　月　日
管理換を必要とする理由	
その他参考事項	

備　考
　備考欄には会計名等、参考となる事項を記載する。

（注：様式の各記載欄については、個々に記載する必要がないと判断した場合には、記載を省略できるものとする。）

別記様式第９（第33条関係）

第　　　号
年　　月　　日

殿

物品管理官　官職　氏　　　名

管　理　換　物　品　引　渡　通　知　書

令和　　年　　月　　日付第　号で同意した（のあった）管理換物品の引渡について、下記のとおり通知します。

記

区　　分	分　　類	細　分　類	種　　類
管理換前			
管理換後			

品　目	細　目	規　格	数　量	単　位	単　価	価　格	備　考

引渡者の官職氏名	
引渡時期	令和　　年　　月　　日
引渡場所	
その他参考事項	

上記の管理換に係る物品を受領した。

令和　　年　　月　　日

殿

物品管理官
官職　氏　　　名

備　考

1　管理換物品の引渡をする物品管理官等は、２通を相手方の物品管理官等に送付する。
2　管理換物品の受領をする物品管理官等は、１通を返送する。
3　備考欄には会計名等、参考となる事項を記載する。

（注：様式の各記載欄については、個々に記載する必要がないと判断した場合には、記載を省略できるものとする。）

別記様式第10（第33条関係）

第　　　号
年　　月　　日

殿

物品管理官　官職　氏　　　名

物　品　取　得　措　置　請　求　書

下記の物品の取得を請求する。

記

品　目	品　名	規　格	単　位	数　量	備　考

取得を必要とする時期	
取得を必要とする場所	
その他参考事項	

別記様式第11（第33条関係）

第　　　号
年　月　日

殿

契約等担当職員　官職　氏　　名

物　品　取　得　通　知　書

下記の物品を取得したから通知する。

記

品　目	品　名	規　格	単　位	数　量	備　考

取得時期	
取得場所	
取得原因	
その他参考事項	

別記様式第12（第33条関係）

第　　　号
年　　月　　日

殿

物品供用官　官職　氏　　　名

物　品　払　出　請　求　書

下記の物品につき、供用のため払出を請求する。

記

分　類	細分類	種　類	品　目	細　目	規　格	単　位	数　量	単　価	価　格	備　考

入手希望年月日	
用途	
供用させる職員	
その他参考事項	

（注：様式の各記載欄については、個々に記載する必要がないと判断した場合には、記載を省略できるものとする。）

別記様式第13（第33条関係）

第　　　号
年　　月　　日

殿

物品管理官　官職　氏　　名

物品払出命令書

下記の物品の払出を命ずる。

記

分類	細分類	種類	品目	細目	規格	単位	数量	単価	価格	備考

払出の時期	
払出事由	
その他参考事項	

（注：様式の各記載欄については、個々に記載する必要がないと判断した場合には、記載を省略できるものとする。）

別記様式第14（第33条関係）

第　　　号
年　　月　　日

殿

物品管理官　官職　氏　　　名

物　品　受　領　命　令　書

下記の物品の受領を命ずる。

記

分　類	細分類	種　類	品　目	細　目	規　格	単　位	数　量	単　価	価　格	備　考

譲受先	
使用目的	
受領事由	
その他参考事項	

（注：様式の各記載欄については、個々に記載する必要がないと判断した場合には、記載を省略できるものとする。）

別記様式第15（第33条関係）

第　　　号

年　　月　　日

殿

物品供用官　官職　氏　　　名

物　品　返　納　報　告　書

下記の物品につき、返納したいので報告する。

記

分　類	細分類	種　類	品　目	細　目	規　格	単　位	数　量	単　価	価　格	備　考

物品の現況	
返納事由	
その他参考事項	

（注：様式の各記載欄については、個々に記載する必要がないと判断した場合には、記載を省略できるものとする。）

別記様式第16（第33条関係）

第　　　号
年　　月　　日

殿

物品管理官　官職　氏　　名

物　品　返　納　命　令　書

下記の物品の返納を命ずる。

記

分　類	細分類	種　類	品　目	細　目	規　格	単　位	数　量	単　価	価　格	備　考

返納の時期	
返納事由	
その他参考事項	

（注：様式の各記載欄については、個々に記載する必要がないと判断した場合には、記載を省略できるものとする。）

別記様式第17（第33条関係）

第　　　号
年　　月　　日

殿

物品管理官　官職　氏　　　名

物　品　受　入　命　令　書

下記の物品の受入を命ずる。

記

分　類	細分類	種　類	品　目	細　目	規　格	単　位	数　量	単　価	価　格	備　考

引渡者	
受入事由	
その他参考事項	

（注：様式の各記載欄については、個々に記載する必要がないと判断した場合には、記載を省略できるものとする。）

別記様式第18（第33条関係）

第　　　号
年　月　日

殿

物品管理官　官職　氏　　名

物　品　保　管　措　置　請　求　書

下記のとおり、物品保管施設が必要なのでその措置を請求する。

記

保管を必要とする物品の内容

分　類	細分類	種　類	品　目	細　目	規　格	単　位	数　量	単　価	価　格	備　考

保管期間	
保管を必要とする理由	
施設の借上げ又は寄託の別	
物品の管理上保管について付すべき条件	
その他参考事項	

（注：様式の各記載欄については、個々に記載する必要がないと判断した場合には、記載を省略できるものとする。）

別記様式第19（第33条関係）

第　　　　号
年　　月　　日

殿

契約等担当職員　官職　氏　　　　名

物　品　保　管　措　置　通　知　書

令和　年　月　日付第　　号により請求のあった物品保管施設について、下記のとおり措置したので、別紙契約書その他関係書類の写しを添えて通知する。

記

保管物品の内容

分　類	細分類	種　類	品　目	細　目	規　格	単　位	数　量	単　価	価　格	備　考

保管期間	
保管施設の状況	
施設の借上げ又は寄託の別	
物品の管理上保管について付した条件	
添付書類	
その他参考事項	

（注：様式の各記載欄については、個々に記載する必要がないと判断した場合には、記載を省略できるものとする。）

別記様式第20（第33条関係）

第　　　号
年　　月　　日

殿

物品出納官　官職　氏　　　名

供　用　不　適　格　品　等　報　告　書

下記のとおり供用不適格品があるので報告する。

記

分　類	細分類	種　類	品　目	細　目	規　格	単位	数　量	備　考

（注：様式の各記載欄については、個々に記載する必要がないと判断した場合には、記載を省略できるものとする。）

別記様式第21（第33条関係）

第　　　号
年　月　日

殿

物品管理官（物品供用官）　官職　氏　　名

物　品　修　繕・改　造　措　置　請　求　書

下記のとおり、物品の修繕・改造の措置を請求する。

記

修繕・改造を必要とする物品の内容

分　類	細分類	種　類	品　目	細　目	規　格	単　位	数　量	単　価	価　格	備　考

修繕・改造の時期	
修繕・改造の内容	
物品の管理上修繕・改造について付すべき条件	
その他参考事項	

（注：様式の各記載欄については、個々に記載する必要がないと判断した場合には、記載を省略できるものとする。）

別記様式第22（第33条関係）

第　　号
年　月　日

殿

契約等担当職員　官職　氏　　名

物品修繕・改造措置通知書

下記のとおり、物品の修繕・改造の措置をしたので通知する。

記

修繕・改造の措置をした物品の内容

分類	細分類	種類	品目	細目	規格	単位	数量	単価	価格	備考

修繕・改造の時期	
修繕・改造を行った者	
修繕・改造の内容	
物品の管理上修繕・改造について付した条件	
その他参考事項	

（注：様式の各記載欄については、個々に記載する必要がないと判断した場合には、記載を省略できるものとする。）

別記様式第23（第33条関係）

第　　　号
年　　月　　日

殿

物品管理官　官職　氏　　　名

物品売払・貸付措置請求書

下記のとおり、物品の売払・貸付の措置を請求する。

記

売払・貸付を必要とする物品の内容

分類	細分類	種類	品目	細目	規格	単位	数量	単価	価格	備考

売払・貸付の時期	
売払・貸付の場所	
物品の管理上売払・貸付について付すべき条件	
その他参考事項	

（注：様式の各記載欄については、個々に記載する必要がないと判断した場合には、記載を省略できるものとする。）

別記様式第24（第33条関係）

第　　　号
年　月　日

殿

契約等担当職員　官職　氏　　名

物 品 売 払 ・ 貸 付 措 置 通 知 書

下記のとおり、物品の売払・貸付の措置をしたので通知する。

記

売払・貸付の措置をした物品の内容

分　類	細分類	種　類	品　目	細　目	規　格	単　位	数　量	単　価	価　格	備　考

売払・貸付にかかる金額	
売払・貸付の相手方	
物品の管理上売払・貸付について付した条件	
その他参考事項	

（注：様式の各記載欄については、個々に記載する必要がないと判断した場合には、記載を省略できるものとする。）

別記様式第25（第34条関係）

第　　　号
年　　月　　日

殿

物品使用職員　官職　氏　　　名

物品亡失、損傷報告書

下記の物品につき、{ 亡失した / 損傷した } ので報告する。

記

分　類	細分類	種　類	品目	細　目	単位	数量	価額(単価、金額)		備　考

発生官署	
亡失、損傷の日時及び場所	
亡失、損傷の原因となった事実及び現状の詳細	
平素における使用状況の詳細	
亡失、損傷の事実発見の端緒	
亡失、損傷の事実発見後の処置	
その他参考事項	

備　考
1　価額は、亡失した物品の価額又は損傷した物品の減価額若しくは修繕に要した費用の額とし、いずれも時価によるものとする。

別記様式第26（第34条関係）

第　　　号
年　月　日

殿

物品供用官（物品出納官）　官職　氏　　　名

物品亡失、損傷等報告書

下記の物品につき、
亡失した
損傷した
法の規定に違反して管理行為をした
法の規定に従った管理行為をしなかった
ので報告する。

記

分類	細分類	種類	品目	細目	単位	数量	価額(単価、金額)		備考

発生官署	
亡失、損傷等を起した物品管理職員の官職氏名及び命免年月日 物品管理職員が補助者である場合には、その所属する物品管理職員の官職氏名及び命免年月日並びに当該補助事務の内容を併記すること	
物品使用職員の所属する物品供用官の官職氏名及びその管理期間	
亡失、損傷等の日時及び場所	
亡失、損傷等の原因となった事実及び現状の詳細	
平素における管理状況の詳細	
亡失、損傷等の事実発見の端緒	
亡失、損傷等の事実発見後の処置	
その他参考事項	

1　価額は、亡失又は損傷の場合には、亡失した物品の価額又は損傷による物品の減価額若しくは修繕に要した費用の額、その他の場合には、当該物品の管理行為に関し国に与えたと認められる損害の見積り額とし、いずれも時価によるものとする。

別記様式第27（第34条関係）

第　　号
年　月　日

殿

物品管理官　官職　氏　　名

物　品　亡　失、　損　傷　等　報　告　書

下記の物品につき、
亡失した
損傷した
法の規定に違反して管理行為をした
法の規定に従った管理行為をしなかった
ので報告する。

記

分　類	細分類	種　類	品目	細　目	単位	数量	価額（単価、金額）		備　考

発生官署	
亡失、損傷等を起した物品管理職員の官職氏名及び命免年月日 物品管理職員が補助者である場合には、その所属する物品管理職員の官職氏名及び命免年月日並びに当該補助事務の内容を併記すること	
監督責任者の官職氏名及びその監督期間	
亡失、損傷等の日時及び場所	
亡失、損傷等の原因となった事実及び現状の詳細	
平素における管理状況の詳細	
亡失、損傷等の事実発見の端緒	
亡失、損傷等の事実発見後の処置	
当該亡失、損傷等に係る弁償命令年月日、金額、弁償命令に対する不服の有無及び政令第３９条第１項の規定により検定を求める意思の有無	
損害補填の状況（補填年月日、金額、補填者並びに弁償命令との関係）及び将来の補てん見込み	
損害賠償請求の訴を提起したときは、その年月日及び訴訟の進行状況 また、裁判上の和解その他国の債権の確保の処置を執ったときは、その処置状況	
亡失、損傷等に関連して公訴が提起されたときは、その年月日及び訴訟の進行状況	
物品管理職員その他関係者に対する懲戒処分等の状況（被処分者の氏名、処分年月日、処分の内容等）	
その他参考事項	

1　価額は、亡失又は損傷の場合には、亡失した物品の価額又は損傷による物品の減価額若しくは修繕に要した費用の額、その他の場合には、当該物品の管理行為に関し国に与えたと認められる損害の見積り額とし、いずれも時価によるものとする。

別記様式第28（第34条関係）

物品亡失（損傷等）報告書

庁名
物品管理官の官職氏名およびその命免年月日

物品管理職員の官職氏名	亡失（損傷等）年月日	分類 細分類 品目	数量	価額	亡失（損傷等）理由	亡失（損傷等）発見後の処置状況	亡失（損傷等）当時における物品管理職員の管理状況	物品管理職員または物品使用職員に対する弁償命令の有無およびその理由	損害補塡の状況	備考
合計										

1　この様式は、物品管理官の所管に属する物品が亡失し又は損傷した場合において、次のいずれかに該当し、かつ、１件の事故により生じた物品の亡失及び損傷の合計額が 50 万円以上のものについて報告を行う場合に使用する。

（１）　天災、火災又は海難により、物品が亡失し又は損傷したとき。ただし、（４）に該当するもの及び当該官署に属する職員の故意又は過失によるものを除く。

（２）　倉庫業者に寄託した物品が亡失し又は損傷したとき。

（３）　運送業者に引き渡した物品が亡失し又は損傷したとき。

（４）供用中の物品（供用のため保管中のものを除く。）が亡失し又は損傷したとき。

2　用紙寸法　日本産業規格Ａ列４番

別記様式第29（第34条関係）

物品亡失（損傷等）報告書

物品管理官の官職氏名およびその命免年月日

物品管理職員の官職氏名	事故の別	金額	弁償命令金額 （うち弁償済額）	備考

1　この様式は、物品管理官の所管に属する物品が亡失し又は損傷した場合において、次のいずれかに該当し、かつ、1件の事故により生じた物品の亡失及び損傷の合計額が 50 万円未満のものについて、報告を行う場合に使用する。

（1）　天災、火災又は海難により、物品が亡失し又は損傷したとき。ただし、（4）に該当するもの及び当該官職に属する職員の故意又は過失によるものを除く。

（2）　倉庫業者に寄託した物品が亡失し又は損傷したとき。

（3）　運送業者に引き渡した物品が亡失し又は損傷したとき。

（4）供用中の物品（供用のため保管中のものを除く。）が亡失し又は損傷したとき。

2　用紙寸法　日本産業規格A列4番

別記様式第30（第37条関係）

裁　　定　　書

＿＿＿に係る下記亡失（損傷）物品について、弁償金額を＿＿＿＿＿円（弁償責任なし）と裁定する。

（本人の官職氏名）
令和　　年　　月　　日

裁定権者　　　官職　　氏名

物品番号	品　　名	単位	数量	単価	金額	亡失（損傷等）年月日	摘　　要

用紙寸法　日本産業規格Ａ列４番

別記様式第31（第38条関係）

会　計〔　　　　　　〕
分　類〔　　　　　　〕
細分類〔　　　　　　〕
種　類〔　　　　　　〕
品　目〔　　　　　　〕
細　目〔　　　　　　〕

物　品　管　理　簿

令和　　年度

年月日	整理区分	整理番号	摘　要	価　格	異　動　数　量			現　在　高				供　用　内　訳					備　考
					増	減	その他	供用	貸付寄託	保管	計						

備　考
1　この表は、物品の異動の記録について使用する。
2　品目の外に細目が定められている物品については、細目別に別葉とする。
3　この表の記入の方法は、次による。
イ　「年月日」欄は、当該物品の異動があった年月日を記入する。
ロ　「整理区分」欄は、別表第４の「区分」欄に掲げる区分の種類を記入する。
ハ　「整理番号」欄は、当該物品の異動についての命令その他物品の管理に関する行為に係る整理番号を記入する。
ニ　「摘要」欄は、当該異動に係る必要な事項を記入する。
ホ　「価格」欄は、重要物品及び物品管理官が必要と認めるものについて単価及び価格を記入する。
ヘ　「異動数量　増」欄は、物品についてその異動があった後新たに当該分類及び細分類に属し、当該品目又は細目として整理すべき場合にその異動に係る数量を記入する。
ト　「異動数量　減」欄は、物品についてその異動があった後新たに当該分類及び細分類に属し、当該品目又は細目として整理しないこととなる場合にその異動に係る数量を記入する。
チ　「異動数量　その他」欄は、供用、貸付、寄託又は保管に係る異動の数量を記載する。
リ　「供用」欄は、供用中の物品についてその数量を記入する。
ヌ　「貸付／寄託」欄は、貸付中又は寄託中の物品についてその数量を記入する。
ル　「保管」欄は、保管中の物品についてその数量を記入する。
ヲ　「供用内訳」欄は、供用中の物品についてその供用先内訳を記入する。
ワ　「備考」欄は、イからヲまでにより記入した事項の外必要な事項を記入する。
カ　毎会計年度末においては、「整理区分」欄に「翌年度に繰越」と記入して締め切り、次行には、「整理区分」欄に「前年度より繰越」と記入して繰り越すものとする。ただし、当該会計年度間において、物品の異動がない場合は繰り越しの記入を要しないものとする。
ヨ　毎葉の余白がなくなった場合には、当該葉及び次葉の「整理区分」欄に「繰越」と記入して「現在高」欄の数量を繰越しするものとする。
タ　当該物品の異動が物品管理官の定める軽微な修繕又は改造のためのものである場合には、この表への記録は、要しないものとする。

別記様式第32（第38条関係）

会　計〔　　　　〕
分　類〔　　　　〕
細分類〔　　　　〕
種　類〔　　　　〕
品　目〔　　　　〕
細　目〔　　　　〕

令和　　年度

物　品　出　納　簿

年月日	整理区分	摘　要	価格	異動数量		現在高	備　考
				増	減		

備　考
1　品目の外細目が定められている物品については、細目別に別葉とする。
2　この表の記入の方法は、次による。
イ　各記載欄については、別記様式第３１備考３イ、ロ、ニ、ヘ、ト及びワに準じて記入する。
ロ　毎葉の余白がなくなった場合については、別記様式第３１備考３ヨに準じて記入する。
ハ　毎会計年度末においては、別記様式第３１備考３カに準じて記入する。
ニ　当該物品の異動が物品管理官が定める軽微な修繕又は改造のためのものである場合には、この表への記録は要しないものとする。

別記様式第33（第38条関係）

会　計〔　　　　　〕
分　類〔　　　　　〕
細分類〔　　　　　〕
種　類〔　　　　　〕
品　目〔　　　　　〕
細　目〔　　　　　〕

令和　　年度

物　品　供　用　簿

年　月　日	整理区分	摘　要	価格	異動数量			現在高内訳			備　考
				増	減	その他	供用	保管	合計	

備　考

1　品目の外細目が定められている物品については、細目別に別葉とする。

2　この表の記入の方法は、次による。

イ　各記載欄については、別記様式第３１備考３イ、ロ、ニ、ヘからリ並びにル及びワに準じて記入する。

ロ　毎葉の余白がなくなった場合については、別記様式第３１備考３ヨに準じて記入する。

ハ　毎会計年度末においては、別記様式第３１備考３カに準じて記入する。

ニ　当該物品の異動が物品管理官の定める軽微な修繕又は改造のためのものである場合には、この表への記録は要しないものとする。

別記様式第34（第39条関係）

引　継　書

引継年月日　　年　　月　　日

会計名

官署名

前任（廃止）物品管理官等
官職　氏　　名

後任（引継）物品管理官等
官職　氏　　名

下記のとおり引継ぎを行った。

記

引　継　事　項	
1．帳簿関係 内訳	冊
2．諸票関係 内訳	冊
3．関係書類 内訳	冊
4．その他必要事項	

備　考
1　帳簿関係には、物品管理簿、物品出納簿、物品供用簿何冊と記入する。
2　諸票関係、関係書類には、その書類の名称を併せて記入する。

別記様式第35（第40条関係）

管理換票・供用換票・保管換票	受付年月日

発送元		管理換期間	永久 一時	自 至	宛先	

発送者	物品管理官官職氏名	年月日		非消耗品消耗品の区分		受領者	物品管理官官職氏名	年月日	
		証書番号		根拠命令等				証書番号	
	物品出納官（供用官）官職氏名	取扱者氏名	転記				物品出納官（供用官）官職氏名	取扱者氏名	転記

発送年月日		輸送方法		到着予定		引渡場所		引渡人		到着年月日	

項目番号	物品番号	品名	単位	発送数量	梱数	包装種類番号	重量（容積）計	単価	金額	摘要	受領数量

頁中の第　頁

(1)　用紙寸法　日本産業規格Ａ列４番
(2)　特別会計の場合、摘要欄には会計名等、参考となる事項を記載する。

別記様式第36（第40条関係）

項目番号	物品番号	品　　名	単位	定数	現在数及び受入予定	請求数	供用数	摘　　要

供　　用　　票						
受　付年月日				非消耗品、消耗品の区分		
物品管理官	（官職氏名）					
	年月日			証書番号		
	取扱者氏名			転　　記		
物品出納官	（官職氏名）					
	年月日		取扱者氏名		転記	
物品供用官	（官職氏名）					
	請　求年月日			証書番号		
	受　領（供用）年月日		取扱者氏名		転記	
使用者	（官職氏名）				受領者氏名	
	請　求年月日			受　領年月日		
根　拠目　的						

用紙寸法　日本産業規格A列4番

頁中の第　　頁

別記様式第37（第40条関係）

項目番号	物品番号	品　名	単位	定数	現在数及び受入予定	返納数	受領数	摘　要

返　納　票						
受付年月日			非消耗品、消耗品の区分			
物品管理官	（官職氏名）					
	年月日		証書番号			
	取扱者氏名		転　記			
物品出納官	（官職氏名）					
	受入年月日		取扱者氏名		転記	
物品供用官	（官職氏名）					
	返納年月日		証書番号			
	受領年月日		取扱者氏名		転記	
使用者	（官職氏名）					
	返納年月日					
根拠目的						

頁中の第　頁

(1)　摘要欄には、使用可能物品には（可）、使用不能物品のうち自然損耗には（自）、その他の損耗には（損）と略号を付す。
(2)　用紙寸法　日本産業規格Ａ列４番

別記様式第38（第40条関係）

＃納入先		＃発送年月日		納品書・（受領）検査調書
＃契約者名 住所 会社名 代表者名		＃輸送方法		物品管理官官職氏名	
		＃発送駅		
		＃分割納入		物品管理官命令年月日 （物品管理簿登記年月日）

＃調達要求番号		＃契約年月日		証書番号	
＃確認番号又は 認証番号		＃納期		同上 付与年月日	

＃項目番号	＃物品番号	＃会社部品番号又は規格	＃品名	＃単位	＃単価	＃数量	＃金額	物品出納官 （物品供用官） （受領者） 受領数量	＃備考

検査指令番号		検査判定	
検査種類		納入年月日	
検査方式		検査年月日	
検査場所		検査所見	

上記のとおり検査結果を報告する。
年　月　日
所属
検査官官職
氏名

検査結果及び物品管理官の受入命令（受領命令）により受領した。
受入
受領　年　月　日
所属
物品出納官
（物品供用官）官職
（受領者）氏名

頁中の第　頁

(1) 納品書（受領）検査調書(予決令第101条の９に限定する調書をいう。）として使用する場合は、（受領）検査調書（納品書）の文字を抹消して使用する。
(2) ＃印は納入業者で記入する。
(3) 分割納入欄は、契約上の一括納入又は分割納入の区分および回数１/１、２/３の如く記入する。
(4) 物品番号等は、仕様書に記載してあるものを記入する。
(5) 数量欄は、納入先ごとの納入数量を記入する。
(6) 検査所見等詳細に報告する必要がある場合は、別紙とすることができる。
(7) 用紙寸法は日本産業規格Ａ列４番とする。
(8) 幕僚長等は、必要があると認めるときは、この様式に所要の事項を付け加え又は用紙の寸法を変更することができる。
(9) 特別会計の場合、官側は備考欄に会計名等、参考となる事項を記載する。

別記様式第39（第40条関係）

項目番号	物品番号	品名	規格	単位	数量	摘要

受領書					
受付年月日				非消耗品、消耗品の区分	
引渡者	物品管理官	（官職氏名）			
		（　年　月　日）		（証書番号）	
		取扱者氏名		転記	
	物品出納官 供用者 引渡者	（官職氏名）			
		（　年　月　日）		（証書番号）	
		取扱者氏名		転記	
		引渡年月日			
受領者（契約者）	（住所） （社名） （代用者名）				
	受領者氏名			（受領年月日）	
根拠	（契約担当官）			（契約年月日）	
	（契約番号）				
備考					

頁中の第　頁

(1)　用紙寸法　日本産業規格A列４番
(2)　幕僚長等は、特に必要があると認めるときは、所要の事項を付け加え又は用紙の寸法を変更することができる。

別記様式第40（第40条関係）

項目番号	物品番号	品名	規格	単位	交付数量	使用数量	返品数量 残数量	摘要

返品書・材料使用明細書

受領者	物品管理官	受付年月日		非消耗品、消耗品の区分	
		(官職氏名)			
		年月日		証書番号	
		取扱者氏名		転記	
	物品供用官出納受領者	(官職氏名)			
		年月日		証書番号	
		取扱者氏名		転記	
根拠目的		(契約担当官)		(契約年月日)	
		(契約番号)			
引渡者（契約者）		(住所)			
		(社名)			
		(代用者名)			
		引渡年月日			
		引渡者氏名			

頁中の第　頁

(1)　用紙寸法　日本産業規格Ａ列４番
(2)　幕僚長等は、特に必要があると認めるときは、所要の事項を付け加え又は用紙の寸法を変更することができる。

別記様式第41（第40条関係）

項目番号	物品番号	品名	単位	受入数量	払出数量	摘要

<table>
<tr><th colspan="5">受払書</th></tr>
<tr><td rowspan="4">物品管理官</td><td>受付年月日</td><td></td><td>非消耗品、消耗品の区分</td><td></td></tr>
<tr><td colspan="4">（官職氏名）</td></tr>
<tr><td>年月日</td><td></td><td>証書番号</td><td></td></tr>
<tr><td>取扱者氏名</td><td></td><td>転記</td><td></td></tr>
<tr><td rowspan="3">物品受領者
物品引渡者
物品供用官
物品出納官</td><td colspan="4">（官職氏名）</td></tr>
<tr><td>年月日</td><td></td><td>証書番号</td><td></td></tr>
<tr><td>取扱者氏名</td><td></td><td>転記</td><td></td></tr>
<tr><td>根拠・目的</td><td colspan="4"></td></tr>
</table>

頁中の第　　頁

(1)　用紙寸法　日本産業規格Ａ列４番
(2)　幕僚長等は、特に必要があると認めるときは、所要の事項を付け加え又は用紙の寸法を変更することができる。

別記様式第42（第42条関係）

令和　　年度物品増減及び現在額報告書

殿

提出年月日　　令和　年　月　日
官署名　物品管理官　官職　氏　　名
会計名

(1)分類及び細分類	(2)品目	(3) 令和　　年度末現在		(6) 令和　　年度間増減							(17) 令和　　年度末現在	
				(7) 増		(10) 減		(13) 差引		(16) 価格改定による増又は減		
		(4) 数量	(5) 価格	(8) 数量	(9) 価格	(11) 数量	(12) 価格	(14) 数量	(15) 価格		(18) 数量	(19) 価格
		個	円	個	円	個	円	個	円	円	個	円

備考

1　会計別に別葉とする。

2　この報告書の記入の方法は次による。

イ　(1)の欄は、物品の分類及び細分類を記入する。

ロ　(2)の欄は、財務大臣（法第１２条の財務大臣をいう。）が定める品目の区分により物品の品目を記入する。

ハ　(4)の欄及び(5)の欄は、報告対象年度の前年度末において物品管理官が管理する物品について、品目ごとにその数量及び価格の合計を記入する。

ニ　(8)の欄及び(9)の欄は、報告対象年度中に新たに物品管理官が管理することになった物品について、品目ごとにその数量及び価格の合計を記入する。

ホ　(11)の欄及び(12)の欄は、報告対象年度中に物品管理官が管理しないこととなった物品について、品目ごとにその数量及び価格の合計を記入する。

ヘ　(14)の欄及び(15)の欄は、(8)の欄及び(9)の欄の数量及び価格から(11)の欄及び(12)の欄の数量及び価格をそれぞれ差し引いた数量及び価格を記入する。この場合において差引減額のあるときは、その数字の左上部に△を付する。

ト　(16)の欄は、省令第３８条第４項の規定による価格の改定が行なわれた場合に、当該改正による価格の差引増減額を記入する。この場合において、差引減額のあるときは、その数字の左上部に△を付する。

チ　(18)の欄及び(19)の欄は、(3)、(14)及び(15)並びに(16)の欄の数量及び価格のそれぞれの合計を記入する。

別記様式第43（第46条関係）

検　査　書

検査年月日

年　　月　　日

会計名

官署名

検　査　員　官職　氏　　名

検査立会者　官職　氏　　名

物品の管理について、検査を実施したところ下記のとおりである。

記

検査の種類	
物品管理官等官職氏名	
検査対象期間（自）	年　　月　　日
検査対象期間（至）	年　　月　　日
検査結果	1．帳簿及び物品の計数について 2．物品の管理状況について 3．証拠書類について
その他参考事項	

陸上自衛隊の補給等に関する訓令

昭34・12・22隊訓72

最終改正　平27・10・1省訓39

目次

第1章　総則

（目的及び適用範囲）

第1条　この訓令は、陸上自衛隊における装備品、航空機及び食糧その他の需品（以下「装備品等」という。）の調達、保管、補給及び整備（以下「補給等」という。）並びにこれらに関する調査研究に関し、必要な事項を定めることを目的とする。

2　防衛出動、治安出動及び災害派遣の場合における補給等については、別に定めるもののほか、この訓令による。

3　海上自衛隊、航空自衛隊、防衛省本省の施設等機関、防衛監察本部、地方防衛局及び防衛装備庁に対する補給等の支援に関し必要な事項は、別に定める。

4　有償及び無償の供与品の調達に関し必要な事項（「日本国とアメリカ合衆国との間の相互防衛援助協定」に基く供与品の受領等に関する訓令（昭和30年防衛庁訓令1号）に規定する事項を除く。）は別に定める。

（用語の意義）

第2条　この訓令において用いる次の各号に掲げる用語の意義は、当該各号に示すとおりとする。

⑴　「需給統制」とは、装備品等の所要量を適切に決定し、決定された所要量に基づき必要な調達を行ない、もつて需給の均衡を図ることをいう。

⑵　「在庫統制」とは、部隊等が必要とする装備品等に係る所要に速やかに応じるため、在庫品を効率的に配分し、装備品等の在庫量を適正に維持することをいう。

(3) 「整備」とは、装備品等を常に良好な状態に維持し又は使用不能の装備品等を使用可能な状態に回復するため、点検、検査、試験、手入、給油、調整、修理、改造又は再生等を行なうことをいう。

(4) 「本部長」とは、補給統制本部長をいう。

(5) 「補給処」とは、陸上自衛隊北海道補給処、陸上自衛隊東北補給処、陸上自衛隊関東補給処、陸上自衛隊関西補給処及び陸上自衛隊九州補給処をいう。

(6) 「方面区」とは、各方面隊が担当するそれぞれの警備区域をいう。

(補給統制本部の統制業務)

第2条の2 処長は、補給等及びこれらに関する調査研究を実施するに当たつては、本部長の統制に従うものとする。この場合において、防衛大臣が、自衛隊法(昭和29年法第165号。以下「法」という。)第26条第3項ただし書の規定により方面総監に処長を指揮監督させるときは、当該方面総監は、その指揮監督する処長が本部長の統制に従うよう必要な措置を講ずるものとする。

2 本部長は、陸上自衛隊における補給等及びこれらに関する調査研究の実施に関し、処長に対して必要な指示を行い、また、処長から必要な報告を受けるものとする。

第2章 調達、保管及び補給

(補給カタログの作成)

第3条 陸上幕僚長又はその指定する者は、装備品等の名称、物品番号、取扱単位、規格、価格、耐用年数、消耗品及び非消耗品の別その他補給等の業務のせいいつな実施を図るため必要な事項を記載した補給カタログを作成するものとする。

(保有基準の設定)

第4条 陸上幕僚長又は本部長は、補給処、野整備部隊及び駐屯地業務隊(駐屯地業務隊が置かれていない駐屯地にあつては、駐屯地業務を行う部隊等。以下同じ。)(以下「補給整備部隊等」という。)が補給のため保有を要する装備品等の数量の基準として、保有基準を設定するものとする。

(需給統制)

第5条 陸上幕僚長は、主要装備品その他陸上幕僚監部において特に需給統制を必要とする品目(以下「陸幕統制品目」という。)について、陸上自衛隊全体の需給統制を行うものとする。

2 本部長は、陸幕統制品目以外のもので、陸上自衛隊として規格統一を必要とする品目又は補給統制本部において需給統制を必要とする品目(以下「補給統制本部統制品目」という。)について、陸上自衛隊全体の需給統制を行うもの

とする。

3　処長は、陸幕統制品目及び補給統制本部統制品目以外のもので、補給処において調達が可能であり、かつ、補給処において調達することを有利とする品目（以下「補給処統制品目」という。）について、当該補給処の所在する方面区内の需給統制を行うものとする。

4　本部長は、前項の規定にかかわらず、必要があると認める場合には、補給処統制品目について、陸上自衛隊全体の需給統制を行うことができる。

5　陸幕統制品目、補給統制本部統制品目及び補給処統制品目の細部は、陸上幕僚長が定める。

6　第1項から第3項までに掲げる品目以外のものの需給統制については、陸上幕僚長の定めるところにより、本部長及び処長以外の部隊等の長が行うものとする。

（調達の実施区分）

第6条　陸幕統制品目の調達は、陸上幕僚長の要求又は指示に基づき、防衛装備庁又は補給統制本部において実施する。

2　補給統制本部統制品目の調達は、補給統制本部において、又は本部長の指示に基づき補給処において実施する。

3　補給処統制品目の調達は、補給処において実施する。

4　陸幕統制品目、補給統制本部統制品目及び補給処統制品目以外の品目の調達は、陸上幕僚長が定める部隊等において実施する。

5　前各項に掲げる調達を当該各項に定める部隊等以外の部隊等において実施させる場合については、陸上幕僚長が定めるものとする。

（補給統制本部において行う調達の事務）

第6条の2　法第27条の3第1項に規定する法第26条第1項に規定する調達の事務のうち防衛大臣が定めるものは、調達品等に係る監督及び検査に関する訓令（昭和44年防衛庁訓令第27号）第10条第1項に規定する受領検査の事務（補給統制本部において受領される調達品等に係るものを除く。）以外の事務とする。

（調達実施要領）

第7条　陸上自衛隊における調達実施要領は、陸上幕僚長が定める。

（保管に関する基準の作成）

第7条の2　陸上幕僚長又は陸上幕僚長の定めるところにより本部長は、装備品等の保管に関する基準を作成するものとする。

（在庫統制）

第7条の3　陸上幕僚長は、陸幕統制品目のうち陸上幕僚長が定める品目（以下

「陸幕規制品目という。）について、陸上自衛隊全体の在庫統制を行うものとする。

2　本部長は、陸幕統制品目（陸幕規制品目を除く。次項及び第５項において同じ。）及び補給統制本部統制品目について、２以上の方面区の間の在庫統制を行うものとする。

3　処長は、陸幕統制品目、補給統制本部統制品目及び補給処統制品目について、各補給処の所在する方面区内の在庫統制を行うものとする。

4　陸上幕僚長が指定する部隊等の長は、陸幕統制品目、補給統制本部統制品目及び補給処統制品目以外の品目について、陸上幕僚長の定めるところにより、在庫統制を行うものとする。

5　本部長は、第２項又は第３項の規定にかかわらず、必要があると認める場合には、陸幕統制品目、補給統制本部統制品目及び補給処統制品目について、陸上自衛隊全体の在庫統制を行うことができる。

（補給担当区分）

第８条　補給処は、通常その所在地の属する方面区内に所在する部隊等に対する補給を担当するものとする。

2　補給統制本部、陸上自衛隊中央業務支援隊及び地理情報隊は、陸上幕僚長が定める品目について、全国に所在する部隊等に対する補給を担当するものとする。

3　野整備部隊の補給担当区分は、陸上幕僚長が定めるものとする。

4　駐屯地業務隊は、陸上幕僚長が定める品目について通常駐屯地に所在する部隊等に対する補給を担当するものとする。

（補給の系統）

第９条　装備品等の補給の系統は、通常次の各号のとおりとする。

(1)　使用部隊等は、陸上幕僚長の定めるところにより、補給整備部隊等から補給を受けるものとする。

(2)　駐屯地業務隊は、自ら調達するもののほか、陸上幕僚長の定めるところにより野整備部隊又は補給処から補給を受けるものとする。

(3)　野整備部隊は、その所在する方面区に所在する補給処又は本部長の指示を受けた補給処から補給を受けるものとする。

(4)　補給処は、自ら調達するもののほか、本部長の指示を受けた補給処から補給を受けるものとする。

（補給の方式）

第10条　補給は、陸上幕僚長が必要と認める場合を除き、補給を受ける部隊等からの請求に基づき実施する。

2　前項の請求数量の算定は、防衛大臣、陸上幕僚長又は本部長の定めた諸定数、諸基準に基づき行うものとする。

第３章　整備

（整備の類別）

第11条　部隊等に付与する整備上の任務及び責任を明らかにするため、整備を分けて部隊整備、野整備及び補給処整備の３種とする。

（整備の段階区分）

第12条　整備の範囲を技術的に分けて、第１段階整備から第３段階整備までの３段階（航空機及び航空機用機器（以下「航空機等」という。）の整備にあつては、第１段階整備から第５段階整備までの５段階）とする。ただし、段階区分を設ける必要がない装備品等についてはこの限りでない。

（整備の類別と段階区分との関係）

第13条　部隊整備とは、使用部隊等が自から実施する整備をいい、通常第１段階整備（航空機等の整備にあつては、第１段階整備及び第２段階整備）がこれに相当する。

2　野整備とは、野整備部隊が使用部隊等を支援するために実施する整備をいい、通常第２段階整備（航空機等の整備にあつては、第３段階整備）がこれに相当する。

3　補給処整備とは、補給処が実施する整備をいい、通常第３段階整備（航空機等の整備にあつては、第４段階整備及び第５段階整備）がこれに相当する。

（整備担当区分）

第14条　方面区内に所在する部隊等の装備品等（陸上幕僚長の定めるもの（航空機等を除く。）に限る。）の第３段階整備並びに航空機等の第４段階整備（陸上幕僚長の定めるものに限る。）及び第５段階整備は、本部長の指示に従い、補給処において実施するものとする。

2　方面区内に所在する部隊等の装備品等（航空機等を除く。）の第３段階整備（前項に規定するものを除く。）及び航空機等の第４段階整備（前項に規定するものを除く。）は、通常当該方面区内に所在する補給処が実施する。

3　方面区内に所在する部隊等の装備品等（航空機等を除く。）の第２段階整備及び航空機等の第３段階整備は、陸上幕僚長の定める担当区分により、通常当該方面区内に所在する野整備部隊が実施する。

4　駐屯地に所在する部隊等の被服その他需品の陸上幕僚長が定める範囲の整備は、通常当該駐屯地の駐屯地業務隊が実施するものとする。

（整備実施の原則）

第15条　部隊等は、整備の種類及び段階区分に従い整備を実施するものとする。ただし、必要に応じ、各類別に相当する整備の段階区分より下位の段階の整備を実施することができる。

2　部隊等は、その任務とする類別に相当する段階区分より上位の段階の整備については、当該担当の補給整備部隊等又は補給統制本部に整備の要求を行うものとする。ただし、陸上幕僚長が定めた場合はこの限りでない。

（外注整備）

第16条　補給処整備のうち、整備の要求が補給処の人員、機械器具、施設等の整備能力をこえるものについては、当該整備の実施を外注することができる。

2　部隊整備又は野整備のうち、特別の事由のあるものについては、陸上幕僚長の定めるところに従い、当該整備の実施を外注することができる。

（技術的基準の設定）

第17条　装備品等ごとの整備の段階区分及び修理、再生その他整備の技術的基準は、陸上幕僚長又は本部長が設定するものとする。

（改造の禁止）

第18条　装備品等の改造は、陸上幕僚長の定めるもののほか個人又は部隊等においてみだりに行なつてはならない。

第4章　業務等の検査

（補給整備検査）

第19条　補給整備検査は、補給等に関する業務の有効性及び能率性を検査、把握し、更にその改善向上に資することを目的とする。

2　陸上幕僚長又は部隊等の長は、定期又は臨時に補給整備検査を行うものとする。

（物品管理に関する検査との関係）

第20条　前条第２項の規定による補給整備検査は、物品管理法（昭和31年法律第113号）第39条の規定による物品管理の検査とあわせ実施するものとする。

（技術検査）

第21条　技術検査は、装備品等の使用可能度を判定し、将来の補給等の所要量を見積ることを目的とする。

2　陸上幕僚長は、検査すべき装備品等を指定して定期的に技術検査を行うものとする。

第5章　雑則

（履歴記録）

第22条　陸上幕僚長は、主要な装備品等の使用、整備等に関する履歴を明らかにするため履歴記録の様式、取扱要領等必要な事項を定め、装備品等を使用又は保管する部隊等の長に作成保管させるものとする。

（技術援助業務）

第23条　本部長及び補給整備部隊の長は、補給等の担当区分に従い、関係部隊等の長に所要の技術上の勧告、助言その他の援助を与えるものとする。

（委任規定）

第24条　この訓令に定めるもののほか、補給等及びこれらに関する調査研究の実施に関し、必要な事項は陸上幕僚長が定める。

附　則〔略〕

防衛省の図書管理に関する訓令

昭34・11・11庁訓60

最終改正　平27・10・1省訓39

（趣旨）

第1条　この訓令は、防衛省における図書の管理を適正かつ効率的に行うための必要な事項を定めるものとする。

（通則）

第2条　防衛省における図書の管理については、物品管理法（昭和31年法律第113号）、物品管理法施行令（昭和31年政令第339号）、物品管理法施行規則（昭和31年大蔵省令第85号。以下「省令」という。）、防衛省所管物品管理取扱規則（平成18年防衛庁訓令第115号。以下「物管訓令」という。）並びに他の法令に定めるもののほか、この訓令の定めるところによる。

（用語の意義）

第3条　この訓令において用いる次の各号に掲げる用語の意義は、当該各号に示すとおりとする。

(1)　幕僚長等　訓令第２条第２項第３号に規定する幕僚長等をいう。

(2)　各自衛隊等　訓令第２条第２項第４号に規定する各自衛隊等をいう。

(3)　図書　書籍、小冊子、逐次刊行物、地図（幕僚長等が指定するものを除く。）及びその他の図書館資料をいう。

(4)　図書分類　日本十進分類法により整理編成された分類（軍事科学部門、医学部門その他日本十進分類法により整理編成し難い部門の図書について、幕僚長等が分類法を定めた場合は、その方法により整理編成された分類を含む。）をいう。

(5)　請求記号　前号に定めるところにより分類された図書に与える分類番号及び同一分類番号の図書を区分してこれに与える図書記号とを組み合わせた記号をいう。

（分類及び区分）

第4条　図書の分類及び区分は、次のとおりとする。

分　類	区　分	説　　　　明
防衛用品	甲種図書	乙種図書以外の図書をいう。
	乙種図書	新聞、雑誌、官報、年鑑、職員録、教範類その他取得後直ちに供用することにより消耗する図書及び単価20,000円未満の図書（資料価値の高いものを除く。）をいう。

（請求記号等の標示）

第５条　物品管理官（分任物品管理官を含む。以下同じ。）は、物品出納官又は物品供用官をして、その保管し、又は供用する図書について、次の各号に示すところにより、請求記号等の標示をさせなければならない。

(1)　甲種図書　登録番号、請求記号を付与し、図書蔵書印を押捺し、甲種である標示をする。

(2)　乙種図書　甲種図書に準じて処理し、乙種である標示をする。

ただし、雑誌、教範類及び100ページ以下の小冊子については、表紙に受入の標示をすれば足りる。

（整理カード）

第６条　物品管理官（幕僚長等の指定する物品管理官を除く。以下次条において同じ。）は、図書の整理のため、次条各号に掲げる事項及び登録番号等を記入する事務用基本カードその他幕僚長等が必要と認める整理カードを作成するものとする。

（図書目録）

第７条　物品管理官は、図書の効率的利用を図るため、その管理する図書（職員厚生経費をもつて取得した図書を除く。）について、毎会計年度ごとに、次の各号に掲げる事項を記載した図書目録を作成し、防衛省本省の内部部局の内部組織に関する訓令（平成19年防衛庁訓令第53号）第５条に規定する図書館長に提出するものとする。

(1)　編著者名

(2)　書　名

(3)　出版地

(4)　出版者

(5) 出版年
(6) ページ数
(7) 大きさ
(8) 請求記号

(図書の一元的管理)

第8条 幕僚長等は、各自衛隊等における図書の一元的管理を図らなければならない。

第9条 削除

(管理換)

第10条 各自衛隊等と国立国会図書館との間の管理換については、貴重図書又はこれに準ずるものの管理換の場合を除き、物管訓令第18条の規定にかかわらず、あらかじめ防衛大臣の承認があつたものとして管理換することができる。

2 防衛装備庁における図書の管理換は、防衛装備庁長官の定めるところによるものとする。

(管理換協議書の作成省略)

第11条 各自衛隊等又は防衛装備庁において作成した乙種図書を教育、試験、研究又は調査等のため他の各自衛隊等又は防衛装備庁に配布するため管理換する場合は、管理換協議書の作成を省略することができる。

(相互貸借)

第12条 防衛省の職員が防衛省以外の国の機関から図書の貸出を受けようとするときは、国立国会図書館中央館及び支部図書館資料相互貸出し及び送信規則(昭和61年国立国会図書館規則第8号)によつて行う。

2 防衛省図書関係機関間の相互貸借については、別に定めるところによる。

(貸出)

第13条 図書を借り受けた者は、これを転貸してはならない。

2 次の各号に掲げる場合は、貸出期間中であつても直ちに返還しなければならない。

(1) 図書の貸出を受けた者が退職し、又は転任等身分に異動があつたとき。
(2) 貸出期間を超えて出張又は欠勤するとき。
(3) 図書の返還を求められたとき。

(不用の決定の基準)

第14条 物品管理官は、その管理する図書(公文書等の管理に関する法律(平成21年法律第66号)第2条第4項に規定する行政文書に該当するものを除く。)が次の各号のいずれかに該当すると認めるときは、当該図書について、不用の決定をすることができる。

⑴　供用の必要がなくなつた図書で、管理換又は分類換により活用の図れないもの。

⑵　はなはだしく汚染又は破損して供用のできなくなつたもの。

⑶　修理又は改造のできないもの。

⑷　経費が新規購入費を上回り、修理又は改造することが不利又は不適当なもの。

（廃棄の基準）

第15条　物品管理官は、前条の規定により不用の決定をした図書について、次の各号のいずれかに該当すると認めるときは、廃棄することができる。

⑴　売払うことにより国の事務又は事業の秘密が漏れるおそれのある場合

⑵　社会通念上売り払うことが適当でない場合

⑶　不要図書類の売払価格が売払に要する費用に満たない場合

（廃棄の措置）

第16条　物品管理官は、図書を廃棄しようとするときは、物品出納官又は物品供用官をして、焼却、破棄その他適切な措置を講じさせなければならない。

（帳簿）

第17条　物品管理官、物品出納官及び物品供用官の設ける帳簿は、次のとおりとする。

⑴　物品管理簿（甲）　物品管理官の管理する甲種図書について、その異動を記入する。

⑵　物品管理簿（乙）　物品管理官の管理する乙種図書について、その異動を記入する。

⑶　物品出納簿　物品出納官の保管する図書について、その異動を記入する。

⑷　物品供用簿（甲）　物品供用官の供用にかかる甲種図書について、その異動を記入する。

⑸　物品供用簿（乙）　物品供用官の供用にかかる乙種図書について、その異動を記入する。

（委任規定）

第18条　この訓令の実施に関し必要な事項は、幕僚長等が定める。

附　則〔略〕

陸上自衛隊補給管理規則

平19・1・9達71―5

最終改正　令6・3・8達71―5―24

目次

別紙第１　管理官指定官職表の細部事項表
第２　代行機関設置申請書
第３　物品管理区分細部区分
第４　複合器材の管理の特例
第５　需給統制品目区分の区分基準表
第６　消耗品表
第７　部隊整備定数
第８　二次品目保有基準表
第９　補給の系統
第10　請求補給の優先順位
第11（その１）標準品目等指定（指定変更）上申書
第11（その２）防衛省規格等制定（改正）上申書
第11の２　緊急の必要により地方調達に係る大臣報告
第12　請求・異動票
第13　直接交換票
第14（その１）受渡証（甲）・過不足明細書
第14（その２）受渡証（乙）
第15（その１）不用決定する物品の区分
第15（その２）不用決定承認区分表
第16　不用決定申請書
第17　不用決定等報告書
第18　無償貸付及び譲与等承認区分表
第19　管理換の承認権者、命令権者及び範囲
第20　陸上自衛隊以外の国の機関との一時管理換の承認権者
第21　国有財産に編入する通信電子器材の範囲
第22　弁償責任裁定権者及びその範囲
第23（その１）証明記録
第23（その２）代替等物品番号記録票
第23（その３）管理簿(1)
第23（その４）管理簿(2)
第23（その５）品名等表示票
第24　送り状
第25　在庫調整報告書
第26（その１）糧食納品書・(受領）検査調書

第26（その２）　納品書・（受領）検査調書
第27　受領書
第28　返品書・材料使用明細書
第29（その１）　請求実績記録簿
第29（その２）　品名等表示票（請求実績記録簿用）
第30　請求・異動票台帳
第31　証書台帳
第32　補給整備検査実施基準
第32の２　管理官番号等の付与基準
第33　物品管理官公印
第34　代行機関の印
別冊第１　補給管理細部事務処理要領
第２　補給カタログの作成要領
第３　特殊な物品の細部手続

第１章　総則

（趣旨及び適用範囲）

第１条　この達は、陸上自衛隊（自衛隊情報保全隊、自衛隊体育学校、自衛隊中央病院、陸上幕僚長の監督を受ける自衛隊地区病院及び自衛隊地方協力本部を含む。以下同じ。）における物品の補給管理に必要な基準及び手続を定めるものとする。

２　航空機の補給管理は、陸上自衛隊所属国有財産（航空機）取扱規則（陸上自衛隊達第78―２号（42.３.３））に定めるもののほか、この達による。

３　供与品の補給管理は、陸上自衛隊供与品取扱規則（陸上自衛隊達第71―２号（35.１.８））に定めるもののほか、この達による。

（定義）

第２条　この達において次の各号に掲げる用語の意義は、当該各号に定めるところによる。

(1)　陸上総隊司令官等　陸上総隊司令官、方面総監及び防衛大臣直轄部隊等の長をいう。

(2)　使用部隊等　物品を保有し、これを使用する部隊等をいう。

(3)　業務隊等　駐屯地業務隊及び駐屯地業務隊を設置しない駐屯地において駐屯地業務を行う部隊等をいう。

(4)　野整備部隊　第２段階（３類別３段階）又は第３段階（３類別５段階）の整備支援（二次品目、補給カタログ等及び特殊な物品の補給を含む。）を担任する部隊をいう。

(5)　野整備部隊等　野整備部隊及び武器教導隊をいう。

(6)　補給整備部隊等　補給処、陸上自衛隊中央業務支援隊、地理情報隊、野整備部隊及び業務隊等をいう。

(7)　主品目　補給カタログ型式Ｆ—１「補給管理品目表」に示す品目をいう。

(8)　二次品目　主品目の部品、附属品及び構成品並びにその他の資材をいう。

(9)　規制品目　供給の不足する品目、高価な品目、取扱いに高度の技術を必要とする品目等で、陸上幕僚長又は方面総監が補給を特に規制するものをいう。

(10)　補給用品　補給整備部隊等が補給のために保管している物品をいう。

(11)　自隊用品　使用部隊等が保有している物品をいう。

(12)　過剰品　第20条に規定する定数等を超えて保有又は保管している物品をいう。

(13)　余剰品　過剰品のうち、需給統制権者が供用の目的のために必要とする数量を超えると認めた物品をいう。

(14)　使用不能品　そのままの状態では本来の供用の目的に使用できない物品をいう。

(15)　初度部品　主要な装備品について有事所要を基礎として品目数量を定め、装備状況に応じ、部隊等が常に保有又は保管する部品をいう。

(16)　保有基準　補給整備部隊等が保管する補給用品の数量の基準をいい、安全基準及び操作基準からなる。

(17)　安全基準　補給整備部隊等において、補給用品の継続的補給の中断又は予想外の所要量の増加に対し、補給を継続するために必要な数量を日又は月数等をもって示した基準をいう。

(18)　操作基準　補給整備部隊等において、補給用品の請求（入荷）から次の請求（入荷）までの間、補給を継続するために必要な数量を日又は月数をもって示した基準をいう。

(19)　再請求点　補給整備部隊等において、補給用品の在庫数量と受入予定数量の合計が、それ以下に減少した場合に請求を行うことと定めた保管基準量を示すものをいう。

(20)　需要率　補給整備部隊等において、被請求実績、使用部隊等の定数及び需要変動の状況等を勘案して算出した単位期間当たりの予想所要量をいう。

(21)　初度補給　新（改）編部隊等に対し、未充足の物品を初めて補給すること、又は新たに定数等を設けた場合にその充足のため物品を初めて補給することをいう。

(22) 交換補給　使用不能品と引き換えに使用可能品を補給することをいう。
(23) 転用　本来の供用の目的に使用できないもの又は本来の供用の目的に使用する必要のないものを、他の目的に使用することをいう。
(24) AOCP　飛行不能の状態にある航空機を飛行可能にするため緊急に必要とする部品が生じた状態をいう。
(25) 類別　物品を分類、識別して、その特性を明らかにするとともに、物品に品目名及び物品番号を付与することをいう。
(26) 補給カタログ　補給等の業務をせい一に行うため、物品の品目名、品名、物品番号、価格、耐用年数及び定数等並びにその他補給管理上必要な資料を記載したものをいう。
(27) 標準化　物品の種類又は仕様を統一又は単純化することをいう。
(28) ３類別３段階　陸上自衛隊の補給等に関する訓令（昭和34年陸上自衛隊訓令第72号。以下「補給隊訓」という。）第12条に規定する整備の段階区分が３段階の場合をいう。
(29) ３類別５段階　補給隊訓第12条に規定する整備の段階区分が５段階の場合をいう。

（東部方面区内における適用の特例）

第３条　この達において、補給処長と方面総監又は方面区内の部隊等の長との間における補給等業務について定めた事項は、東部方面区内にあっては、陸上自衛隊中央業務支援隊長（以下「中央業務支援隊長」という。）と東部方面総監又は東部方面区内の部隊等の長との間における補給等業務について適用するものとする。

２　前項の補給等業務に必要な事項を定め又は指示等を行うよう規定された事項を実施する場合は、東部方面総監と中央業務支援隊長は相互に協議するものとする。

第２章　物品管理機関等

第１節　各級指揮官等の業務

（陸上幕僚長）

第４条　陸上幕僚長は、次の各号に掲げる業務を行う。
(1)　定数等の設定
(2)　物品の区分の決定並びに区分換の承認及び実施
(3)　陸幕統制品目の需給統制の実施
(4)　調達基本計画の作成
(5)　保管基準の作成

(6) 亡失又は損傷に係る弁償責任の裁定
(7) 物品の類別又は標準化のための資料の提出
(8) 補給カタログ型式F—1補給管理品目表（以下「補給カタログF—1」という。）の制定
(9) その他陸上自衛隊の補給管理上必要とする事項

（方面総監）

第5条 方面総監は、次の各号に掲げる業務を行うものとする。
(1) 充足基準の設定
(2) 方面隊の調達補給計画の作成
(3) 隷下部隊等の長が行う需給統制及び在庫統制の指導
(4) 装備品及びその他主要な物品の現況把握
(5) 物品の管理換の命令又は承認
(6) 亡失又は損傷に係る弁償責任の裁定
(7) その他方面隊の補給管理上必要とする事項

（陸上総隊司令官、師団長、旅団長及び団長）

第6条 陸上総隊司令官、師団長、旅団長及び団長は、次の各号に掲げる業務を行うものとする。
(1) 充足基準の設定
(2) 隷下部隊長が行う物品の請求、受領、保管、交付及び後送等に関する指導
(3) 装備品及びその他主要な物品の現況把握
(4) 物品の管理換の命令又は承認
(5) 亡失又は損傷に係る弁償責任の裁定
(6) その他陸上総隊、師団、旅団又は団の補給管理上必要とする事項

（連隊長、群長及び大隊長等）

第7条 自隊用品の分任物品管理官たる連隊長、群長及び大隊長等は、次の各号に掲げる業務を行うものとする。
(1) 物品の請求、受領、保管、交付及び後送等の実施
(2) 部隊等統制品目の需給統制及び在庫統制の実施
(3) 部隊整備定数の設定
(4) 物品の管理換の協議、申請及び実施
(5) 不用決定の申請及び実施
(6) 亡失又は損傷等に係る報告及び弁償責任の裁定
(7) 管理簿及び証書等の作成及び管理
(8) 隷下部隊長が行う物品の請求、受領及び返納等に関する指導

(9) その他の連隊、群、大隊等の補給管理上必要とする事項

2 分任物品管理官に指定されていない連隊長、群長及び大隊長等は、次の各号に掲げる業務を行うものとする。

(1) 隷下部隊長の行う物品の請求、受領及び返納等に関する指導

(2) 物品の現況把握

(3) その他連隊、群、大隊等の補給管理上必要とする事項

(中隊長等)

第8条 分任物品管理官たる中隊長等は、前条第1項第1号から第7号までの事項及びその他中隊等の補給管理上必要とする事項を行うものとする。

2 分任物品管理官に指定されていない中隊長等は、通常第13条に規定する取扱主任に指定され、次の各号に掲げる業務を行うものとする。

(1) 物品の請求、受領及び返納等の実施

(2) 使用職員に対する物品の使用法等の指導及び点検

(3) 請求実績記録簿及び個人被服簿等の備付け及び記録整理

(4) 過剰品、使用不能品及び回収品の返納

(5) その他中隊等の補給管理上必要とする事項

(補給統制本部長)

第9条 補給統制本部長は、次の各号に掲げる業務を行うものとする。

(1) 装備品等及び役務の調達実施に関する訓令(昭和49年防衛庁訓令第4号。以下「調達実施訓令」という。)別表に掲げる品目(役務を含む。以下「防衛装備庁調達品目」という。)及び調達実施訓令第6条の規定により調達を行う場合における装備品等及び役務の調達要求書の作成

(2) 装備品等の標準化に関する訓令(昭和43年防衛庁訓令第33号。以下「標準化訓令」という。)第14条第3項及び第5項に規定する物品の仕様書の作成

(3) 調達基本計画案及び陸上幕僚長が設定する充足基準の案の作成

(4) 陸幕統制品目に係る調達補給計画の作成

(5) 陸幕統制品目の在庫統制の実施(陸幕規制品目は、陸上幕僚長の指示に基づき実施)

(6) 物品の類別又は標準化のための資料の作成

(7) 支援担当品目に係る次の業務

ア 需給統制の実施及び保有基準の設定

イ 調達補給計画の作成

ウ 保管基準の作成

エ 請求の受理及び管理換の命令又は承認

オ　不用決定の承認
カ　現況把握
キ　被支援部隊等に対する技術援助
ク　補給カタログの作成及び配布
ケ　その他補給統制本部の補給管理上必要とする事項
(8)　自隊用品に関する業務
2　補給統制本部長は、関東補給処長に対し前項第７号に掲げる業務に関する物品の受領、保管及び交付等の指示を行うものとし、その細部事項は、補給統制本部長が定めるものとする。
3　補給統制本部長が行う自隊用品に関する業務は、第７条第１項の規定を準用する。
（補給整備部隊等の長）
第９条の２　補給整備部隊等の長は、次の各号に掲げる業務を行うものとする。
(1)　支援担当品目に係る次の業務
ア　需給統制及び在庫統制の実施
イ　調達補給計画の作成
ウ　不用決定の申請、承認及び実施
エ　現況把握
オ　管理簿及び証書等の作成及び管理
カ　被支援部隊等に対する技術援助
キ　その他補給整備部隊等の補給管理上必要とする事項
(2)　自隊用品に関する業務
2　中央業務支援隊長及び地理情報隊長は、前項各号に掲げる業務のほか、補給カタログの作成及び配布を行うものとする。
3　補給整備部隊等の長が行う自隊用品に関する業務は、第７条第１項の規定を準用する。

第２節　物品管理職員等の設置基準

（物品管理官の指定等）
第10条　防衛省所管物品管理取扱規則（平成18年防衛庁訓令第115号。以下「管理訓令」という。）別表第２(2)陸上自衛隊の分任物品管理官（以下「管理官」という。）の事務の範囲欄において、陸上幕僚長が定めることとされている指定部隊及び指定する管理官並びに指定物品及び当該指定物品に係る管理官は、別紙第１のとおりとする。
2　部隊等の長は、分任物品管理官代理（以下「管理官代理」という。）が指定されていない隷下部隊等の管理官が管理訓令第11条に該当することとなった場合は、管理官代理の指定を受ける者の階級氏名、代理をする期間及びその理由を明らかにして、順序を経て陸上幕僚長に上申するものとする。

（代行機関の設置）

第11条 管理官は、物品管理法施行令（昭和31年政令第339号。以下「政令」という。）第９条第５項に規定する代行機関を設置する必要があると認めた場合は、管理訓令別表第３の基準に基づき、順序を経て陸上幕僚長に申請書（別紙第２）を提出するものとする。この場合、次の各号に掲げる部隊等における代行機関に充てる官職の範囲基準は、当該各号に定めるとおりとする。

⑴ 連隊、群、大隊及びこれに準ずる部隊等　第４科長又はこれに準ずる幹部

⑵ 学校及び病院　補給管理の事務を担当する部長又は課長

⑶ 教育訓練研究本部　総合企画部長又は総合企画部の各課長

⑷ 補給統制本部　総務部長及び試験室長

⑸ 補給処　部長（電計課長を含む。ただし、補給処支処にあっては部長、課長又は科長及び工場長）

⑹ 補給処以外の補給整備部隊等　補給管理の事務を担当する幹部

２ 管理官が代行機関に事務を処理させようとするときは、次の各号に掲げる範囲の事務から指定するものとする。

⑴ 第38条に規定する物品の管理に関する計画又は第20条に規定する定数等に基づく物品の調達要求並びに補給統制本部及び補給整備部隊等に対する請求に係る事務

⑵ 命令、承認、協議又は前号の計画若しくは定数等に基づく物品の異動に係る事務

⑶ 使用職員（取扱主任を含む。以下同じ。）に対する物品の供用等に係る事務

⑷ 管理官が不用決定を行った物品の処分に係る事務

⑸ 管理官が貸付、寄託、寄附受、譲与、譲渡又は借受を決定した物品の処置に係る事務

⑹ 物品の現況調査に係る事務

⑺ 物品の整備要求に係る事務

３ 管理官は、第１項により設置した代行機関について、これに充てる官職又は処理させる事務の範囲を変更する必要を認めた場合は、第１項に準じて申請するものとする。

（物品出納官及び物品供用官）

第12条 物品出納官は、管理訓令第９条の規定に該当する場合のほか設置しない

ものとする。

2　物品供用官は、設置しないものとする。

（取扱主任）

第13条　管理官は、通常中隊及びこれに準ずる部隊等の単位ごと、使用職員のうち物品の補給管理の事務を行う者（以下「取扱主任」という。）を指定するものとする。

2　管理官は、前項により定めた取扱主任の事務の一部を必要により自ら行い、又は特定の取扱主任に行わせることができる。

第３章　物品の区分、区分換及び分類換

（使用目的別区分）

第14条　物品の使用目的による区分（以下「使用目的別区分」という。）は次の各号に掲げるとおりとする。

(1)　装備品　編制表に掲げる品目及びこれに準ずるもの

(2)　訓練用品　教育訓練に必要とするもの

(3)　庁用品　一般庁用事務に必要とするもの

(4)　通信用品　実用基地通信及び情報処理に必要とするもの

(5)　営舎用品　駐屯地における隊員の生活及び駐屯地施設の維持運営に必要とするもの

(6)　衛生用品　医療及び保健衛生に必要とするもの

(7)　厚生用品　隊員の福利厚生活動に必要とするもの

(8)　弾薬類

(9)　被服

(10)　燃料

(11)　糧食

(12)　部品等

(13)　修理保管用品　補給整備部隊等における修理及び保管に必要とするもの

(14)　雑品　その他前各号の区分に属さないもの

（物品管理区分）

第15条　物品の管理の区分（以下「物品管理区分」という。）は次の各号に掲げるとおりとする。

(1)　火器

(2)　車両

(3)　誘導武器

(4)　化学器材

⑸　施設器材
⑹　通信電子器材
⑺　航空器材
⑻　需品器材
⑼　衛生器材
⑽　弾薬類
⑾　被服
⑿　燃料
⒀　糧食
⒁　医薬品
⒂　出版物
⒃　地図
⒄　その他

2　物品管理区分の細部区分は、別紙第3のとおりとし、品目の細部は、補給カタログF—1により示す。

3　複合器材（2個以上の主品目によって構成される器材をいう。）は、各構成品目を努めて同一の物品管理区分に属させるものとする。ただし、品目の特性により管理上の特例として扱うものの細部は、別紙第4のとおりとする。

（需給統制区分）

第16条　物品の需給統制区分の基準は、別紙第5のとおりとし、品目別の区分は、補給カタログに示す。

（その他の区分）

第17条　物品は、その状態により、使用可能品及び使用不能品に、使用可能品は新品及び古品に、使用不能品は修理可能品及び修理不能品に、修理不能品は転用可能品及び廃品に区分する。

2　消耗品に区分される物品の範囲は、別紙第6によるほか、補給カタログに示す。

（区分の決定）

第18条　管理官は、物品を取得した場合は直ちに、第14条、第15条及び第17条第2項に基づく区分を決定するものとする。

（区分換）

第19条　管理官は、主品目について第14条及び第15条第1項の区分の変更（以下「区分換」という。）を必要とする場合は、数量、金額、区分換の理由等を明らかにして、順序を経て陸上幕僚長に申請するものとする。ただし、余剰品は、この限りではない。

2　補給用品である二次品目の区分換は、需給統制を行う者（以下「需給統制権者」という。）の承認によるものとする。

3　管理官が修理不能品について転用のための区分換を必要とする場合は、第1項にかかわらず第68条の規定する不用決定承認権者の承認を得て行うものとする。

4　管理官が第1項ただし書きの区分換を実施した場合及び不用決定承認権者が前項の規定に基づき区分換を承認した場合において、当該物品が第70条に定める不用決定報告（通知）の対象物品と同一のものであるときは、同報告に含めて報告又は通知するものとする。（装計定第6号・衛定第8号）

（分類換）

第19条の2　管理官は、物品の効率的な供用又は処分のため分類換する必要があると認めるときは、物品分類換承認申請書（管理訓令別記様式第2）を順序を経て陸上幕僚長に提出するものとする。

第4章　補給管理の基準

第1節　定数等

（定数等）

第20条　部隊等が物品を保有し、又は調達、請求若しくは交付等を行う場合は、通常次の各号に掲げる定数又は基準（以下「定数等」という。）によるものとする。

(1)　主品目

ア　装備品は、編制表に示す定数（以下「編制定数」という。）による。

イ　装備品以外の主品目（以下「備品」という。）は、別に示す備付基準又は補給カタログに示す定数（以下「備品定数」という。）による。

ウ　編制定数又は備品定数を適用できない品目は、充足基準表に示す数量（以下「充足基準数」という。）による。充足基準表は、通常毎年度示す。

(2)　二次品目

ア　使用部隊等における二次品目は、別紙第7に示す部隊整備定数による。

イ　補給整備部隊等における補給用品は、別紙第8に示す二次品目保有基準表の数量による。

ウ　部隊等又は個人が一定期間に消費できる基準（以下「消費基準」という。）の定めがある消耗品（部品を除く。）は、当該基準に示す数量による。

(3)　前各号のほか、特殊な物品の定数等については、別冊第3に定めるところによる。

（保管品目の選定）

第21条 補給整備部隊等が保管する品目の選定基準は、次の各号に掲げる部隊等において、当該各号に定めるとおりとする。

(1) 野整備部隊（航空器材は、中部方面ヘリコプター隊第３飛行隊、第109飛行隊、第15ヘリコプター隊、航空学校、航空学校分校及び飛行実験隊を含む。以下本条、第22条、第51条、第59条、第65条及び第66条において同じ。）及び業務隊等

ア 被支援部隊等が保有する部隊整備定数の品目

イ 被支援部隊等から過去１年間におおむね３回以上の被請求実績があった品目

ウ 初度部品として示された品目

(2) 補給処

ア 野整備部隊及び業務隊等の保管品目

イ 被請求実績のあった品目のうち補給処長が必要と認める品目

ウ 初度部品として示された品目

(3) 補給統制本部

ア 補給統制本部が直接補給を担当する野整備部隊の保管品目

イ 補給処の保管品目

ウ 補給統制本部長が必要と認める品目

エ 陸上幕僚長が特に示す品目

2 補給整備部隊等の長は、前項に定めるほか、次の各号に掲げる品目を保管することができる。

(1) 経済的数量を勘案して調達する品目

(2) 新規に装備される主品目の部品で、使用開始後１年以内に使用するものとして取得した品目

(3) 支援担当の補給整備部隊等の長又は方面総監が指示した品目

（保管品目表等の作成）

第22条 使用部隊等の長は、方面総監の定めるところにより、部隊整備定数表を作成し、備え付けるとともに、支援担当の補給整備部隊等の長に送付するものとする。

2 野整備部隊の長及び業務隊等の長は、方面総監の定めるところにより、補給処長及び補給統制本部が直接補給を担当する野整備部隊の長は、補給統制本部長の定めるところにより、年度ごとにそれぞれ保管品目表を作成し、備え付けるとともに、支援担当の補給処長又は補給統制本部長に送付又は報告するもの

とする。

3　補給統制本部長及び補給整備部隊等の長は、必要と認めた場合に被支援部隊等から送付又は報告された部隊整備定数表又は保管品目表を修正させることができる。

（取扱主任の部品等の保有）

第23条　使用部隊等の取扱主任は、定数等の定めのない部品及び資材（以下「部品等」という。）を通常1か月の予想所要量を基準として保有することができる。

2　第2段階（3類別3段階）、第3段階（3類別5段階）以上の整備を行う部隊等の取扱主任は、整備実績から算出した部品等を次の各号に定めるところにより保有することができる。

(1)　3類別3段階の整備を行う野整備部隊等の整備を担任する部隊は、野整備支援のための部品等（以下「野整備支援用部品」という。）の2か月分を基準とする。

(2)　3類別5段階の整備を行う野整備部隊の整備隊等及び陸上自衛隊整備規則（陸上自衛隊達第71—4号（52.12.24）。以下「整備規則」という。）に定めるところにより上位段階整備を実施できる部隊等は、2か月分を限度とする。

(3)　補給処の整備工場は、補給処長の定める必要最小限の数量とする。

（防衛出動等の特例）

第24条　部隊等は、自衛隊法（昭和29年法律第165号、（以下「隊法」という。））第6章に規定する行動（当該行動を迅速かつ適切に実施するための準備行為を含む。）を命ぜられた場合には、定数等を超えて調達、請求交付等を行うことができる。

第2節　補給担当区分

（補給担当区分）

第25条　補給統制本部及び補給整備部隊等の補給担当区分は、次の各号に定めるところによる。

(1)　補給統制本部は、補給処及び特定の部隊等に対し、陸幕統制品目及び補給統制本部統制品目の補給を担当する。

(2)　補給処は、当該方面区内に所在する野整備部隊等、業務隊等及び使用部隊等に対し、補給統制本部及び中央業務支援隊から補給を受けた品目並びに補給処統制品目の補給を担当する。

(3)　野整備部隊は、方面総監が指定する野整備部隊、使用部隊等に対し、整備支援対象物品に係る二次品目、補給カタログ等（整備規則に定める整備諸基準及びこれに準ずるものを含む。以下同じ。）及び特殊な物品の補給を担当する。

(4) 業務隊等は、当該駐屯地に所在する部隊等及び方面総監の指定する地方協力本部に対し、前号により野整備部隊が補給を担当する二次品目以外の二次品目及び補給カタログ等並びに次に掲げる品目の補給を担当する。

ア　訓練用品及び庁用品等のうち出版物

イ　衛生用品のうち消耗品

ウ　厚生用品

エ　弾薬類

オ　被服

カ　燃料

キ　糧食

ク　営舎用品のうち消耗品

ケ　築城資材（偽装網を含む。）

(5) 中央業務支援隊は、補給処（関東補給処を除く。）、中央病院、地方協力本部及び東部方面区内の業務隊等に対し、出版物の補給を担当する。

(6) 地理情報隊は、防衛大臣直轄部隊等、師団施設大隊及び方面総監の指定する部隊等に対し、地図の補給を担当する。

2　方面総監は、当該方面区内の野整備部隊、使用部隊等に対する補給整備部隊等の補給担当区分の細部を定めるものとする。

3　国際緊急援助活動等に従事する部隊及び国際平和協力業務等に従事する部隊に対する補給統制本部及び補給整備部隊等の補給担当区分は、別に示すところによる。

4　防衛出動、治安出動、災害派遣等において、特に必要な場合、補給統制本部及び補給整備部隊等は第1項に定めるもののほか、別に定めるところにより、補給を担任することができる。

（補給の系統）

第26条　補給の系統は、別紙第9のとおりとする。ただし、ホーク品目（高射特科群及び高射学校（隷下部隊を含む。）の保有する物品のうち別に示す品目をいう。）は、別に示すところによる。

2　国際緊急援助活動等に従事する部隊、国際平和協力業務等に従事する部隊、在外邦人等保護に従事する部隊及び在外邦人等輸送に従事する部隊に対する補給の系統は、別に示すところによる。

第3節　補給の方式等

（補給の方式）

第27条　補給の方式は、推進補給及び請求補給とし、次の各号に掲げる品目は、推進補給により、その他の品目は、請求補給により行うものとする。

(1)　初度補給の品目

(2)　第39条に規定する調達補給計画等に示す品目

(3)　編制定数、備品定数又は充足基準数の不足分のうち陸幕統制品目

(4)　補給統制本部及び補給処が在庫調整を行う品目

(5)　備蓄用とする品目

(6)　第47条に規定する補給受経費適用品目として取得する品目

(7)　その他別に示す品目

（請求補給の優先順位）

第28条　請求補給による場合の優先順位の区分は、別紙第10のとおりとする。

（規制品目の指定）

第29条　陸上幕僚長の定める規制品目（以下「陸幕規制品目」という。）は、補給カタログF—1により示す。

2　方面総監が規制品目を指定した場合は、補給統制本部長に通知するものとする。

第４節　類別、補給カタログ及び標準化

（類別資料等の作成）

第30条　補給統制本部長は、装備品等の類別に関する訓令（昭和37年防衛庁訓令第53号。以下「類別訓令」という。）に基づく類別資料等の作成対象品目を選定するものとする。

2　補給統制本部長は、類別訓令に基づく類別資料等を作成し、その都度陸上幕僚長に提出するものとする。（装計定第１号）

3　類別資料等を作成するための対象品目等は、補給統制本部長に対し、年度業務計画により示す。

4　補給統制本部長は、類別訓令第３条第１項ただし書の規定により、使用することができる品目識別、品目の属する分類区分、物品番号及び補助品名に代わるものを定めるものとする。

第31条　削除

（補給カタログの種類）

第32条　補給カタログの種類は、次の各号に掲げるとおりとする。

(1)　型式Ａ　全品目表

(2)　型式Ｂ　セット内容品目表

⑶　型式Ｃ　部隊整備定数表

⑷　型式Ｄ　野整備及び補給処整備用部品基準表

⑸　型式Ｅ　部品表

⑹　型式Ｆ　補給管理用目録

ア　型式Ｆ―１　補給管理品目表

イ　型式Ｆ―２、３……（各種）補給管理資料

（補給カタログの作成及び制定等）

第33条　補給カタログＦ―１は、陸上幕僚長が制定を、補給統制本部長、中央業務支援隊長及び地理情報隊長が作成を担当するものとし、その他の補給カタログは、補給統制本部長が制定及び作成を担当するものとする。

２　補給カタログの作成対象品目、種類、作成時期及び担当部隊等は、年度業務計画により示す。

３　補給カタログの細部は、別冊第２に定めるところによる。

（標準品目等案及び防衛省仕様書案の作成等）

第34条　補給統制本部長は、標準化訓令第４条に規定する標準品目、試用品目又は非標準品目（以下「標準品目等」という。）に指定する案（以下「標準品目等案」という。）及び同第13条に規定する防衛省仕様書の案（以下「防衛省仕様書案」という。）を作成し、その都度陸上幕僚長に提出するものとする。（装計定第２号・衛定第４号）

２　標準品目等案及び防衛省仕様書案を作成するための品目の範囲及び作成の時期等は、補給統制本部長に対し別に示す。

３　部隊等の長は、標準品目等の指定の変更又は追加及び防衛省仕様書の変更又は新規制定の必要を認めた場合には、別紙第11により順序を経て陸上幕僚長に上申するとともに、補給統制本部長に通知するものとする。

（防衛省規格の変更又は制定の上申）

第35条　部隊等の長は、標準化訓令第19条に規定する防衛省規格について変更又は新規制定の必要を認めた場合には、前条第３項に準じ上申及び通知を行うものとする。

（試用品目等の使用実績報告）

第36条　標準化訓令第６条に規定する試用品目の試用を命ぜられた部隊等の長は、使用実績をその都度陸上幕僚長に報告するものとする。（装計定第３号・衛定第５号）

２　標準化訓令第16条第３項の規定により、陸上幕僚長から使用の実績を求められた部隊等の長は、その都度報告するものとする。

（共通及び個別仕様書の作成）

第37条 補給統制本部長は、調達に際し、防衛省仕様書によることができない場合、陸上自衛隊としての仕様書の統一を図る必要が認められる物品は、共通仕様書（調達しようとする物品又は役務について共通する仕様を記載したものをいう。以下同じ。）及び個別仕様書（調達しようとする物品又は役務の個々について、その仕様を記載したものをいう。以下同じ。）を作成するものとする。

2 前項の仕様書を作成するための仕様の大綱及び作成の時期等は、補給統制本部長に対し、別に示す。

3 部隊等の長は、共通及び個別仕様書について記載事項の変更又は新規作成の必要を認めた場合は、別紙第11により順序を経て陸上幕僚長に上申するとともに、補給統制本部長に通知するものとする。

第5章 補給業務

第1節 物品の管理に関する計画等

（物品の管理に関する計画）

第38条 管理訓令第15条の規定に基づく「物品の管理に関する計画」は、次の各号に定めるとおりとする。

⑴ 陸上幕僚長たる物品管理官に係る計画は、装備及び業務支援計画（陸上自衛隊の年度業務計画運営規則（陸上自衛隊達第11—1号（28.3.29））に規定する業務別計画の装備及び業務支援計画のうち物品の取得に関する部分をいう。）及び調達基本計画（調達実施訓令第9条の規定により作成する調達基本計画をいう。）とする。

⑵ 管理官に係る計画は、需給統制権者が通常四半期ごとに作成する調達に関する計画とする。

（調達基本計画）

第38条の2 補給統制本部長は、陸上幕僚長の示すところにより、前条第1号に規定する調達基本計画の案を作成し、陸上幕僚長に提出するものとする。

2 陸上幕僚長は、前項の調達基本計画の案を踏まえ、調達基本計画を作成し、防衛装備庁長官、各方面総監、会計監査隊長及び補給統制本部長に送付する。

（調達補給計画等）

第39条 補給統制本部長は、年度業務計画、調達基本計画及び充足基準に基づき、陸幕統制品目及び補給統制本部統制品目について調達、補給及びその他の管理換の計画（以下「調達補給計画」という。）を作成するとともに、調達補給計画のうち年度及び四半期の補給及びその他の管理換の計画を、陸上総隊司令官等に通知する。

2　陸上総隊司令官等は、必要に応じて調達補給計画を作成し、隷下部隊等の長に指示するものとする。
3　需給統制権者は、必要に応じて調達補給計画を作成し、被支援部隊等の長に示すものとする。

（部隊等統制品目）

第40条　部隊等統制品目の需給統制は、当該経費の示達又は配分を受けた業務隊等の長、野整備部隊の長、又は使用部隊等の長たる管理官が行うものとする。ただし、陸上総隊司令官等は、業務経費に係る部隊等統制品目のうち業務隊等において需給統制を行うことを有利とする品目は、当該業務隊等の長に需給統制を行わせることができる。

第2節　調達

（調達実施の委託）

第41条　補給処長は、補給統制本部及び他の補給整備部隊等において物品を調達することが有利と認める場合には、当該物品の調達を委託することができる。ただし、補給処長が他の補給処長に調達を委託するときは、補給統制本部長の承認を受けるものとする。

（調達要求手続等）

第42条　防衛装備庁に対する調達要求手続等は、調達実施訓令、標準化訓令、調達調整会議規則（昭和29年防衛庁訓令第25号）、調達品等に係る監督及び検査等に関する訓令（昭和44年防衛庁訓令第27号）、有償援助による調達の実施に関する訓令（昭和52年防衛庁訓令第18号）及び陸上幕僚監部における装備品等及び役務の調達に関する事務取扱規則（陸上幕僚監部達第71—３号（49.４.１））によるものとする。
2　補給統制本部長は、別に示すところにより、防衛装備庁調達品目の調達要求書を作成し、調達要求（契約履行の途中における協議を含む。）の手続を行うものとする。ただし、物品以外の装備品等、物品以外の装備品等の修理等及びその他の役務の調達要求の手続を除く。
3　補給統制本部長は、有償援助に係る引合書の請求依頼書（直接発注方式のものを除く。）を作成し、陸上幕僚長に提出するものとする。また、出荷促進が必要な場合には、出荷促進依頼書を作成し、陸上幕僚長に提出するものとする。
4　陸上総隊司令官等は、当該部隊等における調達要求手続等を定めるものとする。
5　中央業務支援隊長は、陸上幕僚監部及び市ヶ谷駐屯地に所在する部隊等に係る部隊等統制品目の調達要求を行うものとする。

（仕様書の作成）

第43条 管理官は、調達要求を行う場合に、第37条及び標準化訓令第14条第２項に規定する仕様書によることができないときは、その都度仕様書を作成するものとする。ただし、他の管理官に調達を委託する場合は、仕様の大綱を示して仕様書の作成を委託することができる。

２ 補給統制本部長は、標準化訓令第14条第３項及び第４項に規定する仕様書（陸上幕僚長が作成するものを除く。）を作成するものとする。

３ 前項の仕様書を作成するための仕様の大綱及び作成の時期等は、補給統制本部長に対し別に示す。

４ 仕様書の作成要領は、別に示す。

（調達要領指定書の作成）

第44条 管理官は、調達に当たり調達要求書を補足する細部資料（以下「調達要領指定書」という。）が必要な場合は、別に示すところにより作成し、契約等担当職員に提出するものとする。

（調達の特例）

第45条 調達実施訓令第４条及び第５条第１項の規定に基づき部隊等において防衛装備庁調達品目の調達を行う場合は、陸幕統制品目にあっては別に示すところにより、補給統制本部統制品目にあっては補給統制本部長が計画するところにより行うものとする。

２ 前項に規定するほか管理官は、補給統制本部統制品目及び補給処統制品目のうち任務遂行上急を要する物品で、在庫がなく、かつ、補給を受けるいとまがないものについては、当該物品の需給統制権者の承認を得て必要最小限の数量を調達することができる。この場合、調達を行った管理官は、速やかに補給統制本部長及び支援担当の補給整備部隊等の長に報告又は通知するものとする。

３ 隊法第６章に規定する行動（当該行動を迅速かつ適切に実施するための準備行為を含む。）を命ぜられた場合、緊急に調達が必要な際は、前項に示す需給統制権者の承認を得ることなく必要最小限の数量を調達することができる。この場合、調達を行った管理官は、速やかに補給統制本部長及び支援担当の補給整備部隊等の長に報告又は通知するものとする。

（防衛装備庁調達品目の調達実施報告）

第46条 前条の規定により防衛装備庁調達品目の調達を行った管理官は、調達要求１件の金額が150万円以下のものを除き、速やかに別紙第11の２により順序を経て陸上幕僚長に報告するものとする。（装計定第５号・衛定第７号）

（補給受経費適用品目の調達等）

第47条 補給統制本部長及び中央業務支援隊長が行う補給受経費適用品目の調達

等は、次の各号に掲げるところにより行うものとする。

(1)　補給統制本部長及び中央業務支援隊長は、陸上自衛隊経費取扱規則（陸上自衛隊達第13—1号（42.2.18））第12条に基づき送付された補給受計画等により補給受経費適用品目の調達所要量を算定し、調達及び補給を行うものとする。

(2)　補給統制本部長及び中央業務支援隊長は、前号の調達所要量を算定する場合に、陸上総隊司令官等と協議の上、必要により補給受計画等を修正することができる。

（生産）

第48条　需給統制権者は、部内において生産することが調達を行うより有利と認める場合は、物品を生産し、補給用品とすることができる。

第3節　請求

（物品の請求）

第49条　物品の請求は、第26条に規定する補給統制本部及び補給担当の補給整備部隊等に対して行うものとする。

（請求の区分）

第50条　請求は、定期請求と臨時請求に区分する。

2　定期請求は、補給統制本部長及び補給担当の補給整備部隊等の長が定める時期に行い、臨時請求は、在庫数量及び受入予定数量の合計が再請求点以下になった場合又は定期請求日まで待つことができない場合に行うものとする。

（請求要領等）

第51条　物品の請求は、請求・異動票（別紙第12）により行うものとする。ただし、次項の電報による場合を除く。

2　補給の優先順位の緊急又は至急に該当する請求及び次項による請求は、電報又は電話により行うことができる。電報による場合は、請求票の様式中、必要な事項を明らかにして請求するものとし、また電話による場合は、直ちに請求票を送付するものとする。

3　AOCPに起因する請求（以下「AOCP請求」という。）は、次の各号に該当し、支援担当の野整備部隊に当該部品の在庫がない場合に行うものとし、使用部隊等が直接補給統制本部に請求するとともに、請求票の写を陸上幕僚長に提出するものとする。（航定第1号）

(1)　災害派遣及び地震防災派遣を行う場合

(2)　旅団級以上の演習を行う場合

(3)　航空学校（分校を含む。）において教育上重大な支障があると認められる場

合

(4)　その他前各号に準ずる場合で陸上総隊司令官等が特に必要と認めた場合

4　補給統制本部長、中央業務支援隊長及び地理情報隊長は、被支援部隊等との間における請求実施の細部要領を定め関係部隊等に指示又は通知するものとする。

（請求票の有効期限）

第52条　請求票の有効期限は、当該請求票を補給統制本部及び補給整備部隊等が受領した日から１箇年とする。ただし、補給統制本部統制品目にあっては補給統制本部長、補給処統制品目及び部隊等統制品目にあっては陸上総隊司令官等が必要に応じ延長又は短縮することができる。

（請求数量の算定要領）

第53条　保有基準が設定されている品目の請求数量の算定要領は、次の表に定めるところによる。

<table>
<tr><th>項目
区分</th><th>算定式</th><th>備考</th></tr>
<tr><td>定期請求により請求を行う場合</td><td>請求数量＝（請求目標＋払出予定数量）—（在庫数量＋受入予定数量）</td><td rowspan="2">(1)　請求目標＝需要率×（保有基準＋請求入荷期間）
(2)　再請求点数量＝需要率×（安全基準＋請求入荷期間）
(3)　請求入荷期間は、補給統制本部長及び補給整備部隊等の長（業務隊等の長を除く。）が被支援部隊等ごとに設定し、指示又は通知するものとする。</td></tr>
<tr><td>再請求点により請求を行う場合</td><td>請求数量＝請求目標－再請求点数量</td></tr>
</table>

2　前項以外で定数等のある品目の請求数量は、通常次の算定要領によるものとする。

請求数量＝（定数等＋払出予定数量）－（保有（保管）数量＋受入予定数量）

3　定数等の定めのない品目の請求数量は、必要最小限の数量とする。

第４節　交付及び輸送

（交付の系統）

第54条　物品の交付は、第26条に規定する補給系統により行うものとする。ただし、補給統制本部長及び補給整備部隊等の長は、補給速度、輸送経費及び保管設備等の状況から必要と認める場合は、交付の系統を変更することができる。

（交換補給）

第55条　方面総監は、主品目の稼（か）動を維持するため、補給整備部隊等に交換補給用の物品（以下「整備予備」という。）を指定して保管させ、整備要求があった物品の整備が遅延すると予想される場合に整備予備を補給させることができる。ただし、補給統制本部統制品目を整備予備として指定する場合には、補給統制本部長と協議して、その品目数量を定めるものとする。

2　方面総監は、補給速度等の向上を図るため、野整備部隊に所要の物品を保管させ、これと直接被支援部隊等の要整備品とを交換して補給（以下「直接交換補給」という。）させることができる。直接交換補給の業務は取扱主任が、直接交換票（別紙第13）を使用して行うものとする。

（供用の要領）

第56条　供用は、第14条に定める区分に従い、定数等に基づいて行うものとする。

2　管理官は、訓練演習等、国際緊急援助活動等及び国際平和協力業務等のため臨時に必要とする物品は、定数等にかかわらず、その供用数を一時変更することができる。

3　管理官は、物品を使用職員に供用のため交付する場合は、請求・異動票（別紙第12）又は受渡証（別紙第14）を使用して行うものとし、その使用区分は、別冊第1第10条に規定するとおりとする。

（供用の特例）

第57条　管理官又は取扱主任が保管し又は保有する物品を、当該管理官の管理する事務の範囲外の防衛省の部隊等又は個人に対し使用させる必要が生じた場合は、陸上総隊司令官等の定めるところにより、これを供用することができる。ただし、非消耗品は、1か月以内に返還を条件とする場合に限るものとする。

（輸送担当区分）

第58条　物品の補給等に伴う輸送は、発送部隊等が担当するものとする。ただし、方面総監は、地域の特性、輸送能力、輸送の緊急度、輸送訓練等を勘案して受領部隊等に輸送を担当させることができる。

2　秘密物件及び緊急又は至急に該当する請求に係る物品の輸送は、発送及び受領部隊等がその都度相互に協議して担当を定めるものとする。

3　AOCP請求に係る物品の輸送は、受領部隊等が空輸等により担当することができる。

第5節　在庫調整

（在庫調整の範囲）

第59条 補給統制本部長及び補給処長は、必要に応じ次の各号に掲げる品目について、被支援補給整備部隊等間の在庫調整を行うものとする。

(1) 補給統制本部長 陸幕統制品目（陸幕規制品目は、陸上幕僚長の指示に基づき実施）、補給統制本部統制品目及び補給処統制品目

(2) 補給処長 方面総監の定めるところにより、陸幕統制品目（陸幕規制品目を除く。）、補給統制本部統制品目及び補給処統制品目

（在庫調整の指示の要領）

第60条 補給統制本部長及び補給処長は、在庫調整の指示を、異動票（別紙第12）の送付（電子計算機（以下「電算機」という。）による処理を含む。）又は電報により行うものとする。

第6節 受領

（受領の要領）

第61条 物品を受領する場合は、第89条に規定する証書により数量及び状態等を確認するものとする。この場合、包装に内容数量の表示のあるものは、当該表示数量をもって受領数とすることができる。

（寄附受け）

第62条 管理官は、物品の寄附についての申出があった場合は、その内容を審査の上、寄附受けが適当と認めるときは、1件20万円未満の物品を寄附受けすることができる。

（契約不適合の処理）

第63条 管理官は、受領した防衛装備庁調達品目のうち管理訓令第28条に規定する契約不適合に該当し、かつ、担保期間内にある物品（以下「契約不適合物品」という。）があった場合は、別に示すところにより処理するものとする。

（事故処理の責任）

第64条 物品の異動において、証書に記載された品目、数量及びその他に異状を認めた場合は、次の各号に定めるところにより事故処理を行うものとする。

(1) 受領部隊等の長は、直ちに受領時の状況を調査し、事故の原因が受領前に発生したものであると認める場合は、その事故の内容及びその他必要な事項を記載した事故説明書を当該証書に添付して発送部隊等の長に通知する。ただし、物品が受領部隊等に到着して2週間以上を経過したものは、当該受領部隊等の長において事故処理を行う。

(2) 発送部隊等の長は、前号の通知に基づき発送前の状況を調査し、その原因が発送部隊等にある場合は、その事故処理を行う。

(3) 原因が不明の場合は、発送及び受領部隊等の長が相互に協議して事故処理

を行う。

2　事故の責任が部外の輸送機関にある場合は、陸上自衛隊貨物船舶輸送規則（陸上自衛隊達第98―1号（35.1.26））、陸上自衛隊鉄道輸送規則（陸上自衛隊達第98―6号（13.3.23））及び輸送役務調達実施規則（陸上自衛隊達第98―3号（39.1.8））により事故処理を行うものとする。

第7節　後送、回収及び処分

（後送）

第65条　物品の後送は、次の各号に掲げる部隊等が、当該各号に定める品目及び数量を第26条に規定する補給の系統に従い、補給整備部隊等に対して行うものとする。ただし、整備のための後送は、整備規則に定めるところによる。

⑴　使用部隊等　過剰品及び使用不能品（陸幕規制品目を除く。）

⑵　野整備部隊及び業務隊等　部隊等統制品目を除く補給用品の在庫数量が、請求目標の2倍を超えた場合に当該品目の超過数量

⑶　補給処　陸幕統制品目及び補給統制本部統制品目の過剰品

2　管理官は、物品を後送する場合には、事前に支援担当の補給整備部隊等の長と調整するものとする。

3　使用部隊等は、特に理由のある場合を除き、後送する物品について事前に部隊整備を行うものとする。

（回収）

第66条　廃油、金属くず類、交換済部品、材料その他の物品で供用又は転用が可能なもの、あるいは、売払い価値のあるもの並びに特別な処理を行わなければ公害の発生するおそれのあるものは回収するものとする。

2　前項により回収された物品のうち、需給統制権者が指定する回収指定品目は、第26条に規定する補給の系統に従い補給処又は野整備部隊に、その他の物品は、業務隊等に後送するものとする。

（不用決定及び不用決定承認の基準）

第67条　管理官が不用決定を行う場合及び承認権者が不用決定を承認する場合は、次の各号に掲げる物品のうち、管理換又は区分換若しくは転用により活用を図れない物品について行うものとし、その細部は、不用決定する物品の区分（別紙第15（その1））のとおりとする。

⑴　供用することができない物品

⑵　供用する必要のない物品

⑶　修理又は改造に多額の費用を要する物品

2　取得が困難な物品又は不用決定を行うことにより業務に著しく支障を来す物

品は、前項各号の基準にかかわらず不用決定は行わないものとする。

（不用決定申請等）

第68条 管理官が、管理訓令第29条第２項第１号に規定する品目を不用決定する場合は、不用決定承認申請書（管理訓令別記様式第８）を作成し、審査に必要な資料を添付して順序を経て陸上幕僚長へ提出するものとする。ただし、陸幕統制品目以外の物品は、当該物品の需給統制権者を経由して申請するものとする。

2　管理官が、不用決定承認区分表（別紙第15（その２））に掲げる品目を不用決定する場合は、不用決定申請書（別紙第16）を作成し、審査に必要な資料を添付して順序を経て同表に定める承認権者に申請するものとする。ただし、陸上幕僚長の承認を必要とするもののうち陸幕統制品目以外の物品は、当該物品の需給統制権者を経由して申請するものとする。

3　承認権者は、前項により送付された不用決定申請書を審査し、不用決定及び処分の予定の適否について申請者に通知するものとする。

4　承認権者が、供用することができない物品及び供用する必要のない物品について不用決定を指示した場合は、あらかじめ当該承認権者の承認があったものとして不用決定を行うことができる。

（不用決定後の事務処理）

第69条 管理官が、自ら又は承認に基づき不用決定を行った場合は、受払書又は受領書により諸記録を整理するものとする。

（不用決定後の報告又は通知）

第70条 不用決定を行った管理官又は不用決定の承認をした方面総監若しくは補給統制本部長及び補給処長は、次の各号に掲げる品目にあっては当該各号に定める者に対し、報告又は通知するものとする。

(1)　陸幕統制品目のうち、補給カタログＦ―１に示す品目　陸上幕僚長

(2)　補給統制本部統制品目のうち、補給統制本部長の指定する品目　補給統制本部長

(3)　補給処統制品目のうち、補給処長の指定する品目　補給処長

2　前項の報告又は通知の要領は、次の各号に定めるとおりとする。

(1)　承認を要しない不用決定を行った管理官は、前条に規定する受払書又は受領書の写しを、不用決定の承認を行った方面総監は、不用決定承認の写しをその都度支援担当の補給処長に送付する。

(2)　補給処長は、前号の通知のあったもの及び自ら不用決定又は不用決定の承認を行ったものを取りまとめ、四半期ごとに不用決定等報告書（別紙第17）

を作成し、当該四半期経過後30日以内に補給統制本部長に提出する。

(3) 補給統制本部長は、前号により報告のあったもの及び自ら不用決定又は不用決定の承認を行ったものを取りまとめて四半期ごとに不用決定等報告書（別紙第17）を作成し、当該四半期経過後60日以内に陸上幕僚長に提出する。ただし、第４四半期の不用決定等報告書には、過去１箇年分を集計して提出する。（装計定第６号・衛定第８号）

（有償貸付）

第71条 管理官が、管理訓令第32条の規定に基づき単価50万円以上の物品の有償貸付を行う場合は、貸付の理由、品名、数量、貸付価格、貸付期間、相手方、使用方法、隊務に及ぼす影響、その他参考事項等を明らかにして順序を経て陸上幕僚長の承認を受けるものとする。

（自衛隊法に基づく無償貸付）

第72条 隊法第116条の規定に基づく無償貸付は自衛隊法施行規則（昭和29年総理府令第40号）第89条に規定する需品の貸付権者たる管理官が、同規則第90条から第95条までの規定に従い行うものとする。

（省令に基づく無償貸付等）

第73条 防衛省所管に属する物品の無償貸付及び譲与等に関する省令（昭和33年総理府令第１号。以下「無償貸付省令」という。）第２条及び第13条に規定する無償貸付並びに第８条、第９条及び第14条に規定する譲与等は、別紙第18に定める委任を受けた者が、それぞれ委任を受けた範囲について行うものとする。ただし、陸上総隊司令官等又はその指定する部隊等の長は、指揮下の管理官が無償貸付省令第13条の規定に基づき物品の貸付を行う場合には所要の統制を行うことができる。

2 管理官が行う無償貸付省令第６条の規定に基づく申請書は、順序を経て陸上幕僚長に提出するものとする。

3 管理官は、無償貸付省令第２条第２号の規定に基づき、単価100万円以上又は評価額１件500万円以上の物品の無償貸付を行った場合は、貸付の理由、品名、数量、貸付期間及び貸付の相手方等を記載した報告書を陸上幕僚長に提出するものとする。（装計定第７号・衛定第19号）

4 管理官が行う無償貸付省令第14条に基づく物品の譲与は、災害の被害者が市町村その他の公共機関（以下この項中「市町村等」という。）の救助が受けられず当該物品の譲与を受けなければその生命身体が危険であると認められる場合に限り実施するものとする。市町村等の救助開始後は、市町村等の長と協議し、市町村等に対する無償貸付として取扱い、じ後、返還を受けるものとする。

（官給）

第73条の2　管理官は、契約に基づき物品の官給（物品の生産、試験、実験、工事、改造及び修理等のため物品を契約の相手方に引き渡し、契約の履行に直接使用することをいう。）を行うことができる。

第8節　物品管理計算証明等

第74条及び第75条　削除

（物品管理計算証明等のための報告）

第76条　管理官は、物品管理計算証明等のための資料の報告を別冊第1第25条に規定する要領により行うものとする。

第6章　管理事務

第1節　管理換等

（陸上自衛隊内の管理換等）

第77条　管理官は、次の各号に掲げる場合に陸上自衛隊内の管理換を行うことができる。

(1)　物品の管理に関する計画及び第39条第1項に規定する調達補給計画に基づく場合

(2)　定数等の充足を行う場合

(3)　後送を行う場合

(4)　区分換に伴う場合

(5)　在庫調整を行う場合

(6)　部隊等統制品目及び補給受経費適用品目の管理換を必要とする場合

2　管理官は、規制品目である補給用品を除き陸上自衛隊内の一時管理換を行うことができる。

3　前各項に掲げる管理換以外の陸上自衛隊内の管理換は、別紙第19に定める管理換の承認権者若しくは命令権者の承認又は命令によるものとする。

4　管理訓令第33条に規定する管理換物品引渡通知書については、異動票（別紙第12。電算機による処理を含む。）の様式をもってこれに代えるものとする。

（陸上自衛隊以外の国の機関との管理換）

第78条　管理官が管理訓令第18条第2項第1号に規定する管理換を行う場合は、物品管理換承認申請書（管理訓令別記様式第5）に同意を得た物品管理換協議書（管理訓令別記様式第4。管理訓令第17条ただし書に該当する管理換は、これに類する書類）の写しを添え、順序を経て陸上幕僚長に提出するものとする。

2　前項の規定は、管理官が陸上自衛隊と各自衛隊等（陸上自衛隊を除く。）間で国産品の管理換を行う場合に準用するものとする。ただし、次項及び第4項の規定に基づく管理換を除く。

3　管理官が一時管理換を行う場合は、別紙第20に定める承認権者の承認を受けるものとする。ただし、その期間が1か月以内のものは、この限りでない。

4　管理官が次の各号に掲げる物品の管理換を行う場合は、管理換の承認を要しないものとする。ただし、第2号及び第3号で管理訓令第18条第2項第1号に該当する場合を除く。

(1)　計画又は協定に基づく整備支援のための物品

(2)　余剰品

(3)　相互融通対象装備品等

(4)　その他、別に示す物品

5　管理訓令第17条に定める管理換の協議は、通常管理官が行うものとする。

（物品の異動）

第79条　物品の異動は、第89条に規定する証書により行うものとする。

2　物品管理職員は、証書を確認して物品の受入れ及び払出しを行い、管理簿をその都度整理するものとする。

3　物品の異動に係る細部の事務処理要領は、別冊第1第5条から第13条に定めるとおりとする。

（証書等の押印）

第80条　請求票又は証書（受渡証を除く。）には、管理官が公印を押印するものとする。ただし、代行機関が事務処理を行う場合は、陸上自衛隊の部隊等に送付する請求票又は証書に限り、当該代行機関が押印することにより公印の押印を省略することができる。

2　電算機処理される請求票又は証書に対する管理官等の公印は、陸上自衛隊内に限り、第104条第1項に示す管理官番号等を当該証書等の作成時に印字することにより省略することができる。

3　陸上自衛隊内の証書等に限り押印を省略することができる。なお、陸上自衛隊以外との場合には、相互調整によるものとする。

（国有財産編入等）

第81条　国有財産（不動産及びその従物をいう。以下同じ。）から物品に編入（以下「物品編入」という。）する場合、又は物品を国有財産に編入（以下「国有財産編入」という。）する場合の処理は、次の各号に定めるところによる。

(1)　物品編入（部隊等が国有財産に施行した工事の発生材及び地方防衛局長又は同支局長の実施した工事の発生材で、協議の結果部隊等において処分することを決定したものを含む。）及び国有財産編入に伴う物品の受入れ払出しは、その都度別に定める場合を除き、当該国有財産の所在する業務隊等の長たる管理官が行い、受入れの場合の物品の区分は、発生材の再使用の用途及び処分に応じ管理官が決定する。

(2)　工事に伴い通信電子器材について国有財産編入を行う場合の基準は、別紙第21に示すとおりとする。

(3)　工事以外で施設器材である営舎用品及び前号に示す通信電子器材以外の物品について国有財産編入を行う場合は、陸上幕僚長の承認を得る。

2　物品編入又は国有財産編入に伴う立会検査の責任者は陸上幕僚長又は方面総監の指定する場合のほか、業務隊等の物品管理職員とする。

（航空機編入等）

第82条　物品を国有財産たる航空機に編入（以下「航空機編入」という。）する場合、又は国有財産たる航空機及びその従物を物品に編入する場合の処理は、航空機の保有部隊等の長と管理官が協議して行うものとする。ただし、航空野整備部隊の長及び関東補給処長は自ら処理することができる。

（部隊移動等に伴う手続）

第83条　部隊等が移動する場合は、次の各号に掲げる処置を行うものとする。

(1)　部隊移動に関する管理運用規則（陸上自衛隊達第53―1号（35.1.8））第10条に規定する携行物品以外の物品は、業務隊等に後送する。

(2)　移動により、携行物品について管理官が変わる場合は、管理換の手続を行う。ただし、管理簿に払出しの整理が行われている物品は、証書による受入れ、払出しの整理を省略することができる。

2　個人が移動する場合の携行物品についての手続は、別冊第3第2章に定めるとおりとする。

第2節　亡失損傷

（物品の亡失、損傷）

第84条　物品の亡失及び損傷に係る手続は、別冊第1第21条及び第22条に規定するとおりとする。

（裁定権者）

第85条　使用職員が物品を亡失又は損傷した場合における弁償責任の裁定権者及び裁定の範囲は、別紙第22に定めるとおりとする。

（物品管理職員の弁償責任に関する意見の提出）

第86条　陸上総隊司令官等が隷下部隊等に所属する物品管理職員について別冊第1第22条の規定による物品亡失（損傷等）報告書（管理訓令第34条第8項第1号に該当する亡失又は損傷に限る。）を提出する場合は、弁償責任に関する意見を当該報告書に添付するものとする。

第３節　諸記録

（管理簿）

第87条　管理簿（電算機処理を行う品目に係るものを除く。）の様式は、別紙第23に定めるとおりとする。

２　電算機処理を行う品目に係る管理簿の様式は、別冊第１第19条に規定するところによる。

（管理簿整理の特例）

第88条　補給整備部隊等は、送り状（別紙第24）により受払整理を行う物品に係る管理簿を作成することなく、当該送り状のつづりをもって管理簿に代えることができる。

（証書）

第89条　物品の異動に使用する証書は、管理訓令第40条に規定する各種証書のほか、異動票、送り状（別紙24）、受渡証（甲）・過不足明細書（別紙第14（その１））、受渡証（乙）（別紙第14（その２））、在庫調整報告書（別紙第25）、糧食納品書・（受領）検査調書（別紙第26（その１））、納品書・（受領）検査調書（別紙第26（その２））、受領書（別紙第27）、返品書・材料使用明細書（別紙第28）、受払書及び別冊第３に定める糧食払出票及び交付集計票とする。

２　管理訓令第40条に規定する証書のうち、糧食納品書・（受領）検査調書、納品書・（受領）検査調書、受領書及び返品書・材料使用明細書の様式は、別紙第26から別紙第28までに定めるとおりとし、受払書の作成を必要とする場合には異動票の様式をもってこれに代えるものとする。

（請求実績記録簿）

第90条　管理官は、第93条第５号の規定により管理簿の記録を省略した消耗品及び部品のうち、使用実績及び在庫数量を把握する必要のある物品は、取扱主任に請求実績記録簿（別紙第29）を備え付け記録させるものとする。

（過不足明細書）

第91条　管理官は、その管理する物品のうち、補給カタログ等に内容品又は構成品として示されている非消耗品について、過不足がある場合には、その過不足品名及び数量を受渡証（甲）・過不足明細書（別紙第14（その１））（電算機処理を行う場合を含む。）に記録するものとする。

（台帳）

第92条　管理官は、物品の異動と管理簿との関係を明らかにするため、次の各号に掲げる台帳を備え付けるものとする。ただし、電算機処理を行う場合は別冊

第１第19条に規定するところによる。

⑴　請求・異動票台帳（別紙第30）

⑵　証書台帳（別紙第31）

（諸記録の記載要領等）

第93条　管理簿及びその他の諸記録の記載要領等は、次の各号に定めるとおりとする。

⑴　物品の物品番号、主品目番号、品目名、品名及び耐用年数等は、補給カタログに示すとおりとする。ただし、補給カタログのないものは、それぞれの仕様書又は取扱書等による。

⑵　管理官が非消耗品を主品目の内容品等として又は整備のため供用する場合は、記録整理上消耗品として扱う。

⑶　映画フィルム、幻燈フィルム、磁気テープ類及びディスク類で、ソフトとして購入したもののうち50,000円以上のものは非消耗品とする。また、ネガフィルムの整理及び保管は、陸上自衛隊映像写真業務規則（陸上自衛隊達第96―９号（52.12.24））第10条に規定するところによる。

⑷　秘密区分のある管理簿及びその他諸記録の取扱いは、秘密保全に関する達（陸上自衛隊達第41―２号（19.７.30））及び特定秘密の保護に関する達（陸上自衛隊達第41―８号（26.12.８））に規定するところによる。

⑸　取得（管理換により物品を受領する場合を含む。）後、比較的速やかに供用することを通例とする生鮮食料品、部品、薬品、新聞、定期刊行物及び図書等で、保存を目的としない物品に係る異動は、管理簿の記録を省略することができる。

⑹　前各号のほか諸記録の記載要領の細部は、別冊第１第14条から第20条の規定及び補給統制本部長が示す補給整備等関係細部処理要領に定めるところによるものとする。

（諸記録の保存）

第93条の２　諸記録の保存期間は、当該諸記録を作成した日の属する年度の翌年度から起算して５年間（基準）とするも、細部は陸上自衛隊標準文書保存期間基準による。ただし、供与物品の諸記録のうち帳簿及び別に示す証書の保存期間は30年間とする。

（特別会計に係る物品の管理簿等の区分）

第93条の３　特別会計により取得した物品の管理簿及び納品書・（受領）検査調書は、特別会計により取得した物品の帳簿及び証書である旨を記載するものとする。

第７章　検査等

（補給整備検査等の要領）

第94条　部隊等の長は、補給整備検査実施基準（別紙第32）に基づき当該部隊等及び隷下部隊等に対し、補給整備検査を行うものとする。ただし、ホーク関係部隊等に対するホーク品目の補給整備検査は、別に示すところによる。

２　補給統制本部長は、補給処における陸幕統制品目及び補給統制本部統制品目の補給等業務について必要と認める場合は、関係方面総監と調整して、所要の調査を行うことができる。

３　陸上幕僚長が部隊等の補給等業務について計画する総合的調査は、別に示す。

（管理検査の要領）

第95条　管理訓令第45条第１項第２号及び第３号に掲げる者が行う物品の管理行為の検査（以下「管理検査」という。）は、次のとおりとし、実施者は、自ら又は検査員を命じて行うものとする。

実　施　者	検　査　範　囲
陸上幕僚長	１　防衛大臣直轄部隊等の長たる管理官に係る物品 ２　富士学校管理部長に係る物品
陸上総隊司令官、方面総監、師団長、旅団長、教育訓練研究本部長、団長、中央情報隊長、警務隊長、中央輸送隊長、学校長及び補給処長	隷下部隊等の管理官に係る物品。ただし、方面総監は会計監査隊長、同方面分遣隊長又はその指定する者に委嘱して行うことができる。

２　陸上幕僚長の行う管理検査は、通常会計監査に含めて行い、陸上総隊司令官等の行う管理検査は、補給整備検査と併せて行うものとする。

（検査結果の処置）

第96条　受検した部隊等の長及び管理官は、検査で指摘された問題点について速やかに改善を図るものとする。

２　検査を行った部隊等の長は、検査結果に基づく問題点について当該業務の改善を図るものとする。この場合、上級部隊等の長の施策を必要とする事項は、所要の意見を提出するものとする。

（現況調査）

第97条　管理官は、管理する物品について現物確認による調査（以下「現況調査」という。）を計画的に行うものとする。

２　管理官は、次の各号に掲げる場合に、臨時に現況調査を行うものとする。

(1) 在庫数量と帳簿数量とに不符合を認めた場合
(2) 盗難、紛失及びそれらの徴候を認めた場合
(3) 職務上の上級者から命ぜられた場合
(4) 前各号のほか、管理官が特に必要と認めた場合

3 現況調査の結果、在庫数量と帳簿数量に不符合を認めた場合は、現況調査を命ぜられた者は、速やかに在庫調整報告書を作成し、管理官に提出するものとする。

4 管理官は、当該在庫調整報告書に基づき、管理簿の現在高を整理するものとする。

（点検）

第98条 管理官又は管理官の指名する者は、使用職員が転出入をする都度その保有する物品の点検を行うものとする。

第８章 電算機による業務処理

（電算機による業務手続）

第99条 電算機による補給管理に必要な業務の手続は、この達に基づき行うものとする。

2 電算機による処理要領の細部については、補給統制本部長が示す補給整備等関係細部処理要領に定めるところによるものとする。

（新規業務等の処理）

第100条 新規業務等の処理を１箇年以上にわたり実施する場合は、陸上幕僚長に申請するものとする。

（補給統制本部長の技術援助）

第101条 補給統制本部長は、電算機処理業務について陸上幕僚監部の業務を支援するとともに方面隊に対して技術的な援助を行うものとする。

第９章 雑則

第102条 削除

（残務処理）

第103条 管理官が廃止される場合の諸記録は、当該管理官が方面総監の隷下部隊等である場合は方面総監の指定する管理官が、その他の部隊等である場合は陸上幕僚長又は陸上幕僚長の指定する管理官が管理検査終了後保存するものとする。

（管理官番号等）

第104条 管理官を表示するための番号（以下「管理官番号」という。）及び電算機処理に係る部隊等番号は、別紙第32の２により、補給統制本部長が別に示す

ところによるものとする。

2　特に必要と認める場合、前項の管理官番号は、管理官に対し、これに加え複数の管理官番号を示すことができる。

（印章等）

第105条　物品管理職員が使用する印章は、次の各号に定めるとおりとする。

(1)　物品管理官及び管理官にあっては、別紙第33に示す公印

(2)　代行機関（第80条ただし書による代行機関の使用する印）にあっては、私印又は別紙第34に示す印

(3)　補助者にあっては私印

(4)　臨時に設けた管理官にあっては、私印をもって公印に代えることができる。

2　前項の公印を作成、改刻又は廃止したときの手続は、防衛省における会計機関の使用する公印等に関する訓令（平成19年防衛省訓令第70号）の例による。

（物品の区分の標示）

第106条　物品又はその容器、包装等について物品管理区分の表示をする必要があるときは、次の表に定めるところにより行うものとする。

物品管理区分	符号	色別	備考
火器、車両、誘導武器、弾薬類（化学火工品及び化学薬剤を除く。）	W	黄	外装の色別は、対角線上外側２箇所（１箇所３面）に付ける。
化学器材、化学火工品、化学薬剤	C	青	
施設器材	E	えんじ	
通信電子器材	S	黄　赤	
航空器材	Av	明るい青	
需品器材、被服、燃料、糧食	Q	緑	
衛生器材、医薬品	M	えび茶	
出版物	A	黒	

2　管理官が、装備品と庁用品について特に使用区分を明確にする必要を認めた場合は、適宜の方法により、装備品にあっては㊮、庁用品にあっては㋢の表示を行うものとする。

（物品の備付場所等の表示）

第107条　管理官は、庁用品のうち使用中の机、いす、ロッカー及びキャビネット

等には備付場所及び室名等を略記して表示するものとする。

（適用除外物品の取扱い等）

第108条 隊法第83条、第83条の２、第83条の３又は第84条の５第２項第３号の規定に基づき、天災地変その他の災害に際し部隊等が派遣される場合、当該部隊等が行動期間中に取得する物品は、取得のときから行動期間中に限り政令第47条第２項第７号に規定する物品（以下「適用除外物品」という。）とし、第10条、第14条から第19条まで、第39条から第42条まで、第56条、第67条から第70条まで、第77条、第78条、第87条、第92条及び第94条から第98条までの規定を適用しないことができる。

２ 適用除外物品の受入れ又は払出しは、受渡証その他適宜の様式により行うものとする。

（特殊な物品の補給管理）

第109条 弾薬類その他特殊な物品の補給管理に関する細部事項は、別冊第３に定めるとおりとする。

第109条の２ 削除

（委任規定）

第110条 陸上総隊司令官等は、この達の実施に必要な細部事項を定めることができるものとする。

２ 補給統制本部長、中央業務支援隊長及び地理情報隊長は、部隊等に対する支援業務について必要な細部事項を定める場合は、関係陸上総隊司令官等と協議するものとする。

附　則〔略〕

MEMO

別紙第１（第10条関係）

管理官指定官職表の細部事項表

1　管理官の事務の範囲に含ませる指定部隊

管　理　官	指　定　部　隊
教育訓練研究本部長	同一駐屯地に所在する基地通信中隊の派遣隊、会計隊（会計隊、会計隊派遣隊、会計隊連絡班をいう。）、地区警務隊（地区警務隊本部、駐屯地警務隊、直接支援保安警務隊、警務派遣隊及び警務連絡班をいう。）、情報保全派遣隊（情報保全派遣隊及び情報保全連絡官をいう。）及び電子戦小隊（電子戦隊及び電子戦中隊の各電子戦小隊をいう。ただし、上級部隊と同一駐屯地に所在する電子戦小隊を除く。）（以下この表中「基地通信中隊の派遣隊等」という。）
陸上自衛隊幹部候補生学校長	陸上自衛隊幹部候補生学校教導隊、同一駐屯地に所在する基地通信中隊の派遣隊等
陸上自衛隊高射学校長	同一駐屯地に所在する基地通信中隊の派遣隊等
陸上自衛隊航空学校長	同一駐屯地に所在する基地通信中隊の派遣隊等
陸上自衛隊施設学校長	同一駐屯地に所在する基地通信中隊の派遣隊等
陸上自衛隊システム通信・サイバー学校長	同一駐屯地に所在する基地通信中隊の派遣隊等、東部情報保全隊防衛大学校情報保全派遣隊及び東部方面警務隊第129地区警務隊走水連絡班
陸上自衛隊武器学校長	同一駐屯地に所在する基地通信中隊の派遣隊等
陸上自衛隊需品学校長	同一駐屯地に所在する基地通信中隊の派遣隊等
陸上自衛隊輸送学校長	第311輸送中隊
陸上自衛隊小平学校長	同一駐屯地に所在する基地通信中隊の派遣隊等
陸上自衛隊衛生学校長	同一駐屯地に所在する基地通信中隊の派遣隊等
陸上自衛隊化学学校長	化学教導隊
陸上自衛隊航空学校宇都宮分校長	同一駐屯地に所在する基地通信中隊の派遣隊等
陸上自衛隊富士学校管理部長	同一駐屯地に所在する基地通信中隊の派遣隊等
陸上自衛隊補給統制本部長	同一駐屯地に所在する基地通信中隊の派遣隊等及び中央基地システム通信隊システム運営隊十条派遣隊
	同一駐屯地に所在する基地通信中隊の派遣隊等

陸上自衛隊北海道補給処長	ただし、他の管理官の事務の範囲に含まれる部隊を除く
陸上自衛隊関西補給処長	同一駐屯地に所在する基地通信中隊の派遣隊等
陸上自衛隊九州補給処長	同一駐屯地に所在する基地通信中隊の派遣隊等 ただし、第321基地通信中隊を除く。
陸上自衛隊北海道補給処苗穂支処長	同一分屯地に所在する基地通信中隊の派遣隊等
陸上自衛隊北海道補給処近文台弾薬支処長	同一分屯地に所在する基地通信中隊の派遣隊等
陸上自衛隊北海道補給処日高弾薬支処長	同一分屯地に所在する基地通信中隊の派遣隊等
陸上自衛隊北海道補給処安平弾薬支処長	同一駐屯地に所在する基地通信中隊の派遣隊等
陸上自衛隊北海道補給処白老弾薬支処長	同一駐屯地に所在する基地通信中隊の派遣隊等
陸上自衛隊北海道補給処多田弾薬支処長	同一分屯地に所在する基地通信中隊の派遣隊等
陸上自衛隊北海道補給処沼田弾薬支処長	同一分屯地に所在する基地通信中隊の派遣隊等
陸上自衛隊北海道補給処足寄弾薬支処長	同一分屯地に所在する基地通信中隊の派遣隊等
陸上自衛隊北海道補給処早来燃料支処長	同一分屯地に所在する基地通信中隊の派遣隊等
陸上自衛隊東北補給処反町弾薬支処長	同一分屯地に所在する基地通信中隊の派遣隊等
陸上自衛隊関東補給処用賀支処長	同一駐屯地に所在する基地通信中隊の派遣隊等
陸上自衛隊関西補給処桂支処長	同一駐屯地に所在する基地通信中隊の派遣隊等
陸上自衛隊関西補給処祝園弾薬支処長	同一分屯地に所在する基地通信中隊の派遣隊等
陸上自衛隊関西補給処三軒屋弾薬支処長	同一駐屯地に所在する基地通信中隊の派遣隊等
九州補給処富野弾薬支処長	同一分屯地に所在する基地通信中隊の派遣隊等
九州補給処鳥栖燃料支処長	同一分屯地に所在する基地通信中隊の派遣隊等
九州補給処大分弾薬支処長	同一分屯地に所在する基地通信中隊の派遣隊等
師団司令部付隊長	音楽隊

旅団司令部付隊長	音楽隊
第372施設中隊長、第382施設中隊長、第304水際障害中隊長	同一駐屯地に所在する基地通信中隊の派遣隊等
第117教育大隊長	東部方面混成団本部
第109教育大隊長	中部方面混成団本部
第5陸曹教育隊長	西部方面混成団本部
東部方面後方支援隊本部付隊長	東部方面後方支援隊不発弾処理隊
中部方面後方支援隊本部付隊長	中部方面後方支援隊不発弾処理隊
西部方面後方支援隊本部付隊長	西部方面後方支援隊不発弾処理隊ただし、第101不発弾処理隊を除く。
第15後方支援隊長	第101不発弾処理隊
第1陸曹教育隊長	北部方面混成団本部
第2陸曹教育隊長	東北方面混成団本部
沿岸監視隊長	同一分屯地及び沿岸監視隊の派遣隊の所属する分屯地に所在する基地通信中隊の派遣隊等
駐屯地業務隊長（大宮駐屯地業務隊長及び与那国駐屯地業務隊長を除く。）	同一駐屯地（分屯地がその一部となる駐屯地にあっては当該分屯地（朝日、吉井、岐阜、美保、防府、北徳島、崎辺、高遊原、白川、勝連、知念、八重瀬及び南与座分屯地）を含む。）に所在する地方情報保全隊、方面会計隊本部、会計監査隊方面分遣隊、方面音楽隊、東部方面警務隊本部、飛行教導隊富士飛行班及び同一駐屯地に所在する基地通信中隊の派遣隊等ただし、他の管理官の事務の範囲に含まれる部隊を除く。
大宮駐屯地業務隊長	同一駐屯地に所在する基地通信中隊の派遣隊等及び東部方面警務隊第126地区警務隊所沢連絡班
与那国駐屯地業務隊長	同一駐屯地に所在する基地通信中隊の派遣隊等及び西部方面情報隊西部方面通信情報隊収集小隊
第1地対艦ミサイル連隊長	第306地対艦ミサイル中隊
第3地対艦ミサイル連隊長	第305地対艦ミサイル中隊
対馬警備隊長	同一駐屯地及び当該警備隊長の指揮下部隊の所在する分屯地に所在する基地通信中隊の派遣隊等
陸上幕僚長の監督を受ける自衛隊地区病院長（自衛隊札幌病院長、	同一駐屯地に所在する基地通信中隊の派遣隊等

自衛隊仙台病院長及び自衛隊富士病院長を除く。）	

備考：方面総監は、管理訓令別表第２及び上表により管理官の事務の範囲に含ませるものとして指定された部隊以外の部隊について、必要と認めるときは、指定部隊として上表に掲げる管理官の事務の範囲に含ませることができる。

２　指定物品の範囲

⑴　指定物品は、駐屯地に所在する部隊等が使用する物品のうち通常庁舎等に常時備付けておくもので、次に掲げるものとする。

ア　庁用品のうち備品

イ　通信用品のうち駐屯地拡声装置及び磁石式電話機。ただし、基地通信中隊の所在する駐屯地を除く。

ウ　営舎用品のうち備品及び寝具類

エ　厚生用品のうち業務隊等の長が備付けを計画するもの

オ　雑品のうち消防車等

⑵　方面総監は、前号に準ずる品目を指定物品とすることができる。

３　指定物品の管理官

⑴　業務隊等の長。ただし、管理訓令別表第２により指定物品の管理官として指定されている部隊等の長を除く。

⑵　陸上自衛隊北海道補給処苗穂支処長。ただし、分屯地所在部隊等に属する指定物品に限る。

⑶　陸上自衛隊九州補給処大分弾薬支処長。ただし、分屯地所在部隊等に属する指定物品に限る。

４　方面後方支援隊隷下部隊に属する陸上幕僚長が定める物品

方面後方支援隊に属する補給用品たる物品

５　電子作戦隊に属する陸上幕僚長が定める物品

電子作戦隊に属する通信電子器材の第２段階整備部品たる物品

別紙第２（第11条関係）

代 行 機 関 設 置 申 請 書

分任物品管理官の官職	代　行　機　関　の　官　職		代行機関に処理させる事務の範囲
	分任物品管理官	分任物品管理官代理	

寸法：日本産業規格Ａ４

注：　代行機関を複数設置しようとするときは、代行機関ごとに処理させる事務の範囲を区分して記入する。

別紙第3（第15条関係）

物品管理区分別細部区分

<table>
<tr><th>物品管理区分</th><th colspan="2">細部区分</th></tr>
<tr><td>火器</td><td>小火器、火砲、射撃統制器材</td><td rowspan="11">工具、計測器、部品等、補給カタログ、整備諸基準、取扱書</td></tr>
<tr><td>車両</td><td>一般車両、特殊車両、戦闘車両</td></tr>
<tr><td>誘導武器</td><td>レーダー装置、射撃統制装置、発射装置、その他の誘導武器</td></tr>
<tr><td>化学器材</td><td>防護器材、放射発煙器材、検知測定器材</td></tr>
<tr><td>施設器材</td><td>建設器材、渡河器材、測量器材、照明器材、築城器材、営繕器材、電源器材、その他の施設器材</td></tr>
<tr><td>通信電子器材</td><td>有線器材、無線器材、特殊器材、写真器材、電波器材、気象器材、その他の通信電子器材</td></tr>
<tr><td>航空器材</td><td>航空機（国有財産）、航空機用器材、航空機用火工品、その他の航空器材</td></tr>
<tr><td>需品器材</td><td>一般需品、給食器材、給油器材、落下傘類</td></tr>
<tr><td>衛生器材</td><td>医療用品、保健衛生用品</td></tr>
<tr><td>弾薬類</td><td>弾薬、打がら薬きょう、化学火工品、化学薬剤</td></tr>
<tr><td>被服</td><td>個人被服・装具、部隊被服・装具、庁用被服</td></tr>
<tr><td>燃料</td><td>庁用燃料、営舎用燃料、庁用油脂、主燃料、補助燃料、油脂、塗料、不凍液</td><td rowspan="5">補給カタログ</td></tr>
<tr><td>糧食</td><td>一般用糧食、非常用糧食、加給用糧食</td></tr>
<tr><td>医薬品</td><td>医薬品</td></tr>
<tr><td>出版物</td><td>法規類集類、図書類、教範類、射表、定型用紙</td></tr>
<tr><td>地図</td><td>地図、航空写真</td></tr>
<tr><td>その他</td><td colspan="2">上記細区分に属せざるもの</td></tr>
</table>

別紙第4（第15条関係）

複合器材の管理の特例

部隊等が車両、航空機等の構成又は搭載品目として保有（保管）している次に示す品目の物品管理区分は、それぞれ当該左欄に掲げる物品管理区分とする。

物品管理区分	品目	左記品目を構成又は搭載品目としている主体品					備考
		車両	火砲	航空機	レーダ	シェルタ	
火器	小火器	○					
	火砲	○					
	射撃統制器材	○					
施設器材	消火器	○	○	○	○	○	
	ショベル	○	○				
	つるはし	○	○				
	おの	○	○			○	
通信電子器材	車両無線機	○					個有の附属品及び車載装置を含む。
	車両通話装置	○					
	車上電話機	○					
	懐中電灯	○					
	戦車用旗	○					
	手旗	○					
	機上無線機			○			
需品器材	燃料携行缶	○					
	水缶		○				
	給油管	○					
衛生器材	救急箱	○					
	便器セット	○					
	野外手術システム車搭載器材	○					
	自動呼吸器	○					
弾薬類	救難用化学火工品	○		○			

航空器材	航空野外車両用シェルター及び搭載機器	○					車両：航空野外整備車、航空野外試験車及び航空野外武装整備車
	1／2t航空電源車用電源	○					
	航空野外高所作業台車用搭載機器	○					航空器材：可搬式整備作業台 施設器材：小型クローラクレーン
医薬品	救急品	○		○			

注：1　主体品ごとの構成又は搭載品目の定数は、それぞれ補給カタログにより示す。
　　2　管理簿の整理は、通常主体品に含めて行う（小火器を除く。）。

別紙第5（第16条関係）

需給統制品目区分の区分基準表

需給統制のための品目区分	区分の基準
陸幕統制品目	1　装備品で防衛任務を遂行するための重要なもの 2　国の統制の対象となるもの 3　その他、陸幕で需給統制を特に必要とする品目
補給統制本部統制品目	1　装備品で、陸幕統制品目以外の品目 2　前号を除く陸幕統制品目以外のもので、次に示す品目 (1)　防衛専用のもの (2)　防衛装備庁調達品目 (3)　補給統制本部において一括調達を有利とするもの (4)　高度の技術を必要とするもの (5)　比較的高価格のもの (6)　品質を確保する必要のあるもの (7)　工具セット及び補給処専用の整備用、保管用、生産用等の工場セット内容品のうち主要なもの 3　その他、補給統制本部（中央業務支援隊及び中央情報隊地理情報隊を含む。）で特に需給統制を必要とするもの
補給処統制品目	1　陸幕統制品目及び補給統制本部統制品目以外の物品で補給処での調達を有利とし、かつ可能なもの 2　その他、補給処で特に需給統制を必要とするもの
部隊等統制品目	他の統制区分に属さない品目

別紙第 6 （第17条関係）

消　耗　品　表

番号	区　分	細　　目
1	弾　薬　類	弾薬、打がら薬きょう、化学火工品、化学薬剤
2	車両等修理資材	タイヤ、エレメント、ベアリング、ピストン類
3	電気及び通信電子器材	乾電池、スイッチ類、電子管類、電線類（通信線を除きコード類を含む。）、電球類、コンデンサ類（部品の場合のみ。）、ＩＣ類、抵抗器類、トランジスタ類、コイル類
4	工　具	ボーリングビット（50,000円未満）、切削工具類、研磨工具類、整備用工具類（50,000未満）
5	計　測　工　具	下げ振り、ワイヤーゲージ、ピッチゲージ類
6	金属加工材料及び金属資材	溶接用材料、配管工事用材料、研削と石類、火口類、鋳型、金属線、金属板
7	土木建築材料	木材、石材、その他の建築用材料
8	非金属資材	紙製品、ガラス製品、ゴム製品、陶磁器（50,000円未満）、シリコン製品、各種樹脂製品
9	医科、歯科材料	医薬品、医薬部外品、特定保険医療材料（社会保険診療報酬点数表に定めるもの）、ピペット類、分析機器用セル及びカラム、鋼製小物、包帯材料
10	化学薬品及び化学製品	工業薬品、給水薬品、塗料、消化薬剤、不凍液、ガス検知管類、液化ガス類
11	ロープ及び同取付金具	ロープ類、チェーン類、シャックル・クリップ類
12	出版物及び地図類	教範類、地図類（資料価値の高いものを除く。）、乙種図書、諸法規類集追録紙等
13	家庭用一般調度品及び器具	営舎用備品（50,000円未満）、ストーブ附属品
14	娯楽運動用具	各種運動競技用ボール類、野球及びソフトボール用グラブ・ベース・バット類、卓球・バドミントン用具、碁・将棋用具、各種競技用ユニフォーム・スパイク類、上記以外の趣味娯楽運動用品（50,000円未満）
15	その他の消耗品	燃料・油脂類、糧食類、試験用動物、写真材料、映画フィルム類、包装材料、事務用品（50,000円未満）、印刷資材（トナーカートリッジ類及びリボンカートリッジ類を含む。）、鉱石及び放射性物品、気象観測用風船、タブフォーム類、磁気テープ類（カセットテープ及びビデオテープを含む。）、ディスク類（コンパクトディスク、DVD、ブルーレイディスク等を含む。）、補給カタログ、整備諸基準、積付材料

備考：

1　上記以外の品目で単価50,000円未満の部品及び資材等は消耗品とする。
2　上記品目と類似のものは消耗品とする。

別紙第７（第20条関係）

部 隊 整 備 定 数

<table>
<tr><th colspan="2">期　間
区　分</th><th>使用開始後１年未満</th><th>使用開始後１年以上</th></tr>
<tr><td>1</td><td>航空機及び主要装備品に係る二次品目</td><td rowspan="2">補給カタログＣに定数の表示のある品目及び数量</td><td>⑴　補給カタログＣに定数の表示のある品目及び数量
⑵　補給カタログＣに％記号を付した品目は、過去６か月に通常３回以上の請求実績のある品目についてその１か月分</td></tr>
<tr><td>2</td><td>航空機及び主要装備品以外の物品に係る二次品目</td><td>補給カタログＣに定数の表示のある品目及び補給カタログＣに％記号を付した品目で、過去６か月に通常３回以上の請求実績のある品目についてその１か月分</td></tr>
</table>

備考：

1　陸上総隊司令官等は、特に必要と認めた場合には部隊整備定数を増減して保有させることができる。

2　使用部隊等の長は、管理する物品のうち補給カタログが未制定の物品は、当該補給カタログを制定するまでの間、陸上総隊司令官等の定めるところにより必要とする二次品目を保有することができる。

3　学校長は、整備教育に必要な二次品目を保有することができる。ただし、その品目及び数量は、支援担当の補給整備部隊等の長の承認を受けるものとする。

4　通信電子器材に装着する乾電池の部隊整備定数は、上記の表の第１項を適用する。

5　主要装備品とは、火器、戦闘車両、誘導弾及びこれらに準ずる主要な装備品をいう。

別紙第８（第20条関係）

二次品目保有基準

保有基準品目区分	補給処		野整備部隊及び業務隊等	
	安全基準	操作基準	安全基準	操作基準
補給統制本部統制品目	補給統制本部長が設定		補給処長（航空器材及びホーク品目の二次品目は、補給統制本部長）が設定	
補給処統制品目	補給処長が設定			
部隊等統制品目			１か月	当該部隊等の長が設定

備考：

1　保管品目及び数量は、第21条に規定する品目について被請求実績等に基づき算定した数量とする。ただし、初度部品は、補給カタログＤに示す品目及び数量とする。

2　初度補給の主品目に係る二次品目は、当該主品目が使用部隊等において使用開始後１年を経過するまでの間、補給カタログＤに示す品目及び数量を保管し、じ後前項に準ずる。

3　航空器材は、上記の表中の野整備部隊に中部方面ヘリコプター隊第３飛行隊、第109飛行隊、航空学校、航空学校分校、第15ヘリコプター隊及び飛行実験隊を含むものとする。

4　方面総監、補給統制本部長及び補給処長は、特に必要と認めた場合には、保管品目の数量を増減させることができる。

別紙第 9（第26条関係）

補給の系統

番号	区分		補給統制本部	関東補給処	補給処	野整備部隊等	業務隊等	使用部隊等	適用範囲
1	主品目		○	○ ※1 ※2	○ ○	○		○	※1 航空器材（航空機を除く。）及び落下傘類を示す。 ※2 防衛出動、治安出動、災害派遣時等に追加する補給の系統を示す。
2	二次品目 補給カタログ等	火器、車両、誘導武器	○	○ ※3	○	○ ○		○	※3 武器教導隊に対する補給の系統を示す。
3		化学器材	○	○	○	○		○	
4		施設器材	○	○	○ ※4 ※5	○	○	○	※4 部品及び消火薬剤以外の品目を示す。 ※5 消火薬剤を示す。
5		通信電子器材	○	○	○ ※6	○	○	○	※6 駐屯地に方面後方支援隊、師団後方支援連隊、旅団後方支援隊の補給を担当する部隊が所在していない場合を示す。
6		航空器材	○	○ ※7		○		○	※7 中部方面ヘリコプター第3飛行隊、第109飛行隊、第15ヘリコプター隊、陸上自衛隊航空学校（分校を含む。）及び飛行実験隊に対する補給の系統を示す。
7		需品器材	○	○ ※9	○ ※8	○	○	○	※8 方面後方支援隊、師団後方支援連隊及び旅団後方支援隊が整備を担当する品目を示す。 ※9 落下傘類を示す。
8		衛生器材	○	○	○ ※10 ※11	○	○	○	※10 方面衛生隊、師団後方支援連隊及び旅団後方支援隊が整備を担当する品目を示す。また、防衛出動、治安出動、災害派遣時等に追加する補給の系統を示す。 ※11 方面衛生隊、師団後方支援連隊及び旅団後方支援隊及び病院に対する補給の系統を示す。

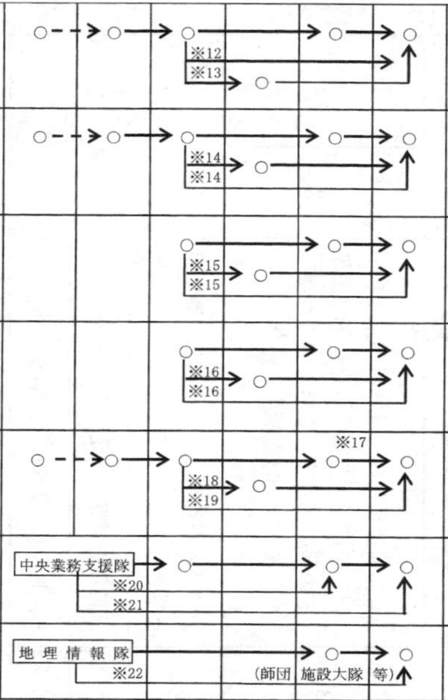

9	特殊な物品	弾薬類	工具、計測器、擬製弾、補給カタログ等を除く。 当該品目は第2項に同じ。 ※12　方面総監の定めるところによる。 ※13　防衛出動、治安出動時等に追加する補給の系統を示す。
10		被　服	※14　防衛出動、治安出動、災害派遣時等に追加する補給の系統を示す。
11		燃　料	※15　防衛出動、治安出動、災害派遣時等に追加する補給の系統を示す。
12		糧　食	※16　防衛出動、治安出動、災害派遣時等に追加する補給の系統を示す。
13		医薬品	※17　向精神薬の部隊への系統を除く。 ※18　防衛出動、治安出動、災害派遣時等に追加する補給の系統を示す。(向精神薬を除く。) ※19　病院に対する補給の系統を示す。向精神薬に関する補給の系統を示す。
14		出版物	※20　東部方面区内に対する補給の系統を示す。 ※21　地方協力本部及び中央病院に対する補給の系統を示す。
15		地　図	※22　防衛大臣直轄部隊等に対する補給の系統を示す。
備　考	1　点線の矢印は、第9条第2項に規定する交付の指示を示す。 2　部隊等統制品目及び業者直納分は除く。 3　別に示す乾電池等は、通信電子器材の二次品目の系統による。 4　方面総監は、防衛出動、治安出動、災害派遣時等に追加する補給の系統のうち、野整備部隊間の補給の系統を定めることができる。 5　上記のほか、補給統制本部長は、補給統制本部統制品目について、物品の特性に応じ、野整備部隊等及び使用部隊等に直接補給する品目を定めることができる。		

別紙第10（第28条関係）

請求補給の優先順位

優先順位	略記号	任務区分	補給基準日数	
			補給処	野整備部隊及び業務隊等
緊急	A	1　行動、救難活動、国際緊急援助活動、在外邦人等保護及び在外邦人等輸送等に任ずる部隊で任務遂行上緊急を要する場合 2　防衛マイクロ回線の維持に任ずる基地通信任務部隊で任務遂行上緊急を要する場合 3　防疫及び治療上緊急を要する場合	2	1
至急	B	基地通信部隊、航空科部隊及び情報業務に任ずる部隊並びに部外工事その他の部外支援を実施中の部隊等で任務遂行上急を要する場合	4	2
普通	C	装備品の不可動に直結する部品等に係る場合		
	D	保有の基準等を充足する場合		
	E	A、B、C、D以外の場合		
備考		1　補給基準日数とは、補給整備部隊等が在庫保有している物品について、被支援部隊から請求（補給統制本部からの指示を含む。）を受けてから発送までに要する基準日数をいう。 2　優先順位「C」は、作業要求命令に係る所要部品等の場合を原則とする。 3　優先順位「D」は、保管品目、部隊整備定数及び消費基準等の充足をする場合をいう。 4　同一の部品等で優先順位「C」と、その他の優先順位が競合する場合は、個々に処理する。		

別紙第11（その1）（第34条関係）

標準品目等指定（指定変更）上申書

<table>
<tr><td>整　理　番　号</td><td></td></tr>
<tr><td>使用機関及び提出番号</td><td></td></tr>
</table>

<table>
<tr><td rowspan="7">指定・指定の変更案</td><td rowspan="3">指定</td><td>品目名</td><td colspan="2"></td></tr>
<tr><td>物品番号
形式</td><td></td><td>形式</td></tr>
<tr><td>指定区分案</td><td colspan="2"></td></tr>
<tr><td rowspan="4">指定の変更</td><td>品目名</td><td colspan="2"></td></tr>
<tr><td>物品番号
形式</td><td></td><td>形式</td></tr>
<tr><td>指定区分
指定年月日</td><td colspan="2">年　月　日</td></tr>
<tr><td>指定区分案</td><td colspan="2"></td></tr>
<tr><td colspan="2" rowspan="2">指定・指定変更の理由及び添付資料</td><td>理　由</td><td colspan="2"></td></tr>
<tr><td>添付資料</td><td colspan="2"></td></tr>
</table>

寸法：日本産業規格Ａ４

備考：整理番号、使用機関及び提出番号、形式は空欄とする。

別紙第11（その２）（第34条、第37条関係）

防衛省規格等制定（改正）上申書

仕様書又は規格の名称			
仕様書又は規格の番号		制定年月日	
制定（改正）案			
理由			

寸法：日本産業規格Ａ４

別紙第11の２（第46条関係）

緊急の必要により地方調達に係る大臣報告

調達品名		
	部品の場合、本体装備品名	
	装備品等及び役務の調達実施に関する訓令の別表の小分類番号	
調達要求元機関		
調達実施機関		
調達要求日		年　月　日
契約締結日		年　月　日
当該装備品等又は役務が必要な時期（納期）		年　月　日
当該装備品等又は役務が製造請負契約の場合、製造期間		約　日　間
緊急要件		災害派遣　・　自衛隊法第３条第２項に規定する活動　・　故障修理　・　安全対策　・　その他
緊急に必要な理由（詳細）		
業務調査の状況（方法、結果等）		
契約方式		一般競争（公告　日）　・　指名競争（公告　日）　・　随意契約（公募・企画競争　実施・未実施）
入札、公募・企画競争の場合の条件		
入札、公募・企画競争参加者数		
	他の参加者	
指名随契審査会等実施		年　月　日
	主な意見	
契約相手方名		
随意契約の場合はその理由（詳細）		
随意契約の場合はその理由（経理装備局長通知付紙第３）		
過去の契約実績		有　・　無
	前回（数量、契約金額、契約相手方、契約方式、契約実施期間）	
	前々回（数量、契約金額、契約相手方、契約方式、契約実施期間）	

※「緊急に必要な理由」は、なぜ調達要求を早められなかったか、なぜ契約締結を遅らせられないのかという観点から記載すること。

別紙第12（第51条、第56条、第60条、第77条関係）

請求・異動票

頭表	発信番号	取扱区分	緩急区分	着信所	発信所
	7	4 1 5 0			

資料種別	宛先管理官	通知先管理官	通先管理官	発信側管理官	資料名等
4					

ページ中の第　　ページ

証書等の種類		年月日	管理官等名	補助者	記帳	出納	取扱主任
請求 通知 交付 受払 後送	指示 返納 管理換 （　　）	請求 受入					

年月日	物品区分	記録区分	管理官番号	優先順位	継続区分	入手希望年月日	証書番号 使用部隊	証書番号 支援部隊	証書番号 補給処	補給（後送）指示 年月日	補給（後送）指示 指示（経由）番号	補給（後送）指示 送付先管理官	項目数	注記

項目番号	主品目番号 DODIC	区分	物品番号	略品名	単位	程度	請求 数量	払出 数量	払出 処置	受入 数量	受入 処置	摘要	共通使用欄 A	共通使用欄 B	共通使用欄 C

発信	発信調整者	緩急区分	着信駐屯地名	起案者	年月日	管理官等名	補助者	記帳	出納	取扱主任	（備考）
	発信完了年月日	普通 関送	※ ▲ ▲	電話 （　　番）	払出						○

寸法：日本産業規格Ａ４

別紙第13（第55条関係）

直接交換票 ○

1 補給整備部隊等名	2 要求年月日	
3 要求部隊名		
4 物品番号		
5 直交品名		1
6 改善 □ 直交 □	7 修理完了	
	年 月 日	実施者
主品目	8 品名（製造業者名）	
	9 型式	10 器材（ロット）番号

11 要求部隊名	直交品名	
12 物品番号	受付年月日	
主品目	13 品名（製造業者名）	2
	14 器材（ロット）番号	

15 要求部隊名	直交品名	
16 物品番号	受付年月日	
主品目	17 品名（製造業者名）	3
	18 器材（ロット）番号	

別紙第14（その１）（第56条、第91条関係）

<table>
<tr><td rowspan="2">使用部隊等名</td><td rowspan="2">受渡証番号</td><td colspan="3">過　不　足　明　細　書</td><td rowspan="2">受渡証（甲）
過不足明細書</td></tr>
<tr><td>補給カタログ番号</td><td>定数等</td><td>品名</td></tr>
</table>

<table>
<tr><td rowspan="2">物品番号（主品目番号）及び品名（規格）</td><td rowspan="2">定数</td><td rowspan="2">充足
基準</td><td colspan="12">現　在　高</td></tr>
<tr><td>1</td><td>2</td><td>3</td><td>4</td><td>5</td><td>6</td><td>7</td><td>8</td><td>9</td><td>10</td><td>11</td><td>12</td></tr>
<tr><td></td><td></td><td></td><td></td><td></td><td></td><td></td><td></td><td></td><td></td><td></td><td></td><td></td><td></td><td></td></tr>
<tr><td></td><td></td><td></td><td></td><td></td><td></td><td></td><td></td><td></td><td></td><td></td><td></td><td></td><td></td><td></td></tr>
<tr><td></td><td></td><td></td><td></td><td></td><td></td><td></td><td></td><td></td><td></td><td></td><td></td><td></td><td></td><td></td></tr>
<tr><td></td><td></td><td></td><td></td><td></td><td></td><td></td><td></td><td></td><td></td><td></td><td></td><td></td><td></td><td></td></tr>
<tr><td></td><td></td><td></td><td></td><td></td><td></td><td></td><td></td><td></td><td></td><td></td><td></td><td></td><td></td><td></td></tr>
<tr><td>供用・返納の別及びその年月日</td><td></td><td></td><td></td><td></td><td></td><td></td><td></td><td></td><td></td><td></td><td></td><td></td><td></td><td></td></tr>
<tr><td>確認又は受領</td><td></td><td></td><td></td><td></td><td></td><td></td><td></td><td></td><td></td><td></td><td></td><td></td><td></td><td></td></tr>
</table>

ページの中の第　　ページ

寸法：日本産業規格Ａ４

別紙第14（その２）（第56条、第91条関係）

受　渡　証　（乙）	証書番号	
	発行年月日	．　．
	返納期限	．　．

供用（返納）部隊等名及び官職氏名	供用（返納）先（部隊等名又は使用職員名）

No.	物品番号（主品目番号）	品　名（規　格）	単　位	数　量	摘　要

受領者	受領年月日　．　．	返納年月日　．　．
	階級氏名 電　話　（８－　　－　　）	備考

ページ中の第　ページ

寸法：日本産業規格Ａ５

別紙第15（その１）（第67条関係）

不用決定する物品の区分

区　　分	該　当　す　る　物　品
第１号 供用することができない物品	1　修理又は改造により機能の回復がはかれないもの 2　陸上自衛隊において使用しないこととなった装備品で、承認権者が別に示したもの 3　主体品がなくなった専用の補給用品、整備用器材及び訓練用品 4　使用目的を終了した供試品（構成品及び附属品を含む。）、専用の補給用品及び整備器材
第２号 供用する必要のない物品	余剰品
第３号 修理又は改造に多額の費用を要する物品	1　別に示す場合を除き、修理又は改造の費用（輸送費その他の付随する経費を含む。以下同じ。）が、おおむね標準価格の60パーセントを超えるもの 2　修理又は改造の費用と修理又は改造後の耐用年数との比が、新品購入費と新品の耐用年数との比より大であるもの

別紙第15（その２）（第68条関係）

不 用 決 定 承 認 区 分 表

1　供用する必要のない物品

(1)　陸上幕僚長の承認を要する品目

陸幕統制品目

(2)　補給統制本部長（ただし、出版物は中央業務支援隊長、地図は地理情報隊長）の承認を要する品目

補給統制本部統制品目

(3)　補給処長の承認を要する品目

補給処統制品目

2　供用することができない物品、修理又は改造に多額の費用を要する物品

(1)　陸上幕僚長の承認を要する品目

単価300万円以上の物品

陸幕統制品目（ただし、陸上幕僚長が別に示す品目を除く。）

(2)　方面総監の承認を要する品目

陸上幕僚長が別に示す品目

(3)　補給統制本部長（ただし、出版物は中央業務支援隊長、地図は地理情報隊長）の承認を要する品目

陸幕統制品目のうち、陸上幕僚長が別に示す品目

補給統制本部統制品目（ただし、補給統制本部長が別に示す品目を除く。）

(4)　補給処長の承認を要する品目

陸幕統制品目のうち、陸上幕僚長が別に示す品目

補給統制本部統制品目のうち、補給統制本部長が別に示す品目

補給処統制品目（ただし、補給処長が別に示す品目を除く。）

別紙第16（第68条関係）

申　請　番　号
申　請　年　月　日
管理官官職氏名
（公　印　省　略）

殿

不　用　決　定　申　請　書

下記のとおり不用の決定をしたいので申請する。

記

区　分	物品番号及び品名（規格）	単位	数量	単　価	金　額	処分の予定	不用の決定を必要とする理由

寸法：日本産業規格Ａ４

別紙第17（第70条関係）

発簡番号
発簡年月日
発簡者名
（公印省略）

殿

不用決定等報告書
（　　　年度第　四半期分）

番号	区分	決定承認	主品目番号又は物品番号	品名	単位	数量	備考

寸法：日本産業規格Ａ４

注：区分換した物品は、不用の決定及び承認を行った物品と別行に記載し、備考欄にその旨を記載する。

別紙第18（第73条関係）

無償貸付及び譲与等承認区分表

委任を受けた範囲		委任を受けた者
無償貸付省令第２条第１号及び第３号中	評価額１件50万円未満の物品を貸付ける場合	管理官
	評価額１件100万円未満の物品を貸付ける場合	陸上幕僚長
無償貸付省令第２条第２号及び第４号、第８条各号、第13条各項各号並びに第14条各項各号の場合		管理官
無償貸付省令第９条の場合		陸上幕僚長

注：１　上記範囲外の物品の無償貸付を行う場合は、防衛大臣の承認を要する。

２　無償貸付省令第２条第２号の規定に基づき無償貸付省令第19条の供与品を当該物品について委託を受けた者に貸し付ける場合は、無償貸付省令19条に基づく防衛大臣の承認があったものとする。

３　管理官の委任を受けた範囲に属する物品が、陸幕規制品目たる補給用品又は方面規制品目たる補給用品である場合は、それぞれ陸上幕僚長又は方面総監の承認を受けるものとする。

別紙第19（第77条関係）

管理換の承認権者、命令権者及び範囲

番号	承認権者、命令権者	範　　囲	備　　考
1	陸上幕僚長	陸上自衛隊内の部隊等（陸上幕僚長が指揮する機関を含む。）相互間	承認権者及び命令権者は管理に関する計画、調達補給計画等により包括的に承認及び命令を行うことができる。
2	方面総監	1　別紙第1第2項の指定物品は、当該方面区内の業務隊等相互間 2　前項以外の物品は、方面隊（補給処及び地方協力本部並びに配属部隊を含む。次項において同じ。）内の部隊等相互間。ただし、補給処に補給用品として保管する陸幕統制品目及び補給統制本部統制品目は、補給処と部隊等との間における管理換を除く。	
3	補給統制本部長	陸上自衛隊の部隊等に補給用品として保管する物品について、方面隊（防衛大臣直轄部隊等を含む。）相互間（陸幕規制品目は、陸上幕僚長の指示に基づき実施）	
4	管理官を設置する部隊等を指揮する部隊等の長	当該部隊等内の管理換。ただし、上級部隊等の長の定めのある場合はこれに従ってしなければならない。	

別紙第20（第78条関係）

陸上自衛隊以外の国の機関との一時管理換の承認権者

対象物品	期間	承認権者
部隊等が保有又は保管する物品	６か月を超えるとき	陸上幕僚長
	６か月以下のとき	陸上総隊司令官及び方面総監又は陸上総隊司令官及び方面総監の指定する部隊等の長
		防衛大臣直轄部隊等の長
補給処が補給用品として保管する物品		陸上幕僚長。ただし、別に示す範囲内は方面総監及び補給統制本部長

別紙第21（第81条関係）

国有財産に編入する通信電子器材の範囲

番号	区分	品目
1	無線電信柱	自立式及び支線式鉄塔、支線式鉄骨（鉄管）柱、継ぎ及び組立木柱（避雷針、標識燈及び支線等を含む。）
2	電信電話線路	1　架空の裸線及びケーブル、地下及び水海底ケーブル 2　上記の裸線及びケーブルを支持及び保護するもの（つり線、電柱、腕木及びがいし、並びにこれらに付随するもの。（保護用パイプ及びトラフ等） 3　ガス装置のうち固定されたもの（警報装置、接触器、固定圧力計、バイパスバルブ等）
3	通信装置	1　無線通信施設（短波、超短波、方探、レーダ、ＧＣＡ、航空保安等用で付加装置を含む。）において空中線（超短波及び極超短波を除く。）、給電線（電線同軸ケーブル、導波管及びこれらの支持又は保護物を含む。）、空中線整合箱、空中線避雷器、空中線切替器、機器すえ付台、各機器間の配線、端子箱、電源配電盤及び配線アース等 2　有線通信施設（ＰＢＸ、ＰＡＢＸ、信号電鈴、拡声装置、有線電信装置を含む。）において屋内の各機器間の配線、構内配線（電柱、ケーブル、裸線、屋内外線、配線箱、端子箱を含む。）機器すえ付台、電源配電盤及び配線、アース等

別紙第22（第85条関係）

弁償責任裁定権者及びその範囲

区分	裁定権者	範囲	備考
1	(1) 陸上総隊司令官 (2) 方面総監 (3) 師団長 (4) 旅団長 (5) 学校長 (6) 教育訓練研究本部長 (7) 補給統制本部長 (8) 補給処長 (9) 病院長	1 1件 20万円未満 2 左記の裁定権者は、それぞれ隷下部隊等（当該部隊等の長が裁定権者である部隊を除く。）に所属する職員の物品の亡失損傷の弁償責任の裁定を行う。 3 前項のほか、方面総監にあっては、当該方面区内に所在する隷下外部隊等に所属する職員の物品の亡失損傷の弁償責任の裁定を行う。	1 新改編等があった場合は、左記区分の職務又は階級に準じて裁定を行う。 2 第1項及び第2項の裁定権者は、下位の裁定権者の裁定範囲であっても、特に必要と認める場合、又は下位の裁定権者から裁定を求められた場合は弁償責任の裁定を行うことができる。 3 陸上自衛隊被服給与規則（陸上自衛隊達第94―1号）の対象被服と同種の物品についての弁償責任の裁定権者は、陸上自衛隊被服給与規則に定める裁定権者とする。
2	(1) 団長 (2) 地方協力本部長 (3) 前記以外の編制上1等陸佐以上の管理官たる部隊等の長	1 1件 15万円未満 2 左記の裁定権者は、それぞれ隷下部隊等（当該部隊等の長が裁定権者である部隊を除く。）に所属する職員の物品の亡失損傷の弁償責任の裁定を行う。	
3	(1) 管理訓令別表第2に掲げる分任物品管理官にかかわる指定官職の部隊等の長（前各項の裁定権者及び富士学校管理部長を除く。） (2) 空挺教育隊長 (3) 空挺団普通科大隊長及び特科大隊長	1 1件 10万円未満 2 左記の裁定権者は、それぞれ隷下部隊等又は別紙第1の管理官の事務の範囲に含ませる指定部隊に所属する職員の物品の亡失損傷の弁償責任の裁定を行う。	

別紙第23（その１）（第87条関係）

証明記録						
年　月　日	項　目	管理期間	階級氏名			摘　要
			前任者	後任者（現任者）	検査員（立会者）	
・　・		・　・　から ・　・　まで				
・　・		・　・　から ・　・　まで				
・　・		・　・　から ・　・　まで				
・　・		・　・　から ・　・　まで				
・　・		・　・　から ・　・　まで				
・　・		・　・　から ・　・　まで				

寸法：日本産業規格Ａ４

別紙第23（その２）（第87条関係）

No.	物品番号	代替等物品番号	No.	物品番号	代替等物品番号
代替等物品番号記録票					

寸法：日本産業規格Ａ５

別紙第23（その3－1）（第87条関係）

（表）

部隊等名									物品の区分			定数・基準数の根拠						管　理　簿　（1）					
年	月	日	証書番号	増	減	現　在　高				整備後送	摘要	年	月	日	証書番号	増	減	現　在　高				整備後送	摘要
						可能	不能	貸付寄託	計									可能	不能	貸付寄託	計		

規格	単位	定数	充足基準	単価
品名	物品番号		主品目番号	

寸法：日本産業規格Ａ４

※特別会計により取得した物品の管理簿とする場合は、欄外左上部に特別会計の名称（○○特別会計）を朱書きする。

別紙第23（その３－２）（第87条関係）

（裏）

供			用			先	
年　月　日	数　　量	受渡証番号	摘　　要	年　月　日	数　　量	受渡証番号	摘　　要

寸法：日本産業規格Ａ４

別紙第23（その４）（第87条関係）

物品番号										物品番号									
主品目番号										主品目番号									
年	月	日	証書番号	相手方部隊等名	需要実績		増	減	現在高	年	月	日	証書番号	相手方部隊等名	需要実績		増	減	現在高
					継続	非継続									継続	非継続			
			前ページ越高																
													次ページ越高						

検討対象期間の需要実績記録															
検討期間															
需要実績	継続														
	非継続														

管　理　簿(2)

規格：148×200mm

別紙第23（その５）（第87条関係）

摘　要	請求目標	再請求点	単　価	根拠補給カタログ等	需給統制区分	非消耗品 消耗品	包装単位	整備段階区分

緊急請求	受入予定	物品番号	品（目）名	交付単位	払出予定	
○	○				○	

品　名　等　表　示　票（管理簿（２）用）

規格：63×200㎜

※特別会計により取得した物品の管理簿とする場合は、適用欄に特別会計の名称（○○特別会計）を朱書きする。

別紙第24（第88条関係）

送り状　　　宛先

要求部隊等	管理官等名		要求（証書）番号	
			要求年月日	
	部隊等番号	物品区分	主品目番号	物品番号
	品名			
	型式			
	単位	数量	器材番号	
整備部隊等	管理官等名	要求受付年月日	命令（証書）番号	
	記録区分	資料種別	処置コード	
授受等	部隊等	発送年月日 係員	受領年月日 係員	
	要求部隊等			
	整備部隊等			
記事				

	項目番号	品名	要求部隊	整備部隊						要求部隊
			発送	発送	受領	発送	受領	発送	受領	受領
構成品および附属品等										
過不足										

ページ中の第　　　ページ

寸法：日本産業規格Ａ４

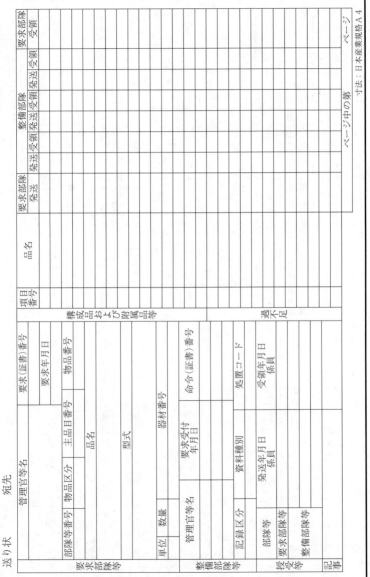

別紙第25（第89条関係）

在庫調整報告書	部隊等名	作成年月日	報告番号

項目番号	物品番号及び品名（規格）	単位	帳簿記録数	現品確認数	調整数		標準単価	調整額		摘要
					増	減		増加額	減額	

年　　月　　日に行った現況調査の結果、管理簿の記録数と現品数との間に差異があるので、在庫数を上記のとおり調整する必要があることを証明する。

年　　月　　日

管理官　　官職　　氏名

上記の差異を発見した格納位置	倉庫名	倉庫所在地	証書番号

ページ中の第　　ページ

寸法：日本産業規格Ａ４

別紙第26（その１）（第89条関係）

納入先		糧 食 納 品 書 ・(受 領) 検 査 調 書			
契約者	住所、会社名、代表者	調達要求番号	発送年月日 ・　・	物品管理官命令	命令年月日 ・　・
		確認番号(認証番号)	輸送方法		管理簿登記年月日 ・　・
		契約年月日 ・　・	発送駅		証書番号
		納期 ・　・	分割納入		同上付与年月日 ・　・

資料種別	相手方番号	処 理 年 月 日	物品区分	要 求 番 号	証 書 番 号	記録区分	納　期	分納区分	備考
		・　・					・　・	1　2 3　X	

番号	物 品 番 号	品　名	規 格 等	程度	単位	数 量	単 価	金　額	受 領 数 量	処 置 コード

					受入・受領
食品衛生検査	食品衛生検査の結果は、下記のとおりである。 判　定 （　　） 食品衛生検査官 官職　　氏名				検査結果及び物品管理官の受入命令（受領命令）により受領した。 年　月　日 受 領 者 所　　属 官職氏名
検査	指令番号	方式	納入年月日 ・　・	判定	
	種類	場所	検査年月日 ・　・	所見	
	上記のとおり検査結果を報告する。 年　月　日 検査官所属 官職氏名				

ページ中の第　　ページ

寸法：日本産業規格Ａ４

別紙第26（その２）（第89条関係）

納入先		納　品　書・（受　領）検　査　調　書			
契約者	住所、会社名、代表者	調達要求番号	発送年月日 ・　・	物品管理官命令	命令年月日 ・　・
		確認番号(認証番号)	輸送方法		管理簿登記年月日 ・　・
		契約年月日 ・　・	発送駅		証書番号
		納期 ・　・	分割納入		同上付与年月日 ・　・

資料種別	相手方番号	処理年月日	物品区分	要求番号	証書番号	記録区分	納期	分納区分	備考
		・　・					・　・	1　2 3　X	

番号	物品番号	品名	会社部品番号又は規格	程度	単位	数量	単価	金額	受領数量	処置コード

検査	指令番号	方式	納入年月日 ・　・	判定	受入・受領	検査結果及び物品管理官の受入命令（受領命令）により受領した。 年　月　日 受領者所属 官職氏名
	種類	場所	検査年月日 ・　・	所見		
	上記のとおり検査結果を報告する。 年　月　日 検査官所属 官職氏名					

ページ中の第　　ページ

寸法：日本産業規格Ａ４

※特別会計により取得した物品の(受領)検査調書の場合は、備考欄に特別会計の名称（○○特別会計）を朱書きする。

別紙第27（第89条関係）

引渡者	物品管理官	官職氏名	年　月　日	.　.
			証書番号	
			取扱者	転記 .　.
	引渡者	官職氏名	年　月　日	.　.
			証書番号	
			取扱者	転記 .　.
			引渡年月日	.　.

受　領　書					
受領者・契約者	所在地、会社名、代表者名		契約	年　月　日 .　. 番　号	担当官
			根拠		
	受領年月日 .　.	受領	備考		

資料種別	相手方番号	処理年月日	物品区分	証書年月日	証書番号	記録区分
		.　.		.　.		

項目番号	物品番号及び品名	規格	非消・消区分	程度	単位	数量	処置コード	摘要

ページ中の第　　　ページ

寸法：日本産業規格Ａ４

別紙第28（第89条関係）

受領者	物品管理官	官職氏名	年　月　日	・　・
			証書番号	
			取扱者	転記 ・　・
	受領者	官職氏名	年　月　日	・　・
			証書番号	
			取扱者	転記 ・　・
			受領年月日	・　・

返品書・材料使用明細書

引渡者・契約者	所在地、会社名、代表者名		契約	年　月　日 ・　・ 番　　号	担当官
	引渡年月日 ・　・	引渡者	根拠		
			備考		

資料種別	相手方番号	処理年月日	物品区分	証書年月日	証書番号	記録区分
		・　・		・　・		

項目番号	物品番号及び品名	規格	非消・消区分	程度	単位	交付数量	受領数量 使用数量	返納数量 残数量	処置コード	摘要

ページ中の第　　ページ

寸法：日本産業規格Ａ４

別紙第29（その１）（第90条関係）

<table>
<tr><td colspan="9">請　求　実　績　記　録　簿</td><td colspan="4">物品番号又は品名
(単位)</td><td colspan="5"></td></tr>
<tr><td rowspan="2">年</td><td rowspan="2">月</td><td rowspan="2">日</td><td rowspan="2">証書番号</td><td colspan="2">請　　　求</td><td colspan="3">現　　　在　　　高</td><td rowspan="2">年</td><td rowspan="2">月</td><td rowspan="2">日</td><td rowspan="2">証書番号</td><td colspan="2">請　　　求</td><td colspan="3">現　　　在　　　高</td></tr>
<tr><td>数　量</td><td>累　計</td><td>受　入</td><td>払　出</td><td>計</td><td>数　量</td><td>累　計</td><td>受　入</td><td>払　出</td><td>計</td></tr>
<tr><td></td><td></td><td></td><td></td><td></td><td></td><td></td><td></td><td></td><td></td><td></td><td></td><td></td><td></td><td></td><td></td><td></td><td></td></tr>
<tr><td colspan="18">余　　白</td></tr>
</table>

規格：148×200㎜

別紙第29（その２）（第90条関係）

摘　要 部隊整備定数（鉛筆書）＿＿＿＿＿＿		
物品番号	品　名　○	格　納　場　所
品名等表示票（請求実績記録簿用）		

規格：63×200㎜

別紙第30（第92条関係）

請　求　・　異　動　票　台　帳

年　月　日	請求番号	証書番号	物品番号及び品名	請求		受入（払出）			備　考
				品目数	点　数	品目数	点　数	処理年月日	
・　・								・　・	
・　・								・　・	
・　・								・　・	
・　・								・　・	
・　・								・　・	
・　・								・　・	
・　・								・　・	
・　・								・　・	
・　・								・　・	
・　・								・　・	
・　・								・　・	
・　・								・　・	
・　・								・　・	
・　・								・　・	
・　・								・　・	
・　・								・　・	
・　・								・　・	
・　・								・　・	
・　・								・　・	
・　・								・　・	

ページ

寸法：日本産業規格Ａ４

別紙第31（第92条関係）

証　　書　　台　　帳

証書番号	年　月　日	相手方部隊等名	品　　　名	証　書　名	備　　考
	・　・				
	・　・				
	・　・				
	・　・				
	・　・				
	・　・				
	・　・				
	・　・				
	・　・				
	・　・				
	・　・				
	・　・				
	・　・				
	・　・				
	・　・				
	・　・				
	・　・				
	・　・				
	・　・				
	・　・				

ページ

寸法：日本産業規格Ａ４

別紙第32（第94条関係）

補給整備検査実施基準

陸上総隊司令官等の補給整備検査		
部隊等の区分	検査実施者	検査実施要領
陸上総隊	陸上総隊司令官又は陸上総隊司令官の命ずる者	通常2年に1回
方面隊	方面総監又は方面総監の命ずる者	
警務隊	警務隊長又は警務隊長の命ずる者	
中央輸送隊	中央輸送隊長又は中央輸送隊長の命ずる者	
会計監査隊	会計監査隊長又は会計監査隊長の命ずる者	
防衛大臣直轄部隊等（警務隊を除く。）	当該部隊等の長	

別紙第32の２（第104条関係）

管理官番号等の付与基準

1　管理官番号は４桁の英数字を組み合わせたものとし、下表を基準として付与する。

桁	1桁目		2～4桁目	
区分	方面隊等区分		管理官区分	
部隊等	A	陸上総隊、大臣直轄部隊等	0～9 A～Z	※　管理官ごとに任意の英数字を組み合わせて付与
	B	北部方面隊		
	C	東北方面隊		
	D	東部方面隊		
	E	中部方面隊		
	F	西部方面隊		
	G	本省の機関		
	H	本省以外の他機関		
	J	海外の訓練・派遣部隊		
	L	警察庁		
	P	国際貢献、国際緊急援助活動等		

2　電算機処理に係る部隊等番号は７桁の英数字を組み合わせたものとし、上４桁は管理官番号、下３桁は前項と同様の英数字を任意で組み合わせたものを付与する。

別紙第33（第105条関係）

物　品　管　理　官　公　印

区分 事項	物品管理官	分任物品管理官
寸　　法	防衛省における会計機関の使用する公印等に関する訓令（平成19年防衛省訓令第70号）による。	
文　　字	「陸上自衛隊物品管理官印」とする。	「陸上自衛隊○○○○分任物品管理官印」とする。
印　　画	陸上自 衛隊物品 管理官印	陸上自衛隊 ○○○○ 分任物品 管理官印

注：上記中○○○○は管理官番号とする。

別紙第34（第105条関係）

代行機関の印

（基準）　（例）

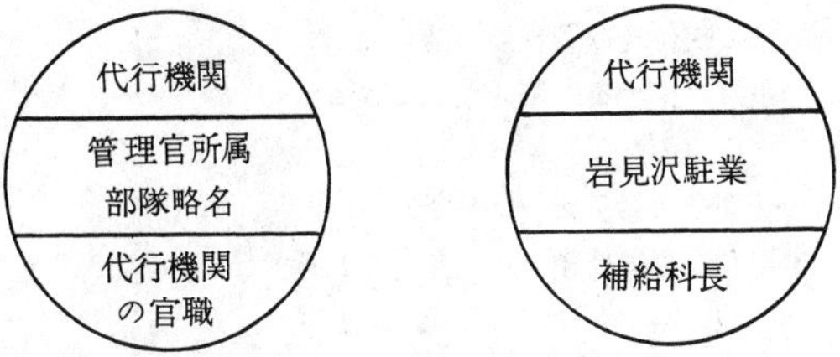

直径20ミリメートルとする。

別冊第１

補給管理細部事務処理要領

目次

第1章　請求、交付及び管理換の要領

第1節　請求

第1条　削除

（請求票の送付要領）

第2条　請求票は、電算機端末機から送付する。

ただし、次の各号に掲げる場合は使送及び逓送等による。

(1)　電算機により請求等事務処理を行うことができない場合

(2)　物品番号（主品目番号及び部品番号等を含む。）及び物品整理番号が定められていない物品を請求する場合

(3)　補給統制本部長及び補給整備部隊等の長が特に示す場合

（請求票を受領した場合の処置要領）

第3条　補給統制本部長及び補給整備部隊等の長は、被請求品目ごとに交付、直納、補給指示、調達承認、請求却下又は払出予定のいずれかの処置を決定し、異動票により請求部隊等にその結果を通知するものとする。この場合、請求却下する品目は、その理由を異動票に記入する。

2　補給統制本部長及び補給整備部隊等の長は、払出予定となった品目を交付等又は失効とする場合は、その旨を請求部隊等に通知するものとする。ただし、本則第52条に定める請求票の有効期限を超過したことによる失効は、この限りでない。

（請求の取消し又は変更の要領）

第4条　使送及び逓送等による請求を取消し又は変更する場合には、電報、電話等適宜の手段によってその旨を直ちに連絡し、次の各号の処置をする。

(1)　取消しの場合

ア　管理官は、当該請求票の控えに斜線を引き「取消し」と記入し、備考欄に取消しの理由、取消し月日を記入押印の上、速やかに相手方に送付する。この場合、関係台帳は備考欄に「取消し」と記入して整理する。

イ　アの請求票の控えを受領した管理官は、当該請求票の控えにより関係諸記録の整理を行う。

(2)　変更の場合

ア　管理官は、変更前の請求番号を使用し変更を要する部分を赤字で、変更後の事項を次行に青又は黒字で記入した新請求票を作成し相手方に送付するとともに、取消しの場合に準じ関係台帳を整理する。この場合、変更前の請求票の控えは、変更の部分に＝線を引き「変更」と記入して新請求票の控えとともにつづり込む。

イ　新請求票を受領した管理官は、当該請求票により関係諸記録の整理を行う。

第２節　交付

（交付に使用する証書の使用区分）

第５条　補給整備部隊等の長が、被支援部隊等に物品を交付する場合に使用する証書は、異動票によるものとする。

（交付の要領）

第６条　請求補給による交付は、別紙第１に示す要領により、推進補給による交付は、別紙第２に示す陸上自衛隊内の管理換の要領に準じてそれぞれ行う。

第３節　管理換

（管理換に使用する証書の使用区分）

第７条　管理換（第５条の規定に基づく交付の場合を除く。）に使用する証書の使用区分は、次の各号に定めるところによる。

(1)　陸上自衛隊の部隊等と陸上自衛隊以外の国の機関との場合は、管理換票（管理訓令別記様式第35）を使用する。

(2)　陸上自衛隊内の場合は、異動票を使用するものとする。ただし、整備後送の場合は送り状による。

（管理換の要領）

第８条　陸上自衛隊内の管理換は、別紙第２に、陸上自衛隊以外の国の機関との管理換は、別紙第３にそれぞれ示す要領により行う。ただし、送り状による場合は、整備規則に定めるところによる。

（管理換を行う場合の処置）

第９条　管理換を行う場合は、次の各号に掲げる処置を行う。

(1)　別紙第４に掲げる記録等のうち必要なものを添付する。

(2)　内容品等に過不足がある場合は過不足明細書を、内容品等の定数等が明らかでない場合は一覧表を作成し、証書に添付する。ただし、履歴簿を有する物品は、履歴簿の移管記録欄に内容品等の数量を記入することにより過不足明細書に代えることができる。

(3)　亡失損傷等がある場合は、管理換前に必要な処置を行う。

第２章　供用及び返納要領

（供用及び返納に使用する証書の使用区分）

第10条　供用及び返納の証書は、受渡証又は異動票を使用し、その使用区分は次の各号に定めるところによる。

(1)　受渡証（甲）は、非消耗品の供用及び返納に使用する。

(2) 受渡証（乙）は、消耗品（非消耗品の部品及びセット内容品を含む。以下、この条において同じ。）の供用及び返納並びに非消耗品の６か月以内に返納することを条件とした供用及び当該非消耗品の返納に使用する。

(3) 異動票は、消耗品の供用及び返納に使用する。

（物品を供用する場合の手続）

第11条 消耗品及び非消耗品の供用は、別紙第５に示す要領により行う。

２ 消耗品で少量を頻繁に供用する場合は、交付内訳票（別紙第６）により行うことができる。この場合、通常１か月ごとに集計して異動票に転記し、管理簿の払出整理を行う。ただし、糧食は、別冊第３第46条第２項に規定するところにより行う。

第３章 その他の出納要領

（その他の証書の使用区分）

第12条 第５条、第７条及び第10条に規定する以外の物品の異動に関する証書の使用区分は、次の表のとおりとする。

	証書の種類	使用する場合
1	納品書・(受領）検査調書 （管理訓令別記様式第38）	防衛装備庁調達品目の受入の場合
2	糧食納品書・(受領）検査調書 （本則別紙第26（その１））	糧食の受入れの場合
3	納品書・(受領）検査調書 （本則別紙第26（その２））	前項以外の調達品及び外注整備品の受入れの場合
4	受領書 （本則別紙第27）	物品の寄託、貸付及び売払いに伴う払出しの場合
5	返品書 （本則別紙第28）	寄託又は貸付した物品（外注整備品を除く。）及び外注整備等により発生した物品の受入れの場合
6	材料使用明細書	寄託した物品の使用による払出しの場合

	(本則別紙第28)	
7	在庫調整報告書 (本則別紙第25)	現況調査の結果に基づく物品の受入れ及び払出しの場合
8	受払書	(1) 区分換に伴う物品の受入れ及び払出しの場合 (2) 本則第81条に規定する国有財産編入等及び本則第82条に規定する航空機編入等に伴う物品の受入れ及び払出しの場合 (3) 譲与、寄附受及び借受けに伴う物品の受入れ及び払出しの場合 (4) 亡失に伴う物品の払出しの場合 (5) 回収品の受入れ及び不用決定に基づく物品の受入れ及び払出しの場合(売払いに伴う払出しの場合を除く。) (6) 部内生産品の受入れの場合 (7) その他、他の証書によることができないものの受入れ及び払出しの場合

(納品書等の処理要領)

第13条 前条の証書の処理要領は、次の各号に定めるところによる。

(1) 納品書・(受領) 検査調書は、1部を受領し、原本を契約等担当職員に送付し、物品の受入れの証書として写しを保存する。なお、業者様式による納品書の場合は、必要事項が記載されていることを確認した上で、納品書・(受領) 検査調書の別添として取り扱うものとする。ただし、防衛装備庁調達品目に係るもの及びインターネット発注方式に係るものは、別に定める要領による。

(2) 受領書・返品書及び材料使用明細書は、通常3部を受領し、物品の異動の証書として1部を保存し、契約等担当職員及び業者に異動の証として各1部を送付する。

(3) 在庫調整報告書及び受払書(様式は異動票を使用)は、通常1部を作成し、物品の異動の証書として保存する。

第４章　諸記録の作成

第１節　電算機処理によらない諸記録の作成

（管理簿等の作成及び記入要領）

第14条　管理簿は、一般会計と特別会計、自隊用品と補給用品とに区分し物品番号別に作成する。ただし、次の各号に掲げる場合は、管理簿を数品目１口座（以下「統合」という。）又は１品目数口座（以下「細分」という。）とすることができる。

⑴　同種の品目の部隊等統制品目（自隊用品に限る。）で異動がほとんどないとき（統合）

⑵　同一品目の消耗品を自隊用品として保有するとともに補給用品として保管するとき（補給用品の管理簿に統合）

⑶　補給用品のうち同一の物品番号のもので使用目的が異なるものを保管するとき（細分）

⑷　補給用品で古品、使用不能品、貸付又は寄託品及び整備後送品を別途に管理する必要があるとき（細分）

⑸　部隊等の新改編又は海外派遣等の準備に際し、自隊以外の部隊等に管理換のため短期間管理するときで、自隊で管理する物品とは別に管理する必要があるとき（細分）

2　管理簿⑴は自隊用品である非消耗品の記録に、管理簿⑵は自隊用品である消耗品及び補給用品の記録にそれぞれ使用する。

3　管理簿等の記入要領は、次の各号に定めるところによる。

⑴　本則第93条第５号に基づき管理簿の登記を省略する場合は、当該物品の取得に係る証書に「登記省略」と標示する。

⑵　管理簿の年度末繰越整理は、本則第76条に基づく物品管理計算証明等対象物品について行う。

⑶　第10条第２号により返納を条件として一時使用させる非消耗品は、受渡証（乙）をもって管理簿の交付先の記帳に代える。

⑷　証明記録は、管理官ごと１部（補給整備部隊等の長にあっては自隊用品及び補給用品ごと各１部）を管理簿の適宜の簿冊に編てつする。

⑸　代替物品番号記録票は、管理者が必要と認める場合に備え付け、代替品目の物品番号及び物品番号が変更になったときその新旧番号を記入する。

⑹　払出予定票（別紙第７）及び受入予定票（別紙第８）は、補給整備部隊等で補給用品について払出予定及び受入予定が発生した都度記入する。

⑺　品名等表示票は管理簿⑵及び請求実績記録簿の品目の見出しに使用する。

（管理簿の編てつ）

第15条　管理簿の編てつは、物品管理区分ごと行う。ただし、管理官が必要と認めるときは、物品の使用目的別区分ごとに編てつ又はこれを分冊若しくは合冊として編てつすることができる。

（台帳の使用区分等）

第16条　台帳は、次の各号に定める使用区分に従い、前条の規定に準じて作成する。

(1)　請求票及び請求に係る証書の管理には、請求・異動票台帳を使用する。

(2)　送り状の管理には作業要求（証書）台帳を使用する。

(3)　前各号及び受渡証（甲）を除いた証書の管理には、証書台帳を使用する。

2　相手方管理官が作成した請求票又は証書を自己の証書に使用する管理官は、当該証書つづりをもって台帳に代えることができる。

（証書つづりの区分）

第17条　証書は、次の各号に掲げる区分により整理して証書つづりとする。

(1)　会計年度ごとに整理するもの

ア　請求・異動票台帳により管理する証書

イ　証書台帳により管理する証書

ウ　送り状

(2)　会計年度にかかわらず整理するもの

ア　受渡証（甲）

イ　その他特に示された証書

（諸記録の訂正等の要領）

第18条　諸記録の訂正等の要領は、次の各号に定めるところによる。

(1)　諸記録を訂正する場合は、元の記録事項を消去することなく通常青又は黒インキで原文に明りょうに＝線を引いて訂正し、当該線上に記入担当者が押印する。ただし、訂正箇所が多いときは新たに１行を起こして訂正することができる。

(2)　管理簿の増又は減欄の数字の訂正は、異動の証書に基づいて行わなければならない。

(3)　証書の数量欄の数字は訂正してはならない。ただし、自ら作成したものでやむを得ない場合は、第１号に準じ訂正し当該管理官の公印を押印する。なお、代行機関が本則第80条ただし書に基づき作成した請求票又は証書の訂正は、前記ただし書に準じ代行機関の印の押印によることができる。

(4)　証書を減失した場合は、減失した証書の番号、年月日、証書の最初の行の品名、その他滅失の状況及び理由等を記載した調書を作成して証書つづりにつづるとともに、台帳の当該備考欄に「滅失」と記入する。

(5)　管理官は必要に応じ、証書を増加作成することができる。

第２節　電算機処理による諸記録の作成

（管理簿等の作成）

第19条　電算機処理を行う品目の管理簿は、別紙第９に示す項目を磁気記録したもの（以下「管理簿ファイル」という。）をもってあてる。

２　補給統制本部長は、補給処長及び補給統制本部が直接補給を担当する野整備部隊（中部方面ヘリコプター隊第３飛行隊、第109飛行隊、第15ヘリコプター隊、航空学校、航空学校分校及び飛行実験隊を含む。）の長に対し需給統制上必要な品目について管理簿ファイルの口座を統合又は細分させることができる。

３　電算機処理を行う品目の証書台帳は別紙第10に示すとおりとする。なお、請求・異動票台帳は、補給統制本部長が示す補給整備等関係細部処理要領に定めるところによるものとする。

（帳表等の作成）

第20条　電算機で定期的に作成する帳表等は、次の各号に定めるところによる。

(1)　年度末繰越現在高表（別紙第11）は、全管理品目について年度末の現在高を記録する。

(2)　期別異動記録表（別紙第11）は、当該四半期に異動のあった品目について前期末の現在高及び当該期末の現在高等を管理簿ファイルから作成する。

(3)　受入（払出）予定記録表（別紙第12）は、四半期末において繰り越す受入予定及び払出予定の数量等を記録する。

(4)　その他報告等のための記録は別に示す。

２　補給統制本部長及び補給処長が必要と認める場合は、次の各号に掲げる資料を定期又は臨時に作成することができる。

(1)　電算機によって作成送付する請求票、異動票、補給通知等の控

(2)　任意の期間の在庫異動の記録

(3)　その他補給管理に必要な資料

３　電算機端末機を保有する部隊等の長は、前２項に準じ必要とする資料を作成することができる。

第５章　亡失損傷手続

（使用職員に係る物品の亡失又は損傷手続）

第21条　使用職員に係る物品の亡失又は損傷手続は、次の各号に定めるところによる。

(1) 使用職員が亡失又は損傷させた場合には物品亡失、損傷報告書（管理訓令別記様式第25）を作成し、順序を経て速やかに管理官に報告する。この場合、使用職員は物品亡失、損傷報告書記載事項中単価及び金額は記入しない。

(2) 管理官は、前号の物品亡失、損傷報告書による報告を受けた場合は、次に掲げるところにより金額その他必要な事項を記入し、速やかに裁定権者に提出する。

ア 単価及び金額の記入

亡失の場合は、別紙第13第1項により算出して計上し、損傷の場合は、同別紙第2項により算出した当該損傷部分の修理に要する費用を計上する。ただし、算出された金額が損傷物品の標準価格を超える場合は、標準価格とする。

イ 意見の記入

裁定権者に提出する物品亡失、損傷報告書には余白に弁償責任に関する管理官の意見を朱書する。この場合、亡失又は損傷等の事実の詳細及び所属長その他関係者の意見等を添付する。

(3) 管理官は、前号の報告に基づき亡失の事実を確認したときは、第12条に規定する受払書により管理簿の払出整理を行う。

(4) 裁定権者は、弁償責任があると裁定したときは、陸上自衛隊債権管理事務取扱規則（陸上自衛隊達第16—1号（46.2.25)。以下「債権規則」という。）第8条の規定に基づき歳入徴収官に債権発生の通知を行う。

2 管理官は、前項の物品亡失、損傷報告書を四半期ごとに取りまとめ、物品亡失、損傷報告書（管理訓令別記様式第28又は別記様式第29）及び物品亡失（損傷等）集計表（別紙第14）を作成し、当該四半期経過後25日以内に順序を経て陸上幕僚長に報告するものとする。

（管理職員に係る物品の亡失又は損傷手続）

第22条 法第31条第1項に定める物品管理職員に係る物品の亡失又は損傷手続は、次の各号に定めるところによる。

(1) 物品管理職員が亡失又は損傷させた場合には、物品亡失、損傷等報告書（管理訓令別記様式第26）を作成し、順序を経て速やかに管理官に報告する。この場合、物品管理職員は物品亡失、損傷等報告書記載事項中単価及び金額は記入しない。

(2) 管理官は、前号の物品亡失、損傷等報告書による報告を受けた場合は、前条第1項第2号アに準じて単価及び金額を記入する。

(3) 管理官は、前号の報告に基づき亡失の事実を確認したときは、前条第1項第3号に準じて管理簿の払出整理を行う。

(4) 弁償責任があると裁定があったときは、債権規則第7条の規定に基づき陸上幕僚長が債権発生の通知を行う。

2 政令第37条第3項に定める契約等担当職員の管理官に対する通知は、管理訓令第34条第4項の規定に基づき行うものとする。

3 管理官は、前2項の報告又は通知等により、当該各号の報告書等の記入事実を確認した場合は、物品亡失、損傷等報告書（管理訓令別記様式第27）を作成し、順序を経て速やかに陸上幕僚長に報告するものとする。ただし、管理訓令第34条第8項第1号から第3号に掲げる亡失又は損傷の場合には、物品亡失、損傷等報告書（管理訓令別記様式第27）に代えて、物品亡失（損傷等）報告書（管理訓令別記様式第28又は別記様式第29）を作成するものとする。

4 管理官は、前項の報告書を提出した場合には、当該報告書に係る事項を前条第2項に定める物品亡失（損傷等）集計表に含めて報告するものとする。

第6章 物品管理計算証明等

第23条及び第24条 削除

（物品管理計算証明等のための報告）

第25条 管理官は、次の各号に示す物品管理計算証明等対象物品について別に示すところにより毎年3月31日現在で物品管理計算証明等のための資料等を作成し、陸上幕僚長に報告するものとする。

(1) 単価300万円以上の装備訓練に必要な機械及び器具（道路運送車両法第3条に規定する普通自動車及び小型自動車を除く。）

(2) 単価50万円以上の道路運送車両法第3条に規定する普通自動車及び小型自動車

(3) 単価300万円以上の美術品

別紙第１（その１）（第６条関係）

請求に基づく交付の要領（その１）

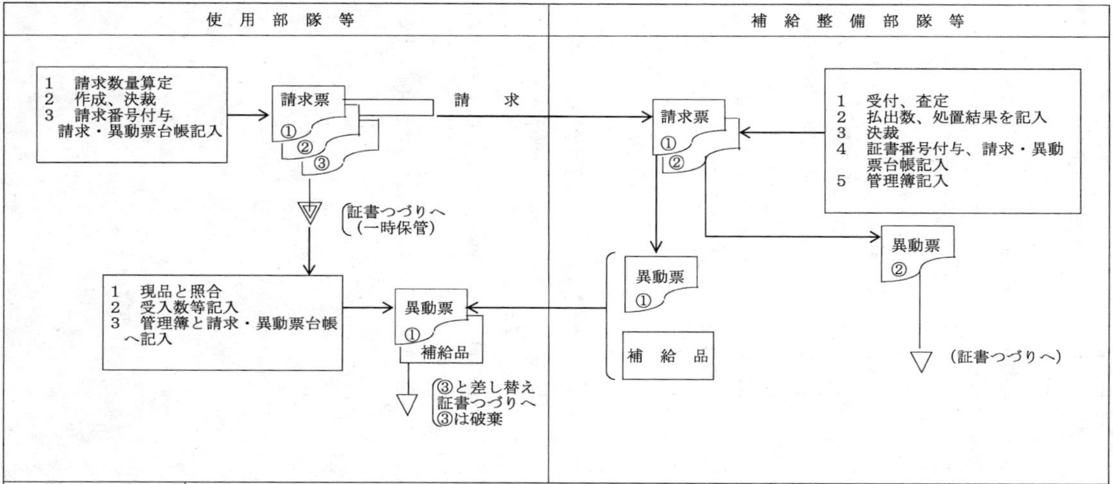

備考	この要領は、同一駐屯地に所在する補給整備部隊等（電算機処理を行う補給整備部隊等を除く。）に対し請求する場合の基準である。

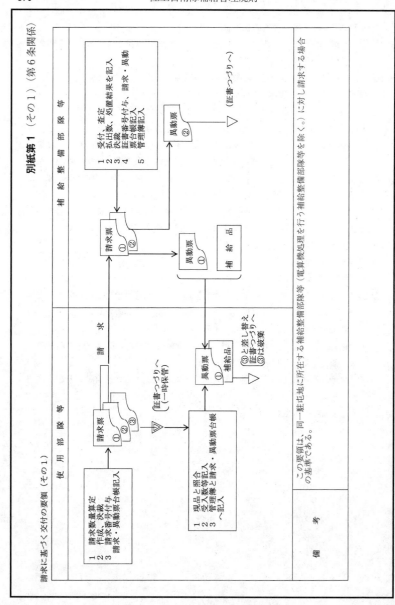

別紙第１（その２）（第６条関係）

請求に基づく交付の要領（その２）

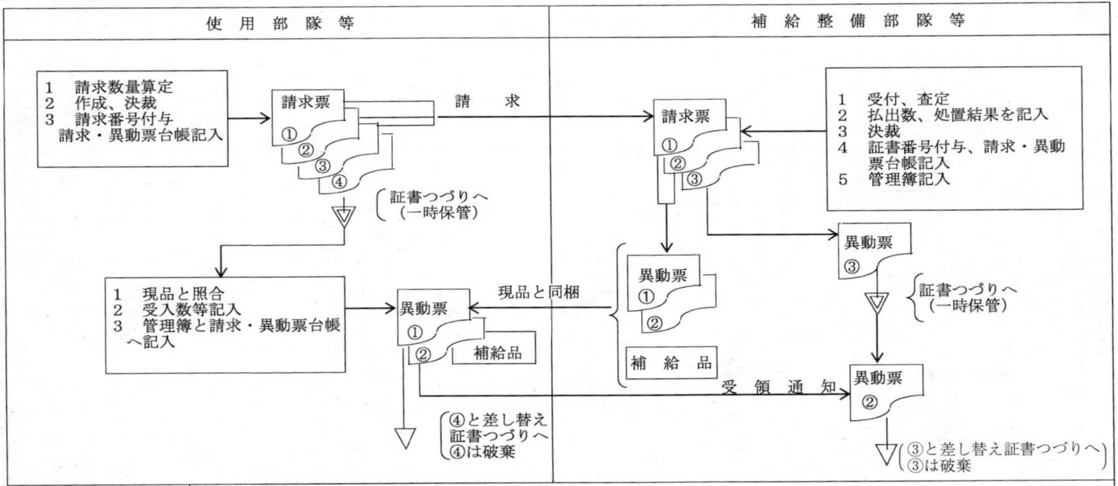

備　　考	この要領は、駐屯地を異にする補給整備部隊等（電算機処理を行う補給整備部隊等を除く。）に対し、逓送等により請求する場合の基準である。

別紙第２（第８条関係）

陸上自衛隊内の管理換の要領

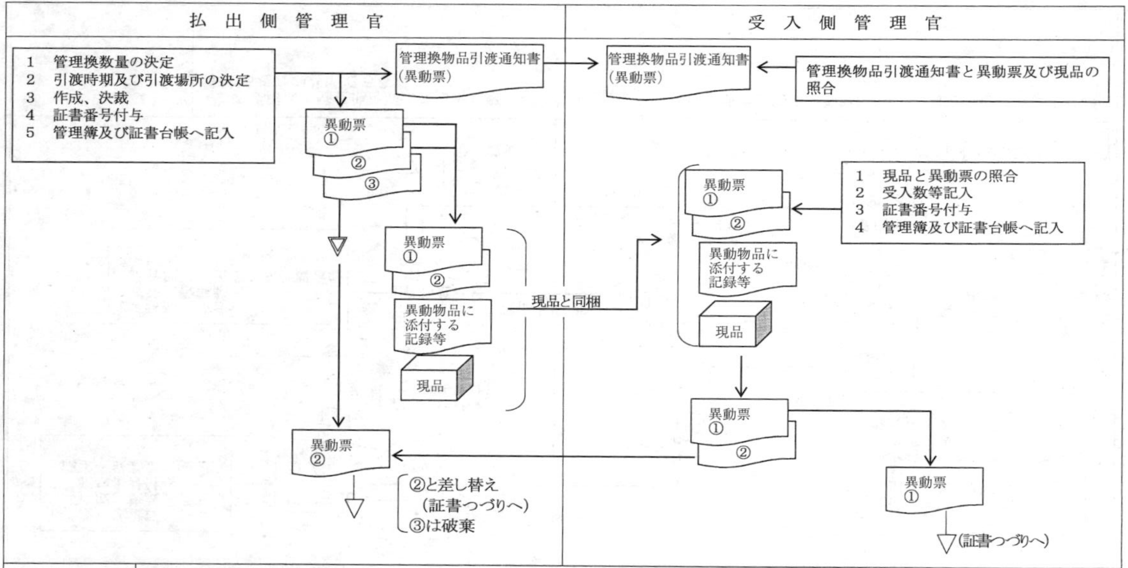

備考	1 この要領は、陸上自衛隊内において管理換を行う場合の基準である。 2 管理換物品引渡通知書（異動票）には、引渡時期及び引渡場所等を記載する。

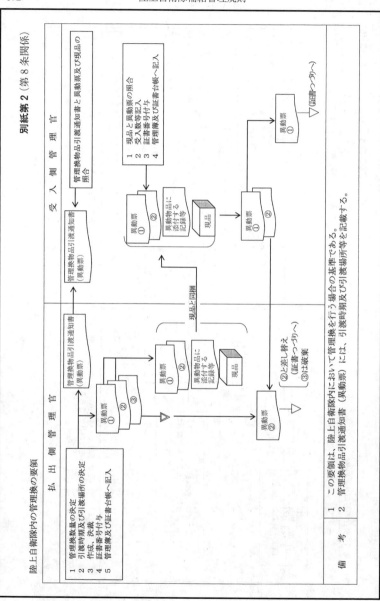

別紙第 3（第 8 条関係）

陸上自衛隊以外の国の機関との管理換の要領

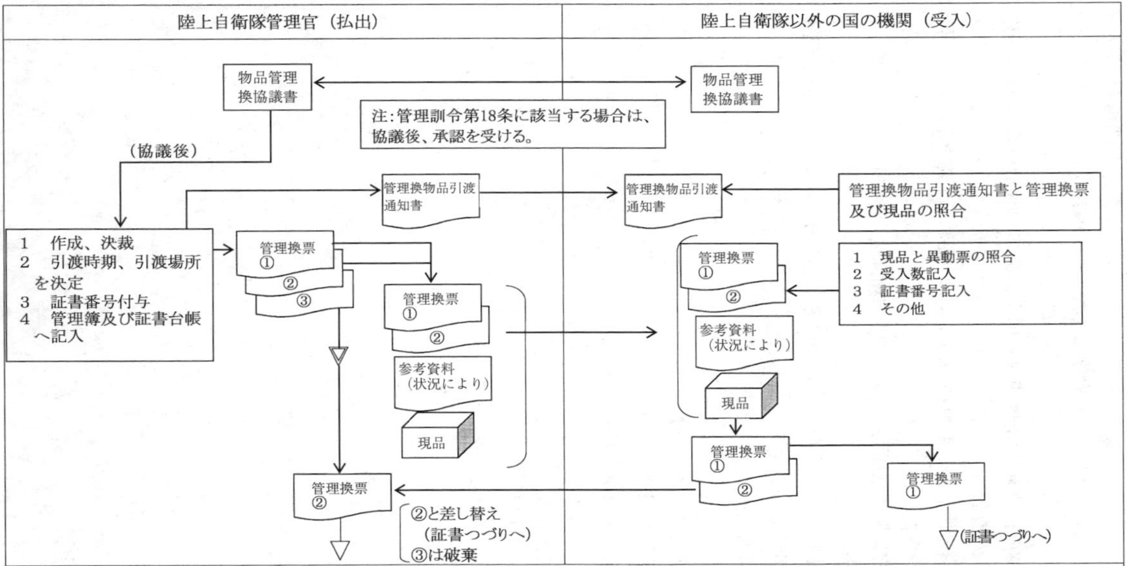

備考	この要領は、陸上自衛隊が払出側の場合の基準である。受入側になった場合は国の機関の要領に同じ。

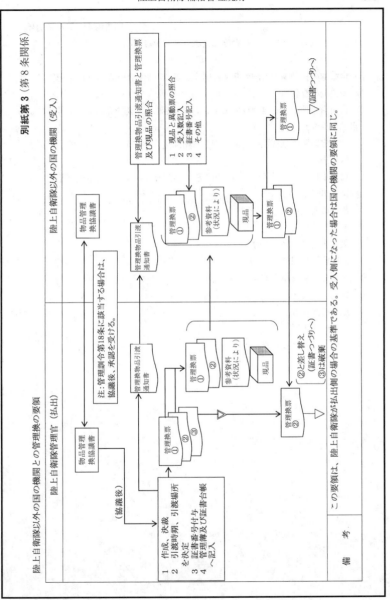

別紙第４（第９条関係）

移動物品に添付する記録等

1　自衛隊の移動局の監理の基準に関する訓令（昭和39年防衛庁訓令第30号）による無線検査表
2　自衛隊の使用する自動車に関する訓令（昭和45年防衛庁訓令第１号）による自動車検査証
3　陸上自衛隊揚重機取扱規則（陸上自衛隊達第73―１号（53.１.18））による揚重機検査証
4　自動車損害賠償保障法（昭和30年法律第97号）による自動車損害賠償責任保険証明書
5　物品の履歴簿
6　計測器校正表
7　気象測定器の検査証書
8　高圧容器証明書
9　圧縮機の完成検査書等
10　保安検査書
11　船舶検査証書
12　船舶検査手帳
13　その他必要な参考資料

別紙第5（その1）（第11条関係）

供　用　の　要　領

1　消耗品の供用の要領（その1）

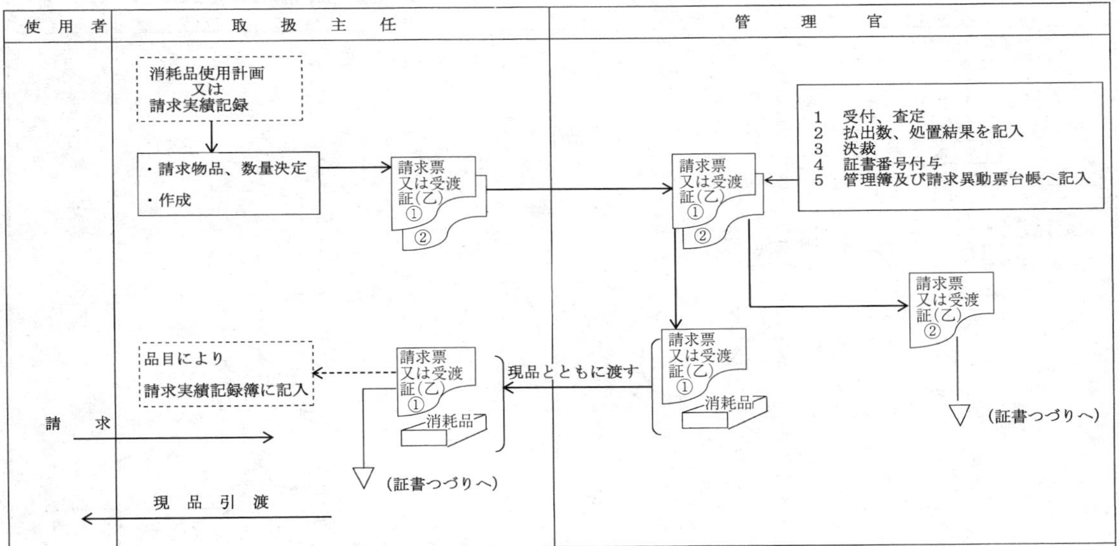

備考	
	1　この要領は、比較的多量かつ継続的に使用する品目の場合の基準である。 2　取扱主任から使用者に対し供用した場合の記録は、管理官が必要と認めた場合に行い記録の方法は適宜とする。

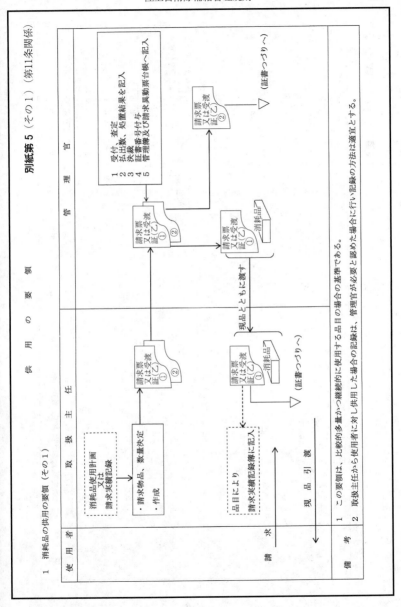

別紙第5（その2）（第11条関係）

1　消耗品の供用の要領（その2）

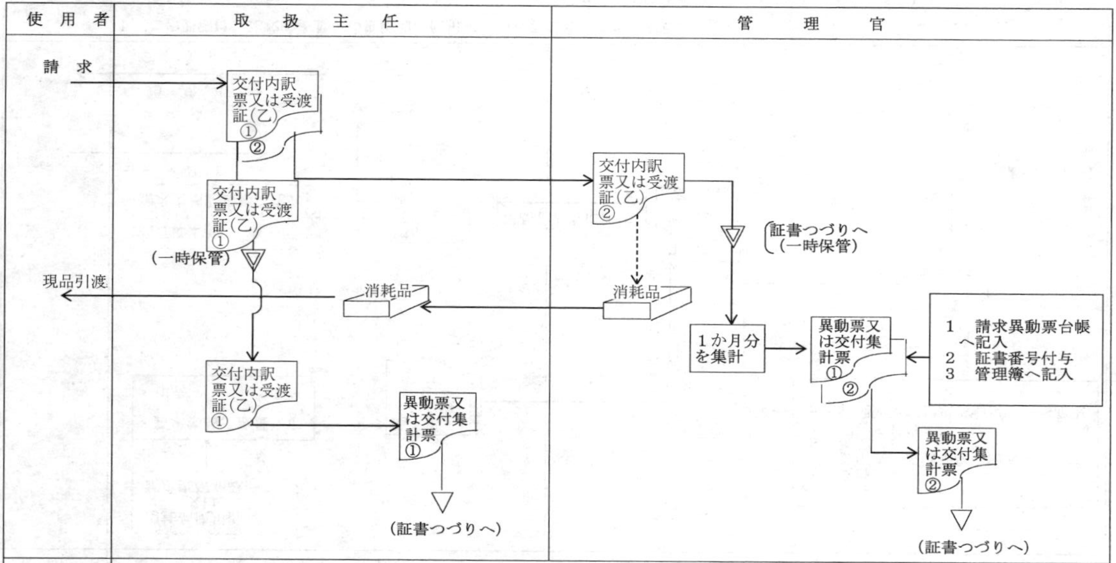

備考	この要領は、取扱主任又は使用者から少量頻繁に請求がありその都度供用する場合の基準である。

別紙第５（その３）（第11条関係）

1　消耗品の供用の要領（その３）

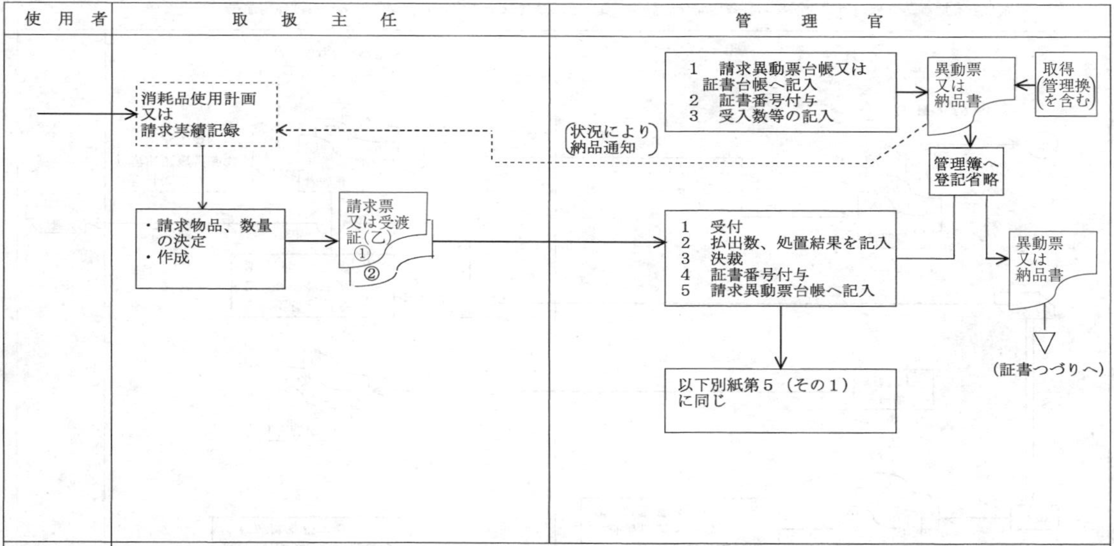

備　考	この要領は、管理簿の記録を省略した場合（本則第93条第５号）の基準である。

別紙第５（その４）（第11条関係）

供　用　の　要　領

1　消耗品の供用の要領（その４）

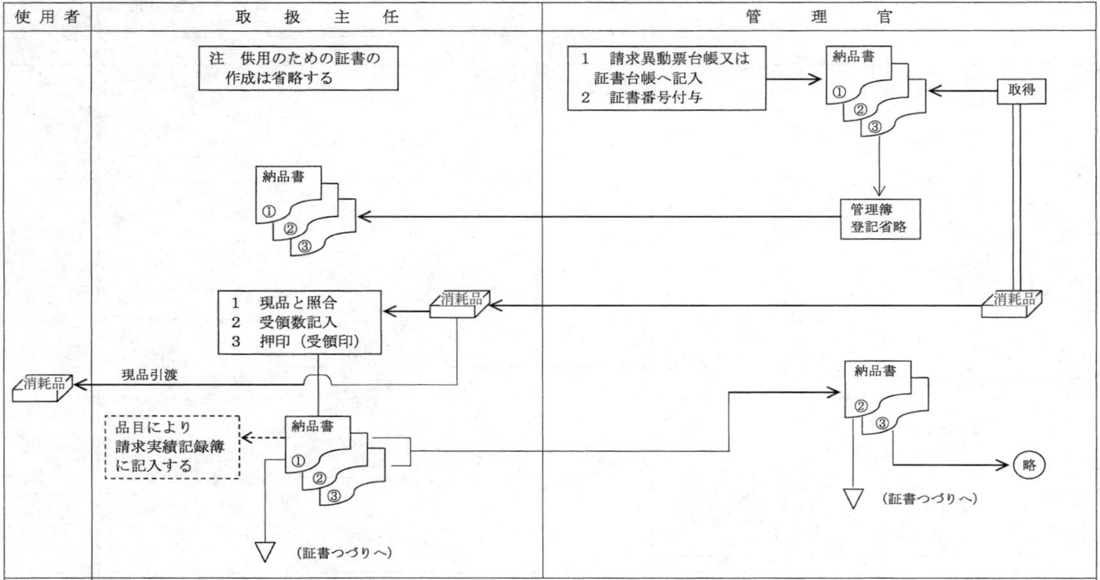

備考	この要領は、管理簿の記録を省略した場合（本則第93条第５号）で、消耗品の供用を受ける使用職員に命じて受領させる場合の基準である。

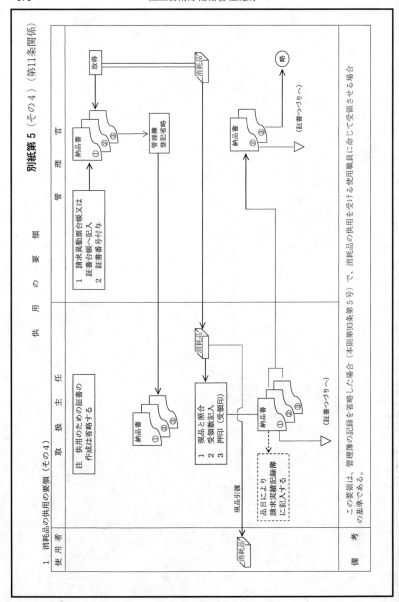

別紙第５（その５）（第11条関係）

２　非消耗品の供用の要領

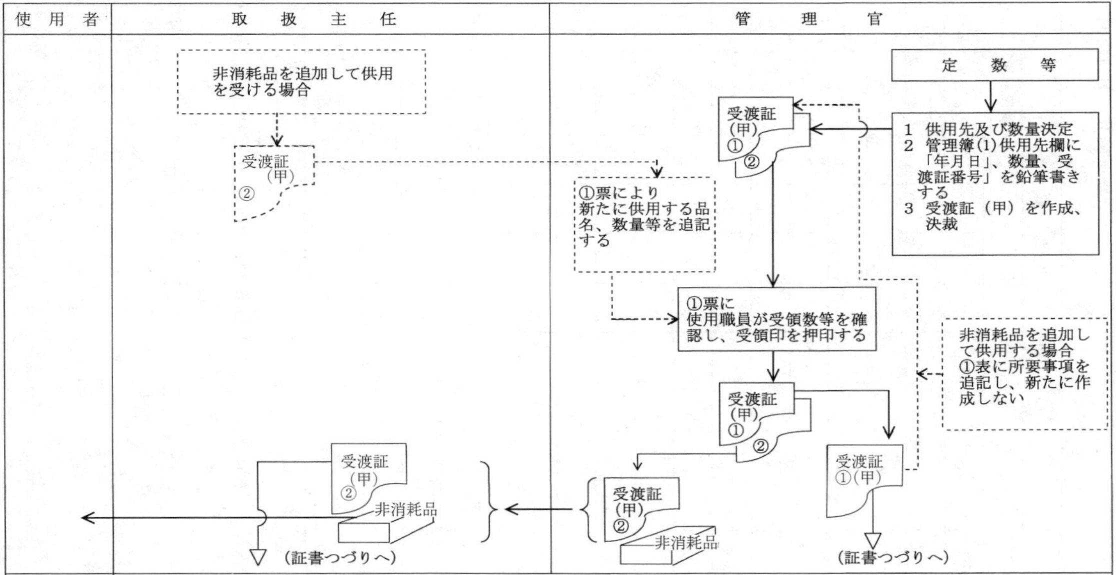

備　考	１　この要領は管理官が非消耗品を取扱主任に供用する場合の基準である。 ２　内容品又は構成品として示されている非消耗品で過不足がある場合には、過不足明細書を添付する。

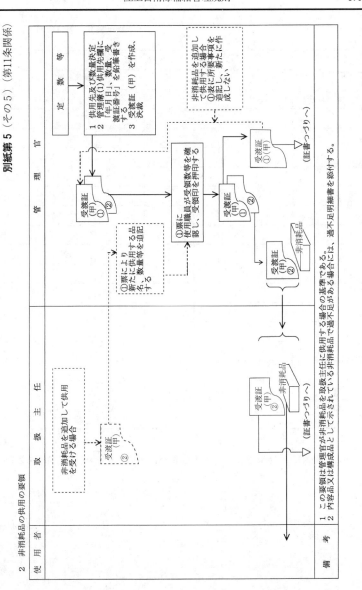

別紙第6（第11条関係）

交付内訳票										
物品の固有番号（車両番号等）	交付品名								受領部隊等名	受領者階級氏名
部隊等名				年月日			交付担当者階級氏名			
							ページ中の第　　ページ			

寸法：日本産業規格Ａ４

注：管理官は、必要に応じこの様式を基準として様式を適宜変更して使用することができる。

別紙第７（第14条関係）

物品番号							
月	日	統制番号	相手方部隊等名	数量	（交付数/未交付数）		

払出予定票

規格：90×148㎜

別紙第８（第14条関係）

物品番号							
年 月	日	請求番号	補給処等名	数量	（受領数／未受領数）		
受入予定票							

規格：90×148㎜

別紙第９（第19条関係）

管理簿ファイルの様式

項目	国供区分	物品区分	需給統制区分	記録区分	補給管理区分	主品目番号	物品番号	略品名	単位	単価円	異動年月日	資料種別	相手方管理官番号	相手方証書番号	証書番号	項目番号	設置区分

<table>
<tr><th rowspan="2">程度区分</th><th colspan="2">異動数量</th><th rowspan="2">現在高</th><th rowspan="2">補給処設定項目</th></tr>
<tr><th>増数</th><th>減数</th></tr>
</table>

別紙第10（第19条関係）

証　書　台　帳

～　　　　日分　　補給支援担当班区分：

年月日	資料種別	証書番号	相手方 管理官番号	相手方 役職	相手方 証書番号	物品区分	物品番号	略品名	品　名	備　考

別紙第11（第20条関係）

期　別　異　動　記　録　表（年度末繰越現在高表）

管理官等番号：　　　　　　　　　　年度　　第　　－四半期

物品区分	統制品目	記録区分	主品目番号	物品番号	略品名	単位	単価	異動年月日	資料種別	相手方		証書番号	項目番号	優先順位	処理区分	程度区分	異動数量		現在高	受入予定	払出予定
										管理官	証書番号						（増数）	（減数）			

別紙第12（その１）（第20条関係）

受　入　予　定　記　録　表

対象年月　　　年　　　月

物品管理区分：

物品区分	記録	主品目	物品番号	略品名	単位	相手方管理官	自証書番号	自証書年月日	相手方証書番号	相手方証書年月日	経過月	項目番号	補助	優先順位	継続	程度	原請求数	受入予定数	原請求物番	需給	保管	行動区分	地域コード

別紙第12（その２）（第20条関係）

払　出　予　定　記　録　表

対象年月　　　　年　　　　月

物品管理区分：

物品区分	記録	主品目	物品番号	略品名	単位	単価	相手方管理官	相手方証書番号	相手方証書年月日	自証書番号	自証書年月日	項目番号	優先	程度区分	払出予定数	需給	保管	行動区分	地域コード

別紙第13（第21条関係）

亡失損傷の場合の弁償額の算定要領

1　亡失の場合

亡失の場合は、標準価格及び耐用年数に基づき次の算式により得た金額以上の額とする。ただし、防衛省職員給与施行細則（昭和30年防衛庁訓令第52号）に定める被服並びにこれ以外の被服で同種のものは、同細則第８条に基づき算出した額とする。

$$\text{標準価格}-\left(\frac{\text{標準価格}\times 0.9}{\text{耐用年数}}\times\text{実際に使用した期間}\right)$$

注：1　標準価格及び耐用年数は、補給カタログに掲げるところによる。

2　耐用年数が年単位の場合は、月単位に換算する。

3　実際に使用した期間は、使用開始の日から起算して月単位で計算する。

ただし、実際に使用した期間が耐用年数を超える場合の弁償額は、標準価格の10％とする。

4　耐用年数の定められていない物品又は耐用年数により算定することが困難な物品は、管理官が、損害の程度を勘案して弁償額を算定する。

2　損傷の場合

損傷の場合の修理に要する費用は、修理資材費、副資材費及び労務費の合計額以上とし、その算定は次の各号のとおりとする。

⑴　$\text{修理資材費}=\frac{\text{修理資材の標準価格}\times 0.9}{\text{耐用年数}}\times(\text{耐用年数}-\text{実際に使用した期間})$

注：標準価格、耐用年数、実際に使用した期間等は前項注のとおりとするが、実際に使用した期間が耐用年数に等しいか、又はそれを超える場合は、耐用年数－実際に使用した期間＝１として算定する。ただし、附属品等の場合の耐用年数は、通常、主品目の耐用年数とするが、これによることが不適当と認めるものは、管理官が耐用見込年数を見積もって算定する。

⑵　副資材費

修理に要する消耗品（塗料、溶接用酸素、紙やすり等）の実費

⑶　労務費

400円（基準額）×修理に要する工数

別紙第14（第21条関係）

部　隊　名
物品管理官　　官職　氏　　　名
（公　印　省　略）

物　品　亡　失　（　損　傷　等　）　集　計　表
（　　年度　　第　　四半期分）

区　分	品　名	数　量	金　額	内　訳					備　考
				有　償			無　償		
				数　量	金　額	弁償額	数　量	金　額	

寸法：日本産業規格Ａ４

作成要領

1　数量は、損傷したものはこの旨括弧書きする。
2　物品管理区分別に別葉とし集計する。
3　「区分」欄は使用目的別区分を記入する。
4　管理職員に係る分は、備考欄にその旨注記する。

補給カタログの作成要領

別冊第２

（内容及び様式）

第１条　補給カタログの内容及び様式の基準は、別紙第１から第９のとおりとする。

（作成上の留意事項）

第２条　補給カタログは、次の各号に定める事項に留意して作成する。

(1)　型式Ｃ及び型式Ｄは、主品目ごとに作成する。

(2)　物品の特性及び使用の便を考慮し適当と認める場合は、次のとおり変更することができる。

ア　型式Ｃ、型式Ｄ及び型式Ｅを相互に合冊すること

イ　型式Ｆをもって型式Ａに代えること

ウ　型式Ｄを組部品ごとに作成すること

エ　複数の主品目を相互に合冊すること

（標準価格の設定要領）

第３条　標準価格の設定要領は、次の各号に定めるとおりとする。

(1)　標準価格の設定基準

ア　防衛装備庁及び部隊等で調達する物品は、標準価格設定時に最も近い調達価格をもって標準価格とする。ただし、これによることが適当と認められない場合は、平均価格（ある期間内に調達した物品の合計金額を合計数量で除した単価をいう。）又は市場価格をもって標準価格とする。

イ　有償援助により調達する物品は、調達時のドル価格を円レートで換算したものを標準価格とする。

ウ　打ちがら薬きょう類は、標準価格設定時に最も近い売払価格をもって標準価格とする。

エ　自隊で生産した物品（材料を業者に官給して製作した物品を含む。）は、類似した物品の調達価格又は原価計算方式により評価した標準価格とする。

(2)　端数の除外

１品目又は交付単位が、５万円未満の品目は１円未満を、５万円以上の品目には100円未満を四捨五入する。

(3)　標準価格の修正

標準価格を設定した場合は、これを第１年目の標準価格とし、以後通常第３年目ごとの年度開始日に第１号に示す基準により当該標準価格の検討を行い、その時点における調達価格等との差額が（±）10％を超えるものは、標準価格を修正する。ただし、価格変動が大で、これによることが適当と認め

られない場合は、補給統制本部長が定める。

(4) 標準価格設定資料の提出

補給処長は、補給処統制品目の標準価格設定資料を補給統制本部長に提出する。

（印刷及び配布）

第４条 補給統制本部長、中央業務支援隊長及び地理情報隊長は、陸上幕僚長又は自ら制定した補給カタログの原本に基づき当該補給カタログを印刷し、部隊等へ配布するものとする。この場合、配布は、印刷又は電子化して業務管理システムへの公開をもって行う。ただし、別に示す補給カタログを除く。

２ 前項のほか、補給統制本部長は制定された補給カタログを電算機に登録し、部隊等へ通知するものとする。

（改正手続等）

第５条 補給カタログの改正手続及び補給カタログに記載されていない物品の処理は、次の各号に定めるところによる。

(1) 改正手続

ア 部隊等の長は、補給カタログについて改正意見のある場合にはその都度、補給カタログ改正意見（別紙第10）を順序を経て制定者に上申又は通知する。

イ 制定者は、前アの意見を検討の上、意見を提出した部隊等の長にその結果を通知するとともに、必要と認めた場合は補給カタログを改正する。

ウ 印刷及び配布は、第４条に準じて行う。ただし、改正箇所が少ない場合は文書により通知し印刷配布に代える。

(2) 補給カタログに記載されていない物品の処理

ア 部隊等の長は、補給カタログに記載されていない物品（直ちに消費され再度取り扱う機会の少ない物品を除く。）を新たに調達した場合又は品名・物品番号等が不明で補給等業務に支障がある場合は、物品番号等付与資料（別紙第11）に次に掲げる資料を添え、制定者に通知する。

(ア) 仕様書又はこれに準ずるもの

(イ) 製造業者のカタログ又は図面、写真等

イ 制定者は、前号イ、ウに準じ処理する。

（報告）

第６条 補給統制本部長は、次に掲げる期間に制定、改正及び廃止した補給カタログについて当該期間経過後10日以内に補給カタログ制定等報告書（別紙第12）により陸上幕僚長に報告するものとする。（装計定第15号・衛定第27号）

(1) ４月１日から９月30日まで

(2) 10月１日から翌年３月31日まで

別紙第１（その１）（第１条関係）

表　紙　の　記　載　例

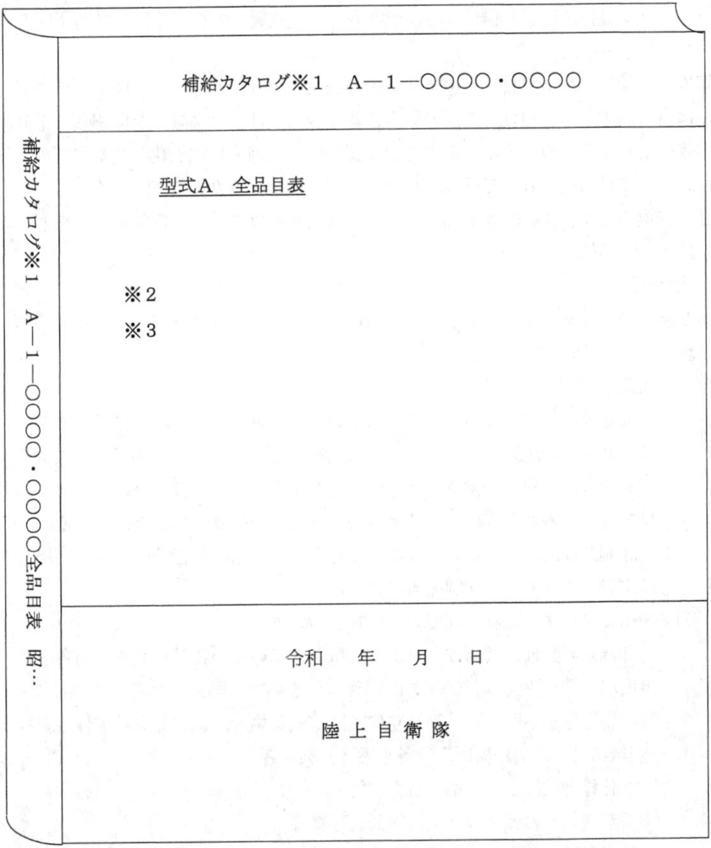

寸法：日本産業規格Ａ４（以下同じ）

備考：　※１　物品管理区分名

※２　物品番号
※３　物品の名称　｝型式Ｃ～型式Ｅの場合に記載する。

※４　表紙等を色別する場合は本則第106条による。ただし、出版物は灰色、地図は茶色とする。

別紙第１（その２）（第１条関係）

表　紙　裏　面　の　記　載　例

〇〇（課）第〇号

（制定機関ごとの一連番号を付する。）

補給カタログ※１＿＿＿＿＿＿＿＿＿＿＿＿＿＿＿＿＿＿＿＿

※２＿＿＿＿＿＿＿＿＿＿＿＿＿＿＿＿＿＿＿＿＿＿＿＿を

制定する。

令和　　年　　月　　日

制定者の官職　階級　氏名

備考：※１　補給カタログの番号

※２　補給カタログの名称

別紙第１（その３）（第１条関係）

目　次（記載例）

まえがき　……………………………………………………………………………　ページ

１　目的及び範囲

２　使用法

３　………………

４　………………

……………………………………………………………………　ページ

別紙第１（その４）（第１条関係）

ま　え　が　き（記載例）

１　目的及び範囲

この補給カタログは、物品の使用者に対し、…………………………

２　使用法

３　各欄の説明

４　略語及び記号

５　その他

別紙第2（第1条関係）

補給カタログの番号付与要領

1　補給カタログは、取扱いの便宜のため番号を付して識別する。

2　補給カタログの番号は、型式符号、分類番号、分冊番号を組み合わせたものをいう。

3　補給カタログの番号の付与は次の例による。

（1）　A・○○○○――1――1

　　　（A：型式、○○○○：分類番号、1：分冊番号、1：細分冊番号）　適用型式　型式A
　　　　　　　　　　　　　　　　　　　　　　　　　　　　　　　　　　　　　〃　B

（2）　C・○○○○――1――1

　　　（○○○○：器材の分類番号）

（3）　C・D・E・○○○○――1――1

　　　（合冊の場合）

（4）　C・○○○○――1――1　改1改正版の場合

　　　（(3)(4)の適用型式　型式C、〃　D、〃　E）

（5）　F――1――1――1

　　　（1：目録区別番号、1：分冊番号、1：細分冊番号）　適用型式　型式F

別紙第3（第1条関係）

型式A　全品目表

第1部　全品目表

索引番号	物品番号	品目名	品名・規格等	取扱単位	消耗区分	図示番号
		（英名でフルネームを記載する。以下同じ。）	（品名は、編制表に記載してある品目は当該品名を記載し、その他の品目は別に示すところによる。以下同じ。）			

備考：1　記載品目の範囲　全品目（部品等を除く。）

2　対象部隊等　使用部隊等及び補給整備部隊等

3　構成　第1部　全品目表　第2部　索引表

別紙第 4（第 1 条関係）

型式Ｂ　セット内容品目表

型式Ｂ　セット内容品目表

物品番号	品目名	品名・規格等	取扱単位	数量	図示番号

備考：**1**　記載品目の範囲　　セット品目及び内容品等
2　対象部隊等　　使用部隊等及び補給整備部隊等

別紙第５（第１条関係）

型式C　部隊整備定数表

第１部　部隊整備定数表

索引番号	図示番号	物品番号	参照番号	製造者記号	品目名	品名・規格等	数量	保有定数	消耗区分

備考：1　記載品目の範囲　構成品目及び使用部隊等が整備を行うに必要な部品等

2　対象部隊等　使用部隊等及び補給整備部隊等

3　構成　第１部　部隊整備定数表　第２部　索引表

別紙第6（第1条関係）

型式D　野整備及び補給処整備用部品基準表

第1部　野整備及び補給処整備用部品基準表

索引番号	物品番号	参照番号	製造者記号	品目名	品名・規格等	数量	野整備部隊保有基準数	補給処保有基準数	消耗区分

備考：1　記載品目の範囲　構成品目及び補給整備部隊等が補給整備支援業務に必要な部品等
2　対象部隊等　補給整備部隊等
3　構成　第1部　野整備及び補給処整備用部品基準表
第2部　索引表

別紙第7（第1条関係）

型式E　部　品　表

図示番号	物品番号	参照番号	製造者記号	品目名	品名・規格等	数量

備考：1　記載品目の範囲　全部品等
　　　2　対象部隊等　使用部隊等及び補給整備部隊等

別紙第8（第1条関係）

型式F－1　　補給管理品目表

一連番号	物品区分	主品目番号	物品番号	品目名	品名（規格等）	略名	単位	陸幕規制品目	需給統制区分	耐用年数	不用決定報告通知等	器材等使用実績	部隊整備実績	対象品目履歴簿備付	※	備考

備考：1　記載品目の範囲　主として主品目
2　対象部隊等　使用部隊等及び補給整備部隊等
3　※印欄　補給統制本部長が追加を必要とする項目のある場合に使用

別紙第9（第1条関係）

型式F－2　標準価格表

分類区分	補給管理コード	物品番号	品名	単位	単価	程度区分	需給統制区分	共通区分	回収指定品目区分	適用部隊区分

※適用部隊区分：当該単価を使用する方面隊区分を次のコードで記載する。

ＮＡ－１、ＮＥＡ－２、ＥＡ－３、ＭＡ－４、ＷＡ－５、全国的適用０

別紙第10（第５条関係）

発簡番号
発簡年月日
発簡者名
（公印省略）

殿

補給カタログの改正意見について（通知）

標記について、下記のとおり通知する。

記

記載箇所					改正	改正内容		摘要
補給カタログの番号	ページ	行	見出番号（図示番号）	欄	区分	現行	修正事項	

注：1　寸法は、日本産業規格Ａ４とする。
　　2　改正区分欄は、訂正、追加、削除等を記入する。
　　3　参考資料として必要なものは別紙として添付する。

別紙第11（第５条関係）

発 簡 番 号

発簡年月日

発 簡 者 名

（公 印 省 略）

殿

物品番号等の付与資料について（通知）

標記について、下記のとおり通知する。

記

<table>
<tr><th>No.</th><th>項　　目</th><th colspan="5">事　　項</th></tr>
<tr><td>1</td><td>名　　称</td><td></td><td rowspan="2">規　　格</td><td colspan="3" rowspan="2"></td></tr>
<tr><td>2</td><td>物　品　名</td><td></td></tr>
<tr><td>3</td><td>取 扱 単 位</td><td></td><td>調 達 価 格</td><td></td><td>見 積 価 格</td><td></td></tr>
<tr><td>4</td><td>物品の区分</td><td></td><td>需給統制区分</td><td></td><td>耐 用 年 数</td><td></td></tr>
<tr><td>5</td><td>納入会社名・住所</td><td colspan="3"></td><td>納入（受領）年月日</td><td></td></tr>
<tr><td>6</td><td>製造会社名・住所</td><td colspan="3"></td><td>製 造 年 次</td><td></td></tr>
<tr><td>7</td><td>添 付 書 類</td><td colspan="5"></td></tr>
<tr><td>8</td><td>その他参考事項</td><td colspan="5"></td></tr>
<tr><td>9</td><td>処　　置</td><td colspan="5"></td></tr>
</table>

注：１　一品目一葉とし、寸法は、日本産業規格Ａ４とする。

２　その他参考事項欄は、部品番号及び従来の部品との関連等を記入する。

別紙第12（第６条関係）

発簡番号
発簡年月日
発簡者名
（公印省略）

陸上幕僚長　殿

補給カタログ制定等報告書
（装計定第15号）（衛定第27号）
（　年　月～　年　月分）

区　分	制定者別一連番号	補給カタログの　番　号	名　　　称	制定等年月日

寸法：日本産業規格Ａ４

記載要領

1　区分欄は制定、改正及び廃止ごとにまとめ、各区分内は制定年月日順とする。

2　制定者別一連番号、補給カタログの番号、名称及び制定等年月日は、補給カタログの表紙（裏面を含む。）に記載のものを記入する。

特殊な物品の細部手続

別冊第３

目次

別紙

第20　交付集計票
第21　麻薬・覚せい剤・向精神薬管理簿
第22　麻薬・覚せい剤・向精神薬施用補助簿
第23　図書蔵書印
第24　図書の表示
第25　図書原簿
第26　事務用基本カード
第27　図書目録
第28　航空写真保有現況表

第１章　弾薬類及び除染剤

第１節　弾薬（ホーク品目等を除く。）及び化学火工品

（弾薬の定数等）

第１条　陸上総隊司令官等は、別に示す算定要領により部隊等の保有する初度携行弾薬及び警備用弾薬の定数を算定し、隷下部隊等の長に示すものとする。

（割当て及び割当ての申請）

第２条　陸上総隊司令官等に対する年度の教育訓練用弾薬、試験検査用弾薬、実用試験用弾薬及び教育訓練用化学火工品の割当ては、前年度末までに示し、防衛用及び警備用化学火工品の割当ては、必要の都度示す。

2　陸上総隊司令官等は、教育訓練、試験、検査等のため、自隊の割当てを超えて新たに割当てを必要とするときには、その所要量を四半期開始15日前までに陸上幕僚長に申請するとともに、その写しを補給統制本部長に配布するものとする。ただし、補給処の保管弾薬について検査、整備又は廃棄作業等のため使用する場合を除く。

3　前項のただし書の場合の細部は、補給統制本部長の定めるところによる。

（受領及び使用計画の作成）

第３条　業務隊等の長は、四半期ごとに使用部隊等が必要とする教育訓練用弾薬について教育訓練用弾薬受領計画（別紙第１（その１））を作成し、四半期開始15日前までに支援担当の補給処長に通知するものとする。

2　化学火工品の年度使用計画の作成は、次の各号の要領による。

(1)　業務隊等の長は、使用部隊等が使用する教育訓練用化学火工品について化学火工品年度使用計画（別紙第１（その２））を作成し、４月15日までに支援担当の補給処長に通知するものとする。

(2)　補給処長は、前号の通知により化学火工品年度使用計画を作成し、４月30日までに補給統制本部長に報告するものとする。

（更新）

第4条　業務隊等の長は、保管中の初度携行弾薬、警備用弾薬、防衛用化学火工品及び警備用化学火工品を方面総監の定めるところにより、訓練用として保管しているものをもって製造年月の新しいものに更新するものとする。

（請求手続）

第5条　使用部隊等は、初度携行弾薬及び警備用弾薬の請求を次の各号に掲げる場合に行うものとする。

(1)　部隊等の新編又は改編があったとき

(2)　第１条の算定要領に変更があったとき

(3)　火器の定数等に変更があったとき

2　業務隊等は、教育訓練用弾薬の請求を次の各号に掲げる要領により行うものとする。

(1)　使用部隊等からの請求数は、補給カタログF—１に示す「DODIC」別に集計する。

(2)　請求数は通常箱単位とする。

(3)　方面総監の示す品目について年度の最終の請求を行う場合には、自隊保管能力の範囲内で割当てを超える数量を次年度割当充当分として請求することができる。

(4)　請求書の有効期限は、当該年度末までとする。

（交付手続）

第6条　補給処長は、教育訓練用弾薬の交付を次の各号に掲げる要領により行うものとする。

(1)　通常箱単位で交付し、年度割当てによる端数の調整は、当該年度最終の交付時に行う。

(2)　箱単位の端数の弾薬を交付する必要のある場合は、努めて正規の容器を用い、箱数を最小限とし、外装に封印を施すとともに数量その他の諸標識を明示する。

2　化学火工品の業務隊等への補給は、請求補給とする。

（弾薬及び化学火工品の取扱い）

第7条　使用部隊等の長は、受領、使用及び後送の状態を明らかにするため、陸上総隊司令官等の定める弾薬及び化学火工品授受簿を備え付けるものとする。

2　使用部隊等の長は、弾薬及び化学火工品の交付を行う場合には開こんして請求・異動票に記載された実弾・空包の別、DODIC、品目名（弾種）、ロット番号、数量の現物との一致及び状態を確認するものとする。

3　前項による確認の結果、異状を発見した場合は、次の各号に掲げる要領により処理するものとする。

⑴　使用部隊等の長は、数量の過不足、変形、損傷等の状況を速やかに業務隊等の長に通知する。

⑵　業務隊等の長は、前号について在庫調整報告書の様式を利用して支援担当の補給処長に通知する。

4　使用部隊等の長は、業務隊等から弾薬及び化学火工品を受領する場合の受領責任者は幹部自衛官を原則とし、やむを得ない場合は准尉または幹部職を命ぜられた陸曹等とする。

5　使用部隊等の長は、受領した弾薬及び化学火工品を使用するまでの間、一時保管（預託）として業務隊等に一時的に預けることができる。その要領は火薬類の取扱いに関する訓令（昭和54年防衛庁訓令第36号）第31条によるほか、各方面総監の定めるところによる。

（支援担当を異にする場合の弾薬及び化学火工品の補給要領）

第8条　陸上総隊司令官等は必要と認めた場合は、教育訓練用弾薬、試験用弾薬、教育用化学火工品及び試験・検査用化学火工品について、他の方面区内の部隊等から補給支援を受けることができる。この場合の要領は、次の各号に掲げるとおりとする。

⑴　補給支援要領は、陸上総隊司令官等間の協議による。

⑵　支援を受ける陸上総隊司令官等は、その弾種又は化学火工品の品名、数量及び期日等を、使用する３か月前までに支援を担当する補給処長及び補給統制本部長に通知する。

⑶　弾薬又は化学火工品を交付された部隊等の長は、使用した弾薬の品目又は化学火工品の品名及び数量を本来の支援担当の業務隊等の長に通知する。

⑷　前号の通知を受けた業務隊等の長は、その通知に基づき当該部隊等に係る割当残数及び交付済み数等の整理を行う。

（保管）

第9条　同一駐屯地内の初度携行弾薬及び化学火工品（警備用化学火工品を除く。）の保管は、業務隊等の長が行うものとする。ただし、当該保管数量が業務隊等の保管能力を超える場合には、方面総監の定めるところにより他の業務隊等の長又は補給処長に保管させることができる。

2　警備用弾薬及び警備用化学火工品の保管は、方面総監の定めるところによる。

3　方面隊を異にする初度携行弾薬、化学火工品（警備用化学火工品を除く。）、警備用弾薬及び警備用化学火工品の保管については、別に示す。

（回収及び後送手続）

第10条　業務隊等の長は、保管する必要のなくなった弾薬及び技術検査の結果不良と判定された弾薬並びに薬きょう類を補給処長と調整の上後送するものとする。ただし、打がら薬きょう類（化学火工品の打がら薬きょうを除く。以下、この条において同じ。）について業務隊等の長が必要と認めた場合は、関係補給処長と調整の上、支援担当補給処以外の補給処に後送することができる。

2　回収された不発射弾、き損した弾薬、火管及び雷管等（以下「不発射弾等」という。）並びに化学火工品の不発品等の処理については、別に示すところにより行う。

3　打がら薬きょう類の回収及び後送等は、次の各号に掲げる要領により行う。

(1)　使用部隊等は、打がら薬きょう類をやむを得ない場合のほか、回収する。

(2)　使用部隊等は、回収した打がら薬きょう類の数量を確認するとともに不発射弾のないことを確認した上で、努めて元の容器に収納し、業務隊等に後送する。

(3)　業務隊等は、打がら薬きょう類を後送する場合には、無危険打がら薬きょう類証明書（別紙第２）を各箱ごとに封入する。

4　打がら薬きょう類の活用は、次の各号に掲げる要領により行う。

(1)　業務隊等の長は、真ちゅう製品以外の打がら薬きょう類で再使用不能と判断したものは、補給処長の指示するものを除き駐屯地において活用することができる。

(2)　補給処長は、補給統制本部長の定めるところにより、使用可能な打がら薬きょう類の在庫数量を補給統制本部長に報告する。

(3)　補給統制本部長は、活用品として補給処間の管理換を予定する品目、数量等及び官給対象品として交付を予定する品目、数量等についての活用計画を通常年１回作成し、補給処長に指示する。

(4)　補給処長は、前号の活用計画に示されたもの以外の打がら薬きょう類を、努めて補給整備用又は教育訓練用として活用を図る。

（弾薬の処分手続）

第11条　部隊等の長は、弾薬の不用決定申請書を提出する場合には、弾薬状態記録（別紙第３）をこれに添付するものとする。

（弾薬の使用停止及び解除の指示）

第12条　陸上幕僚長は、陸上総隊司令官等に対し弾薬の使用停止及び解除を必要の都度指示する。

2　補給統制本部長は、前号により使用停止となった弾薬の整備要領が判明した場合又は原因を排除した場合には、陸上幕僚長に上申するものとする。

3　部隊等の長は、弾薬の使用停止を必要と認めた場合は、その理由を明らかにし順序を経て速やかに陸上幕僚長に上申するとともに補給統制本部長に通知するものとする。

（諸記録）

第13条　使用部隊等は、車両及び航空機の救難用として供用中の化学火工品並びに警備のため警衛所等に備え付け中の弾薬及び化学火工品は、消耗するまでの間管理簿に記録整理するものとする。

2　補給処及び業務隊等は、弾薬類たい積カード（別紙第4）を作成し、保管中の弾薬及び化学火工品の品名、在庫数量を明らかにするものとする。

（弾薬類の現況報告）

第14条　管理官たる部隊等の長、補給処長及び補給統制本部長は、弾薬類の現況報告を別に示すところにより行うものとする。

第2節　ホーク品目等

（準用規定）

第15条　第1条、第2条及び第9条から第14条の規定に基づく業務は、ホーク品目等（ホーク品目、中距離地対空誘導弾（改善型を含む。）及び旅団高射特科連隊長が管理する11式短距離地対空誘導弾をいう。）について準用する。ただし、第9条及び第10条においては、「業務隊等の長」とあるを「使用部隊等の長」と読み替える。

（交付手続）

第16条　初度携行弾薬の補充分は、推進補給とする。

（弾薬の取扱い）

第17条　使用部隊等の長は、受領時に弾薬の数量及びその他の状態を確認するものとする。

2　使用部隊等の長は、前項による確認の結果、異状を発見した場合はその状況を速やかに支援担当の補給処長に通知するものとする。

第3節　化学薬剤及び除染剤

（訓練用催涙剤に関する手続）

第18条　部隊等は、訓練用催涙剤を催涙剤庫に保管するものとする。ただし、催涙剤庫がない場合には施錠のできる一般倉庫に保管することができる。

2　訓練用催涙剤の割当て及び使用状況の報告は、第2条及び第15条の規定に準じて行うものとする。

（支援担当を異にする場合の除染剤の補給要領）

第19条　陸上総隊司令官等は必要と認めた場合は、教育訓練用の除染剤について、他の方面区内の部隊等から補給支援を受けることができる。この場合の要領は、次の各号に掲げるとおりとする。

(1)　補給支援要領は、陸上総隊司令官等間の協議による。

(2)　支援を受ける陸上総隊司令官等は、その除染剤の品名、数量及び期日等を、使用する３か月前までに支援を担当する補給処長及び補給統制本部長に通知する。

(3)　除染剤を交付された部隊等の長は、使用した除染剤の品名及び数量を本来の支援担当の補給処長に通知する。

(4)　前号の通知を受けた補給処長は、その通知に基づき当該部隊等に係る割当残数及び交付済み数等の整理を行う。

第２章　被服

（定数等）

第20条　被服の定数は、個人被服・装具、部隊被服・装具及び庁用被服の区分ごとに補給カタログＦ―１により示す。ただし、海外に派遣される隊員（以下「派遣隊員」という。）の被服の定数は、派遣準備に係る計画により示す。

（更新用被服の割当て）

第21条　方面総監に対する年度の更新用被服の割当ては、当該方面区内に所在する陸上総隊直轄部隊及び防衛大臣直轄部隊等の割当分を含めて示す。

２　方面総監は、更新用被服については方面隷下部隊等の長、当該方面区内に所在する陸上総隊直轄部隊及び防衛大臣直轄部隊等の長に対して割当てるものとする。

３　方面隷下部隊等の長、当該方面区内に所在する陸上総隊直轄部隊及び防衛大臣直轄部隊等の長は、補給を担当する業務隊等の長に更新用被服の所要号数を通知するものとする。

（補給担当）

第22条　防衛大学校卒業者に対する個人被服装具の初度補給は、補給カタログＦ―１に示す区分により、卒業時には武山駐屯地業務隊長が、幹部候補生学校入校時には幹部候補生学校長が担当するものとする。

２　防衛医科大学校卒業者に対する個人被服装具の初度補給は、衛生学校長が担当するものとする。

３　特別号文寸法被服の補給は、補給統制本部が調達又は補給統制本部の指示に基づき補給処が製作して行うものとする。

４　派遣隊員への補給は、陸上総隊司令官等から特に指示のない限り、派遣隊員が派遣される前の所属部隊の管理官（以下「派遣元管理官」という。）が担当するものとする。

（請求手続）

第23条　使用部隊等において更新を要する被服の請求数量は、割り当てられた品目は、示された数量の範囲とし、その他の品目は、所要数量とする。

2　業務隊等の長は、新たに幹部、准陸尉、幹部候補生、陸曹、陸士及び自衛官候補生に任用された者に対する初度補給のための請求を行う場合には、必要最小限の号文調整予備を増加請求することができる。

3　業務隊等の長は、特別号文寸法被服を必要とする場合は、特別号文寸法被服調書（別紙第５）を請求票に添付して請求するものとする。この場合、請求票の右上欄外に「特別号文寸法被服」と朱書する。

第24条　削除

（保管）

第25条　新規採用の幹部候補生、陸士及び自衛官候補生の受入れ駐屯地の業務隊等の長は、退職者分として返納されたものを、次期新規採用の幹部候補生、陸士及び自衛官候補生用として保管することができる。

（後送等）

第26条　使用部隊等は、更新済被服を業務隊等に後送するものとする。

2　業務隊等の長は、前項により後送されたものを選別して、転用可能品については活用を図るとともに、転用不能品は、不用決定の処置をとるものとする。

3　業務隊等の長は、第23条第２項により保有した被服のうち、新規採用の幹部候補生、陸士及び自衛官候補生用として補給しなかった被服は、その都度、補給処に後送するものとする。

（個人被服簿等の整理）

第27条　管理官は、個人被服簿（異動用）（別紙第６の１）（以下「個人被服簿」という。）及び個人携行品管理簿（別紙第６の２）を備え、その整理を取扱主任にさせることができる。なお、海外派遣等やむを得ない場合は、管理簿に替えて、個人被服簿及び個人携行品管理簿に整理することができる。

2　取扱主任は、被服、装具、戦闘装着セット等（以下「被服等」という。）の現状を個人被服簿及び個人携行品管理簿により明らかにしておくものとする。

3　管理官は、除隊者の個人被服簿を除隊後１年間保存するものとする。

4　電算機による処理要領は、別に定める。

（個人異動時の手続）

第28条　個人が異動する場合の携行品目及び数量は、個人被服簿によるほか補給カタログF―1に示すところによる。

2　管理官は、隊員に前項による携行品目及び数量以外の品目数量を携行させる場合には、当該品目について管理換の手続をとるものとする。ただし、異動先部隊に同一被服等の充足がない場合は、当該被服等を返納させるものとする。

3　個人被服簿及び前項に係る異動票は、異動する本人に携行させるものとする。ただし、臨時勤務、入校、集合教育及び入院等の場合を除く。

（派遣隊員異動時の手続）

第28条の2　派遣隊員異動時の手続は、次の各号に掲げる要領により行うものとする。

(1)　派遣準備時

派遣元管理官は、新たに被服等を交付する場合、個人携行品管理簿を作成し、被服等とともに派遣隊員に交付する。この際、個人被服簿で管理されている被服等を携行させる場合、その内容を個人携行品管理簿に転記するものとし、携行させない被服等は、引き続き個人被服簿により管理するものとする。

(2)　派遣時

派遣隊員は、個人携行品管理簿と被服等を携行し、個人携行品管理簿を派遣先部隊の管理官に提出するものとする。

(3)　派遣修了時

ア　派遣先部隊の管理官は、帰国までに派遣隊員の被服等と個人携行品管理簿に記録されている内容が一致していることを確認し、個人携行品管理簿を派遣隊員に返付するものとする。

イ　派遣隊員は、個人携行品管理簿と被服等を携行し、原所属復帰後、派遣元管理官に個人携行品管理簿、被服等を返付・返納するものとする。

ウ　派遣元管理官は、個人携行品管理簿に基づき被服等を点検し、返納等の処置を行うものとする。

第3章　燃料

（定数等）

第29条　燃料の保有基準は、別紙第7（その1）のとおりとする。

2　ドラム缶の保有数の算定基準は、別紙第7（その2）のとおりとし、方面総監は、算定基準により業務隊等及び燃料支処等（燃料支処、燃料出張所及び関西補給処並びに海上自衛隊呉造修補給所をいう。以下同じ。）のドラム缶の保有数を指定するものとする。

（割当て等）

第30条　陸上総隊司令官等に対する年度の主燃料の割当ては、陸上総隊司令官、方面総監、中央業務支援隊長、学校長、教育訓練研究本部長、補給統制本部長及び中央病院長（以下「主燃料割当単位部隊等の長」という。）に対し、営舎用燃料の割当ては、方面総監に対して、年度業務計画により行う。

2　方面総監は、主燃料は方面隷下部隊等の長及び方面区内の防衛大臣直轄部隊等の長（主燃料割当単位部隊等の長を除く。）に対し、営舎用燃料は方面区内の業務隊等の長に対して割り当てるものとする。

3　削除

4　海上自衛隊又は航空自衛隊の施設から主燃料及び営舎用燃料の補給を受けようとする割当単位部隊等の長は、相手方、年間補給予定量及び使用目的等を明らかにし、前年度11月末までに陸上幕僚長に申請するものとする。

（補給担当区分）

第31条　燃料の補給担当区分（業者直納とする場合を除く。）の細部は、別紙第10のとおりとする。

2　業者直納とする駐屯地の指定は、重油、灯油及び航空用燃料は、本則第39条第１項に定める調達補給計画による。車両用燃料は、別紙第10の業者直納駐屯地指定基準に基づき補給統制本部長と協議の上方面総監が行うものとする。

（納入業者に対する通知）

第32条　補給処長及び業者直納の業務隊等の長は、方面隊調達補給計画に基づき、納入業者に対し、納入数量、日時等を通知するものとする。

（請求交付手続）

第33条　使用部隊等と業務隊等との間の請求交付の要領は、次に掲げるとおりとする。

⑴　使用部隊等が必要の都度請求を行う場合は、品目ごと受渡証（乙）２部により請求する。業務隊等は、受渡証（乙）１部により交付し、他の１部を控えとする。

⑵　訓練演習等のため、使用部隊等が必要の都度の請求を行うことができない場合は、所要期間分を一括して異動票により請求することができる。

2　使用部隊等が支援担当以外の業務隊等から主燃料、庁用ガソリン、灯油及び重油（以下「主燃料等」という。）の交付を受ける場合の要領は、次に掲げるとおりとする。

⑴　使用部隊等の長は、事前に支援を受ける業務隊等の長に交付を依頼する。

⑵　前号により交付の依頼を受けた業務隊等の長は、相手方使用部隊等に主燃料を交付するとともに、異動票を当該使用部隊等が所在する業務隊等を経由

して送付する。この場合、交付が翌月にまたがるものは、異動票の集計数量を月ごととする。

(3) 交付数量が少量の場合には、前号の異動票の送付を省略することができる。

（地方協力本部等に対する業者の直接給油）

第34条 支援駐屯地から通常20キロメートル以上離隔している地方協力本部並びに方面総監が特に必要と認めた地方協力本部及び貯油能力を有しない駐（分）屯地は業者から直接車両用燃料及び営舎用燃料の給油を受けることができる。

2 前項により給油を受ける場合は、給油票（別紙第11）による。ただし、給油票によらない場合は、別に定める。

（広報活動において使用する主燃料の代替受領）

第35条 広報活動において使用する主燃料を申出者負担とする場合の航空用燃料は、その代替として車両用燃料を等価換算により申出者から受領することができる。

（ドラム缶の授受手続）

第36条 駐屯地を異にする管理官相互においてドラム缶により燃料を授受する場合は、通常空実交換を行う。

2 ドラム缶入り燃料の管理換（前項の場合を除く。）を行う場合は、当該ドラム缶を合わせて管理換を行う。

3 部隊等が保有する空きドラム缶を使用させて業者に燃料を納入させる場合のドラム缶の授受は、受領書及び返品書により行う。

4 前項の納入先が駐屯地となる場合は、ドラム缶の管理換を行うものとし、異動票には業者の受領書を添付する。

（現況調査）

第37条 燃料支処等の長及び業務隊等の長は、主燃料等について通常毎月末に現況調査を行うものとする。

（管理簿等の記録整理）

第38条 業務隊等及び使用部隊等は、使用した主燃料等の記録整理を次の各号に掲げる要領により行うものとする。

(1) 業務隊等は、使用部隊等ごとの燃料使用状況を把握するため、燃料出納補助簿（別紙第12）を作成するとともに、受渡証（乙）に基づき毎月末に集計して異動票を作成し、管理簿を整理する。

(2) 使用部隊等（業者から直接給油を受ける地方協力本部及び貯油能力を有しない駐（分）屯地を除く。）は、管理簿の記録を省略することができる。

(3) 業者から直接給油を受ける地方協力本部及び貯油能力を有しない駐（分）

屯地は、業者からの納品書及び部隊等から受けた異動票に基づき毎月末に集計して管理簿を整理する。

2　燃料支処等及び業務隊等が、補給用品の主燃料について管理簿に記入する場合の数量は、次の各号に掲げる要領を基準とする。

(1)　主燃料等を業者から受領する場合

タンク貨車又はタンカーにより受領するときは温度補正（温度差による膨張又は縮小の補正をいう。）を行った数量とし、その他の方法で受領するときは見かけ数量とする。

(2)　主燃料等を管理換により授受する場合

温度補正しない見かけの数量（以下、「みかけ数量」という。）とする。

なお、受領時における見かけ数量と証書数量に過不足を生じ不足量が、別紙第13に示す輸送減耗率の範囲を超えるときは、本則第64条の規定を準用して処理する。

(3)　現況調査の場合

ア　燃料支処等の貯油タンクで保管する主燃料等及び業務隊等の貯油タンクで保管する航空用燃料は、温度補正を行った数量とし、その他の主燃料等は見かけ数量とする。

イ　前アにおいて、不足量が別紙第13に示す貯蔵減耗率及び取扱減耗率の和の範囲を超えるときは、その原因を調査し、適正な管理が行われている場合は在庫調整報告書により管理簿を整理し、その他の場合は亡失の手続をとる。

（管理状況の報告）

第39条　業務隊等の長、燃料支処等の長、地方協力本部長、補給処長及び補給統制本部長は、燃料の在庫量、使用量及び受払状況の報告を別に示すところにより行うものとする。（需定第２号）

2　業務隊等の長は、補給カタログＦ―１に示す品目について、毎年度末に補助燃料等現況表（別紙第16）を作成し、方面総監の定める期限までに補給処長に送付するものとする。補給処長は、燃料支処等別に集計し、別に示すところにより補給統制本部長に報告するものとする。

第４章　糧食

（非常用糧食の保管量の基準）

第40条　補給処及び業務隊等（中央業務支援隊を除く。）において保管する非常用糧食の基準は、年度ごと別に示す。

2　中央業務支援隊において保管する非常用糧食の基準は、年度ごと別に示す。

（非常用糧食の更新及び維持）

第41条　補給処は、非常用糧食の当年度調達分の受領に伴い前年度調達分を通常年度末までに業務隊等に対し推進補給するものとする。

2　業務隊等（中央業務支援隊を除く。）は、前年度に補給されたものを給食用として使用するものとする。

3　業務隊等は、災害派遣部隊等に対し保管用のものを交付した場合には、その都度当該数量を請求して保管量を維持するものとする。

4　中央業務支援隊は、保管用の非常用糧食のうち別に示される食数分を給食用として使用するものとする。

（交付手続）

第42条　業務隊等は、糧食の交付を次の号に掲げるところにより行うものとする。

(1)　駐屯地の調理場への交付は、糧食払出票（別紙第17）により行う。

(2)　使用部隊等への交付は、交付内訳票により行うことができる。

(3)　演習等において現地調達したものを即日交付する場合は、納品書により直接交付することができる。

（管理換の指示）

第43条　臨時の管理官が設置された場合において、当該管理官の廃止時に在庫品がある場合は、陸上総隊司令官又は方面総監が管理換を指示するものとする。

2　災害時等（災害救助法（昭和22年法律第118号）による救助又は武力攻撃事態等における国民の保護のための措置に関する法律（平成16年法律第112号）による救援が実施される場合及び災害発生又はそのおそれのある場合をいう。）に農林水産省（地方農政事務所等）から補給処又は業務隊等に対し、非常用糧食の管理換要請があった場合の処理は、別に示すところによる。

（非常用糧食の品質検査）

第44条　補給処及び業務隊等の長は、保管中の非常用糧食を抽出して、通常第３四半期当初に外観の検査を行うものとする。

2　前項の検査の結果、変質・腐敗等の疑いがあると認めた場合は、非常用糧食検査要領の基準（別紙第18）に基づき開封し、内容の検査を行うものとする。

3　前項の検査により変質・腐敗等を発見した補給処長及び中央業務支援隊長は、当該検査結果を補給統制本部長に通知するものとする。

4　第２項の検査により変質・腐敗等を発見した業務隊等の長（中央業務支援隊長を除く。）は、当該検査結果を支援担当の補給処長を経由して補給統制本部長に通知するものとする。

（現況調査）

第45条　業務隊等の長は、糧食の現況調査を通常毎月末に行い、その結果を現況調査表に記録し、年度経過後１年間保存する。

2　現況調査の結果、不足量が月間払出量の0.1％を越える場合は、亡失の手続を行う。

（諸記録の作成）

第46条　糧食の管理簿は、別紙第19のとおりとする。

2　管理簿の払出整理は、異動票及び糧食払出票によるほか交付内訳票を集計した交付集計票（別紙第20）により行うことができる。

3　食品衛生検査を実施した者は、検査の判定結果を糧食納品書・（受領）検査調書に記載する。

4　管理官が部外に給食を委託する場合は、調達要求書及び納品書により行い、品名欄に食区分（朝、昼、夕食）を、数量欄に給食人員を記載する。

（残飯の処分手続）

第47条　業務隊等は、廃棄物の処理及び清掃に関する法律（昭和45年法律第137号）の定めるところにより残飯その他の廃棄物を処分するものとする。

2　業務隊等は、廃棄物処理業者等に残飯の引渡しを行うときは残飯受領書（様式適宜）を２部受領し、１部は契約担当職員等に送付するものとする。

第５章　医薬品

（保有基準等）

第48条　医薬品の保有基準は、本則別紙第８を準用するものとする。

2　使用部隊等が保有する個人携行救急品の定数は、補給カタログＦ―１により示す。

（補給担当区分）

第49条　方面総監は、診療所である医務室（以下「医務室」という。）を設置しない業務隊等に対する配置販売品目指定基準（昭和36年厚生省告示第16号）に該当するもののうち補給カタログＦ―１に示す医薬品の補給担当区分を定めるものとする。

（麻薬等の管理手続）

第50条　補給処、病院及び医務室の麻薬・覚せい剤・向精神薬（第１種及び第２種）の管理簿（別紙第21）並びに病院及び医務室の麻薬・覚せい剤・向精神薬（第１種及び第２種）施用補助簿（別紙第22）は、麻薬及び向精神薬取締法（昭和28年法律第14号）第39条及び覚せい剤取締法（昭和26年法律第252号）第28条に規定する帳簿を兼ねることとし、その使途の明細を記録する。なお向精神薬（第３種）の管理簿、補助簿については必要とする場合に記載する。
２　麻薬及び向精神薬（第１種及び第２種）の請求票は、それぞれ他の品目と別葉に請求する。
３　麻薬の請求票には、右上欄外に㊖と朱書する。又向精神薬（第１種及び第２種）の請求票には右上欄外に㊒と朱書する。
４　麻薬及び向精神薬取締法による麻薬診療施設が廃止される場合には、同一都道府県内にある陸上自衛隊の麻薬診療施設を有する業務隊等に麻薬の管理換を行い、同一都道府県内に陸上自衛隊の麻薬診療施設がない場合は、麻薬及び向精神薬取締法第29条及び同施行規則第10条の規定に基づき廃棄を行う。

第６章　出版物

（定数等）

第51条　出版物の定数等は、補給カタログＦ―１により示す。

（図書の表示）

第52条　学校、教育訓練研究本部、中央情報隊（基礎情報隊に限る。）、病院及び中央業務支援隊（以下「学校等」という。）が保有する図書には、防衛省の図書管理に関する訓令（昭和34年防衛庁訓令第60号。以下「図書訓令」という。）に定める登録番号及び請求記号を背表紙等にラベル（別紙第24）により表示するとともに、図書蔵書印（別紙第23）を適宜の個所に押印し所要の記入を行うものとする。ただし、図書訓令に定める乙種図書のうち防衛省発行の図書・雑誌・教範類及び100ページ以下の図書並びに厚生用の図書は、受入れの表示（別紙第24）のみとすることができる。
２　学校等以外の部隊等が保有する図書及び厚生用の図書の表示は、受入れの表示（別紙第24）のみとする。

（管理簿等の記録の細部）

第53条　管理官は、非消耗品の図書のうち教育用、募集広報用及び調査研究用の図書は消耗品扱いとして管理簿を整理することができる。
２　管理官は、秘密区分の指定にある図書は、管理簿及び証書の数量欄に括弧書きで枚数を、適宜の欄に登録番号及び一連番号をそれぞれ記入するものとする。
３　学校等が保有する図書（厚生用品の図書を除く。）に係る管理簿は図書原簿（別紙第25）をもって充てるものとし、利用者の便を図るため甲種図書について事務用基本カード（別紙第26）等を作成し備え付ける。ただし、乙種図書のうち防衛省発行の図書・雑誌・教範類及び100ページ以下の図書は、管理簿(2)により記録することができる。
４　管理官が保有する厚生用品の図書に係る管理簿は、図書原簿をもって充てるものとする。

5　中央業務支援隊、補給処及び業務隊等は、補給用品たる出版物（秘密区分の指定のある図書を除く。）を取得後直ちに全数交付する場合には、管理簿の記録を省略することができる。

（報告）

第54条　学校等の長は、年度ごと図書訓令に定める甲種図書（厚生用の図書を除く。）について取得したるものの図書目録（別紙第27）を作成し、翌年度の５月31日までに陸上幕僚長に１部提出するものとする。（総定第７号）

第７章　地図

（保有基準）

第55条　地図及び航空写真（以下「地図等」という。）の保有基準は、地理情報隊長が設定するものとする。

（地図の定数の設定及び通知）

第56条　使用部隊等の地図の定数は、陸上総隊、防衛大臣直轄部隊等にあっては補給カタログＦ―１に定めるとおりとし、方面隊にあっては、方面総監が補給カタログＦ―１に示す算定基準に基づき定めるものとする。

2　使用部隊等の長は、前項によって定められた地図の定数について各品名ごとの枚数を定め、地図定数一覧（電算機による。）を作成し、本則第25条第１項第６号に規定する補給を担当する部隊等の長に通知するものとする。

3　前項の補給を担当する部隊等の長は、これを集計し地理情報隊長に通知するものとする。

（航空写真の割当て及び通知）

第57条　陸上総隊司令官等に対する年度の航空写真の割当ては、年度業務計画等により示す。

2　陸上総隊司令官等は、前項に基づき隷下部隊等に割当てを行うとともに当該割当数量を地理情報隊長に通知するものとする。

第58条　削除

（管理換票の記入要領等）

第59条　陸上自衛隊以外の国の機関と地図等を管理換する場合の管理換票に記入する品名は、地図又は航空写真とし、各品名ごとの細部数量を管理換票の別紙として添付する。

（現況把握）

第60条　取扱主任は、地図の在庫状況一覧（電算機処理による。）を作成し、地図の現況を明らかにしておくとともに、航空写真現況表（別紙第28）を作成し、航空写真の現況を明らかにしておくものとする。

別紙第１（その１）（第３条関係）

発簡番号
発簡年月日
発簡者名
（公印省略）

殿

教育訓練用弾薬受領計画
（第　四半期）

一連番号	DODIC	品名	単位	受領計画					備考
								合計	

寸法：日本産業規格Ａ４

注：１　受領計画欄は、受領月日ごとの数量を記入するものとし、受領補給処ごとに別葉とする。
　　２　発送元に輸送を依頼するものは、着時期、着地等を備考欄に記入する。

別紙第１（その２）（第３条関係）

発簡番号
発簡年月日
発簡者名
（公印省略）

殿

化学火工品年度使用計画
（　　年度）

一連番号	主品目番号	品名	単位	使用計画					備考
				１四半期	２四半期	３四半期	４四半期	合計	

寸法：日本産業規格Ａ４

注：計画に変更が生じた場合、各四半期開始15日前までに通知するものとする。

別紙第２（第10条関係）

無危険打がら薬きょう類証明書

主品目番号		品　　名			
箱一連番号		単　　位		数　　量	

この箱の中の打がら薬きょう類を検査し、この中には危険な不発射弾等又は異物が混入されていないことを証明する。

年　　月　　日

駐屯地名

官　職　　　　階　級　　　　氏　　名

寸法：日本産業規格Ａ５

注：証明者は、業務隊等の長又は演習部隊等の長とする。

別紙第３（第11条関係）

<table>
<tr><td colspan="2" rowspan="2">弾薬状態記録</td><td>あて先</td><td colspan="2"></td><td>保管部隊名</td><td></td></tr>
<tr><td>DODIC</td><td></td><td>物品番号</td><td colspan="2"></td></tr>
<tr><td colspan="2">品名・規格等</td><td colspan="3"></td><td>製造年月</td><td></td></tr>
<tr><td colspan="2">ロット番号</td><td></td><td>ロット数量</td><td colspan="3">（単位）</td></tr>
<tr><td colspan="2">検査数量</td><td>不良数量</td><td></td><td></td><td>検査年月日</td><td></td></tr>
<tr><td>検査記録</td><td colspan="6">１　状態、程度及び整備区分
２　修理不能、要廃棄に至った推定原因
３　処理方法の意見
４　この種原因を排除又は予防するために採った対策
５　その他
検査官所属　　職名　　階級　　氏名</td></tr>
</table>

寸法：日本産業規格Ａ４

注：検査記録に要すれば別紙を添付し要図説明を行うこと。

別紙第４（第13条関係）

<table>
<tr><td colspan="6">弾薬類たい積カード</td></tr>
<tr><td>ＤＯＤＩＣ</td><td></td><td rowspan="2">ロット番号</td><td rowspan="2"></td><td colspan="2">火薬庫番号</td><td colspan="2"></td></tr>
<tr><td>物品番号</td><td></td><td colspan="2">１箱入数量</td><td colspan="2"></td></tr>
<tr><td>品名</td><td colspan="3"></td><td>単位</td><td></td><td>状態記号</td><td></td></tr>
</table>

<table>
<tr><td rowspan="2">年月日</td><td rowspan="2">証書番号</td><td rowspan="2">相手方部隊等名</td><td rowspan="2">受入数量</td><td rowspan="2">払出数量</td><td colspan="3">残高</td><td rowspan="2">検数係</td><td rowspan="2">摘要</td></tr>
<tr><td>数量</td><td>箱数</td><td>半端箱数</td></tr>
<tr><td></td><td></td><td></td><td></td><td></td><td></td><td></td><td></td><td></td><td></td></tr>
<tr><td></td><td></td><td></td><td></td><td></td><td></td><td></td><td></td><td></td><td></td></tr>
<tr><td></td><td></td><td></td><td></td><td></td><td></td><td></td><td></td><td></td><td></td></tr>
<tr><td></td><td></td><td></td><td></td><td></td><td></td><td></td><td></td><td></td><td></td></tr>
<tr><td></td><td></td><td></td><td></td><td></td><td></td><td></td><td></td><td></td><td></td></tr>
<tr><td></td><td></td><td></td><td></td><td></td><td></td><td></td><td></td><td></td><td></td></tr>
<tr><td></td><td></td><td></td><td></td><td></td><td></td><td></td><td></td><td></td><td></td></tr>
</table>

寸法：日本産業規格Ａ５

別紙第５（第23条関係）

特別号文寸法被服調書

1　制服類（単位：cm）

品名		数量		所属 階級 氏名		身長	cm
						体重	kg

上衣 （外とう 雨衣）	背丈	肩幅	胸囲（B）	腹囲（W）	腰囲（H）	着丈 上衣	着丈 外とう、雨衣
	そで丈	えり回り （カラー丈）		記事			
ズボン （スカート）	ズボン丈	また下	スカート丈				
				採寸実施者			

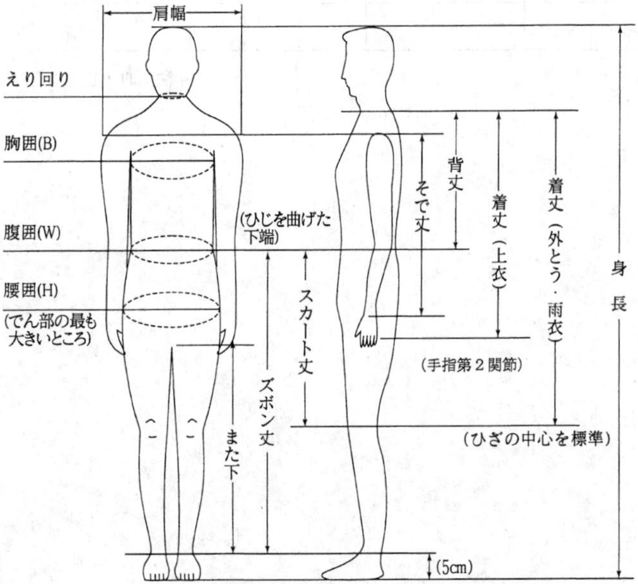

注：1　各部名称及び採寸の仕方は、図解説明のとおりとする。
　　2　採寸は、実測寸法（緩みなし）とし、すべて下着（ワイシャツを除く。）の上から計るものとする。
　　3　製作上、特に注意すべき部位その他必要事項を記事欄に記入するものとする。

2　くつ類（単位：mm）

品名		数量		所属		身長	cm
				階級 氏名		体重	kg

部位	つま先		踏着部		下踏部		かかと幅	長さ	ふくらはぎ回り（半長靴のみ）	記事	
	回り	幅	回り	幅	回り	幅					
右											
左										採寸実施者	

注：1　各部名称及び採寸の仕方は、図解説明のとおりとする。
　　2　足型図（左・右；実物大）を添付するものとする。

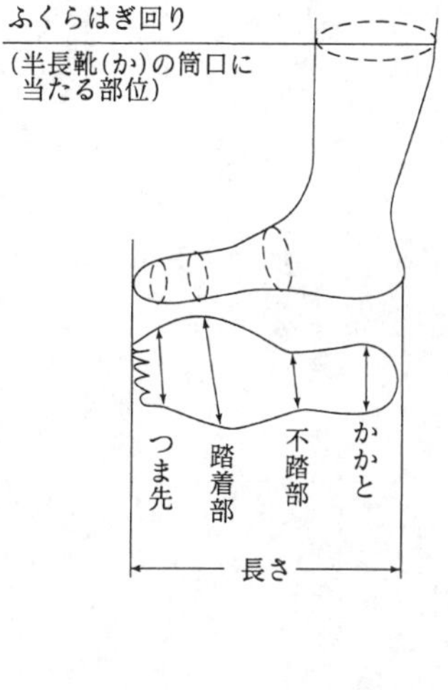

3　参考

(1)　寸法調書の下欄余白に査定資料として特に次の事項を被交付者別に記入すること。

ア　初度交付、更新交付の別。ただし、更新交付の場合は、現在までの更新状況、調整の有無又は現在までの着用状況

イ　身体上の特異な部分及び入隊以来の身体の変化等参考事項

(2)　本表は、特別寸法調書の基準であり必要の場合は、方面総監の定めるところによる。

別紙第6の1（第27条関係）

個人被服簿（異動用）

階級	氏名	認識番号	入隊年月日

所属、異動及び携行証明

		年月日	駐屯地名	所属部隊等名	管理官	本人
異動元	所属					
	離隊					
異動先						

品名	定数	現在数	受付年月日	返納年月日	交付・返納確認欄	
					取扱主任	本人

寸法：日本産業規格Ａ４

注：品名欄は、付紙による。

付紙

記　載　品　目　表

<table>
<tr><th colspan="2">区　　分</th><th>品　　目</th><th>摘　　要</th></tr>
<tr><td colspan="2" rowspan="40">個人被服</td><td>1　冬服</td><td rowspan="40">異動時は携行</td></tr>
<tr><td>(1)　上衣</td></tr>
<tr><td>(2)　ズボン</td></tr>
<tr><td>(3)　スカート</td></tr>
<tr><td>2　夏服</td></tr>
<tr><td>(1)　第1種上衣</td></tr>
<tr><td>(2)　第3種上衣</td></tr>
<tr><td>(3)　ズボン</td></tr>
<tr><td>(4)　スカート</td></tr>
<tr><td>3　正帽</td></tr>
<tr><td>4　外とう</td></tr>
<tr><td>5　雨衣</td></tr>
<tr><td>6　帽章</td></tr>
<tr><td>7　バンド</td></tr>
<tr><td>8　バックル</td></tr>
<tr><td>9　短靴</td></tr>
<tr><td>10　ネクタイ</td></tr>
<tr><td>11　ワイシャツ</td></tr>
<tr><td>12　略帽</td></tr>
<tr><td>13　階級章</td></tr>
<tr><td>(1)　階級章，甲</td></tr>
<tr><td>(2)　階級章，乙</td></tr>
<tr><td>14　階級章の略章</td></tr>
<tr><td>15　手袋</td></tr>
<tr><td>(1)　一般用</td></tr>
<tr><td>(2)　儀礼用</td></tr>
<tr><td>16　靴下</td></tr>
<tr><td>(1)　短靴用</td></tr>
<tr><td>(2)　半長靴用</td></tr>
<tr><td>17　作業服</td></tr>
<tr><td>18　作業帽</td></tr>
<tr><td>19　作業外被</td></tr>
<tr><td>20　半長靴</td></tr>
<tr><td>21　衣のう</td></tr>
<tr><td>22　精勤章</td></tr>
<tr><td>(1)　精勤章，甲</td></tr>
<tr><td>(2)　精勤章，乙</td></tr>
<tr><td>23　き章</td></tr>
<tr><td>(1)　き章(金属)</td></tr>
<tr><td>(2)　き章(布)</td></tr>
<tr><td colspan="2">個人装具</td><td>24　弾帯</td><td rowspan="4">充足部隊に異動時は携行</td></tr>
<tr><td rowspan="3">部隊被服</td><td rowspan="3">訓練被服</td><td>25　迷彩服</td></tr>
<tr><td>26　携帯雨具</td></tr>
<tr><td>27　迷彩下衣又は作業下衣</td></tr>
</table>

		28　革手袋	
部隊被服	防寒被服	29　防寒戦闘服，白色外衣	充足部隊に異動時は携行
		30　防寒戦闘服，外衣	
		31　防寒戦闘服，中衣	
		32　防寒戦闘服，内衣(外)	
		33　防寒戦闘服，内衣(内)	
		34　防寒外衣	
		35　防寒中衣	
		36　防寒手袋	
		37　シャツ，防寒	
		38　ズボン下，防寒	
		39　防寒・スキー兼用靴	
		40　足首巻，防寒靴用	
		41　短靴下，防寒	
		42　防寒覆面	
	航空被服	43　航空服(OD，迷彩)	充足部隊に異動時は携行 (航空操縦士は充足状況に関わらず異動時携行)
		44　航空服，上衣	
		45　航空手袋	
		46　航空靴	
		47　航空マフラー	
		48　シャツ・ズボン下，防寒，航空	
	演奏被服	49　正帽	充足部隊に異動時は携行
		(1)　正帽，音楽隊，冬	
		(2)　正帽，音楽隊，夏	
		50　帽章	
		(1)　帽章，音楽隊，冬	
		(2)　帽章，音楽隊，夏	
		51　音楽隊冬服	
		(1)　上衣	
		(2)　ズボン	
		52　音楽隊夏服	
		(1)　上衣	
		(2)　ズボン	
		53　演奏服，女子，陸，甲，冬服	
		(1)　上衣	
		(2)　ズボン	
		54　演奏服，女子，陸，甲，夏服	
		(1)　上衣	
		(2)　ズボン	
		55　演奏服，女子，陸，乙，冬服	
		(1)　上衣	
		(2)　スカート	
		56　演奏服，女子，陸，乙，夏服	
		(1)　上衣	
		(2)　スカート	
		57　防暑演奏服，男子，陸	
		(1)　上衣	
		(2)　ズボン	
		58　防暑演奏服，女子，陸	
		(1)　上衣	

		(2)　ズボン	
		59　ワイシャツ	
		60　ネクタイ	
		(1)　ネクタイ，音楽隊用，冬	
		(2)　ネクタイ，音楽隊用，夏	
部隊被服	演奏被服	61　ベルト，音楽隊用	充足部隊に異動時は携行
		62　飾章	
		63　えり章，音楽隊演奏用	
		64　階級章	
		(1)　階級章，音楽隊，陸，冬	
		(2)　階級章，音楽隊，陸，夏	
戦闘装着セット		65　戦闘服	
		66　戦闘靴	
		67　戦闘雨具	
		68　戦闘下衣	
		69　戦闘手袋	
		70　戦闘弾帯	
		71　防寒戦闘服外衣	異動先に同一の戦闘装着セット構成品が充足されている場合は携行
		72　防寒戦闘服内衣(外)	
		73　防寒戦闘服内衣(内)	
		74　防寒戦闘内衣	
		75　防寒戦闘靴	
		76　防寒戦闘手袋(一般用，保温用)	
		77　防寒戦闘靴下	

注：　記載品目表以外の部隊被服、戦闘装着セット、その他の需品器材等で個人貸与している品目は、個人被服管理ツールで管理することができる。

記入要領

1　異動する場合、異動する前の所属部隊の管理官が個人被服簿（異動用）を印刷し、携行する被服等を確認後、管理官印と本人印をそれぞれ押印する。

2　同一管理官内で異動する場合は、取扱主任が携行する被服等を確認し、管理官印に押印する。

3　交付及び返納等の際、確認が必要な場合は、品目ごとに交付・返納確認欄に取扱主任と本人がそれぞれ押印する。

別紙第６の２（第27条関係）

個人携行品管理簿

階級	氏名（ふりがな）	認識番号
	（　　　　）	G

所属及び携行証明						
区分		年月日	駐屯地名	所属部隊等名	管理官	本人
派遣時	派遣元					
	派遣先					
派遣終了時	派遣先					
	派遣元					

品目	定数	交付	摘要		交付		返納	摘要		返納		取扱主任	本人
		年月日	区分	程度	号数	数量	年月日	区分	程度	号数	数量		

寸法：日本産業規格Ａ４

記入要領

1 階級氏名等

階級は、鉛筆書きとし、昇任時の都度現階級に訂正する。

2 所属及び携行証明

派遣時の記入から始まり、以後派遣終了時まで記入、押印する。

3 品目数量

(1) 品目欄は、派遣準備計画等に示す個人携行品（基準）によるほか、携行品目を記入する。

(2) 定数欄は、派遣準備計画等に示す個人携行品（基準）によるほか、携行数量を記入する。

(3) 摘要欄

ア 区分欄

個人被服簿で管理しているもの……㊖個

更新による交付及び返納……㊖更

昇任による交付及び返納……㊖任

亡失による再交付……㊖再

損傷等による交換交付……㊖換

イ 程度欄

新品……㊖新

古品……㊖古

(4) 取扱主任及び本人欄は、交付返納の都度確認の押印をする。

4 女性自衛官は、該当する男性自衛官用の品目を読み替えるものとする。

別紙第７（その１）（第29条関係）

燃料油脂の保有基準表

<table>
<tr><th colspan="2" rowspan="2">区　分</th><th colspan="2">燃料支処等（航空用燃料の直納業務隊等を含む。）</th><th colspan="2">業務隊等（那覇駐屯地業務隊を除く。）</th><th colspan="2">那覇駐屯地業務隊</th></tr>
<tr><th>安全基準</th><th>操作基準</th><th>安全基準</th><th>操作基準</th><th>安全基準</th><th>操作基準</th></tr>
<tr><td>燃料</td><td>陸幕統制品目</td><td rowspan="2">２か月</td><td>３か月</td><td>１か月</td><td>１か月</td><td>１か月</td><td>１か月</td></tr>
<tr><td rowspan="2">油脂類</td><td>補給統制本部統制品目</td><td>12か月</td><td rowspan="2">１か月</td><td rowspan="2">３か月</td><td rowspan="2">２か月</td><td rowspan="2">３か月</td></tr>
<tr><td>補給処統制品目</td><td colspan="2">当該補給処長が設定</td></tr>
</table>

備考：１　燃料の保有基準はデッドストック※を除くものとする。
※　貯油タンクに貯蔵されている燃料のうち、設備の能力上払出ができない数量をいう。

備考：２　各方面総監及び各補給処長は、特に必要と認めた場合には、保管数量を増減させることができる。設定した補給処長は、補給統制本部長に報告（通知）するものとする。

備考：３　災害派遣用、航空救難用等のため、特定の業務隊等に航空用燃料を保有させる場合は、方面総監が定めるところとする。

備考：４　貯油タンク容量が、保有基準を超える場合は、調達補給計画による。

備考：５　油脂類の保管品目及び数量は、陸上自衛隊補給管理規則第21条に準じた品目について、被請求実績等に基づき算定した数量とする。また、初度補給の品目に係る油脂類は、必要に応じ補給統制本部長が別に示す。

別紙第７（その２）（第29条関係）

ドラム缶の保有数の算定基準

<table>
<tr><th>保有部隊等</th><th>保有数</th><th colspan="4">算定基準</th></tr>
<tr><td rowspan="7">業務隊等</td><td rowspan="7">１から７までの合計数</td><td>１</td><td colspan="2">主燃料用（航空用燃料常備用を除く。）</td><td>｛(月間平均使用量KL×保有基準)－(タンク容量KL×0.9)｝÷0.2KL</td></tr>
<tr><td>２</td><td colspan="2">航空用燃料常備用</td><td>航空用燃料常備量KL÷0.2KL</td></tr>
<tr><td>３</td><td colspan="2">灯油用</td><td>｛(冬期月間平均使用量KL×保有基準)－(タンク容量KL×0.9)｝÷0.2KL</td></tr>
<tr><td>４</td><td colspan="2">潤滑油用</td><td>(月間平均使用量KL×保有基準)÷0.2KL</td></tr>
<tr><td>５</td><td colspan="2">重油用</td><td>｛(年度末保有量KL)－(タンク容量KL×0.9)｝÷0.2KL</td></tr>
<tr><td>６</td><td colspan="2">回収廃油用</td><td>月間平均廃油回収量KL×６か月÷0.2KL</td></tr>
<tr><td>７</td><td colspan="2">回収不凍液用</td><td>年間不凍液回収量KL÷0.2KL</td></tr>
<tr><td rowspan="6">燃料支処等</td><td rowspan="6">１から４までの合計数</td><td rowspan="2">１</td><td rowspan="2">主燃料</td><td>タンクのある場合</td><td>ドラム缶による月間平均補給量KL×｛回転リードタイム(1.4か月)＋整備充てん期間(0.1か月)｝÷0.2KL</td></tr>
<tr><td>タンクのない場合</td><td>月間平均補給量KL×保有基準(５か月)÷0.2KL</td></tr>
<tr><td rowspan="2">２</td><td rowspan="2">潤滑油</td><td>調達操作用</td><td>ドラム詰潤滑油月間補給量KL×｛調達月数－空缶発生月数(３か月)｝×業者貸出比率(1.1)÷0.2KL</td></tr>
<tr><td>補給用</td><td>月間平均補給量KL×保有基準(８か月)÷0.2KL</td></tr>
<tr><td>３</td><td colspan="2">灯油用</td><td>｛月間平均補給量KL×保有基準(５か月)－(タンク容量×0.9)｝÷0.2KL</td></tr>
<tr><td>４</td><td colspan="2">補給予備</td><td>(１から３までの合計量)×0.1</td></tr>
</table>

注：１　本表は、保有数を算定するための基準を示したものであり、本表により難い場合は、部隊等の実情に応じ設定することができる。

２　別に示す計画に基づく燃料支処等におけるドラム缶の保管分は、この表の基準外とする。

別紙第８及び**別紙第９**　削除

別紙第10（第31条関係）

燃料補給担当区分表

（業者直納に係るものを除く。）

使用部隊等	補給整備部隊等
北部方面区所在駐屯部隊等	早来燃料支処及び近文台燃料支処
東北方面区所在駐屯部隊等	多賀城燃料支処
東部方面区所在駐屯部隊等	朝日燃料支処及び富士燃料出張所
富士地区所在演習部隊等	富士燃料出張所
中部方面区所在駐屯部隊等	海上自衛隊呉造修補給所及び関西補給処
西部方面区所在駐屯部隊等	鳥栖燃料支処

注：１　使用部隊等の長が、支援担当の補給整備部隊等以外から補給を受ける場合は、使用部隊等の方面総監と当該支援の補給整備部隊等の方面総監又は補給統制本部長との相互協議による。

２　中部方面区内所在駐屯部隊等に対する海上自衛隊呉造修補給所からの補給計画は、中部方面総監と海上自衛隊呉造修補給所長と協議して定めるところによる。

３　各方面総監（中部、西部方面総監を除く。）は、当該方面区内の地域的特性を考慮して、当該方面区内に所在する部隊等に対し冬期用軽油の種類別補給区分及び使用時期を定めるものとする。

４　車両用燃料の業者直納駐屯地指定基準

ガソリン自動車用及び軽油：

補給担当燃料支処等からの距離が往復（車両）おおむね１日行程を超える部隊等。

ただし、中部方面区内にあっては、中部方面総監が海上自衛隊呉造修補給所から補給を受けるよう指示した部隊等を除く。

５　業者直納に係る補給は、方面総監の計画による。

別紙第11（第34条関係）

給　　油　　票

控	給油票（A）	給油票（B）	給油票（C）
No.	No.	No.	No.
品　名 ／ 数量 L	品　名 ／ 数量 L	品　名 ／ 数量 L	品　名 ／ 数量 L
契約数量　L 前回残　L 本回残　L	上記のとおり受領しました。 令和　年　月　日 契約（発注）担当官 氏名	上記のとおり給油しました。 令和　年　月　日 給油所名	上記のとおり給油しました。 令和　年　月　日 給油所名
	車両番号 ／ 受領者	車両番号 ／ 受領者	車両番号 ／ 受領者
令和　年　月　日 契約業者名	契約業者名		
給油所名	給油所名	契約業者名	契約業者名

注：1　上記様式は、基準とする。
　　2　用紙寸法は、適宜とし、4片式とする。
　　3　No.は、発行順に一連番号を記入するとともに、番号の頭に契約区分ごとに適宜の記号を冠する。
　　4　給油票（A）は納品書に、給油票（B）は異動票にそれぞれ添付するものとする。

処理要領

1　給油票（A）と引換えに業者から給油を受ける。
2　給油票（B）を受入、供用の資料として整理保存する。
3　給油票（C）を契約担当官に送付する。ただし、月末ごとに整理して1か月分を取りまとめて送付することができる。

別紙第12（第38条関係）

燃　料　出　納　補　助　簿

物品番号								品名										単位	
年		摘要	増	減	現在高	供用内訳													備考
月	日					供用	割当残量	供用	割当残量	供用	割当残量	供用	割当残量	供用	割当残量	供用	割当残量	割当残量合計	

寸法：日本産業規格Ａ４

注：様式の寸法は、基準を示す。

別紙第13（第38条関係）

燃料減耗率表

区分	内容	対象	減耗率(%)
貯蔵減耗	貯油タンク（可搬式計量機を含む。以下同じ。）に保管する間、蒸発により生ずる減耗	毎月の月間平均貯油量	ガソリン、JP―4：0.02 灯油、軽油、重油、JetA-1：0.005
取扱減耗	貯油タンクに受入れ又は燃料タンク車、ドラム缶に充てんする場合及びこれから取り出す際に生ずる減耗	当該取扱量の合計	主燃料等：0.2
輸送減耗	燃料タンク車による輸送途上の蒸発及び漏出により生ずる減耗	証書記載数量	ガソリン、JP―4：0.2 灯油、軽油、重油、JetA-1：0.1

別紙第14及び**別紙第15**　削除

別紙第16（第39条関係）

作成年月日
部隊等名
管理官コード番号

補助燃料等現況表
（　　年度）

項目番号 (A)	主品目番号 (B)	品名 (C)	略名 (D)	単位 (E)	数量 前年度末在庫 (F)	数量 本年度受入 (G)	数量 本年度払出 (H)	数量 本年度在庫 (I)	備考

寸法：日本産業規格Ａ４

注：１　この報告書は、燃料支処等及び業務隊等ごとに作成する。
２　（Ｂ）、（Ｃ）及び（Ｄ）欄は、それぞれ補給カタログＦ－１に記載された主品目番号、品名及び略名を記載する。
３　本年度末在庫の算定要領は、（Ｉ）＝（Ｆ）＋（Ｇ）－（Ｈ）とする。

別紙第17（第42条関係）

糧食払出票	使用年月日	物品管理官	給食担当官	倉庫係	調理係	物品管理係	証書		転記
							番号	年月日	
	・ ・							・ ・ ・	

品種	品名	区分	朝食用		昼食用		夕食用		追加（返納）量計	払出総量合計	摘要
		献立名									
		人員									
		単位	1人当たりの量	払出総量	1人当たりの量	払出総量	1人当たりの量	払出総量			

ページ中の第　　ページ

寸法：日本産業規格Ａ４

注：1　この様式寸法は、基準を示す。
2　品種区分は、耐久性食品と生鮮食品に区分する。
3　一括払出しの場合は、その数量を「払出総量合計」欄に記入し、摘要欄に所要の注記をする。

別紙第18（第44条関係）

非常用糧食品質検査要領の基準

1　検査区分

(1)　外観検査（膨張）

(2)　開封検査（膨張、ピンホール、密封の完否等）

2　検査資料抜取り基準

保管箱数	1～100	101～300	301～600	600～ 1,200	1,201 以上
抜取り箱数	3	6	12	20	30
抜取り個数	9	18	36	60	90

注：1　表中の「箱」「個」の単位は、納入時の形態に応じた単位に読み替える。

：2　抜取り個数は、1箱から3個を抜き取る。

：3　試料の抜取りは、原則として、製造年次別及び献立別に行う。

3　検査の細部要領

(1)　外袋の外観検査

前項の保管箱数に応じた抜取り箱数を抽出及び開梱（こん）し、抜取り個数に従い1箱から3個を抽出し膨張の有無を確認する。この際の確認の方法は、抜き取った製品を水平な場所に置き、それぞれの袋の厚みを比較することにより、外袋の特異的な膨張の有無を確認する。

(2)　内容物の開封検査

ア　前項の外観検査で異常を認めた製品は、その状況を支援系統（業務隊等から補給処へ）を通じて補給統制本部に通知した後、外袋を開封し、次の要領で異状のあるレトルト製品（主食・副食）を特定する。

(ア)　膨　張

主食及び副食ごとの各包装袋の特異な膨張の有無

(イ)　内容物の漏えい

主食及び副食ごとの各包装袋に付着している内容物（汁等）の有無

(ウ)　包装袋の圧着不良

レトルト製品の包装袋縁側の圧着されている部分の「シワ」、「ヨレ」等の有無

イ　開封検査は、前号の結果、異状を認めた場合に限り、抜取り個数の範囲において努めて最小限にとどめる。

(3)　異状を確認した場合の処置

前項の検査実施により異状が確認されたレトルト製品は、証拠品として処置できるように速やかに冷蔵庫で保管するとともに、その状況を支援系統を通じて補給統制本部に通知する。

別紙第19（第46条関係）

物品管理区分	

糧　食　管　理　簿

物品番号		品名		単位	

年		摘要	増	減				現在高	備考
月	日			調理	現品	その他	計		

寸法：日本産業規格Ａ４

注：1　この様式寸法は、基準を示す。
2　物品管理区分欄には細区分を記入する。
3　摘要欄には、証書番号等を記入する。
4　減のその他の欄には、在庫調整の減等を記録する。
5　備考欄には、現況調査実施月日又はその他の必要事項を記入する。

別紙第20（第46条関係）

経費区分：　　　　材料区分：

<table>
<tr><td colspan="4">交付集計票</td><td colspan="4">月別</td><td colspan="5">部隊等名</td><td colspan="6">証書番号</td></tr>
<tr><td rowspan="2">交付品名</td><td rowspan="2">単位</td><td>1</td><td>2</td><td>3</td><td>4</td><td>5</td><td>6</td><td>7</td><td>8</td><td>9</td><td>10</td><td>11</td><td>12</td><td>13</td><td>14</td><td>15</td><td>16</td><td rowspan="2">合計</td></tr>
<tr><td>17</td><td>18</td><td>19</td><td>20</td><td>21</td><td>22</td><td>23</td><td>24</td><td>25</td><td>26</td><td>27</td><td>28</td><td>29</td><td>30</td><td>31</td><td></td></tr>
<tr><td rowspan="2"></td><td rowspan="2"></td><td></td><td></td><td></td><td></td><td></td><td></td><td></td><td></td><td></td><td></td><td></td><td></td><td></td><td></td><td></td><td></td><td rowspan="2"></td></tr>
<tr><td></td><td></td><td></td><td></td><td></td><td></td><td></td><td></td><td></td><td></td><td></td><td></td><td></td><td></td><td></td><td></td></tr>
<tr><td rowspan="2"></td><td rowspan="2"></td><td></td><td></td><td></td><td></td><td></td><td></td><td></td><td></td><td></td><td></td><td></td><td></td><td></td><td></td><td></td><td></td><td rowspan="2"></td></tr>
<tr><td></td><td></td><td></td><td></td><td></td><td></td><td></td><td></td><td></td><td></td><td></td><td></td><td></td><td></td><td></td><td></td></tr>
<tr><td rowspan="2"></td><td rowspan="2"></td><td></td><td></td><td></td><td></td><td></td><td></td><td></td><td></td><td></td><td></td><td></td><td></td><td></td><td></td><td></td><td></td><td rowspan="2"></td></tr>
<tr><td></td><td></td><td></td><td></td><td></td><td></td><td></td><td></td><td></td><td></td><td></td><td></td><td></td><td></td><td></td><td></td></tr>
<tr><td rowspan="2"></td><td rowspan="2"></td><td></td><td></td><td></td><td></td><td></td><td></td><td></td><td></td><td></td><td></td><td></td><td></td><td></td><td></td><td></td><td></td><td rowspan="2"></td></tr>
<tr><td></td><td></td><td></td><td></td><td></td><td></td><td></td><td></td><td></td><td></td><td></td><td></td><td></td><td></td><td></td><td></td></tr>
<tr><td rowspan="2"></td><td rowspan="2"></td><td></td><td></td><td></td><td></td><td></td><td></td><td></td><td></td><td></td><td></td><td></td><td></td><td></td><td></td><td></td><td></td><td rowspan="2"></td></tr>
<tr><td></td><td></td><td></td><td></td><td></td><td></td><td></td><td></td><td></td><td></td><td></td><td></td><td></td><td></td><td></td><td></td></tr>
<tr><td colspan="7">管理官等名</td><td colspan="4">階級</td><td colspan="3">転記担当者</td><td colspan="5">転記年月日</td></tr>
</table>

注：1　管理官は、必要に応じこの様式を基準として、様式を適宜変更して使用することができる。
　　2　換算計算は、交付単位数量を管理簿整理単位数量に換算して記入する。

別紙第21（第50条関係）

麻薬・覚せい剤・向精神薬管理簿

品名（規格等）							単位	
年月日	証書番号	増	減				現在高	備考
			廃棄	譲渡	施用	事故		

寸法：日本産業規格Ａ４

注：単位の欄は、補給処においては、補給カタログＦ－１－３（衛生器材・医薬品）に示す単位とし、病院及び医務室においては、注射液は管、粉末はｇ、水剤はmℓ、錠剤は錠とする。

別紙第22（第50条関係）

麻薬・覚せい剤・向精神薬施用補助簿

年月日	処方せん一連番号	品名（規格等）	単位	数量	患者氏名	診療科名	病棟等名（住所等）	使用残空アンプル返納	取扱者氏名	備考

寸法：日本産業規格Ａ４

注：単位は、注射液は管、粉末はｇ、水剤はmℓ、錠剤は錠とする。

別紙第23（第52条関係）

図　書　蔵　書　印

<table>
<tr><td rowspan="2">区分
項目</td><td colspan="2">部　隊　区　分</td></tr>
<tr><td>(A)
蔵書印を備えている部隊等</td><td>(B)
(A)以外の部隊等</td></tr>
<tr><td>寸　法</td><td>3 cm平方</td><td rowspan="2">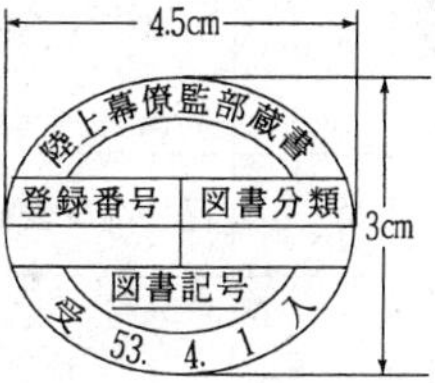</td></tr>
<tr><td>文　字
(印面の例)</td><td>「陸上自衛隊 学校等名 蔵書」とする。

陸上自衛隊
○○学校
蔵　書</td></tr>
</table>

備考：1　(A)の蔵書印を備えている部隊等の場合は、蔵書印(A)のほか登録番号、請求記号（図書分類及び図書記号）甲種、乙種の別及び受入年月日を表示するものとし、(A)(B)あわせて使用しても差し支えない。

2　(B)に示す蔵書印に所要事項を記入する場合の要領等

(1)　部隊等名は、判読可能な範囲で略しても差し支えない。

(2)　甲種、乙種の区分を記入するときは、インクを色分けしても差し支えない。

(3)　図書分類は、軍事科学部門の図書は、防衛省国防軍事図書の分類表（別示）により、その他の図書は、日本十進分類法による。

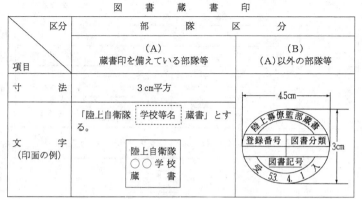

別紙第24
（第52条関係）

図書の表示

<table>
<tr><td colspan="2" rowspan="2">区分
項目</td><td colspan="2">図書区分</td></tr>
<tr><td>甲種図書</td><td>乙種図書</td></tr>
<tr><td rowspan="2">図書の表示（ラベル）</td><td>規格（基準）</td><td>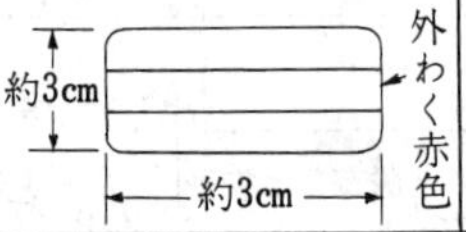</td><td>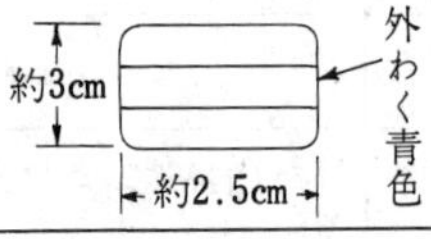</td></tr>
<tr><td>表示箇所</td><td colspan="2">図書の背表紙の下端から約1cmをあけラベルをはる。</td></tr>
<tr><td rowspan="2">受入れの表示</td><td>表示（印面の例）</td><td colspan="2"></td></tr>
<tr><td>表示箇所</td><td colspan="2">表紙等の右下（管理換等により異動した場合は、逐次上部に押す。）</td></tr>
</table>

備考：1　甲種、乙種図書の表示に用いるラベルには上段に図書分類、中段に図書記号、下段に登録番号を記入する。

2　厚生用品の図書の受入れの表示の印面例は次のとおり。

別紙第25（第53条関係）

図　書　原　簿

年月日	受入登録番号	請求記号	著者名（翻訳者名）	書名（巻次版次）	出版社	発行所	予算区分等	価格	受入先	備考
・　・										
・　・										
・　・										
・　・										
・　・										
・　・										
・　・										

寸法：日本産業規格Ａ４

注：1　用紙の内容は、基準を示すもので、市販のものを使用しても差し支えない。

2　甲種図書及び乙種図書に区分して、別冊で整理する。

3　記載要領は、次のとおりとする。

（1）年月日：受入れの年月日を記入する。

（2）受入登録番号：受入れの一連番号を記入する。

（3）著者名：当該図書の著者名を記入する。
著者が2名以上の場合は、代表者名を記入する。
翻訳したものの場合は、翻訳者を併記する。

（4）書名：当該図書の書名、巻次及び版次を記入する。

（5）予算区分等：当該図書を購入した予算科目を記入する。
寄附受けの場合は、「寄附受」と記入する。

（6）価格：当該図書の定価を記入する。
外国図書及び古書等で，取得価格又は見積価格が定価より高い場合は、高い価格を記入する。

（7）受入先：当該図書の受入先を記入する。
寄附受けの場合は、相手方氏名を記入する。

別紙第26（第53条関係）

事　務　用　基　本　カ　ー　ド

1　様式、規格（国際標準規格カード）

(1)　手書用（白色）有けいカード

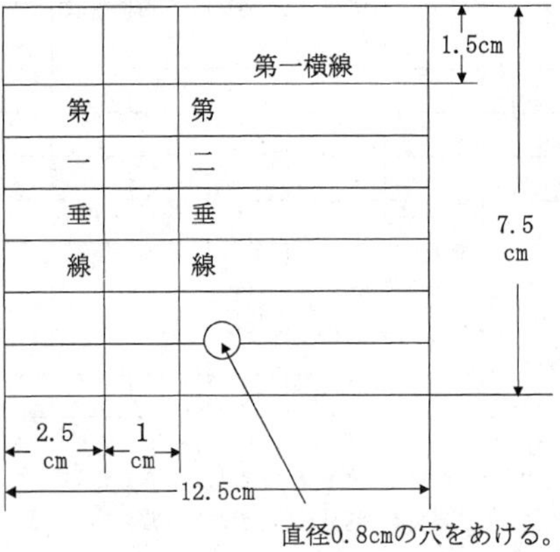

(2)　タイプ用（白色）無けいカード

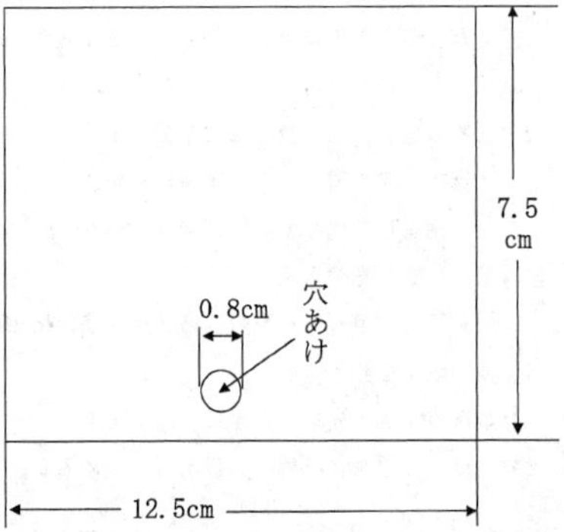

2　記載要領

㋠請求番号	㋑―２	㋑著者名
		㋺標題
登録番号		㋩出版事項
取得年月日		㋥対象事項　㋭（双書注記）
購入先		㋬一般注記
価格		㋣内容細目

(1)　㋑は、著者名を記入し、標目とする。ただし、書名を標目とし又は特殊標目をたてても差し支えない。㋑―２欄には、標目における平仮名文字の第一字を記入する。

(2)　㋺は、標題として、書名、巻次、版次を記入し、翻訳書等の場合は、更に著者名、翻訳者名等を記入する。

(3)　㋩は、出版地、出版者、出版年記を記入する。

(4)　㋥は、ページ数、図版類、大きさ（図書の高さをcmで表わす。）を記入する。

(5)　㋭は、双書名、全集名等を記入し、括弧で囲む。

(6)　㋬は、解説又は注意等を付加する必要がある場合記入する。

(7)　㋣は、双書、論文集又は全集、選集等の内容を記入する。

(8)　㋠は、請求記号を上欄に、図書記号（標目におけるローマ字の第一字）を下欄に記入する。

(9)　登録番号は、甲種又は乙種の一連番号を記入する。

(10)　取得年月日は、納入された年月日を記入する。

(11)　購入先は、調達又は寄附受けの相手方氏名等を記入する。

(12)　価格は、当該図書の定価を記入する。ただし、外国図書及び古書等で、取得価格又は見積価格が定価より高い場合は、これによる。

別紙第27（第54条関係）

図　書　目　録

（主類表区分） 編著者名　　　　　　　請求記号 書　　　名 出 版 地　　出版者　　出版年 ページ数　　大きさ	

寸法：日本産業規格Ａ４

注：1　図書目録は、図書分類順に編成し、１冊にまとめ表紙を付ける。

2　表紙には、学校等名及び作成年月日を表示する。

3　図書目録の末尾に索引を付ける。

4　同一分類のものは、標目のＡＢＣ順とする。

5　図書目録の作成は、日本十進分類法（要目表）に示す主類表の基礎10区分ごとにページを更新するものとし、軍事科学部門の図書は、更にページを新たにする。

（記載例）

（140心理学）
続　有恒　等編⑥　140. 7―S
心理学研究法
東京　東京大学出版会　平成元
４冊　22cm
内容：１　質問紙調査　９巻
２　観察　10巻
３　面接　11巻
４　実践研究　13巻

M. オールセン　146. 3―M
グループカウンセリング
伊藤　博・中野良顕訳
東京　誠信書房　平成元
342P.　22cm

（210日本）
津田左右吉　201―T
歴史と必然、偶然、自由
東京　天理時報社　平成元
367P.　20cm

（300社会科学）
高坂正堯監修　309. 1―J
自由社会は生き残れるか
東京　高木書房　平成２
343P.　20cm

（320法律）
中川善之助・泉　久雄　320. 8―N
相続法
東京　有斐閣　平成３
594. 26P.　22cm
（法律学全集24）

（330経済）
国際経済学会編　333. 6―S
世界経済の混迷と再編成
東京　東洋経済新報社　平成４
199P.　21cm

（390 National Defence）
H. E. and R. Organization

別紙第28（第60条関係）

航空写真保有現況表		期間 年　月　日～　年　月　日	
部隊等名		年間割当数	

索引番号	定数等（組）	現在高						
		1	2	3	4	5	6	7

取扱主任 階級　氏　名	記録担当者 階級　氏　名

寸法：日本産業規格Ａ４

注：取扱主任は、必要に応じ、この様式を適宜変更して使用することができる。

陸上自衛隊供与品取扱規則

昭35・１・８達71―２

最終改正　令元・６・27達122―303

目次

第１章　総則

（目的及び範囲）

第１条　この規則は、「日本国とアメリカ合衆国との間の相互防衛援助協定」に基づく供与品の受領等に関する訓令（昭和30年防衛庁訓令第１号。以下「訓令」という。）に基づき、供与品の受領、返還等に関し必要な細部の事項を定めることを目的とする。

２　供与品の記録整理及びその他物品管理上及び国有財産管理上必要な事項は、この規則に定めるもののほか、防衛省所管物品管理取扱規則（平成18年防衛庁訓令第115号）及び陸上自衛隊補給管理規則（陸上自衛隊達第71―５号。以下「規則」という。）並びに関係規則の定めるところによる。

３　特定秘密に該当する供与品及びこれに関する文書等の秘密保護上の取扱いについては、特定秘密の保護に関する達（陸上自衛隊達第41―８号）に定めるところによる。

（用語の定義）

第２条　この規則中次の各号に掲げる用語の意義は、当該各号に定めるとおりとする。

⑴　「供与品」とは、訓令第１条に規定するものをいう。

⑵　「供与物品」とは、航空機以外の供与品をいう。

⑶　「受領官」とは、訓令第２条１項の規定により、防衛大臣から日本政府の名の下に供与品を受領する権限を委任された者をいう。

⑷　「代理受領官」とは、訓令第２条第２項の規定により、防衛大臣に代り受領官から日本政府の名の下に供与品を受領する権限を再委任された者をいう。

⑸　「受領文書」とは、供与品の品目、数量及びその譲渡を証明する文言を記載した米軍出荷証書、船積書類又は業者直納引渡証書（米軍様式ＤＤForm 250）に受領官又は代理受領官が署名押印したものをいう。

⑹　「受領担当機関」とは、陸上自衛隊補給処（以下「補給処」という。）、陸上自衛隊中央業務支援隊（以下「中央業務支援隊」という。）をいう。

第２章　受領

（受領場所及び受領方法）

第３条　国内において供与品を受領する場合は、通常相互防衛援助事務所の連絡に基づき陸上幕僚長（以下「陸幕長」という。）の指示するところにより、次に掲げる場所及び方法のいずれかにより受領する。

⑴　日本国外からアメリカ合衆国政府の責任において船舶輸送された供与品の場合は、日本国内の港湾において、当該供与品がその船舶の荷揚機に着けら

れたときをもつて受領担当機関が直接受領する。

(2) 日本国外からアメリカ合衆国政府の責任において空輸された供与品の場合は、日本国内の飛行場において受領担当機関が直接受領する。

(3) 日本国内にある米軍の補給処若しくはその支処又は他の米軍管理機関（以下「米軍機関」という。）から引渡しを受ける供与品の場合は、当該米軍機関において受領担当機関が直接受領する。

(4) 域外調達により米軍が日本国内の生産者に発注した供与品である場合は、当該生産者の工場において内国運送積込渡によるか、又は受領担当機関が直接受領する。

(5) その他特に指定する場所及び方法による。

2 日本国外において供与品の引渡しを受ける場合については、別に定める。

（受領業務の担当区分）

第4条 供与品の受領業務の担当は、次の各号に掲げる区分による。

(1) 京浜地区（訓令第６条第１項に規定する地区をいう。以下同じ。）及び防衛大臣の指示する港湾において受領する場合は、中央輸送隊が担当する。

(2) 前号以外の場所において受領する場合は、陸上自衛隊の補給等に関する訓令（昭和34年陸上自衛隊訓令第72号）第８条第１項に示す担当区域に従い、各補給処が担当する。ただし、出版物については中央業務支援隊が担当する。

（受領官及び代理受領官）

第5条 陸上自衛隊における受領官は、受領担当機関の長をもつて充てるものとし、陸幕長の上申により防衛大臣から任命される。

2 受領官は、必要と認めるとき自己の属する受領担当機関の幹部自衛官を代理受領者に任命することができる。

（受領官及び代理受領官の署名票等の提出）

第6条 受領官及び代理受領官の免命があつたときは、防衛大臣からこれを相互防衛援助事務所に通知するため、次の区分により署名票等を提出するものとする。

(1) 受領官を命ぜられた者は、別紙第１の様式２部、別紙第２の様式11部に所要の記載及び押印を行い、陸幕長を経由して防衛大臣に提出する。

（装計定第17号）

(2) 代理受領官を命ぜられた者は、別紙第３の様式２部、別紙第２の様式11部に所要の記載及び押印を行い、受領官に提出し、受領官はこれに認証の署名押印を行った上、陸幕長を経由して防衛大臣に提出する。

（装計定第17号）

(3) 受領官及び代理受領官は、それぞれ第1号及び前号により提出した文書の記載事項に昇任による変更があつたときは、速やかに別紙第4の様式（昇任以外の事由による変更の場合はこれに準ずる様式）11部に所要の記載を行い、それぞれ第1号又は前号に準じ提出する。

(4) 受領官は、代理受領者を免じたときは、別紙第5の様式11部に所要の記載を行い陸幕長を経由して防衛大臣に提出する。（装計定第17号）

（輸入協議）

第7条 京浜地区及びその他防衛大臣の指示する港湾において米軍機関から供与品を受領する場合は、受領に先立ち次の要領により輸入協議を行うものとする。

(1) 削除

(2) 陸幕長は、輸入協議に関し別紙第6の様式により防衛大臣に上申の手続を行うものとする。

(3) 防衛大臣から陸幕長に対しその輸入に関し、経済産業大臣との協議が整つた旨の通知（輸入協議に関する経済産業大臣の回答文書の認証謄本2部添付）があつたときは、陸幕長は認証謄本の1部を保管するとともにその旨を受領官に認証謄本の1部を添付して通知する。

2 前項の輸入協議について防衛大臣と経済産業大臣との間に年度ごとの包括協議が整つた場合は、防衛大臣からの通知（輸入協議に対する経済産業大臣の回答文書の認証謄本2部添付）に基づき前項第3号に準じ処理するものとし、前項第2号の手続は必要としない。

（輸入申告）

第8条 受領官又は代理受領官（以下「受領官等」という。）が米軍機関から供与品を受領したときは、次のとおり速やかに輸入申告を行うものとする。

(1) 受領官等は、通関手続を行う場合譲受申告書（税関様式F第1250号）（様式別紙第7）3部及び受領文書（受領官等の署名のあるもの）2部に所要の記載を行い所轄税関に提出するものとする。

(2) 原則として通関を行う品目は、通関手続を行うまで保税地域に蔵置し、税関の指定する場所において検査を受けるべきであるが、当該品目が受領担当機関に引き取つてある場合又は保税地域に蔵置することが困難な場合は、他所蔵置許可申請書（税関様式C第3000号）（様式別紙第9）2部及び指定地外貨物検査許可申請書（税関様式C第5390号）（様式別紙第10）の2部に所要の手続及び記載を行い所轄税関に提出するものとする。

(3) 指定地外貨物検査許可申請書を提出する場合は、検査を受ける品目の多少、検査の実施いかんにかかわらず検査手数料として所要の金額の収入印紙を裏面にはつて提出するものとする。

(4) 米側公用船で運ばれた貨物は、船側から積荷目録が税関に提出されないので、受領官等が積荷目録を作成して税関に２部提出するものとする。

(5) 輸入申告で受理する税関名は、次表のとおりである。

所轄税関名	位　　置	管　轄　区　域
東京税関	東京都	東京都、千葉県のうち成田市、市川市（財務大臣が定める地域に限る。）、香取郡多古町及び山武郡芝山町、埼玉県、群馬県、山梨県、新潟県、山形県
横浜税関	横浜市	神奈川県、茨城県、栃木県、千葉県（東京税関の管轄地域を除く。）福島県、宮城県
神戸税関	神戸市	兵庫県、岡山県、鳥取県、島根県、広島県、香川県、徳島県、高知県、愛媛県
大阪税関	大阪市	大阪府、京都府、和歌山県、奈良県、滋賀県、福井県、石川県、富山県
名古屋税関	名古屋市	愛知県、三重県、岐阜県、長野県、静岡県
門司税関	北九州市	福岡県（長崎税関の管轄地域を除く。）、山口県、佐賀県のうち唐津市、伊万里市、東松浦郡及び西松浦郡、長崎県のうち壱岐市及び対馬市、大分県、宮崎県
長崎税関	長崎市	長崎県（門司税関の管轄地域を除く。）、佐賀県（門司税関の管轄地域を除く。）、福岡県のうち久留米市、大牟田市、柳川市、筑後市、八女市、大川市、小郡市、うきは市、みやま市、三井郡、三潴郡、八女郡、熊本県、鹿児島県
函館税関	函館市	北海道、秋田県、岩手県、青森県
沖縄地区税関	那覇市	沖縄県
上記税関は、支署及び出張所を含む。		

(6) 各申告（請）書用紙は、各地税関において購入するものとし、購入料及び検査許可手数料は、消耗品費から支弁するものとする。

2　前項の手続に基づく税関の検査後でないと受領担当機関から供与品の移動はできないものとする。

（受領文書の処理）

第９条　受領官等は、供与品を受領したときはその供与品に関する米軍出荷証書又は船積書類に別紙第11に掲げる要領により受領の証明を行うものとする。

2　受領官等は、受領文書のうち前条により税関に提出するもののほか１部を控とし、相互防衛援助事務所の要求する部数を相互防衛援助事務所に提出するものとする。

（受領に関する報告及び通知）

第10条　供与品を受領したときは、次のとおり報告及び通知を行うものとする。

(1) 中央輸送隊長は、供与品の受領の都度受領文書の写３部を作成し、その２

部を関東補給処又は中央業務支援隊に送付するとともに、他の１部を陸幕長に提出するものとする。（装計定第18号）

⑵　補給処及び中央業務支援隊（以下「補給処等」という。）の長は、供与品の受領の都度受領文書の写を作成し、補給処長にあっては、補給統制本部長に２部（補給統制本部長は１部を陸幕長へ）、中央業務支援隊長にあっては、陸幕長に１部提出するものとする。

⑶　受領担当機関の長は、毎月米軍機関から直接受領した供与品の受領文書に基づき証書番号を記載したリスト（様式別紙第12）を作成し、翌月10日までに陸幕長に８部提出（補給処長にあつては、補給統制本部長の定めるところにより補給統制本部長に９部提出）するものとする。（装計第18号）

⑷　補給統制本部長は、前号のリストを翌月10日までに陸幕長に８部提出するものとする（装計定第18号）

⑸　陸幕長は、前号により送付を受けた証書番号を記載したリストを取りまとめ防衛大臣に提出するものとする。

⑹　陸幕長は、毎月陸上自衛隊が受領した供与品の全数量（整備用部品、付属品等は重量）について供与品受領月報（様式別紙第13）を作成し、翌月末までに防衛大臣に提出するものとする。

2　前項第１号により中央輸送隊が関東補給処又は中央業務支援隊に送付する受領文書の写は、相互協議の上、増加作成することができる。

3　補給処長（補給処から未開梱のまま部隊等へ補給した場合は、当該部隊等の長）は、受領した供与物品のうち通信電子機器材について、当該供与物品のパッキングリスト（構成品ごとの受領数量）の写２部を補給統制本部長に提出するものとする。ただし、補給処から未開梱のまま部隊等へ補給した場合は、当該部隊等の長が写１部を受領後20日以内に陸幕長に提出するものとする。

4　補給統制本部長は、前項の写１部を受領後20日以内に陸幕長に提出するものとする。（装計定第18号）

（供与品の管理上の取扱い）

第11条　供与品の物品管理上又は国有財産上の取扱いは、次の各号に定めるとおりとする。

⑴　補給処等において直接受領した供与物品は、受領と同時に当該受領補給処等の分任物品管理官の管理に属するものとする。

⑵　中央輸送隊において受領した供与物品は、受領と同時に関東補給処又は中央業務支援隊の分任物品管理官の管理に属するものとする。

⑶　受領担当機関において受領した航空機は、受領と同時に陸幕長の管理に属

するものとする。

2　分任物品管理官又は陸幕長は、前項各号によりそれぞれ自己の管理に属することになつた供与品について、前条第１項第１号により送付を受けた受領文書写１部を受入の証書として物品管理簿又は国有財産台帳に受入整理を行うものとする。

（中央輸送隊における供与品の取扱い）

第12条　中央輸送隊において受領する供与品のうち、供与物品については陸幕長の指示する場合を除き受領後遅滞なく関東補給処又は中央業務支援隊に、航空機については陸幕長の指示する部隊等に輸送するものとする。

2　中央輸送隊において供与品を受領したときは荷姿のまま受領検査を行うとともに、供与品受払簿（様式別紙第14）により受領品目の概要、梱数による受払の状況等を明らかにするものとする。

（供与品の検証等）

第13条　中央輸送隊において前条第２項による供与品の受領検査を終わつたときは、貨物検証票（様式別紙第15）３部を作成し、相互防衛援助事務所用に１部、輸送先補給処等に２部送付する。

2　輸送先補給処等の長又はその委任を受けた者は、供与品を受領したときは貨物検証票に署名押印し、中央輸送隊に返送する。この場合、貨物の梱包数、梱包の状態に異状を発見した場合には、その旨貨物検証票の裏面に記載するとともに遅滞なく所管の分任物品管理官に報告する。

第３章　不用の決定及び処分

（不用の決定）

第14条　分任物品管理官は、別紙第16に掲げる供与物品（ただし、第６項を除く。）について、不用の決定をしようとする場合は、不用決定申請書（規則別紙第16）を１部作成し、「供与」と朱記して、審査に必要な資料を添付し、順序を経て陸幕長に申請し、その承認を得るものとする。その際、転用及び部品取りを希望するものについては不用決定申請書の備考欄にその旨を記載するものとする。

2　分任物品管理官は、前項に掲げる供与物品以外の供与物品について不用の決定をしようとする場合は、前項に準じて規則別紙第15に定める不用決定承認権者に申請し、その承認を得るものとする。

（集積及び不用供与品の報告）

第15条　分任物品管理官は、不用の決定を行つた供与物品、用途廃止を決定した供与の航空機及び陸上幕僚長が別に示す供与物品（以下「不用供与品」という。）を別紙第17に定める集積部隊等の長たる分任物品管理官（以下「集積担任分任物品管理官」という。）に管理換するものとする。この場合、通常欠品がない状態とする。

2　集積担任分任物品管理官は、集積された不用供与品について第２四半期及び第４四半期ごとに不用供与品報告書（様式別紙第18）を作成し、順序を経て補給統制本部長に５部提出するものとする。

3　補給統制本部長は、前項の報告書を当該四半期経過後30日以内（特に必要がある場合は、その都度）に陸幕長に４部提出するものとする。（装計定第19号）

4　集積担任分任物品管理官が不用供与品のうち陸幕長の承認を得て部品取りを行つたものについて報告する場合は、欠品証明書（様式別紙第19）を作成し添付するものとする。

5　陸幕長は、第３項及び第４項の報告に基づき防衛大臣に報告する。

（処　分）

第16条　集積担任分任物品管理官は、陸幕長が別に定めるところにより不用供与品を処分するものとする。

（処分後の報告）

第17条　集積担任分任物品管理官は、各四半期ごとに返還状況報告書（様式別紙第20）を作成し、順序を経て補給統制本部長に３部提出するものとする。

2　補給統制本部長は、前項の報告書を各四半期経過後30日以内に陸幕長に２部提出するものとする。（装計定第20号）

第18条　削除

第４章　雑則

（供与物品の記録整理）

第19条　供与物品の諸記録は、供与物品以外の物品の諸記録と区分して整理し、通常右上部欄外に枠を付して［供与］と朱記するものとする。ただし、既成被服、水晶振動子（調達物品と互換性のないものを除く。）部品（組部品及び調達物品と互換性のないものを除く。）付属品及び消耗品は区分しないことができる。

2　国内調達物品の主構成品又はセット内容品に供与物品を充当した場合又は供与物品の主構成品又はセット内容品に国内調達物品を充当した場合は、発送元は管理換票等に、受領部隊等は記録明細表に供与物品又は国内調達物品である旨を示すものとする。

3　供与物品たる既製被服等の記録及び整理は、次の各号による。

(1)　補給処から部隊等へ管理換された後は、国内調達物品と同様の取扱いをするものとする。

ただし、補給処間の管理換によるものは、この限りではない。

(2) 供与物品の原反生地から製作された冬服及び補修用として補給された生地等の記録及び整理は、国内調達物品と同様の取扱いをするものとする。

4 供与物品たる教範等の記録及び整理は、中央業務支援隊から部隊等へ管理換された後は国内調達物品と同様の取扱いをするものとする。

(供与物品の識別等)

第20条 供与物品のうち供与物品以外の物品と取扱いの区別を必要とし、その識別が困難な物品には、次に定めるところにより白ペイント等で供の符号をつけるものとし、符号の大きさ、標示箇所は、品目に応じて適宜とする。

(1) 標示を行う場合

ア 形式番号等の刻印のないもの

イ 刻印の塗装等のため不明りょうとなつたもの

ウ セット内容品、付属品、アタッチメント等で主体品に装備し又は組入れている物品を主体品等から取り外すことによつて識別困難となるもの等

(2) 標示箇所

供与鉄帽及び供与中帽はすべて裏面前頭部の位置に、供マークを白ペンキ等にて注記する。

2 分任物品管理官は、整備上支障のない場合に限り、供与物品たる整備用部品、付属品、消耗品を供与物品以外の物品用に、供与物品以外の整備用部品、付属品、消耗品を供与物品用に使用することができる。

(供与品の不符号その他の異常の処理)

第21条 補給処等の長たる分任物品管理官は、受領した供与品について、検査の結果証書の数量と実数と不符号その他の異常を発見したときは、それが明らかに受領官等の受領以後に起因していると認められる場合を除き、直ちに供与品異常報告書(様式別紙第21)を作成し、補給処長にあつては、補給統制本部長に4部(補給統制本部長は更に3部を陸幕長へ)、中央業務支援隊長にあつては、陸幕長に3部提出するものとし、所要に応じ、記録を修正するものとする。(装計定第23号)

2 部隊等において、補給処等から受領した供与品について異常を発見したときは、内容説明を添えて、交付系統に従い補給処に通知するものとし、補給処等は、前項の要領により処理する。

3 分任物品管理官は、供与品の異常に関する処理状況を明らかにするとともに、報告又は通知書を添付して受払命令書により受払の整理を行うものとする。

第22条 削除

（緊急請求物品等の処理）

第23条 陸幕長は、供与品を合衆国側に緊急請求した場合、その他供与品の受領後特に迅速な処理を必要とする場合は、その都度受領官に対し当該供与品の請求内容（年月日、請求番号、物品整理番号、品目、数量、予想受領期日等）その他必要な事項を通知するものとし、受領官が当該供与品を受領したときは、他に優先し輸送等の処理を行うものとする。

附　則〔略〕

別紙第１（第６条関係）

DEFENSE AGENCY-JAPAN

Akasaka, Minato-ku, Tokyo

____
Date

Chief,

Mutual Defense Assistance Office

Dear

Reference is made to the Mutual Security Act of 1954 and letter Mr. Seiichi Ohmura deted Janurary 13th, 1955.

The individual whose signature and seal are appended beloow is hereby appointed and designated as the representative of the Japan Defense Agency authorized to accept title in the name of the Government of Japan to equipment and supplies transferred to Japan under the provisions of the Mutual Defense Assistance Agreement.

The appointed and designated individual is further authorized to appoint and designate in my behalf additional representatives who also shall be authorized to accept title in my behalf additional representatives who also be authorized to accept title in the name of the Government of Japan to equipment and supplies transferred to Japan in accordance with the provisions of the Mutual Defense Assistance Agreement.

Signature cards for the representative, in quintuplicate, are inclosed. Such additional signature cards as may be required by U. S. supply agencies will be furnished.

Yours very truly,

Director General
Japan Defense Agency

Name of Representative: ____________________

Official Title: ____________________

Signature of Representative: ____________________

Seal of Representative: ____________________

別紙第1和訳

（　　　日付）

あて先　相互防衛援助事務所長

拝啓

関連文書：1954年のMSA法及び1955年1月13日付大村清一氏書簡

下記の署名及び印鑑を有する者を防衛庁の代表として任命し、相互防衛援助協定の規定に基づき日本国に譲渡される装備及び資材を日本政府の名のもとに受領する権限を委任する。

任命された者は、更に上記協定に基づき日本国に譲渡される装備及び資材を日本政府の名のもとに受領する権限を委任すべく追加の代表者を本職に代り任命する権限を委任される。

代表者の署名票5部を添付する。これは、米軍補給機関の要求により提出するものである。

敬　具

防衛庁長官

代表者氏名＿＿＿＿＿＿＿＿＿＿＿＿＿＿＿＿＿＿＿＿

官　　　職＿＿＿＿＿＿＿＿＿＿＿＿＿＿＿＿＿＿＿＿

代表者署名＿＿＿＿＿＿＿＿＿＿＿＿＿＿＿＿＿＿＿＿

代表者印鑑＿＿＿＿＿＿＿＿＿＿＿＿＿＿＿＿＿＿＿＿

別紙第２（第６条関係）

SIGNATURE CARD

The signature and seal below are these of :

GSDF

Name (typed)	Rank (typed)	Title (typed)

who has been appointed and designated to receipt for equipment and supplies for the Government of Japan under the provisions of Mutual Defense Assistance Agreement.

Date	Signature	Seal

Director General.
Japan Defense Agency

別紙第２　和訳

署　名　票

下記署名及び印は、相互防衛援助協定の規定に基づき日本政府への装備及び資材を受領すべく任命した陸上自衛隊　所属　階級　氏名　のものである。

日付　署　名　印

防衛庁長官

別紙第3（第6条関係）

(Heading of Unit)

Date

Chief,

Mutual Defense Assistance Office

Dear

Reference is made to the Mutual Security Act of 1954 and letter Mr. Seiichi Ohmura. dated January 13th, 1955.

The individual whose signature and seal are appended below is hereby appointed and desingnated as the representative of the Japan Defense Agency authorized to accept to Japan under the provisions of the Mutual Defense Assistance Agreement.

Signature cards for the representative, in quintuplicate, are inclosed. Such additional signature cards as may be required by U. S. supply agencies will be furnished.

Yours very truly.

(Rank and Branch)
Chief

Name of Representative:

Official Title:

Signature of Representative:

Seal of Representative:

（部　隊　名）

別紙第３　和訳

（　　　日付）

あて先：相互防衛援助事務所長

拝啓

関連文書：1954年のMSA法及び1955年１月13日付大村清一氏書簡

下記署名及び印鑑を有する者を防衛庁の代表者として任命し、相互防衛援助協定の規定に基づき日本国に譲渡される装備及び資材を日本政府の名のもとに受領する権限を委任する。

代表者の署名票５部を添付する。これは米軍補給機関の要求により提出するものである。

敬　具

氏　名＿＿＿＿＿＿＿＿＿＿＿＿

階　級＿＿＿＿＿＿＿＿＿＿＿＿

官　職＿＿＿＿＿＿＿＿＿＿＿＿

代表者氏名＿＿＿＿＿＿＿＿＿＿＿＿

官　　職＿＿＿＿＿＿＿＿＿＿＿＿

代表者署名＿＿＿＿＿＿＿＿＿＿＿＿

代表者印鑑＿＿＿＿＿＿＿＿＿＿＿＿

別紙第４（第６条関係）

(Heading of Unit)

Date

TO: Chief

Mutual Defense Assistance Office

SUBJECT: Promotion of Reciving Representatives for MAP Items

It is hereby notified that ____________________ designated and appointed as the rep resentative of Government of Japan for MAP Items, dated ______________, have been promoted to ___________ as of __________________.

____

(Rank and Branch)

Chief

（部　隊　名）

別紙第４　和訳

（　　日付）

あて先：相互防衛援助事務所長

件名：MAP物品の受領官の昇任

任命月日にMAP品目の日本政府代表として任命した　階級　　　氏名　　　は昇任月日現在、昇任階級　　　に昇進したので通知する。

氏　名 ____________________

階　級 ____________________

官　職 ____________________

別紙第5（第6条関係）

(Heading of Unit)

(Date)

TO: Chief
Mutual Defense Assistance Office

SUBJECT: Revocation of Authorization of Receiving Representative for MAP

CERTIFICATE

Authorization to (Representative's Name,) , (Rank), (Serial Number) , assigned to (Unit Designation) , designated and appointed on (Date) , to receipt for equipment and supplies furnished under the provisions of the Mutual Security Act as a representative of the Government of Japan is hereby revoked.

(Rank and Branch)
Chief

（部　隊　名）

別紙第5　和訳

（　　日付）

あて先：相互防衛援助事務所長

件名：MAP品目の受領官の権限免除

日本政府代表としてMSA法の規定に基づき供与される装備及び資材を受領すべく　月　日に任命した 部隊名 に所属する 認番 階級 氏名 の権限を取り消す。

氏　名 ____________

階　級 ____________

官　職 ____________

別紙第6（第7条関係）

発　簡　番　号
年　　月　　日

防　衛　大　臣　　　殿

陸　上　幕　僚　長

ＭＡＰに基づく貨物の輸入の協議について（上申）

ＭＡＰに基づき、アメリカ合衆国政府から供与をうける（貨物名）について、輸入貿易管理令（昭和２４年政令第４１４号）第２０条第１項ただし書の規定に基づき、経済産業大臣に対し、別紙のとおり協議されたく上申する。

別　紙

受　領（予定）年　月　日	受領場所	品　　　名	単位	数　量	全L重／量T	全M容／積T	支払の取決め

寸法：日本産業規格Ａ４

別紙第７（第８条関係）

税関様式Ｆ第1250号

輸入（譲受）申告書

（内国消費税課税標準数量等申告書兼用）
DECLARATION ON IMPORT
Relating Goods Imported Duty-exmpt and Transferred later to a person not accorded duty-exemption
(Use as a Declaratinon no Leviable Quantity for Excise)

IC	IS	IM	BP
	ISW	IMW	IBP

申告番号 Declaration No.

あて先 Declared at (Custom House) ＿＿＿＿＿＿＿＿

申告年月日 Date of Declaration ＿＿＿＿＿＿＿＿

譲渡人の住所及び氏名（署名） Name (Signature) and Address of Transferoe ＿＿＿＿＿＿＿＿

譲受予定年月日 Intended Date of Receipt of Transfer ＿＿＿＿＿＿＿＿

原産地 Place of Origin ＿＿＿＿＿＿＿＿

譲受人の住所及び氏名（印） Name and Address of Transferee (to be singned or sealed) ＿＿＿＿＿＿＿＿

蔵置場所 Place of Storing

代理人の住所及び氏名（印） Name and Address of Proxy (to be signed or sealed) ＿＿＿＿＿＿＿＿

庫入又は移入先 Warehouse to Store in ＿＿＿＿＿＿＿＿

貿易形態別符号	
原産国（地）符号	
輸入者符号	
※（調査用符号）	

品名 Commodity Description 番号 No.	統計細分 Stat.Code No.	単位 Unit of Net Quantity	正味数量 Net Quantites	申告価格 (CIF) CIF Value ※国内消費税課税標準額 Leviable Value for Excise	※税率 ※種別等・税率	※関税額 ※内国消費税額	減免税条項適用区分 Aplied Artieles of Law for Duly & Excise Reduction & Exemption
(1) ※税表細分				千 円	基 協 特 暫	千 円 減免税額	符号 定率 暫定 条 項 号 条 項 号 別表
			物			減免税額	輸 条 項 号
(2) ※税表細分				千 円	基 協 特 暫	千 円 減免税額	符号 定率 暫定 条 項 号 条 項 号 別表
			物			減免税額	輸 条 項 号

個数・記号・番号 Number of Packages.Marka & Nos.	※税関記入欄	※税額合計	円	関 税
				税
				税

添付書類 承認番号 (有)(※税関確認) 関税法第70条関係許可・承認等 □□ (法令名) 契約書等 □ □	※受理	※審査		※収納	※許可、承認印、許可、承認年月日

注意
note.

1. ＊印のある欄は記入しないで下さい。
The declarant shall leave out columns marked ＊.
2. 譲渡人の署名は、自動車の譲受けの場合に限り署名して下さい。
Signnature by tranaferor shall be required only when a vehicle is to be transferred.
3. この申告による課税標準等に誤りがあることがわかったときは、税関に申し出て下さい。なお、輸入（譲受）の許可後、税関長の調査により、税額等を変更する決定を行うことがあります
If the declarant finds as error in the basis for assessment, etc., covered by this declation, he may report it to the Customs. After the importatino is permiteed, the Director of the Customs may make a decision to change the amount of customs duty payable and other items on the basis of the result of his investigation.
4. この申告に基づく処分について不服があるときは、その処分があったことを知った日の翌日から起算して２月以内に税関長に対して異議申立てをすることができます。
If the declarant is dissatisfied with the payment of customs duty or internal tax imposed on the goods covered by his decisration, etc., he may make a complaint in writting, stating the reason therefor, to the Director of Customs, within two months of the by following the date when such imposition, etc., came to his knowledge.

通関士記名押印

別紙第８　削除

別紙第9（第8条関係）

税関様式 C第 3000 号

申請番号

他所蔵置許可申請書

令和　年　月　日

税関長殿

申請者

住　所

氏名又は名称　㊞

関税法第30条第2号の規定により下記のとおり外国貨物を保税地域外に蔵置したいので申請します。

記

<table>
<tr><td colspan="3">※外国貨物の区分</td><td colspan="3">外国から本邦に到着した貨物
輸出の許可を受けた貨物、運送貨物</td></tr>
<tr><td colspan="3">貨物を積んでいた又は積み込もうとする船舶又は航空機の名称又は登録記号</td><td colspan="3"></td></tr>
<tr><td colspan="3">同上船舶又は航空機入港の年月日</td><td colspan="3"></td></tr>
<tr><td rowspan="2">貨物の明細</td><td>記号</td><td>番号</td><td>品名</td><td>個数</td><td>数量</td></tr>
<tr><td></td><td></td><td></td><td></td><td></td></tr>
<tr><td colspan="3">貨物を置こうとする期間</td><td colspan="3">自　令和　年　月　日
至　令和　年　月　日</td></tr>
<tr><td colspan="3">貨物を置こうとする場所</td><td colspan="3"></td></tr>
<tr><td colspan="3">貨物を保税地域外に置こうとする事由</td><td colspan="3"></td></tr>
<tr><td colspan="3">備考</td><td colspan="3"></td></tr>
</table>

（注）1．この申請書は2通提出した下さい。
2．保税地域外に蔵置することが許可された外国貨物については保税地域内に置かれた貨物と同様の取扱いを受けますから注意して下さい
3．※印欄は該当事項を○で囲んで下さい。
4．貨物の指定地域外積卸をしようとするときは備考欄に貨物の積卸期間及び場所を記載して下さい。
この場合においては貨物の指定地域外積卸許可申請書を提出する必要はありません。
5．裏面に貨物を置こうとする場所の略図を記載した下さい。

別紙第10（第8条関係）

税関様式 C第5390号

申請番号

指定地外貨物検査許可申請書

令和　　年　　月　　日

税関長殿

申請者

住　　所

氏名又は名称　　　　　㊞

関税法第69条第2項の規定により下記のとおり指定地外で貨物の検査を受けたいので申請します。

記

記号及び番号	品名	個数	数量

検査を受けようとする場所	
検査を受けようとする時間	自令和　年　月　日　午前、午後　時 至令和　年　月　日　午前、午後　時
許可手数料の金額	¥
指定地外で検査を受けようとする事由	

（注）この申請書は2通提出し、そのうち1通の裏面上部に許可手数料に相当する収入印紙をはり付けて下さい。

別紙第11（第９条関係）

Date : ______________________________

Place: ______________________________

This is to acknowledge receipt and transfer of title to, possession and ownership by, the Government of Japan of the MAP supplies and/or equipment listed hereon with the following exceptions:

This receipt is executed with the understanding that all packaged supplies and/or equipment is receipted for based upon shipper's pack and count.

____
(Signature and Seal)
Authorized Representative of
the Government of Japan

寸法：日本産業規格Ａ４

別紙第11　和訳

ＭＡＰの場合

日　付______________________________

場　所______________________________

これは、次に示す例外的措置に基づいてなされるMAP資材及び（又は）装備について日本政府の所有権の受領及び譲渡のための証書である。

その例外的措置とは、全梱包資材及び（又は）装備の梱包要領及び数量は、出荷者側の一方的な決定によりなされることである。

この受領書は、この了解の上で調印したものである。

____
（署　名　及　び　印）
日本政府の委任された代表者

別紙第12（第10条関係）

The consolidated document Covering the Period of (Name of Month)

Name of the Staff Office	Date of Transfer	Place of Transfar	Name of the Recipient Unit	Vouchar Number of Shipping Document	Number of Import Declaration	Remarks
記入例： G.S.O	21 Feb.'95	Yokohama	E Depot	151511－1	999－0001－（B）	Yokohama
〃	〃	〃	〃	151510－1	〃	〃

注：Remarks欄には、申告税関名を記入する。

寸法：日本産業規格Ａ４

別紙第13（第10条関係）

発簡番号
年　月　日

防衛大臣　殿

陸上幕僚長 印

供与品受領月報（　年　月）

物品管理区分：

受領年月	物品整理番号	受領物品名	単位	数量	重量（kg）	受領場所	総受領数	備考
	（自）							
	（米）							
	（自）							
	（米）							

寸法：日本産業規格Ａ４

注：1　物品整理番号欄（弾薬の場合は、ロット番号及びＤＯＤＩＣ）及び受領物品名欄は、主要品目及び弾薬については個々の品目について記入し、整備用部品・工具類については物品整理番号を記入せず、受領物品名欄に「整備用部品」等と記入し、単位・数量の代わりに重量を記入する。
物品整理番号は、自衛隊及び米軍の両方について記入するものとし、番号の頭に（自）又は（米）と記入して区別する。
2　総受領数欄は、当該月末までに米軍から受領したＭＡＰ物品の総数量を記入する。
3　備考欄は、内容の異常及びその他必要と認める事項を記入する。

別紙第14（第12条関係）

供　与　品　受　払　簿

船名：＿＿＿＿＿＿＿　　　　　　　　　　ＣＤＩ　No.：＿＿＿＿＿＿＿

受入予定		受入		発送		残	送付先	摘要
区分	数量	月日	数量	月日	数量			

寸法：日本産業規格Ａ４

注：　過不足、事故等は、できる限り詳細に記入すること。

別紙第15（第13条関係）

貨 物 検 証 票
TALLY SHEET

船 名 VESSEL	パース BERTH	ページ PAGE NO.
輸送手段 CARRIER	ハッチナンバー HATCH NO.	日付 DATE . .
作業命令番号 WORK ORDER NO.	受領 提出 RECEIVE DELIVER	時間 TIME ～
荷 受 先 CONSIGNEE		

品目又はケースナンバー MARKS OR CASE NO.	荷 姿 TYPE OF PKG	内容説明及び輸送番号 DESCRIPTION AND T.C.N	個 数 PIECES	重 量 WEIGHT	容 積 CUBE	摘 要 EXCEPTIONS
		合計 ／TOTAL				

監督者又はドライバーの署名 SIGNATURE OF OVERSEER OR DRIVER	発送部隊 CONSIGNOR	検数員署名 SIGNATURE OF CARGO CHECKER

寸法：日本産業規格Ａ４

別紙第16（第14条関係）

供与物品不用決定申請品目表

第１　施設器材

一連番号	品名	物品番号（NSN）
1	ボルスタ付トラック	2320-00-287-4249
2	鋼製導板橋	5420-00-267-0013
3	浮のう橋	5420-00-267-0035
4	パネル橋	5420-00-267-0045
5	軽門橋セット	2090-00-375-2434
6	照明セット　5 KW	6230-00-299-7079
7	基地整備器材セット各種	
8	充電機 300W	
9	発動発電機 400HZ　45KW	6115-00-475-6573
10	マルチプレックス　No. 4	6675-00-641-3622
11	浮のう橋模型	6910-00-371-9869
12	パネル橋模型	6910-00-355-6538
13	固定橋模型	6910-00-355-6539
14	各セットの主体品	
15	その他	

第２　需品器材

一連番号	品名	物品番号（NSN）
1	ドラムかん洗浄機	4940-00-001-9151
2	落下さん物料用　G-1A	1670-00-242-5230
3	浄水セット　170 ℓ	4610-00-190-0301
4	その他	

第３　火器、車両

一連番号	品名	物品番号（NSN）
1	戦　　　車　M24	2350-00-835-8000
2	戦　　　車　M41	2350-00-738-6846
3	装　甲　車　M3A1	2320-00-835-8544
4	戦車回収車　M32	2320-00-174-9087
5	13tけん引車　M5	2430-00-835-8146
6	18t　〃　M4	2430-00-835-8673
7	25t　〃　M8	2430-00-563-7250

8	25tけん引車　M８	2430-00-740-5800
9	37mm自走高射機関砲　M15A１	2102-00-835-8580
10	40mm　　〃　　　M19A１	2350-00-835-8068
11	155mm自走りゆう弾砲　M44A１	2350-00-563-7966
12	自走重機４連装砲　M16	2350-00-835-8172
13	ブルドーザ　M２	3830-00-732-3900
14	¼tトレーラ	G001-00-0086-656
15	１tトレーラ	2330-00-835-8560
16	１t水タンクトレーラ	2330-00-835-8559
17	２t発電機トレーラ　M18	2330-00-835-8165
18	２t弾薬トレーラ	2330-00-200-1786
19	¼tトラック（４×４）	2320-00-00-W21-0001
20	¾t　〃　（　〃　）	2330-00-W11-0001
21	2½t　〃　W／W　（６×６）	2320-00-W01-0001
22	2½t　〃　WO／W（　〃　）	2320-00-W01-0002
23	〃　〃　火砲修理車	G001-00-00-95301
24	〃　電装品修理車	G001-00-00-95330
25	〃　器具修理車	G001-00-00-95336
26	〃　小火器修理車	G001-00-00-95379
27	〃　器具作業車	G001-00-00-95305
28	〃　有がい車	2320-00-835-846
29	〃　機械工作車　A	G001-00-00-95341
30	〃　　〃　　B	
31	〃　　〃　　F	
32	9.65mm拳銃	1005-00-840-7302
33	11.4mm　〃	1005-00-673-7965
34	〃　短機関銃　M３	1005-00-672-1771
35	7.62mm小銃　M１	1005-00-674-1425
36	〃　騎銃	1005-00-670-7670
37	〃　自動銃	1005-00-674-1309
38	〃　機関銃　M1919A４	1005-00-672-1644
39	〃　　〃　　M1919A６	1005-00-672-1649
40	重機関銃　M1917A１	1005-00-672-1639
41	12.7mm重機関銃　M２（旋）	1005-00-672-5636
42	〃　　〃　　〃　（砲）	1005-00-672-2105
43	89mmロケットランチャー	1005-00-575-0064
44	M７系てき弾器	1005-00-317-2475
45	M１銃剣	1005-00-731-2034
46	M２三脚架	1005-00-322-9718

47	Ｍ３　三脚架	1005-00-322-9716
48	M63対空銃架	1005-00-673-3246
49	M31Ｃ　車載銃架	1005-00-317-2442
50	M24Ａ２　〃	1005-00-322-9726
51	81mm　迫撃砲	1015-00-673-2025
52	107mm　〃	1015-00-591-0188
53	60mm　〃	1010-00-673-2006
54	75mm　無反動砲	1015-00-034-8058
55	57mm　〃	1010-00-322-9737
56	75mm　りゆう弾砲	1015-00-322-9770
57	105mm　〃	1015-00-322-9752
58	155mm　〃	1025-00-322-9768
59	203mm　〃	1030-00-672-7988
60	155mm加農砲	1025-00-322-9779
61	三脚架　M1917Ａ１	1005-00-673-4188
62	75mm　高射砲	1015-00-335-7482
63	40mm　高射機関砲	1010-00-322-9713
64	45ＫＷ　発電機（60HZ）	6115-00-538-8774
65	６倍双眼鏡	6650-00-670-2491
66	７倍　〃	6650-00-670-2500
67	Ｍ６　潜望鏡	6650-00-757-8357
68	Ｍ１　方向盤	1290-00-671-6145
69	Ｍ２　コンパス	6605-00-737-8443
70	M1917　傾斜計	1290-00-757-9977
71	M10　軽標定盤	1220-00-670-2976
72	Ｍ５　火光標定盤	1220-00-670-2975
73	射撃指揮用工具セット	6675-00-641-3608
74	M25　信管回し	1290-00-767-6038
75	M21Ａ１　眼鏡たく座	1290-00-757-8593
76	射撃計算尺　75mmＨ用	1220-00-678-3041
77	〃　105mmＨ用	1220-00-678-3056
78	〃　155mmＨ用	1220-00-678-3045
79	〃　203mmＨ用	1220-00-822-7793
80	〃　155mmＧ用	1220-00-678-3048
81	〃　76mmTKG用	1220-00-678-3058
82	〃　107mmＭ用	1220-00-678-3069
83	高底計算尺203mmＨ用	1220-00-678-2879
84	標かん燈　M14	1290-00-535-7629
85	駐退試動機　M11	4933-00-205-6217

86	プルオーバーゲージ	5280-00-205-6216
87	M38　射統装置修理用工場セット	1230-00-561-0703
88	M 8　標かん	1290-00-557-0619
89	小火器用ゲージキット	5180-00-205-1733
90	装薬温度計　M 1	6685-00-678-5736
91	M65　砲隊鏡	6650-00-678-5577
92	M48　観測用望遠鏡	6650-00-678-5627
93	その他	

第4　通信電子器材

一連番号	品　名	物品番号（NSN）
1	2 ½t　有線作業車V—18/HTQ	2320-00-498-8378
2	12回線交換機　BD—72	5805-00-164-7088
3	〃　〃　SB—22	5805-00-257-3602
4	44回線　〃　TC—4	5805-00-221-1132
5	交　換　機　BD—110	5805-00-164-7087
6	機上無線機　AH/ARC—3	5820-00-537-3994
7	レーウインゾンデ受信機　AH/GHD—1	6660-00-224-6137
8	味方識別機　AN/GPX—17	
9	〃　AN/TPX—19	5895-00-355-8448
10	〃　AN/TPX—26	
11	〃　AN/TPX—22	5895-00-395-8911
12	車両無線機　AN/GRC—5	5820-00-230-0459
13	〃　AN/VRC—3	5320-00-642-7572
14	〃　SCR—506	5820-00-170-5170
15	〃　SCR—508	5820-00-197-3275
16	〃　SCR—528	5820-00-164-6309
17	〃　SCR—608	5820-00-193-8865
18	中無線機　AN/GRC—9	5820-00-193-8845
19	〃　SCR—694	5820-00-193-8836
20	〃　〃　SCR—188	5820-00-196-1738
21	軽　〃　AN/PRC—6	5820-00-194-9928
22	〃　〃　AN/PRC—10	5820-00-223-5122
23	〃　〃　SCR—300	5820-00-186-9200
24	無線中継端局装置　AN/TRC—3	5820-00-193-7107
25	〃　〃　AN/TRC—11B	5820-00-192-7149
26	〃　中継装置　AN/TRC—12B	5820-00-192-7147
27	超短波無線機　AN/TRC—7	5820-00-537-4006

28	車載無線装置　AN/VRC-30	5820-00-532-3982
29	周波計　AN/URM-79	6625-00-668-5426
30	〃　AN/URM-81	6625-00-669-0081
31	シンクロスコープ　AN/U S M-24	6625-00-668-9460
32	〃　AN/USM-32	6625-00-510-1824
33	〃　TS-34/AP	6625-00-569-0270
34	オシロスコープ　BC-1060	6625-00-224-5483
35	2対ケーブル　CD-358	5995-00-160-8135
36	〃　〃　CX-1065/G	5995-00-224-4837
37	5対　〃　CX-162/D200′	5995-00-224-4838
38	〃　〃　〃　1000′	5995-00-164-6490
39	搬送電話端局　CF-1A	5805-00-170-4770
40	水晶片セット　CK-1/GR	5955-00-191-7917
41	電話中継器　EE-89A	5805-00-164-8052
42	符号練習機　EE-95	6940-00-243-1966
43	搬送用信号器　EE-101	5805-00-665-3589
44	音源標定機　GR-6	5895-00-503-2613
45	〃　GR-8	5895-00-240-4493
46	たい頭受話器　HS-30	5965-00-164-7259
47	〃　HS-33	5965-00-170-4814
48	直流電圧電流計　I-50	6625-00-223-5248
49	線路故障探知器　I-51	6625-00-188-3236
50	組試験器　I-56、K、J	6625-00-229-1069
51	標準信号発生器　I-72	6625-00-229-1095
52	オシロスコープ　I-134	6625-00-498-3497
53	回路試験器　I-166	6625-00-256-3236
54	真空管試験器　I-177	6625-00-177-9111
55	継電器試験器　I-181	6625-00-229-1042
56	電圧抵抗計　ME-6/U	6625-00-753-4029
57	保守用具　ME-40	5820-00-498-0664
58	調整用具　ME-73	5820-00-498-0665
59	映写機ベル・ハウエル製　302型	6730-00-588-4813
60	記録器　RD-54/TP	5840-00-545-8222
61	電源装置　PE-75	6115-00-228-5815
62	〃　PE-210	6115-00-228-5818
63	〃　PE-214	6115-00-230-4002
64	〃　PE-219	3110-00-156-4811
65	写真装置　PH-104（KS-4A）	6780-00-408-5120
66	映写機　PH-131	6730-00-243-9067

67	幻燈器　PH-132	6730-00-240-5126
68	〃　PH-222	6730-00-224-7036
69	気象観測装置　SCM-12	6660-00-041-8367
70	発動発電器　PU-104/U	6115-00-235-8696
71	〃　PU-107/U	6115-00-548-1377
72	〃　PU-260/G	6115-00-643-4693
73	セレン整流機　PP-34/MSM	6130-00-333-9765
74	〃　〃　RA-20	5820-00-230-7304
75	〃　〃　RA-83	6130-00-222-6214
76	〃　〃　RA-91	6130-00-222-6204
77	遠隔操縦装置　RC-201	5820-00-228-6108
78	〃　RC-289	5820-00-170-4789
79	〃　RC-290	5820-00-240-0512
80	調整用具　IE-17	6625-00-248-3669
81	巻線機　RL-26	3985-00-537-7953
82	〃　RL-27	3895-00-162-1171
83	〃　RL-31	3895-00-252-6896
84	車載装置　SCR-508	(2S508-V26/50)
85	〃　SCR-608	〃
86	〃　SCR-528	〃
87	〃　¼t用SCR-506用	(2S506-V26/50)
88	〃　¾t用SCR-508用	(2S508-V36/50)
89	〃　¼t用SCR-510用	(2S510V26/50)
90	〃　〃　SCR-193用	(2S193K-V26/50)
91	〃　¾t用　〃　〃	(2S193U-V36/50)
92	〃　½tM3A1、SCR-506用	(2S506-V28/50)
93	〃　〃　SCR-508用	(2S508-V68/50)
94	〃　〃　SCR-510用	(2S510-V68/50)
95	〃　¾t　SCR-510用	(2S510-V36/12/50)
96	〃　M15A 1　SCR-528用	(2S528-V64/50)
97	〃　M32　SCR-528用	(2S528-V79/50)
98	〃　¾t　SCR-193用	(2S1930-V15/50)
99	〃　SCR-694用	(2S6940-GP/50)
100	〃　16, 17M13, 14SCR-528用	(2S528-V69/50)
101	〃　¾t　SCR-619用	(2S619-V366/50)
102	〃　〃　SCR-694用	(2S694-V36/50)
103	〃　¼t　〃　〃	(2S694-V26/50)
104	〃　¾t　SCR-619用	(2S619-V26/50)
105	電工用バンド　LC-23	

106	航空用写真機　K-20	
107	昇柱器　LC-5	8465-00-190-5125
108	標準信号発生器　AN/URM-48	6625-00-545-7954
109	線掛器　MC-123	5120-00-223-9360
110	遠隔指示器　MC-544	5820-00-404-9522
111	ヘテロダイン周波計　SCR-211	6625-00-568-9999
112	ハイブリット　TA-3A/C	5915-00-392-7669
113	搬送電話端局　TC-22	5805-00-223-7448
114	搬送中継装置　TC-23	5805-00-164-8047
115	搬送用信号装置　TA-182	5805-00-263-3326
116	〃　TC-24	5805-00-224-5035
117	搬送用コンバーター　TC-33	5805-00-228-6102
118	鉛工用工具　TE-21	5180-00-408-1350
119	写真機材一般工具　TX-24/GF	5180-00-408-1891
120	撮影機用工具　TK-25/GF	5180-00-408-1892
121	写真機用工具　TK-26/GF	5180-00-408-1893
122	増幅電話機　TP-9	5805-00-164-7092
123	電話中継器　TP-14	5805-00-164-7065
124	線路試験器　TS-27/TSM	6625-00-188-3232
125	周波数較正装置　TS-65/FMQ	6625-00-256-3874
126	搬送用試験セット　TS-140/PCM	6625-00-243-4888
127	乾電池試験器　TS-183	6625-00-224-5174
128	回路試験器　TS-297	6625-00-498-3677
129	〃　TS-352	6625-00-242-5023
130	たい頭受話器　TS-365/GT	5965-00-170-9931
131	低周波発振器　TS-382	6625-00-192-5094
132	掃引発振器　TS-452	6625-00-391-0810
133	標準信号発生器　TS-497	6625-00-669-0258
134	真空管試験器　TS-505	6625-00-243-0562
135	〃　TV-7	6625-00-376-4939
136	バイノラル録音機	
137	受信機　BC-603	5820-00-162-6329
138	軽受信機　SCR-536	5820-00-523-8224
139	〃　SCR-593	5820-00-164-8149
140	送信機　BC-604	5820-00-126-8839
141	送受信機　RT-63/GRC	5820-00-503-1505
142	中無線機　SCR-193	5820-00-188-6181
143	重無線機　SCR-399	5820-00-355-8124
144	レーダ装置　AN/TPS-1D	5840-00-497-9346

145	レーダ装置　SCR-584	5840-00-244-5155
146	〃　　AN/MPQ-10A	5840-00-378-5006 503-1086
147	増幅器　AM-8/TRA-1	5820-00-164-7136
148	ビーコン　AN/OVX-1	5850-00-537-3996
149	レーダ試験装置　AN/GPM-1	6625-00-643-3121
150	符号練習機　AN/GSC-T/1	6940-00-243-1972
151	火光測定装置　AN/GTC-1	1290-00-407-5604
152	レーダ試験装置　AN/MPM-2	6625-00-247-7384
153	高射指揮所装置　AN/MPQ-1	5895-00-503-1203 537-7440
154	レーダビーコン　AN/PPM-2	5840-00-537-4000
155	搬送電話端局装置　AN/TCC-3	5805-00-503-2648
156	気象観測装置　AN/TMQ-4	6660-00-537-9195
157	ラジオゾンデ記録器　AN/TMQ-5	6660-00-324-9426
158	〃　　AN/TMQ-1	6660-00-379-9194
159	標示板　AN/TSA-1	5895-00-408-4102
160	〃　AN/TSA-2	5895-00-408-4103
161	レーダ試験装置　AN/UPM-4A	6625-00-585-0103
162	〃　〃　AN/UPM-6B	6625-00-692-6565
163	その他	

第５　化学器材

一連番号	品　　　　名	物品番号(NSN)
1	放射機支援車　1-01型	1040-00-142-0597
2	携帯除染器　1-01型	4230-00-246-1186
3	化学地雷充てん器　1-01型	
4	防護カーテン　1-01型	
5	試料採取用具　1-01型	
6	携帯放射機　1-01型	1040-00-368-6068
7	発煙機　1-01型	1040-00-193-9672
8	ゲル化油調整用具　2-01型	
9	ガス検知器　1-03型	6665-00-217-1096
10	化学加熱機　1-02型	4520-00-212-6285
11	ガス分析器　1-02型	6665-00-217-1095
12	毒煙分析器　1-01型	6665-00-105-1099
13	化学火工品切断模型セット	
14	ゲル化油充てん用具　1-01型	1040-00-396-3570
15	模型化学火工品セット　1-01型	
16	化学線量計　1-01型	
17	検知用線量計　1-01型	
18	その他	

第6　供与打殻（がら）薬莢（きょう）

一連番号	品　　　名	物品番号(NSN)
1	口径30騎銃弾打殻薬莢	
2	口径30火器弾（騎銃弾を除く。以下同じ。）打殻薬莢	
3	口径30火器空包打殻薬莢	
4	口径30発挿弾子（クリップ）	
5	同　　8発挿弾子（クリップ）	
6	同　　保弾子（リンク）	
7	同　　保弾帯（布ベルト）	
8	口径45火器弾打殻薬莢（真鍮(ちゆう)製）	
9	同　　　　同　　　　（鉄製）	
10	口径50火器弾打殻薬莢	
11	口径50火器空包打殻薬莢	
12	口径50用保弾子（リンク）	
13	37ミリ高射機関砲弾打殻薬莢（真鍮製）	
14	同　　　　同　　　　　　（鉄製）	
15	37ミリ縮射砲弾打殻薬莢（真鍮製）	
16	同　　　　同　　　　（鉄製）	
17	40ミリ高射機関砲弾打殻薬莢（真鍮製）	
18	同　　　　同　　　　　　（鉄製）	
19	40ミリ高射機関砲弾金属容器	
20	57ミリ無反動砲弾打殻薬莢	
21	同　　　　　　金属容器	
22	60ミリ迫撃砲弾金属容器	
23	75ミリ戦車砲弾打殻薬莢（真鍮製）	
24	同　　　　　同　　（鉄製）	
25	同　　　　　金属容器	
26	75ミリ高射砲弾打殻薬莢（鉄製）	
27	同　　　　　金属容器	
28	75ミリ無反動砲弾打殻薬莢	
29	同　　　　　金属容器	
30	75ミリ榴弾砲弾打殻薬莢（真鍮製）	
31	同　　　　　同　　（鉄製）	
32	同　　　　　金属容器	
33	76ミリ戦車砲弾打殻薬莢（真鍮製）	
34	同　　　　　同　　（鉄製）	
35	81ミリ迫撃砲弾金属容器	
36	90ミリ高射砲弾打殻薬莢（真鍮製）	

37	90ミリ高射砲弾打殻薬莢（鉄製）	
38	同　　　　　金属容器	
39	105ミリ榴弾砲弾打殻薬莢（真鍮製）	
40	同　　　　　同　　　（鉄製）	
41	同　　　　　金属容器	
42	105ミリ無反動砲弾打殻薬莢	
43	106ミリ無反動砲弾打殻薬莢	
44	155ミリ加農砲弾M16型装薬容器	
45	155ミリ榴弾砲弾M14型装薬容器(M 3 型緑のう用)	
46	同　　　　　M13型装薬容器(M4型A1型白のう用)	
47	8インチ榴弾砲弾M18　　同　（M1型緑のう用）	
48	同　　　　　M19　　同　（M2型白のう用）	
49	2.36インチロケット演習弾打殻薬莢	
50	3.5インチロケット演習弾打殻薬莢	
51	M 2 型対人地雷打殻薬莢	
52	M48型パラシュート付仕掛照明弾打殻薬莢	
53	その他	

第７　航空器材

一連番号	品　　　　　名	物品番号(NSN)
1	ガソリンエンジンヒータ	
2	マグナフラックス装置	6635-00-240-5022

別表第17（第15条関係）

物品管理区分	集積部隊等（場所）				
	北部方面区	東北方面区	東部方面区	中部方面区	西部方面区
火器、車両誘導武器	北海道補給処	東北補給処	関東補給処	関西補給処桂支処	九州補給処及び同城野支処
化学器材	北海道補給処	東北補給処	関東補給処	関西補給処	九州補給処
施設器材	北海道補給処苗穂支処	東北補給処	関東補給処古河支処	関西補給処桂支処	九州補給処健軍支処
通信電子器材	北海道補給処	東北補給処	関東補給処	関西補給処	九州補給処
航空器材	北部方面航空野整備隊	東北方面航空野整備隊	関東補給処	中部方面航空野整備隊	西部方面航空野整備隊
需品器材	北海道補給処	東北補給処	関東補給処松戸支処	関西補給処	九州補給処
衛生器材	北海道補給処	東北補給処	関東補給処用賀支処	関西補給処	九州補給処
弾薬類	北海道補給処安平弾薬支処	東北補給処反町弾薬支処	関東補給処吉井弾薬支処及び同富士弾薬出張所	関西補給処祝園弾薬支処	九州補給処大分弾薬支処

別紙第18（第15条関係）

不　用　供　与　品　報　告　書
（装計定第１９号）

〇〇年度〇期
〇〇 駐 屯 地

一連番号	物品番号	品　名	単　位	数量	程　度	備　考
	記入例：	（小火器）				
1	1005－00－322－9715	12.7㎜重機関重Ｍ２（施）	ＥＡ	4	H	1359829 1662167 1847916 803925
2	1055－205－7424－5	89㎜ロケット発射筒Ｍ20改４型	ＥＡ	２８０	H	固有番号表
		（火　砲）				
3	1010－00－673－2006	60㎜追撃砲Ｍ２砲架Ｍ５付き	ＥＡ	4	H	Ｊ79673 Ｊ79614 Ｊ79550 Ｊ34779
4	1015－591－0188	107㎜追撃砲Ｍ２砲架付き	ＥＡ	3	H	355 362 492 欠品証明書
		（その他の器材）				
5	1005－00－317－2442	Ｍ31Ｃ１／４ｔ用車載銃架	ＥＡ	2	H	1069 1464
6	1005－00－716－1814	12.7㎜重機関銃Ｍ２用銃身	ＥＡ	2	H	
7	1290－00－674－0631	Ｍ１象限儀	ＥＡ	2	H	33712 7011
8	6650－00－530－0960	Ｍ49観測用望遠鏡	ＥＡ	3	H	3765 19321 23762
9	6650－00－757－8357	Ｍ６潜望鏡	ＥＡ	8	H	
		（弾薬類）				
10		打殻薬葵	kg	１，８００	S	無危険証明書、内容明細書

寸法：日本産業規格Ａ４

注：1　１１桁の物品番号には、初めから５けた及び６けた目に「００」を追加して記入する。
2　品名欄は、航空機、装軌車、装輪車、小火器、火砲、その他の器材、弾薬類、部品に区別する。
3　主体品は、物品番号、品名、程度区分（付紙第１）ごとに別行に記入する。
部品は、主体品ごとに集計して報告することができる。
4　打殻薬莢類を報告する場合は、無危険証明書（様式：付紙第２）を添付する。
5　備考欄は、固有番号、添付書類名等を記入する。

付紙第1

SUPPLY CONDITION CODES
補 給 程 度 区 分

CODE 記 号	TITLE 題 目	DEFINITION 定 義
A	Serviceable (Issuable without Qualification) 使用可能(無条件出荷)	New, used, repaired or reconditioned materiel which is serviceable and issuable to all customers without limitation or restriction. Includes materiel with more than 6 months shelf-life remaining. 制限なしで出荷可能及び使用可能な新品、中古品、修理品、再生修理品（6箇月以上の貯蔵寿命があるものを含む。）
B	Serviceable (Issuable with Qualifications) 使用可能(条件出荷)	New, used, repaired or reconditioned materiel which is serviceable and issuable for its intended purpose but which is restricted from issue to specific units, activities or geographical areas by reason of its limited usefulness or short service-life expectancy. Includes materiel with 3 through 6 months shelf-life remaining. 使用目的に対し出荷可能及び使用可能な新品、中古品、修理品、再生修理品で、その限定利用性又は予期される短期利用寿命の理由により特殊な部隊、機関又は地域への出荷が制限されるもの（3～6箇月の貯蔵寿命があるものを含む。）

C	Serviceable(Priority Issue) 使用可能(優先出荷)	Items which are serviceable and issuable to selected customers, but which must be issued before conditions A and B materiel to avoid loss as a usable asset. Includes materiel with less than 3 months shelf-life remaining. 使用可能で特定出荷が可能であるが、利用可能資産としての損失を避けるため、程度区分A及びBのものに優先して出荷しなければならない品目（3箇月以下の貯蔵寿命のあるものを含む。）
D	Serviceable(Test/Modification) 使用可能(テスト/改造)	Serviceable materiel which requires test, alternation, modification, conversion or disassembly. (This does not include items which must be inspected or tested immediately prior to issue.) テスト、代替、改造、転換、分解を要する使用可能品（出荷直前に検査又はテストしなければならないものを除く。）

E	Unserviceable (Limited Restoration) 使用不可能(限定修復)	Materiel which involves only limited expense or effort to restore to serviceable condition and which is accomplished in the storage activity where the stock is located. 限られた費用又は労力で使用可能状態に修復でき、修復作業が貯蔵されている施設で行われるもの。
F	Unserviceable (Reparable) 使用不可能(修理可能)	Economically reparable materiel which requires repair, overhaul, or reconditioning includes reparble items which are radiactively contaminated. 修理、オーバーホール又は再生修理を要する経済的修理可能品（放射能汚染された修理可能な品目を含む。）
G	Unserviceable 使用不可能	Materiel requiring additional parts or components to complete end item prior to issue. 出荷前に完成品とするため、追加部品又は構成品を必要とするもの。

H	Unserviceable (Condemned) 使用不可能(廃棄)	Materiel which has been determined to be unserviceable and dose not meet repair criteria (includes condemned items which are radioactively contaminated.) 使用不可能と決定され、修理基準に適合しないもの（放射能汚染された廃棄品目を含む。）
S	Unserviceable (Scrap) 使用不可能(スクラップ)	Materiel that has no value except for its basic materiel content. 本来の原料としての価値を除き、ほかには全く価値のないもの。

付紙第2

無危険証明書　AMMUNITION CLEARANCE CERTIFICATE

年　月　日　DATE

部隊等名　Heading Unit

発簡番号　Letter No.

あて先：在日米軍財産処理機関　　TO：Defense Supply Agency
Defense Property
Disposal Region
Pacific Detachment
Japan

経由：在日相互防衛援助事務所　　Thru MDAO -Japan

1　下記の第2項に示す物品は、本官が検査した結果、不発の弾丸、雷管、信管等を含まず、またその他の爆発物が混入されていないことを証明する。

2　不用供与品報告書に記載されているとおり、＿＿＿年度＿＿＿期分につき（部隊等名）＿＿＿＿＿＿から報告された次の品目は、本証明書により証明する。

項目番号：＿＿＿＿＿＿＿＿＿＿＿＿

＿＿＿＿＿＿＿＿＿＿＿＿

署名及び印：＿＿＿＿＿＿＿＿＿＿＿＿

氏名：　　階級：　　職名：

1　I certify that I have inspected the properties listed in paragraph 2 below, and that they do not contain any unfired rounds, primers, or fuses, nor any other items of materials of an explosive nature.

2　The following line items as listed on MAP excess report

Dated＿＿＿＿＿＿＿＿＿＿from＿＿＿＿＿＿＿＿＿＿

are covered by this certificate.

Line Item：＿＿＿＿＿＿＿＿＿＿＿＿

＿＿＿＿＿＿＿＿＿＿＿＿

Signature & Seal：＿＿＿＿＿＿＿＿＿＿＿＿

Name：　　Rank／Grade：　　Offical Title：

寸法：日本産業規格A4

別紙第19（第15条関係）

欠　　品　　証　　明　　書

1　在日相互防衛援助事務所長（ＭＤＡＯ）の部品取りに関する承認文書番号及び日付

2　不用供与品名

主体品	物品番号	品名	固有（車両）番号	単価（円）	重量（kg）
欠品状況	物品番号等	品名	数量	金額（円）	重量（kg）
	合計				

寸法：日本産業規格Ａ４

注：1　主体品１件ごと別葉にして作成する。

2　単価は、標準価格とする。

別紙第20（第17条関係）

発簡番号
年　月　日

陸上幕僚長　殿

発簡者名 印

返還状況報告書

（装計定第２０号）

一連番号	物品番号	品名	単位	数量	返還（引渡）年月日	返還（引渡）先	返還（引渡）方法	備考
	記入例：	（小火器）						
1	1005－205－7424－5	89㎜ロケット発射筒M20改４型	ＥＡ	20	6．5．6	○○商会	現地渡し（米軍により現地売却となった場合）	
		（その他の器材）						
2	1290－00－671－6145	Ｍ１方向盤	ＥＡ	5	5．7．29	岩国財産処理事務所	自隊輸送	
3	1240－00－674－0631	Ｍ１象限儀	ＥＡ	3	5．7．29	岩国財産処理事務所	自隊輸送	
		（部品）						
4	1015－00－722－9337	105㎜H用砲身	Ｋｇ	320	5．7．29	岩国財産処理事務所	役務輸送	１点

寸法：日本産業規格Ａ４

注：１　第１６条に基づく処分を完了したものについて記入する。
２　１１桁の物品番号には、初めから５けた及び６けた目に「００」を追加して記入する。
３　品名欄は、航空機、装軌車、装輪車、小火器、火砲、その他の器材、弾薬類、部品に区別する。
４　返還（引渡）年月日は、処分を完了した日を記入する。ただし、役務輸送を行った場合は、発送日とする。

別紙第21（第21条関係）

発簡番号
年　月　日

発簡者名 印

陸上幕僚長　殿

供与品異常報告書
（装計定第２３号）

1　異常の状況

<table>
<tr><th colspan="2">証書番号</th><th rowspan="4">物品整理番号</th><th rowspan="4">品名</th><th rowspan="4">単位</th><th rowspan="4">証書数量</th><th colspan="5">異常内容</th><th rowspan="4">受領年月日</th><th rowspan="4">梱包番号</th><th rowspan="4">品名番号</th><th rowspan="4">発送部隊</th><th rowspan="4">摘要</th></tr>
<tr><th rowspan="3">米軍出荷証書</th><th rowspan="3">管理換（替）票</th><th colspan="3">数量異常</th><th rowspan="3">規格異常数量</th><th rowspan="3">損傷数量</th></tr>
<tr><th rowspan="2">実受領数量</th><th colspan="2">過不足数</th></tr>
<tr><th>過</th><th>不足</th></tr>
<tr><td></td><td></td><td></td><td></td><td></td><td></td><td></td><td></td><td></td><td></td><td></td><td></td><td></td><td></td><td></td><td></td></tr>
</table>

2　異常発見の日時、場所及び保管状況

3　受領官又は代理受領官の受領以前に起因すると認められる理由（調査資料及び写真添付）

4　関係職員の官職氏名

（1）分任物品管理官

（2）物品出納官

（3）検査官

注：1　補給処等において、米軍出荷証書番号が判明しないときは、管理換（替）票の番号を記入する。

2　規格異常及び損傷の場合は、その内容を詳細に記入する。

3　報告書の規格は日本産業規格Ａ４とし、報告内容に応じて数葉にわたることができる。

陸上自衛隊被服給与規則

昭35・8・2達94—1

最終改正　平31・3・26達94—1—7

（目的及び範囲）

第1条　この規則は、陸上自衛隊における自衛官、自衛官候補生、陸上自衛隊高等工科学校の生徒（以下「生徒」という。）、訓練招集中の予備自衛官、即応予備自衛官及び教育訓練招集中の予備自衛官補に対して支給又は貸与する被服の品目、数量、条件及び弁償等について、根拠法令の内容に、必要な行政的解釈を加えて規定し、被服の支給及び貸与に関する業務が正確、かつ、円滑に実施されることを目的とする。

2　被服の請求、交付等の手続については、陸上自衛隊補給管理規則（陸上自衛隊達第71—5号。以下「規則」という。）による。

（用語の定義）

第2条　この達において用いる用語の意義は、次の各号に定めるとおりとする。

(1)「自衛官等」とは、自衛官、自衛官候補生、生徒及び予備自衛官等をいう。

(2)「予備自衛官等」とは、訓練招集中の予備自衛官、即応予備自衛官及び教育訓練招集中の予備自衛官補をいう。

(3)「陸曹等」とは、陸曹、陸士および陸上自衛隊の自衛官候補生をいう。

(4)「被服」とは、自衛官等に支給又は貸与する個人被服をいう。

(5)「支給」とは、条件付で所有権の移転する無料の給付をいう。

(6)「貸与」とは、所有権の移転しない無料の給付をいう。

(7)「条件付期間」とは、条件付支給から無条件支給に移行するまでの期間をいう。

第3条　削除

（被服の支給）

第4条　陸曹等（部外病院等において実地修練中の医科幹部候補生を除く。）又は生徒に対しては、別紙第4に掲げる品目、数量の被服を、任用時及び任用後品目ごとに同表に定める条件付期間を経過したときごとに支給する。

（被服の再支給）

第5条　陸曹等又は生徒が公務の遂行による事故又は天災事変による災害のため、第4条の規定により支給を受けた被服の全部若しくは一部を亡失した場合、又は使用に堪えない程度に損傷したものと俸給支給機関の長において認定した場合には、別紙第4に掲げる品目、数量の範囲内で、亡失し、又は損傷した被服の品目、数量と同一の品目、数量で、かつ、俸給支給機関の長において同程度と認める被服（同程度と認める被服の入手が困難なときは同程度以上の被服とする。）を再び支給する。この際損傷の場合には損傷した被服を返還させるものとする。

2　前項の公務の遂行による事故とは、次の各号の一に該当し、かつ、当該陸曹等又は生徒が善良な管理者の注意を怠らなかった場合をいう。

(1)　出動、災害派遣、地震防災派遣及びその他の部隊行動中の事故

(2)　訓練、演習、試験、実験、土木工事その他管理作業中又は爆発物等危険物処理のときの事故

(3)　公務遂行中（公務旅行中を含む。）乗船した艦船の事故、乗車した車両の事故又は搭乗した航空機の事故

(4)　前各号のほか、公務に起因すると認められる事故

3　第1項の天災事変による災害とは、天災地変その他不可抗力によると認められる災害をいう。

4　前2項の事実の認定は、陸上総隊司令官、方面総監（陸上幕僚監部及び防衛大臣直轄部隊にあっては陸上幕僚長、自衛隊中央病院にあつては中央病院長、学校（隷下部隊を含む。）にあっては当該学校長、教育訓練研究本部にあっては教育訓練研究本部長、補給統制本部にあっては補給統制本部長）が行うものとし、俸給支給機関の長は、順序を経て次の各号の事項を記載した申請書（1部）を提出して、その承認を受けなければならない。

(1)　当該陸曹又は生徒の所属、階級、職種、氏名及び認識番号

(2)　再支給すべき被服の品目、数量及び程度並びに亡失又は損傷した被服の品目、数量、程度及び支給年月日

(3)　事故又は災害の概要（現認証明書又は事実証明書を添付する。）

（被服の貸与）

第6条　准陸尉以上の自衛官には、別紙第3に掲げる個人被服を貸与する。

2　陸曹又は生徒等には、別紙第5—1又は別紙第5—2に掲げる個人被服を貸与する。

3　予備自衛官等には、別紙第6—1、別紙第6—2及び別紙第6—3に掲げる品目、数量の範囲内において個人被服を貸与する。

（被服の再貸与）

第7条　前条の規定により被服を貸与された自衛官等が、当該被服の全部若しく

は一部を亡失した場合、又は使用に堪えない程度に損傷したものと俸給支給機関の長において認定した場合には、別紙第３、別紙第５—１、別紙第５—２、別紙第６—１、別紙第６—２及び別紙第６—３に掲げる品目、数量の範囲内で、亡失又は損傷した被服の品目、数量と同一の品目、数量の被服を再び貸与することができる。この際損傷の場合には損傷した被服を返還させるものとする。

（被服の返還等）

第８条　俸給支給機関の長は、自衛官等が次の各号に掲げる場合の一に該当するときは、貸与被服を速やかに返還させなければならない。

⑴　准陸尉以上の自衛官又は陸曹等若しくは生徒が、それぞれ准陸尉以上又は陸曹等の自衛官以外の者となった場合

⑵　自衛官等が死亡した場合

⑶　予備自衛官等が訓練招集又は教育訓練招集を解除された場合

２　俸給支給機関の長は、営内居住陸曹等が、休職、停職（営内に居住する場合を除く。）を命ぜられ、又は入院若しくは帰郷療養をする場合は、別紙第７に定める品目、数量の範囲内で着用を認めたものを除き、その者の貸与している被服を返還させなければならない。准陸尉以上の自衛官及び営外居住陸曹等については、休職等の期間が長期にわたり、俸給支給機関の長が特に必要と認めるときは、営内居住陸曹等の場合に準じて返還させることができる。

３　前項の規定により被服を返還した准陸尉以上の自衛官及び陸曹等について、その返還の事由が消滅した場合は、その者に対して返還した被服の全部を再び貸与する。

４　自衛官等が死亡した場合には、第１項の規定にかかわらず、俸給支給機関の長は、別紙第８に掲げる品目、数量の範囲内で納棺用被服として廃棄することができる。

（再支給、再貸与被服等の返還）

第９条　俸給支給機関の長は、第５条及び第７条の規定により、亡失した被服と同一の品目、数量の被服を再支給又は再貸与した後において亡失した被服が発見された場合には、再支給又は再貸与した被服を速やかに返還させなければならない。

（被服代価の弁償）

第10条　自衛官等が、故意又は重大な過失により貸与被服の全部若しくは一部を亡失した場合又は使用に堪えない程度に損傷したものと俸給支給機関の長が認定した場合は、亡失又は損傷した被服の代価を弁償しなければならない。この場合、弁償に関する手続については、防衛省所管物品管理取扱規則（平成18年

防衛庁訓令第115号）第４章及び規則第６章第２節の規定によるものとする。

（裁定権者及び裁定基準）

第11条　被服の弁償に関する裁定権者は、俸給支給機関の長とする。

２　被服を亡失した場合の弁償金額は、次の各号に掲げる基準により裁定権者が定める。

(1)　改造古品及び再生古品以外の被服

ア　実際に使用した期間が基準期間（別紙第９において品目ごとに定める期間をいう。以下同じ。）の２分の１以内のときは、基準単価（補給カタログ需Ｆ―２―１に定める基準単価をいう。以下同じ。）の70％以上

イ　実際に使用した期間が基準期間の２分の１を経過したとき（ウに掲げる場合を除く。）は、基準単価の50％以上

ウ　実際に使用した期間が基準期間を経過しているときは、基準単価の30％以上

(2)　改造古品又は再生古品である被服については、基準単価の30％以上

３　被服を損傷した場合の弁償金額は、当該損傷の程度を考慮し、前項に掲げる基準に準じて裁定権者が定めるものとする。

（給与からの控除区分の決定）

第12条　俸給支給機関の長は、前条に規定する弁償の裁定を行うときは、弁償すべき自衛官等の俸給その他の給与からの控除区分を決定するものとし、その基準は次の各号に定めるところによる。

(1)　弁償金額と弁償金額以外の控除金額との合計額が給与額のおおむね25％を超えないときは、全額を一時に控除する。

(2)　弁償金額と弁償金額以外の控除金額との合計額が、給与額のおおむね25％を超えるときは、裁定の日の属する月の翌月から起算して６以内の給与期間（防衛省の職員の給与等に関する法律施行令（昭和27年政令第367号）第８条に定める給与の計算期間をいう。以下同じ。）に支給される給与から分割して控除する。ただし、特に弁償金額が多額である場合には、更に６以内の給与期間を限り分割控除の期間を延長することができる。

２　前項の規定にかかわらず、第８条第１項第１号及び第２号の規定に該当する者については、俸給その他の給与から全額（前項第２号の規定により、分割して弁償しているものについては、残額）を一時に控除するものとする。

３　俸給支給機関の長は、弁償責任があると裁定したときは、陸上自衛隊債権管理事務取扱規則（陸上自衛隊達第16―１号。以下「債権管理規則」という。）第８条の規定に基づき特定分任歳入徴収官等（分任歳入徴収官以外のもので歳

入金に係る債権の管理に関する事務を分掌するものをいう。）に債権発生の通知を行なわなければならない。

4　前項により債権発生の通知を行った後、裁定について変更したときは、速やかに特定分任歳入徴収官等に変更の通知を行わなければならない。

（被服代価の払込み）

第13条　陸曹等が陸曹等以外の者となった場合又は生徒が生徒以外の者となった場合（生徒が陸士になる場合を除く。）には、支給被服のうち条件付期間内にあるものについては、その代価を国に払い込まなければならない。

2　前項の代価払込みに関する裁定権者は、俸給支給機関の長とし、払込金額は、次の基準により裁定権者が定めるものとする。

⑴　経過期間が条件付期間の２分の１以内であるときは、基準単価の70％以上

⑵　経過期間が条件付期間の２分の１を超えるときは、基準単価の50％以上

3　払込代価は、払い込むべき陸曹等の俸給その他の給与から、全額を一時に控除する。

4　俸給支給機関の長は、払込代価について裁定したときは、債権管理規則第８条の規定に基づき特定分任歳入徴収官等に債権発生の通知を行わなければならない。

（伝染病伝ぱ予防のための棄却等）

第14条　俸給支給機関の長は、伝染病伝ぱ予防のため必要があると認めるときは、駐屯地司令の指示するところに従い、自衛官等に支給若しくは貸与した被服を棄却し、又は焼却することができる。

2　前項の規定により棄却し又は焼却したときは、その被服の品目、数量と同一の品目、数量の被服を再び支給し、又は貸与するものとする。

附　則〔略〕

別紙第１　削除

別紙第２　削除

別紙第3（第６条、第７条関係）

准陸尉以上の自衛官に貸与する個人被服表

品目	数量	品目	数量
１　冬服(上衣及びズボン又はスカート)	２組	９　外とう	１着
２　夏服(上衣及びズボン又はスカート)	２組	10　雨衣	１着
３　作業服(上衣及びズボン)	２組	11　半長靴	２足
４　作業外被	１着	12　短靴	１足
５　正帽	１個	13　帽章	１個
６　作業帽	２個	14　階級章	３組
７　ワイシャツ	２着	15　バンド	２個
８　ネクタイ	１個		

備　考

１　女子である准陸尉以上の自衛官に対しては、バンド以外の品目は、女性用のものを貸与する。

２　女子である准陸尉以上の自衛官に対して、冬服のスカート及び夏服のスカートを貸与する場合には、その者に貸与すべきバンドの数量は１個とし、冬服のズボン及び夏服のズボンを貸与しない場合には、バンドは貸与しないものとする。

別紙第4

陸曹等支給個人被服表

品目	数量	条件付期間	
１　手袋	２足	２組につき	１年
２　靴下	４足	４足につき	１年
３　作業靴（生徒のみ）	２組	２足につき	１年

備　考

１　女子である陸曹等に対しては、女性用のものを支給する。

２　経過期間の計算は支給すべき日から起算し、翌月その起算日に応当する日の前日までを１箇月とする月計算で行う。

３　数量が２組又は４足であっても、そのうち１組（足）が無条件支給となる期間は、この表に示す条件付期間のとおりとする。

別紙第５—１（第６条、第７条関係）

陸曹等に貸与する個人被服表

品　　目	数　量	品　　目	数　量
1　冬服（上衣及びズボン又はスカート）	２組	9　外　と　う	１着
2　夏服（上衣及びズボン又はスカート）	２組	10　雨　衣	１着
3　作業服（上衣及びズボン）	２組	11　半　長　靴	２足
4　作　業　外　被	１着	12　短　靴	１足
5　正　帽	１個	13　帽　章	１個
6　作　業　帽	２個	14　階　級　章	３組
7　ワ　イ　シ　ャ　ツ	２着	15　バ　ン　ド	２個
8　ネ　ク　タ　イ	１個	16　衣　の　う	１個

備考

1　女子である陸曹等に対しては、バンド及び衣のう以外の品目は、女性用のものを貸与する。

2　女子である陸曹等に対して、冬服のスカート及び夏服のスカートを貸与する場合には、その者に貸与すべきバンドの数量は１個とし、冬服のズボン及び夏服のズボンを貸与しない場合には、バンドは貸与しないものとする。

3　自衛官候補生に対しては、階級章を貸与しない。

別紙第5—2（第6条、第7条関係）

生徒に貸与する個人被服表

品目	数量
1 冬服（上衣及びズボン）	2組
2 夏服（上衣及びズボン）	2組
3 作業服（上衣及びズボン）	1組
4 体操服（上衣及びズボン）	1組
5 作業外被	1着
6 正帽	1個
7 略帽	1個
8 作業帽	1個
9 体操帽	1個
10 ワイシャツ	2着
11 外とう	1着
12 雨衣	1着
13 半長靴	1足
14 短靴	1足
15 帽章	2個
16 バンド	1個
17 ズボンつり	1個
18 衣のう	1個

別紙第6—1

予備自衛官貸与個人被服表

品目	数量	品目	数量
1 冬服(上衣及びズボン)	1組	9 外とう	1着
2 夏服(上衣及びズボン)	1組	10 雨衣	1着
3 作業服(上衣及びズボン)	2組	11 半長靴	2足
4 作業外被	1着	12 帽章	1個
5 正帽	1個	13 階級章	2組
6 作業帽	1個	14 バンド	1個
7 ワイシャツ	1着	15 手袋	1組
8 ネクタイ	1個	16 靴下	2足

備　考

1　冬（夏）期においては、夏（冬）期に必要な被服は貸与しない。

2　訓練招集の期間が短い等のため、この表の品目及び数量の全部は必要としないと俸給支給機関の長が認めるときは、その一部を減ずることができる。

3　女子である予備自衛官に対して、本表中冬服のズボンに代えて冬服のスカートを、夏服のズボンに代えて夏服のスカートを貸与することができる。

別紙第６—２

即応予備自衛官貸与個人被服表

品　目	数　量	品　目	数　量
1　冬服(上衣及びズボン)	１組	10　雨衣	１着
2　夏服(上衣及びズボン)	２組	11　半長靴	２足
3　作業服(上衣及びズボン)	２組	12　短靴	１足
4　作業外被	１着	13　帽章	１個
5　正帽	１個	14　階級章	３組
6　作業帽	１個	15　バンド	２個
7　ワイシャツ	１着	16　手袋	１組
8　ネクタイ	１個	17　靴下	２足
9　外とう	１着		

備　考

別紙第６—１の備考は、即応予備自衛官に対して被服を貸与する場合について準用する。

別紙第６―３

予備自衛官補貸与個人被服表

品目	数量	品目	数量
１　冬服(上衣及びズボン)	１組	９　外とう	１着
２　夏服(上衣及びズボン)	１組	10　雨衣	１着
３　作業服(上衣及びズボン)	２組	11　半長靴	１足
４　作業外被	１着	12　短靴	１足
５　正帽	１個	13　帽章	１個
６　作業帽	１個	14　バンド	２個
７　ワイシャツ	１着	15　手袋	１組
８　ネクタイ	１個	16　靴下	２足

備　考

別紙第６―１の備考は、予備自衛官補に対して被服を貸与する場合について準用する。この場合において、同表備考第２中「訓練招集」とあるのは「教育訓練招集」と読み替えるものとする。

別紙第７（第８条関係）

休職、停職、入院等の際の貸与個人被服表

品目	数量	品目	数量
１　冬服(上衣及びズボン)	１組	７　雨衣	１着
２　夏服(上衣及びズボン)	１組	８　短靴	１足
３　正帽	１個	９　帽章	１個
４　ワイシャツ	１着	10　階級章	２組
５　ネクタイ	１個	11　バンド	１個
６　外とう	１着		

備　考

１　この表に示す品目及び数量の範囲内で必要最小限のものを貸与するものとする。

２　女子である自衛官に対しては、この表の品目中冬服のズボン、夏服のズボンに代えてそれぞれスカートとする。この場合において、バンドは貸与しない。

３　女子である自衛官に対しては、バンド以外の品目は、女性用のものを貸与する。

4　准陸尉以上の自衛官については、表中8及び9の品目を除くものとする。
5　自衛官候補生に対しては、階級章を貸与しない。

別紙第8

納棺用個人被服表

品目	数量	摘要
1　冬服（上衣及びズボン）	1組	
2　夏服（上衣及びズボン）	1組	
3　正帽	1個	
4　ワイシャツ	1着	
5　ネクタイ	1個	
6　短靴	1足	
7　帽章	1個	
8　階級章	1組	自衛官候補生を除く。
9　バンド	1個	
10　手袋	1組	陸曹等のみとする。
11　靴下	1足	同上

備考
1　冬服、夏服は、死亡時の時服とする。
2　女子である自衛官については、バンド以外の品目は、女性用のものとする。
3　事故死亡等の場合において、当時の着用被服のまま納棺することを適当と認めるときは、この表以外の品目であっても、納棺用被服とすることができる。

別紙第9（第11条関係）

被　服　基　準　期　間　表

品　目	単　位	基準期間	
		自衛官及び自衛官候補生	生　徒
1　冬服上衣	1着	24月	24月
2　冬服ズボン	1着	24月	24月
3　冬服スカート	1着	24月	
4　夏服上衣	1着	8月	8月
5　夏服ズボン	1着	8月	8月
6　夏服スカート	1着	8月	
7　作業服上衣	1着	6月	6月
8　作業服ズボン	1着	6月	6月
9　体操服上衣	1着		6月
10　体操服ズボン	1着		6月
11　作業外被	1着	48月	48月
12　正帽	1個	36月	24月
13　略帽	1個		16月
14　作業帽	1個	6月	12月
15　体操帽	1個		12月
16　ワイシャツ	1着	8月	8月
17　ネクタイ	1個	8月	
18　外とう	1着	25月	25月
19　雨衣	1着	36月	36月
20　半長靴	1足	8月	8月
21　短靴	1足	24月	12月
22　帽章	1個	36月	36月
23　階級章（自衛官候補生を除く。）	1組	12月	
24　バンド	1個	24月	24月
25　ズボンつり	1個		24月
26　衣のう	1個	120月	120月

備　考

1　この表の基準期間は、実際にその被服を着用する期間を示すものとし、冬用の被服（ワイシャツ、ネクタイを含み、外とうを除く。）は１年間に８箇月、夏用の被服は１年間に４箇月、外とうは１年間に５箇月、その他の被服は１年間に12箇月使用するものとして計算する。

２　定数として２着（個、足、組）以上を支給又は貸与された場合は、この表の基準期間に定数を乗じて得た数を１着（個、足、組）に対する基準期間とする。

Ⅲ 整備

陸上自衛隊整備規則

昭52・12・24達71—4

最終改正　令5・3・27達71—4—32

目次

第２　作業要求・命令書の作成及び送付等の細部処理要領
第３　履歴簿の様式及び記載要領

第１章　総則

（趣旨及び適用範囲）

第１条　この達は、陸上自衛隊補給管理規則（陸上自衛隊達第71―５号（19.１.９）。以下「補給管理規則」という。）第15条に規定する物品管理区分に掲げる火器、車両、誘導武器、化学器材、施設器材、通信電子器材、航空器材、需品器材、衛生器材、弾薬類、被服及びその他整備を必要とする資材（以下「器材等」という。）の整備を行うため、必要な基準及び手続を定めるものとする。

２　陸上自衛隊の航空機の整備に関しては、陸上自衛隊所属国有財産（航空機）取扱規則（陸上自衛隊達第78―２号（42.３.３））に定めるもののほか、この達による。

（定義）

第２条　この達に用いる次の各号に掲げる用語の意義は、補給管理規則第２条によるほか、当該各号に定めるところによる。

(1)　整備員　第２段階整備以上の整備作業に従事する整備特技者をいう。

(2)　整備部隊等　野整備部隊等及び補給処をいう。

(3)　予防整備　部隊等が器材等を常に良好な状態に維持し、故障発生を未然に防止するため、定期的又は使用の都度点検、清掃、給油給脂、調整、交換及び試験等を行うことをいう。

(4)　航空器材等　航空器材（遠隔操縦観測システムの無人機及び無人偵察機システムの無人機を除く。）及び航空機搭載通信電子器材等をいう。

(5)　航空機搭載通信電子器材等　航空機搭載通信電子器材（整備用構成品を含む。）、管制用無線機、個人用暗視眼鏡、救難無線機及び中継無線機をいう。

(6)　航空野整備部隊　航空器材等の第３段階（３類別５段階）の整備支援を担任する部隊をいう。

（整備等の実施の基準）

第３条　整備、計測器の校正等及び技術検査の実施に必要な基準は、別に示す整備諸基準によるものとする。ただし、整備諸基準が未制定の器材等は、諸外国の技術資料等を準用する。

２　整備諸基準及び予防整備点検表（作業用紙）（以下「整備諸基準等」という。）の作成要領は、別冊第１に定めるとおりとする。

（整備の担当区分の特例）

第４条　器材等の整備担当区分の特例は、別紙第１に定めるとおりとする。

２　ホーク及び地対艦誘導弾品目の整備の担当区分は、別に定めるところによる。

（部品の流用の禁止）

第５条　全ての装備品等を整備により使用可能な状態に維持又は回復するためには、整備に必要な部品は、請求補給により取得するものとし、整備に当たり器材等から部品を取り外し、これを他に流用してはならない。

（部品の一時使用）

第５条の２　整備責任を有する使用部隊等及び整備部隊等（二次品目等の補給部隊を除く。以下同じ。）は、請求部品の補給を受ける時間的余裕がなく、次の各号に掲げる場合には、現状復帰を前提として使用不能の器材等から部品を取り外して一時的に他に使用（以下「一時使用」という。）することができる。

⑴　第１段階（３類別３段階）又は第１、２段階（３類別５段階）の整備における一時使用は、支援担当の整備部隊等の長が認めた場合

⑵　第２段階（３類別３段階）又は第３段階（３類別５段階）の整備における一時使用は、使用部隊等の長の要請に基づき、当該使用部隊等の支援担当である整備部隊等の長が判断した場合

２　前項の規定による一時使用は、次の各号に定めるところにより行うものとする。

⑴　使用不能の器材等から一時使用のための部品（以下「一時使用部品」という。）を取り外し、故障等により交換することが必要な部品（以下「故障部品」という。）と交換する。この際、一時使用を行っている旨を故障部品を有する器材等の作業要求・命令書（甲又は乙）に記録するとともに、一時使用部品を取り外した器材等に表記する。

⑵　取り外した故障部品は、請求した部品の補給を受けるまでの間、適切に管理する。

⑶　請求した部品の補給を受けた場合は、速やかに一時使用部品と補給を受けた部品を交換する。

⑷　一時使用部品は、元の使用不能の器材等に復帰し、故障部品を有した器材等の作業命令完了処理をする。

⑸　一時使用を実施した部隊等は、一時使用の開始及び終了について速やかに支援担当の整備部隊等を経由し、補給統制本部長に通知する。

第２章　整備の実施

第１節　使用部隊等における整備

（予防整備の実施）

第6条　使用部隊等は、次の各号に定めるところにより予防整備を行うものとする。

(1)　予防整備は、計画的かつ確実に実施するため、予防整備周期基準表（別紙第2）に基づき、予防整備点検表（作業用紙）及び整備実施規定等の示すところにより行う。この場合、予防整備周期基準の定めのある器材等は予防整備予定表（別紙第3）を作成する。ただし、航空機は航空機点検区分表（別紙第4）により行う。

(2)　使用部隊等が担任する予防整備は、別に定める場合を除き、A整備及びB整備とする。ただし、航空器材等の予防整備は、C整備及びD整備まで担任する。

（整備の実施）

第7条　使用部隊等は、器材等が故障した場合、次の各号に定めるところにより整備を行うものとする。

(1)　第1段階整備（3類別3段階）、第1、2段階整備（3類別5段階）又は整備実施担任区分表に示された範囲の整備を行う。

(2)　野整備部隊等及び業務隊等以上の整備を必要とする場合は、野整備部隊等及び業務隊等に対し、整備を要求する。

（整備の要求手続）

第8条　使用部隊等は、第1段階整備（3類別3段階）、第1、2段階整備（3類別5段階）を行う場合及び業務隊等に整備を要求する場合は、作業要求・命令書（乙）（別紙第5）を使用するものとする。

2　野整備部隊等に整備を要求する場合及び次条に定める上位段階整備を行う場合は、作業要求・命令書（甲）（別紙第6）を使用するものとする。

3　作業要求・命令書の作成及び送付の要領は、別冊第2に定めるとおりとする。

（上位段階整備の実施）

第9条　別紙第7に掲げる部隊等は、自隊に保有する器材等のうち当該別紙に掲げる範囲の上位段階整備を行うものとする。

2　使用部隊等は、野外に行動中で緊急やむを得ない場合又は支援担当の整備部隊等の長及び補給統制本部長が認めた場合は上位段階整備を行うことができる。この場合において、使用部隊等は整備の内容を支援担当の整備部隊等に通知し、当該支援内容について支援担当の整備部隊等は必要に応じ補給統制本部に通知するものとする。

3　前項の通知の要領は、補給統制本部長が定めるものとする。

4　国際緊急援助活動等に従事する部隊及び国際平和協力業務等に従事する部隊の保有する器材等の上位段階整備は、別に示すところによる。

（要整備品の後送手続）

第10条　使用部隊等は、整備部隊等から要整備品の後送について通知を受けた場合は、要整備品に送り状を添付し、次の各号に定めるところにより後送するものとする。ただし、整備部隊等が使用部隊等の駐屯地において整備を行う場合は、送り状を省略することができる。

⑴　整備に直接関係のない附属品及び携行工具等は、残置する。

⑵　整備及び検査に必要な構成品がある場合は、要整備品とともに後送する。

⑶　要整備品に添付する記録は、補給管理規則別冊第１別紙第４に掲げる関係記録とする。

⑷　亡失損傷等がある場合は、後送前に亡失損傷等の手続を完了する。

2　送り状の作成及び送付の要領は、別冊第２に定めるとおりとする。

（器材等の長期格納）

第11条　陸上総隊司令官、方面総監及び防衛大臣直轄部隊等の長（以下「陸上総隊司令官等」という。）は、整備業務の軽減を図るため、人員の充足又は訓練の状況等を勘案して常時使用しないことが予想される器材等について品目を指定し、長期に格納させることができる。

2　使用部隊等の長は、陸上総隊司令官等の定めるところにより器材等を長期に格納する場合は、機能良好なものを選定し、さびやすい部分の防せい等の処置を行うものとする。

第２節　野整備部隊等及び業務隊等における整備

（整備の担当区分）

第12条　方面総監は、方面区内に所在する使用部隊等に対する野整備部隊等及び業務隊等の支援担当区分を定めるものとする。

2　前項の担当区分により、野整備部隊等は次の各号に定める整備の支援を行うものとする。

⑴　航空野整備部隊を除く野整備部隊等は、予防整備のうちＣ整備、Ｄ整備及び２Ｄ整備、第２段階整備（３類別３段階）並びに整備実施担任区分表に定める当該整備

⑵　航空野整備部隊は第３段階整備（３類別５段階）及び整備実施担任区分表に定める当該整備

3　第１項の担当区分により、業務隊等は、整備実施担任区分表に定める当該整備の支援を行うものとする。

（整備の実施）

第13条 野整備部隊は、被支援部隊等に対し、四半期１回を基準として巡回整備を行うほか、所在する駐屯地において整備を行うものとする。ただし、緊急を要する場合はその都度巡回整備を行う。

２ 業務隊等は、通常所在する駐屯地において整備を行うものとする。

３ 野整備部隊等の予防整備の実施は、第６条第１項第１号に規定する要領に準じて行うものとする。

（整備支援要領）

第14条 野整備部隊等及び業務隊等は、使用部隊等から整備要求を受けた場合は、次の各号に定めるところにより整備を行うものとする。

(1) 要整備品について整備要領を決定し、必要な事項を通知する。

(2) 要整備品のうち上位段階整備を要するものは、補給処又は補給統制本部に整備を要求する。

２ 野整備部隊等及び業務隊等は、整備保有工数に対し、整備所要量が過大となった場合には、その過大となった整備作業を補給処、補給統制本部又は方面区内の野整備部隊等に対し、依頼することができる。

３ 第９条第２項に定める整備の実施が通知された場合は、野整備部隊等及び業務隊等は必要に応じ当該整備の状況を確認するものとする。

（整備の要求手続）

第15条 野整備部隊等及び業務隊等は、補給処又は補給統制本部に整備を要求する場合は、作業要求・命令書（甲）により行うものとする。

２ 作業要求・命令書（甲）の作成及び送付の要領は、別冊第２に定めるとおりとする。

（要整備品の後送手続）

第16条 第14条第１項第２号及び第２項の規定により補給処又は野整備部隊に要整備品を後送する場合は、第10条の規定を準用するものとする。

（上位段階整備の実施）

第17条 野整備部隊等は、第９条第２項の規定に準じ、上位段階整備を行うことができる。

第３節 補給統制本部及び補給処における整備

（整備の担当区分）

第18条 補給統制本部は、次の各号に掲げる整備の計画及び補給処に対する指示を行うものとする。

(1) 陸上自衛隊の補給等に関する訓令（昭和34年陸上自衛隊訓令第72号。以下

「補給隊訓」という。）第14条第１項に基づく第３段階整備（３類別３段階）並びに第４段階整備及び５段階整備（３類別５段階）

(2) 整備実施担任区分表に示された当該整備

(3) 別に示すホーク品目の当該整備

2　関東補給処は、前項に規定する指示に基づく整備を行うものとし、その細部事項は、補給統制本部長が定めるものとする。

3　補給処は、方面区内に所在する部隊等に対し、次の各号に掲げる整備支援のほか、必要に応じ補給統制本部長の指示に基づく整備を行うものとする。ただし、航空器材を除く。

(1) 第３段階整備（３類別３段階）（別に示すホーク品目を含む。）

(2) 整備実施担任区分表に示された当該整備

(3) 衛生器材（方面隊が保有する装備品を除く。）の第２段階整備（３類別３段階）及び整備実施担当区分表に「野整備部隊」として示された当該整備

4　国際緊急援助隊活動等に従事する部隊及び国際平和協力業務等に従事する部隊に対する整備部隊等及び補給統制本部の整備担当区分は別に示すところによる。

（整備の実施）

第19条　補給処の整備は、主として工場整備により行うものとする。ただし、使用部隊等及び業務隊等から要請のあったもの又は後送に適しない器材等は巡回整備により行う。

（補給処の整備要求手続）

第20条　補給処から補給統制本部に対する整備要求手続は、第15条の規定を準用するものとする。

（補給処の後送手続）

第21条　前条の要整備品を後送する場合は、第10条の規定を準用するものとする。

（補給統制本部長が計画する整備）

第22条　補給統制本部長は、補給隊訓第14条第１項の規定に基づき次の各号に掲げる品目の第３段階整備（３類別３段階）を計画するものとする。

(1) 外注を必要とするもので業者が特定の地域に限定される品目

(2) 整備能力が関東補給処のみに限定される品目

(3) その他補給統制本部において計画することが有利な品目

（組替え）

第23条　補給処長は、製造年次の古い複数の器材等を整備する場合に当該器材の

構成品等が修理不能又は入手困難なときは、要整備品のうちいずれかの器材等を使用して他の器材等を整備する（以下「組替え」という。）ことができる。ただし、第18条第2項に掲げる整備にあつては、補給統制本部長の指示によるものとする。

第4節　外注整備

（外注整備の原則）

第24条　補給統制本部長及び補給処長は、それぞれの担当する器材等の整備が補給処の保有する施設・整備工具の能力及び整備員の技術能力等を超える場合又は法令の規定により陸上自衛隊において整備あるいは検査等を行うことができない場合に外注整備を行うものとする。

（外注整備の特例）

第25条　補給統制本部長及び補給処長は、次の各号に掲げる場合に外注整備を行うことができる。ただし、第4号に該当する場合は陸上幕僚長に申請するものとする。

(1)　計画整備を行う場合の整備所要の見積り工数が補給処の整備保有工数を超える場合

(2)　緊急に整備を必要とする場合で使用部隊等の長の要求する整備期限では整備保有工数上整備を行うことが困難であり、かつ、他の支援を受けることができない場合

(3)　外注整備によることが経済的に有利な場合

(4)　前3号のほか、特別な理由により外注整備を必要とする場合

2　前項のほか、補給統制本部長及び補給処長は、年度業務計画等により特に命ぜられた外注整備を行うものとする。

3　野整備部隊等の長及び業務隊等の長は、整備実施担任区分表に定める当該整備のうち外注によらなければ整備できない場合及びその他補給処長又は補給統制本部長の承認のあった場合に外注整備を行うことができる。

4　使用部隊等の長は、部隊等統制品目の整備及び整備実施担任区分表に定める当該整備のうち、外注によらなければ整備できない場合又は緊急を要する場合に外注整備を行うことができる。

第5節　改造及び計測器の校正等

（改造の指示）

第26条　器材等の改造の指示は、次の各号に掲げる担当区分により行うものとする。

(1)　陸幕統制品目、補給統制本部統制品目の重要装備品等（装備品等の部隊使

用に関する訓令（平成19年防衛省訓令第74号）第３条第２号に規定する重要装備品等及び同訓令附則第３項に規定する制式装備品等をいう。）、供用品及びこれらの品目を構成する部品等　陸上幕僚長

(2)　前号に定めるもの以外の品目、前号に定めるもののうち特に指定する品目及び別に示す装備品等の技術変更提案が採用されたもので、既に取得した装備品　補給統制本部長

2　前項の改造の指示は、改造指令書に記載する事項（別紙第８）により行うものとする。

3　改造を行う部隊等に対する改造要求の手続は、整備要求の手続により行うものとする。

（改造意見の提出手続）

第27条　部隊等の長は、当該部隊等に保有する器材等について次の各号に掲げる一に該当する改造意見がある場合は、改造対象器材等名（物品番号）、改造の必要性、改造部位及びその他参考となる事項を記載した改造意見書を順序を経て上級部隊等の長に提出するものとする。

(1)　性能の向上

(2)　安全性の向上

(3)　操作の容易性

(4)　整備の容易性

(5)　耐用年数の延長

2　陸上総隊司令官等は、前項により提出された改造意見書のうち、適当と認めるものについて次の各号に定めるところにより処置するものとする。

(1)　前条第１項第１号に該当する場合は、陸上幕僚長に上申するとともに写しを補給統制本部長に送付する。

(2)　前条第１項第２号に該当する場合は、補給統制本部長に通知する。

3　補給統制本部長は、前項により通知又は送付された改造意見書を検討し、次の各号に定める処置を行うとともに、検討結果の概要を陸上総隊司令官等に通知するものとする。

(1)　前条第１項第１号に該当する場合は、当該意見書に、改造の指示に必要な資料又は不適当と認める理由を添えて陸上幕僚長に提出する。

(2)　前条第１項第２号に該当する場合は、陸上総隊司令官等に改造指令書を通知する。

（計測器の校正等の担任区分）

第28条　計測器の校正等の担任区分は、次の各号に定めるところによる。

(1) 計測器の校正　補給統制本部長又は補給処長
(2) 計測器の比較試験　野整備部隊等の長及び上位段階の整備を行う使用部隊等の長

2　前項第1号のうち、補給統制本部長の計画及び指示する計測器の校正は、関東補給処長が行うものとする。

3　校正等の対象となる計測器及びその実施周期等の細部は、補給統制本部長が定めるものとする。

4　第1項以外の計測器で気象業務法（昭和27年法律第165号）及び指定自動車整備事業規則（昭和37年運輸省令第49号）に定める計測器と同種のものは、第1項の担当区分に準じて校正等を行うものとする。

（航空機の試験飛行の実施）

第29条　使用部隊等又は整備部隊等は、航空機について主要な部位の整備を行った場合又は長期格納を解除した場合その他特に必要と認めた場合に、試験飛行を実施するものとする。

第3章　検査等

（技術検査の担当区分）

第30条　方面総監は、方面区内に所在する部隊等に対する技術検査の担当区分を定めるものとする。

2　整備部隊等は、年度ごとに別に示す品目及び検査項目について前項の担当区分により、技術検査を通常年1回行うものとする。ただし、落下傘類は、補給統制本部及び関東補給処が行うものとする。

（技術検査結果の報告及び通知）

第31条　技術検査を行った部隊等の長は、検査終了後、別に示す技術検査結果表を作成し、受検部隊長に通知するとともに、補給処長を経由（航空器材を除く。）して補給統制本部長に通知するものとする。

2　補給統制本部長は、通知された結果表を集計の上、陸上幕僚長に報告するものとする。（装計定第10号・衛定第21号）

（弾道技術検査の担当区分）

第32条　弾道技術検査の担当区分は、次の各号に定めるとおりとし、その実施に当たっては、関係方面総監が相互に調整するものとする。ただし、砲腔検査は、支援担当の野整備部隊が担当することができる。

(1) 東部方面区内及び東北方面区内の所在部隊等　関東補給処
(2) 北部方面区内の所在部隊等　北海道補給処
(3) 西部方面区内及び中部方面区内の所在部隊等　九州補給処

2　方面総監は、方面区内の火砲について弾道技術検査を計画し、検査を担当する前項の部隊等に示すものとする。

3　補給統制本部長は、弾道技術検査の対象火砲、検査周期及び技術的基準等について定めるものとする。

（弾道技術検査結果の報告及び通知）

第33条　弾道技術検査を行った補給処長は、弾道技術検査結果表（別紙第９）を作成し、第31条第１項に規定する技術検査結果表に添付して補給統制本部長に報告するものとするとともに他の方面区内の所在部隊等に係るものについては、当該方面区内の支援担当補給処長に通知するものとする。

第４章　記録及び報告

（履歴簿）

第34条　部隊等は、補給カタログF—１に示す器材等について履歴簿を備え付け、整備、改造、使用及び異動等の状況を明らかにするものとする。

2　履歴簿の様式及びその記載要領は、別冊第３に定めるとおりとする。

（台帳）

第35条　管理官は、送り状及び作業要求・命令書を管理するため、次の各号に掲げる台帳を備え付けるものとする。

⑴　作業要求（証書）台帳（別紙第10）

⑵　作業命令（証書）台帳（別紙第11）

2　台帳の使用区分は、別冊第２に定めるとおりとする。

（砲身衰耗状況報告）

第36条　整備部隊等の長は、火砲（無反動砲を除く。）の砲身又は砲（砲身及び砲尾環をいう。）を交換又は不用決定を行った場合には、砲身衰耗状況報告（別紙第14（武化定第３号））を陸上幕僚長に順序を経て報告するものとする。この場合において、当該報告の写しは補給統制本部長に送付するものとする。

（諸記録の記載要領）

第37条　送り状、作業要求・命令書、台帳及び報告書の記載要領は、補給統制本部長が示す補給整備等関係細部処理要領に定めるところによるものとする。

（電子計算機による業務手続）

第38条　電子計算機（以下「電算機」という。）による整備に必要な業務の手続は、この達に基づき行うものとする。

2　電算機による処理要領の細部は、補給統制本部長が示す補給整備等関係細部処理要領に定めているところによるものとする。

第５章　雑則

第38条の２　削除

（委任規定）

第39条　陸上総隊司令官等は、この達の実施に係る必要な事項を定めることができる。

２　補給統制本部長は、部隊等に対する支援業務について必要な細部事項を定める場合は、関係方面総監等と協議するものとする。

第40条　削除

附　則〔略〕

別紙第１（第４条関係）

整　備　担　当　区　分　の　特　例

次に示す各種器材等に共通する内容品等の整備又は特殊な作業の支援は、それぞれ当該右欄に掲げる整備部隊等が担当するものとする。

内容品等の整備又は特殊な作業	担当部隊等	備考
施設器材以外の器材等の車両部分及びトレーラー部分の整備	補給統制本部（火器車両部） 補給処の車両整備担当部門 野整備部隊等の車両整備担当部門	整備箇所は主としてシャーシ（エンジンを含む。）部分に限る。
タイヤ（特殊規格のタイヤを除く。）の更正修理		
通信電子器材以外の自記温湿度計の整備	補給処の化学器材整備担当部門	
防護フィルターの乾燥		ＮＢＣ用に限る。
ゴム部品の製作	補給統制本部（化学部）	金型の製作は、相互の調整による。ゴム部品の製作は、補給統制本部の指示により関東補給処が行う。
キャンバス、繊維（皮革を含む。）製品及びビニール製品並びにヘリコプター誘導装具用ヘルメットの整備	補給統制本部（需品部） 補給処の需品器材及び被服整備担当部門 野整備部隊の需品器材及び被服整備担当部門 業務隊等	厚生用品については業務隊等の整備能力の範囲において実施する。
救命浮舟炭酸ガスの詰替え	補給処の施設器材整備担当部門等	
めっき作業	補給統制本部（衛生部）	補給統制本部の指示により関東補給処が行う。
遠隔操縦観測システムの無人機及び無人偵察機システムの無人機の整備	航空科部隊以外の航空機整備特技者を有する整備部隊	

別紙第2（その1）（第6条関係）

予防整備周期基準表

物品管理区分	器材名等		予防整備の区分 A	B	C	D	2D	備考
火器	小火器、縮射装置、射統具その他の火器		使用の都度	1か月ごと				
	自走砲、榴弾砲、機関砲、無反動砲、迫撃砲			B1：1か月ごと B6：6か月ごと B12：12か月ごと				
	戦車砲、高射機関砲、多連装発射機、FH70走行部			1か月ごと	6か月ごと	12か月ごと	24か月ごと	
	発動発電機及び原動機を有する器材			3か月ごと		12か月ごと		
			整備周期が示されていない器材は、取扱説明書に示すとおりとする。					
車両	装輪車（民間ナンバー車の市販型車両及び官ナンバー車の乗用車を除く。）、装輪装甲車		使用の都度	1か月ごと	6か月ごと	12か月ごと	24か月ごと	
	官ナンバー車の乗用車	新規納入後3年目まで					36か月	
		上記以降					24か月ごと	
	装軌車（雪上車を除く。）							
	雪上車 除雪車Iブロウ付				保管を終了し、使用開始前	使用を終了し、保管する前	2回目の使用を終了し、保管する前	
	雪上トラック、軽雪上車（スノーモービルを含む。）		整備周期は当該車両の取扱説明書による。ただし、定期点検（6か月、12か月）については、雪上車のC・D整備を準用することができる。					
	市販型車両（民間ナンバー車） フォークリフト		1　整備周期は当該車両の取扱説明書による。 2　整備の担任区分は、1か月点検以下は使用部隊、3か月点検以上は野整備部隊等					
	車両系作業装置		整備周期は当該車両の取扱説明書等による。					
	発動発電機及び原動機を有する器材		使用の都度	3か月ごと		12か月ごと		
			整備周期が示されていない器材は、取扱説明書に示すとおりとする。					

物品管理区分	器材名等	予防整備の区分 A	B	C	D	2D	備考
誘導武器	79式対舟艇対戦車誘導弾発射装置	使用の都度	※	3か月ごと	12か月ごと		
	96式多目的誘導弾システム						
	81式短距離地対空誘導弾射撃統制装置及び発射装置				6か月ごと又は12か月ごと		
	11式短距離地対空誘導弾射撃統制装置及び発射装置						
	93式近距離地対空誘導弾発射装置						
	87式対戦車誘導弾発射装置						
	対舟艇対戦車誘導弾発射装置(89式装甲戦闘車搭載)						
	中距離多目的誘導弾				6か月ごと		
	88式地対艦誘導弾発射機 88式地対艦誘導弾装てん機						
	12式地対艦誘導弾発射機 12式地対艦誘導弾装てん機						
	91式携帯地対空誘導弾発射機						
	01式軽対戦車誘導弾						
	03式中距離地対空誘導弾(改善型を含む。)		1か月ごと		6か月ごと又は12か月ごと		
	ホーク関連器材(発動発電機45KWを含む。)	整備諸基準等に示すとおり。					
通信電子器材	通信電子器材(96式多目的誘導弾システム情報処理装置及び発動発電機を除く。)	使用の都度	※	6か月ごと又は※※			
	96式多目的誘導弾システム情報処理装置		B:1か月ごと B3:3か月ごと	3か月ごと			
	航空機搭載通信電子器材		※※※				
	発動発電機		3か月ごと	6か月ごと又は使用時間250h			

物品管理区分	器材名等			予防整備の区分 A	B	C	D	2D	備考
需品器材	天幕類				※				
需品器材	野外炊具類								
需品器材	野外入浴セット 野外洗濯セット						12か月ごと		
需品器材	浄水セット					※※			
需品器材	冷凍冷蔵庫、燃料携行缶、発動発電機				整備周期は当該器材の整備緒基準又は取扱説明書による。				
需品器材	落下傘、救命胴衣、救命浮舟				整備周期は当該器材の整備緒基準又は取扱説明書等による。				
施設器材	車両系	車両	資材運搬車、油圧ショベル(装輪・装軌式)、グレーダ、掩体掘削機、小型ショベルドーザ、ロードローラ、タイヤローラ、バケットローダ（装輪・装軌式)、83式地雷敷設装置、トラッククレーン、橋節運搬車、動力ボート運搬車、道路障害作業車、施設工作車、自走コンプレッサ、処理弾運搬車、81式自走架柱橋、91式戦車橋、92式地雷原処理車、施設作業車、94式水際地雷敷設車、75式ドーザ、小・中・大型ドーザ及び走行部が物品管理区分「車両」と同型式の装輪車	使用の都度	1か月ごと	6か月ごと	12か月ごと	24か月ごと	
施設器材	車両系	車両	市販型車両（民間ナンバー車）		整備周期は当該車両の取扱説明書による。				
施設器材	車両系	上記以外の施設器材車両 車両系作業装置							
施設器材	発動発電機（ホーク用発電機45KW等誘導武器電源部を除く。）及び原動機を有する器材				3か月ごと		12か月ごと		装備品以外の器材は注5による。

物品管理区分	器材名等	予防整備の区分 A	B	C	D	2D	備考
化学器材	防護マスク、空気マスク、戦闘用防護衣、個人用防護装備、化学防護衣、放射線測定器材	使用の都度	※				
	携帯生物剤検知器		1か月ごと				
	化学防護車、部隊用防護装置、生物偵察車、生物剤警報機、NBC警報器		3か月ごと	6か月ごと			
	発煙機3型、除染車、除染装置、放射機用コンプレッサ						
	化学剤監視装置		B1：1か月ごと B3：3か月ごと				
	NBC偵察車		1か月ごと		12か月ごと		
	上記を除く発動発電機及び原動機（電動を含む。）を有する器材		3か月ごと				
弾薬類	市販型車両（民間ナンバー車） フォークリフト	1　整備周期は当該車両の取扱説明書による。 2　整備の担任区分は、1か月点検以下は使用部隊、3か月点検以上は野整備部隊					
	発動発電機及び原動機を有する器材	使用の都度	3か月ごと		12か月ごと		
		整備周期が示されていない器材は、取扱説明書に示すとおりとする。					
衛生器材	一般医療機器	使用の都度					一般医療機器、管理医療機器及び発動発電機・原動機を有する器材の細部については、別に示すところによる。
	管理医療機器		1か月ごと		12か月ごと		
	発動発電機・原動機を有する器材		3か月ごと				
航空器材	野外試験車搭載試験機器（予防整備周期が別に示されている器材を除く。）		整備周期は当該器材の取扱説明書による。				
	発動発電機及び原動機を有する器材						

注：1　2D整備には、保安検査のための整備を含む。
2　車体部及びトレーラ部については、車両の予防整備によるものとする。
3　給油給脂等の細部については、整備諸基準等に示すとおりとする。
4　※印の器材等の整備の周期は、1か月ごと（通信電子器材については3か月ごと）又は使用部隊等の長が器材等の使用、保管状況等を考慮し定めるものとする。
5　※※印及びこの表に定めのない器材等の整備の周期は、整備実施規定、予防整備点検表（作業用紙）等によるほか、使用部隊等の長と野整備部隊等の長が、器材等の使用、保管の状況等を考慮し定めるものとする。
6　※※※印の器材等の整備の周期は、B整備を3か月を基準に、C整備を6か月を基準として使用部隊等の長が航空機の整備等を考慮して行うものとする。

別紙第2（その2）（第6条関係）

長期格納器材等の整備周期基準表

<table>
<tr><th colspan="2">器材名</th><th>B</th><th>C</th><th>D</th></tr>
<tr><td colspan="2">装輪車</td><td>毎月</td><td></td><td>12か月ごと</td></tr>
<tr><td colspan="2">装軌車</td><td>毎月</td><td></td><td>12か月ごと</td></tr>
<tr><td colspan="2">自動2輪車</td><td>毎月</td><td></td><td>12か月ごと</td></tr>
<tr><td colspan="2">トレーラ</td><td>毎月</td><td></td><td>12か月ごと</td></tr>
<tr><td rowspan="2">その他原動機を有する器材</td><td>車両及び施設器材</td><td>3か月ごと</td><td></td><td>12か月ごと</td></tr>
<tr><td>車両及び施設器材を除く器材</td><td>毎月</td><td>12か月ごと</td><td></td></tr>
</table>

別紙第3（その１）（第６条関係）

（表）

予　防　整　備　予　定　表

部　隊　名		月　　別	
符号			
B	B整備		
C	C整備		
D（2D）	D（2D）整備		
R	１　部隊整備員による整備中の状態（航空器材等に限る。） ２　使用部隊において部品を交換する整備の記録（航空器材等を除く。）		
P	部品待ちによる可動不能の状態		
O	高段階整備のため後送中の状態		
U	故障等のため可動不能の物品で高段階整備の手続中又は修理待ちの状態		
S	整備部隊等で保管中の状態		
T	使用部隊等で保管中の状態		
L	油交換		
Q	休止中の状態		

寸法：日本産業規格Ａ４

別紙第3（その2）（第6条関係）

（裏）

番号	物品番号又は主品目番号	品名・型式	部隊一連番号	器材番号	予防設備						摘要
					前回			次回			
1											
2											
3											
4											
5											
6											
7											
8											
9											
10											
23											
24											
25											

寸法：日本産業規格Ａ４

別紙第3 （その3）（第6条関係）

月　予　防　整　備　予　定　表

日／番号	1	2	3	4	5	6	7	8	9	10	11	12	13	14	15	16	17	18	19	20	21	22	23	24	25	26	27	28	29	30	31	整備日数		
																																1段階	2段階以上	合計

寸法：日本産業規格A 4

別紙第4（第6条関係）

航空機点検区分表

点検の区分（注1）	飛行前点検	飛行後点検	中間点検	定期点検	特別点検
実施責任者	操縦士	機付長			整備幹部
点検を実施すべき場合	飛行する日の最初の飛行前	1　飛行した日の最後の飛行後（注2） 2　飛行しない日が続いた場合少なくとも15日に1回（注3） 3　特に必要と認めた場合	前回の中間点検後又は定期点検後及び新規製造後又はアイラン完了後の定められた飛行時間（新規製造及びアイランにおける試験飛行時間を含む。）に達したとき。	1　前回の定期点検後及び新規製造後又はアイラン完了後の定められた飛行時間（新規製造及びアイランにおける試験飛行時間を含む。）に達したとき 2　飛行しない日が連続60日を経過したとき（注3） 3　特に必要と認めた場合	1　整備実施規定に定められた飛行時間又は歴日に達したとき 2　必要と認められるとき 3　特に指示されたとき
点検項目及び実施要領（注4）	各機種別の整備実施規定によるほか整備記録を参照する。	各機種別の整備実施規定によるほか飛行記録及び整備記録を参照する。			特に示されるもののほか各機種別の整備実施規定による。

注　1　点検が該当しない機種及び点検の細部は、各機種の整備実施規定に定めるところによる。

2　夜間飛行のとき又は整備員の不在等のために飛行した日の最後の飛行後に点検ができない場合は翌日速やかに実施するものとする。また、直ちに定期及び中間点検を行うときは点検を省略することができる。

3　整備中又は格納中は点検を省略することができる。

4　部隊等の整備幹部が特に必要と認めるときは、点検項目を増加又は点検間隔を縮小することができる。

別紙第5（その1）（第8条関係）

作業要求・命令書（乙）

物品区分	あて先

作業要求		部隊名	印	作業命令		部隊長印	
番号				番号		作業命令	作業完了
年月日		主品目番号又は物品番号		年月日			

品名・型式	単位	数量	整備係等印			実施区分	
						段階	内外注
							内・外

器材番号	累計使用実績			作業実施記録			
	走行km	時間	発射弾数	No.	作業内容等	工数	検査官等
				1			
要求内容等	故障状況等			2			
				3			
				4			
				5			
				6			
				7			
				計			

作業管理	受付	作業着手	完成検査	処置状況	完成	上位後送	修理不能

使用部品及び回収部品								
番号	物品番号	品名	単位	使用			回収	
				数量	金額	受領印	数量	受領印
1								
2								
3								
4								
5								
6								
7								
8								
9								
10								

記事		部品表	完成品受領		在場日数
			年月日		
					作業日数
		有・無	印		使用部品費
					履歴簿転記
					有・無

寸法：日本産業規格A4

注：使用部品及び回収部品欄が10品目を超える場合には、「作業要求・命令書（乙）（部品表）」を添付する。

別紙第5（その2）（第8条関係）

作業要求・命令書（乙）（部品表）

使用部品及び回収部品								
番号	物品番号	品名	単位	使用			回収	
				数量	金額	受領印	数量	受領印
11								
12								
13								
14								
15								
16								
17								
18								
19								
20								
21								
22								
23								
24								
25								
26								
27								
28								
29								
30								
31								
32								
33								
34								
35								
36								
37								
38								
39								
40								
41								
42								
43								
44								
45								
46								
47								
48								
49								
50								

寸法：日本産業規格Ａ４

別紙第6（第8条関係）

作業要求・命令書（甲）

1	2	3	4	5

＼	部隊長等の官職氏名印	要求年月日
要求		
経由		

作業要求事項等	完成希望年月日
（数量　　単位）	

品名・型式		製造年(月)	会社名
		（　　）	
優先区分	故障状況	要求区分	
1緊急 2至急 3普通	1使用不能 4性能低下 2異状騒音 5調整不能 3過熱 6（　　）	1計画 4校正 7製作 2故障 5試験 8（　） 3改造 6検査	

整備部隊長等の官職氏名	命令印

	整備部隊コード	作業命令番号	作命年月日
Ⓐ			
Ⓑ			

要求部隊等番号	要求番号	要求年月日	優先	故障	要求	物品区分	主品目番号又は物品番号	略品名	1

器材番号	㊟主品目番号	製造年	累計使用実績(1)	区分	累計使用実績(2)	区分	注記	2
				K E H T		K E H T		

段階区分	管理区分	内外区分	在場日数	作業日数	消費工数	部品費	会社手配部品費	役務費	単価	完了数	後送数	修理不能数	取消数	処置数	遅延	3
																4

作業記録

№.	開始年月日	終了年月日	作業内容又は工程等	実施	工数	検査官等署名
1						
2						
3						
4						
5						

記事

使用部品等

№.	物品番号	品名	単位	数量	単価	金額	欠陥	要求	受領
1									
2									
3									
4									
5									
6									
7									
8									
9									
10									

備考

区＼コード	1	2	3	4	5	6	7	8	9	0
整備管理区分	委託	補給	その他							
内外注区分	工場	巡回	外注	その他						
遅延理由	工数	複雑	設備	部品待	その他					
実施区分	交換	調整	修理	校正	改造	製作	試験	その他		
単価区分	セント：C、　円：空白									

部品表	受付	年月日	部隊等長階級氏名印
有・無		・　・	
		・　・	

合計		
現品等受付年月日	・　・	係員氏階級
現品等発送手続年月日	・　・	係員氏階級

注　上段太わく内は、電算機入力項目

別紙第７（その１）（第９条関係）

上位段階の整備を行う使用部隊等及びその整備の範囲

<table>
<tr><th rowspan="2">部　隊　等</th><th colspan="2">上位段階整備の範囲</th><th rowspan="2">対　象　器　材　等</th></tr>
<tr><th>第２段階</th><th>第３段階</th></tr>
<tr><td>中央基地システム通信隊</td><td>●</td><td>○</td><td>通信電子器材</td></tr>
<tr><td>基地システム通信大隊</td><td>●</td><td>○</td><td>通信電子器材とし、第３段階整備については基地（システム）通信中隊の派遣隊のものを含む。</td></tr>
<tr><td>映像写真中隊</td><td>●</td><td>○</td><td>通信電子器材のうち映像写真器材</td></tr>
<tr><td>基地(システム)通信中隊</td><td>●</td><td>○</td><td rowspan="5">通信電子器材</td></tr>
<tr><td>無線誘導機隊</td><td>○</td><td></td></tr>
<tr><td>無人偵察機隊</td><td>○</td><td></td></tr>
<tr><td>無人標的機隊</td><td>○</td><td></td></tr>
<tr><td>第101電子戦隊</td><td>○</td><td></td></tr>
<tr><td>中央管制気象隊</td><td>○</td><td></td><td>通信電子器材（航空管制気象に係るもの。）</td></tr>
<tr><td>自衛隊病院</td><td>●</td><td>○</td><td>衛生器材のうち医療用備品</td></tr>
<tr><td>方面管制気象隊</td><td>○</td><td></td><td>通信電子器材（航空管制気象に係るもの。）</td></tr>
<tr><td>第１空挺団</td><td>○</td><td></td><td>火器、車両、誘導武器、通信電子器材、施設器材</td></tr>
<tr><td>特殊作戦群</td><td>○</td><td></td><td>火器、車両、誘導武器、通信電子器材、施設器材</td></tr>
<tr><td>中央即応連隊</td><td>○</td><td></td><td>火器、車両、誘導武器、通信電子器材、施設器材、需品器材</td></tr>
<tr><td>警備隊</td><td>○</td><td></td><td>火器、車両、誘導武器、通信電子器材、施設器材</td></tr>
<tr><td rowspan="2">沿岸監視隊（与那国沿岸監視隊を除く。）</td><td>●</td><td>○</td><td>通信電子器材</td></tr>
<tr><td>●</td><td></td><td>車両</td></tr>
<tr><td rowspan="2">与那国沿岸監視隊</td><td>●</td><td>○</td><td>通信電子器材</td></tr>
<tr><td>●</td><td></td><td>火器、車両、誘導武器、施設器材</td></tr>
<tr><td>方面通信情報隊</td><td>●</td><td></td><td>通信電子器材</td></tr>
</table>

補給処	○	○	フォークリフト
備　　　　考	1　沿岸監視隊は、同一駐屯地に所在する業務隊及び諸隊の整備を実施することができる。 2　整備の範囲には、方面総監の定める担任区分における技術検査を含めることができる。 3　この表中●は全部につき、○は一部につき実施する。 4　○の整備の実施は、その整備の範囲について、支援担当の整備部隊等と調整するものとする。		

別紙第7（その2）（第9条関係）

航空器材等の上位段階の整備を行う使用部隊等及びその整備の範囲

部　　隊　　等	上位段階整備の範囲		対　象　器　材　等
	第3段階	第4段階	
中部方面ヘリコプター隊第3飛行隊	○		航空機搭載通信電子器材等
	●		航空器材
第109飛行隊	○		航空機搭載通信電子器材等
	●		航空器材
第15ヘリコプター隊	○		航空機搭載通信電子器材等
	●		航空器材
航空学校（航空学校霞ヶ浦校及び宇都宮校含む。）	○	○	航空機搭載通信電子器材等
	●		航空器材
飛行実験隊	○		航空機搭載通信電子器材等
	●		航空器材
備　　　　考	1　沿岸監視隊は、同一駐屯地に所在する業務隊及び諸隊の整備を実施することができる。 2　整備の範囲には、方面総監の定める担任区分における技術検査を含めることができる。 3　この表中●は全部につき、○は一部につき実施する。 4　○の整備の実施は、その整備の範囲について、支援担当の整備部隊等と調整するものとする。		

別紙第８（第26条関係）

改造指令書に記載する事項

1　改造指令番号、発行年月日、緊急順位

2　改造対象器材等名（主品目番号又は物品番号）と改造部位

3　改造目的

4　改造要領

(1)　改造担任部隊等名（資格者）

(2)　改造（完了）時期

(3)　作業要領

ア　図面（改造諸元）、見積工数

イ　必要部品等（品目名、物品番号、取得等）

ウ　作業手順（使用工具等を含む。）

5　改造後の処理

(1)　不用部品の処置

(2)　履歴簿への記入

(3)　改造後の取扱い

注：作業内容を考慮し、必要な項目のみ示すこと。

別紙第９（第33条関係）

発簡番号
年　月　日

殿

発簡者名
（公印省略）

弾道技術検査結果表

品名・型式	砲番号	砲身番号	砲腔測定値	延発射弾数	初速（m/s）	推定残存命数（%）	砲腔状況	使用可能性	弾種	ロット番号	装薬	部隊名	検査年月日	摘要

寸法：日本産業規格Ａ４

注：１　自走砲、戦車砲等の搭載砲については、自動車番号（車番）を品名・型式欄中に１欄設けて記入する。
２　延発射弾数は、検査時直前の使用時までのその砲身についての合計発射弾数（ＥＦＣ弾数）を履歴簿から転記する。
３　次の事項を記載した表（様式随意）をこの表に添付する。
（１）検査実施期間、場所、検査工数等
（２）火砲及び弾薬に対する技術的事項
（３）総合所見

別紙第10（第35条関係）

作　業　要　求（証　書）台　帳

要求番号（証書番号）	要求元部隊（中隊等）名	物品番号	品名	数量	経由部隊名	整備実施補給整備部隊等名	完成予定年月日	摘要
要求年月日		器材番号		発送年月日			受領年月日	

寸法：日本産業規格Ａ４

別紙第11（第35条関係）

作　業　命　令　（　証　書　）　台　帳

命令番号(証書番号) 命令年月日	物品番号 器材番号	品名	要求数量 完成数量	要求番号(証書番号) 要求年月日	要求元部隊等名 経由部隊等名	作業受付年月日 入場年月日	処置区分	返送手続等完了年月日 処置年月日	在場日数 作業日数	計画工数 消費工数	経費 部品費等 工賃	経費 計	整備間隔	作業概要等

寸法：日本産業規格Ａ４

注：1　処置区分欄は、「1　完成」、「2　上位後送」、「3　修理不能」、「4　取消」に区分し、該当する項目の番号を記入する。
　　2　送り状を管理することのない作業命令台帳として使用する場合は表題の「(証書)」を＝線を引いて消し使用する。

別紙第12及び**別紙第13**　削除

別紙第14（第36条関係）

発　簡　番　号
年　　月　　日

殿

発　簡　者　名
（公　印　省　略）

砲　身　衰　耗　状　況　報　告

（武化定第３号）

品名・型式		野整備部隊名	
※旧砲番号（型式）		※新砲番号（型式）	
旧砲身番号		新砲身番号	
砲番号（型式）		自動車番号	
砲架番号（型式）		最終部隊名	

砲腔測定		砲腔磨耗度	砲腔測定時の発射弾累計	砲腔及び薬室の状況	交換の根拠等
回数	年月日				

寸法：日本産業規格Ａ４

注：1　※印を付したものは、砲交換、不用決定の場合のみ記入する。
2　自動車番号欄は、車両搭載の火砲について記入する。
3　最終部隊名欄は、中隊等名まで記入する。
4　砲腔測定欄及び砲腔磨耗度欄は、履歴簿から年月日の順に転記する。
5　砲腔測定時の発射弾累計欄は、履歴簿のＥＦＣ弾数を記入するものとし、修理不能火砲については、発射弾数の合計を末尾に記入する。
6　交換の根拠等欄は、交換等の根拠となった事項及びこの砲身についての弾薬型式別合計発射弾数（ＥＦＣ弾数）を記入する。

別冊第１

整備諸基準等の作成要領

（整備諸基準の種類）

第１条　整備諸基準の種類は、次の各号に掲げるとおりとする。

(1)　整備段階区分

(2)　整備実施担任区分

(3)　整備実施規定

(4)　計測器校正等基準

(5)　技術検査基準

(6)　弾道技術検査基準

（整備諸基準の内容、様式等）

第２条　整備諸基準の内容及び様式等は、次の各号に定めるとおりとする。

(1)　整備段階区分

ア　整備段階区分の技術的範囲の基準は、別紙第１のとおりとし、品目別の整備段階区分は、整備段階区分表をもって示す。

イ　整備段階区分表の様式は、別紙第２を基準として作成する。

(2)　整備実施担任区分

ア　整備実施担任区分は、整備段階区分を設ける必要のない器材等の整備担任部隊等及び整備の範囲について次に掲げる事項の一に該当する場合に整備実施担任区分表をもって示す。

(ア)　装備数が少なく特定の部隊等のみが保有するもの

(イ)　構造が簡単なもの

(ウ)　整備に高度な技術等を要し、自隊能力で整備できないもの

(エ)　その他別に定めるもの

イ　整備実施担任区分表の様式は、別紙第３を基準とする。

(3)　整備実施規定

整備実施規定は、整備作業を行う場合に必要な作業の手順及び細部の技術上の基準を示すものであり、次に掲げる区分により通常品目別に又は適宜の段階区分ごとに示す。

ア　整備作業手順

点検、故障探究、検査、修理等の手順、要領及び作業条件等並びに関連する構造機能及び取扱要領等を示す。

イ　整備基準

器材等の各部を修理する場合の基準として、次の事項について示す。

(ア)　修理値　性能上修理すべき限界値

(イ)　使用限度　性能強度上技術的又は経済的見地から交換又は不用決定とする限度値

(ウ)　修理精度　修理する場合の仕上り又は調整の精度

ウ　給油基準

給油、給脂等の時期、部位及び油脂の種類とし、その他必要な技術的事項を示す。

エ　その他の基準

器材等の特性に応じ整備作業を行う場合に必要なその他の技術的事項を示す。

(4)　計測器校正等の基準

計測器の精度を維持するため、校正又は比較試験を行う場合に必要な試験項目及び合否判定の基準を示す。

(5)　技術検査基準

整備実施規定が作成されていない器材等について、その性能及び整備の要否等を判定するため必要な技術的事項を示す。

(6)　弾道技術検査基準

火砲の弾道修正値並びに弾薬の経年変化及びロット別の性能等を判定するため必要な技術的事項を示す。

(7)　その他

ア　器材等の特性及び使用の便を考慮し、適当と認める場合は、複数の器材等を相互に合冊することができる。

イ　整備諸基準の表紙の様式及び記載要領は、別紙第4を基準とする。

(予防整備点検表（作業用紙))

第3条　予防整備周期基準の定めのある器材等に対して作成する予防整備点検表(作業用紙）は、整備実施規定等に示された整備作業手順に基づく必要な点検項目を示す。

(整備諸基準等の制定、配布等)

第4条　整備諸基準等の制定（改正及び廃止を含む。以下同じ。）及び配布等は、次の各号に定めるとおりとする。

(1)　制定及び作成の担任区分

ア　整備諸基準の制定担任区分は、次のとおりとする。

㈠　整備段階区分及び整備実施担任区分　陸上幕僚長

㈡　前㈠以外の諸基準　学校長又は補給統制本部長。ただし、航空機の整備実施規定のうち、別に示すものは、陸上幕僚長の承認を要する。

イ　整備諸基準の作成は年度業務計画により学校長又は補給統制本部長に示す。

ウ　予防整備点検表（作業用紙）は、補給統制本部長が作成する。

(2)　印刷及び配布

ア　整備諸基準を制定した場合は、各制定者（補給統制本部長を除く。）はその原本を補給統制本部長に送付するものとし、補給統制本部長は原本に基づき当該整備諸基準を印刷し、関東補給処長は補給統制本部長の統制に基づき部隊等へ配布するものとする。この場合において、配布は、印刷又は電子化して業務管理システムへの公開をもって行う。ただし、別に示す整備諸基準については除く。

イ　前アのほか、補給統制本部長は、制定された整備諸基準及び作成した予防整備点検表（作業用紙）を電算機に登録し、部隊等へ配布するものとする。

(3)　改正手続等

ア　部隊等の長は、整備諸基準について改正意見のある場合には、改正を必要とする理由、改正すべき内容及びその他参考となる事項を記載した改正意見書（様式随意）を順序を経て制定者に上申又は通知するものとする。ただし、陸上幕僚長制定に係るものは、学校長又は補給統制本部長を経由する。この場合、学校長又は補給統制本部長は当該意見書に必要な資料又は意見を添付して陸上幕僚長に進達する。

イ　補給統制本部長は、整備諸基準の改正があった場合は前号に準じて印刷及び配布を行うものとする。ただし、改正箇所が少ない場合は文書により通知し、印刷配布に代える。

(4)　報告

整備諸基準を制定、改正又は廃止した場合は、各制定者（陸上幕僚長を除く。）は４月１日から９月末日まで及び10月１日から翌年３月末日までに、当該期間分を取りまとめ当該期間経過後10日以内に陸上幕僚長に報告（別紙第５）するものとする。（装計定第14号・衛定第22号）

別紙第１（その１）（第２条関係）

整備段階区分の技術的範囲の基準

整備段階区分 技術的範囲	1	2	3	基準の細部内容
点検	●	●		通常器材等を分解することなく、自己診断機能又は、試験用器材等を使用して良否を確認する。
給油、給脂等	●	●		器材等の老化を防止するため、給油、給脂並びに燃料、冷却水、電解液及び空気等を補充する。
調整	(■)	■		器材等の機能を正常に作動させるため、必要な矯正を行う。
交換	(▲)	■		使用不能部品を使用可能部品に切り替える。付属品又は付属部品等と取り換える。
修理		(■)	●	指定された修理基準に基づき器材等の点検、検査、調整、部品交換、溶接、びょう締め及び補強等により欠陥を是正又は使用不能な状態を使用可能な状態に回復する。
オーバーホール			●	器材等の欠陥箇所又は欠陥の生ずるおそれのある箇所を分解して修理を行い完全な使用可能状態に回復する。
備考	1　各整備段階には、本表に示す技術的範囲の他、整備段階に応じた部品の生産がある。 2　本表中、●は主品目、■は組部品、▲は単一部品を表し、（　）は指定された品目について実施することを表す。 〔単一部品　単体又は単体の結合体であって分解できないもの 　組部品　多数の単一部品からなり一定の機能をもち、通常主品目の一部を構成するもの〕 3　上位段階の技術的範囲には、直近下位段階の対象物品及び技術的範囲を含むものとして表している。			

別紙第1（その2）（第2条関係）

整備段階区分の技術的範囲の基準（航空器材等）

整備段階区分 技術的範囲	1	2	3	4	5	基準の細部内容
点検	●	●				通常器材等を分解することなく、自己診断機能又は、試験用器材等を使用して良否を確認する。
給油、給脂等	●	●				器材等の老化を防止するため、給油、給脂並びに燃料、冷却水、電解液及び空気等を補充する。
調整	(■)	(■)	■			器材等の機能を正常に作動させるため、必要な矯正を行う。
交換	(▲)	(■)	■			使用不能部品を使用可能部品に切り替える。付属品又は付属部品等と取り換える。
修理			(■)	●		指定された修理基準に基づき器材等の点検、検査、調整、部品交換、溶接、びょう締め及び補強等により欠陥を是正又は使用不能な状態を使用可能な状態に回復する。
オーバーホール				(●)	●	器材等の欠陥箇所又は欠陥の生ずるおそれのある箇所を分解して修理を行い完全な使用可能状態に回復する。
備考	1　各整備段階には、本表に示す技術的範囲の他、整備段階に応じた部品の生産がある。 2　本表中、●は主品目、■は組部品、▲は単一部品を表し、（　）は指定された品目について実施することを表す。 〔単一部品　単体又は単体の結合体であって分解できないもの 組部品　多数の単一部品からなり一定の機能をもち、通常主品目の一部を構成するもの〕 3　上位段階の技術的範囲には、直近下位段階の対象物品及び技術的範囲を含むものとして表している。					

別紙第2（第2条関係）

整備段階区分表

一連番号	構成部分	段階区分						備考
		点検	給油給脂	調整	交換	修理	オーバーホール	

寸法：日本産業規格Ａ４

注：　段階区分欄には、各構成部分ごとに作業内容に応ずる最低の整備段階区分を数字で記入する。

別紙第3（第2条関係）

整備実施担任区分表

一連番号	器材等名	構成品	実施担任区分				備考
			使用部隊等	野整備部隊等	補給処	補給統制本部	

寸法：日本産業規格Ａ４

注：１　実施担任区分は要すれば部隊等名を記入し細分することができる。

２　実施担任区分欄は器材等要すれば構成部位ごとの整備作業内容を記入する。

別紙第4（第２条関係）

整備諸基準の表紙

1 表 紙

整備諸基準 ※識別番号等
※標　　題
令和　年　月　日 陸 上 自 衛 隊

2 表紙裏面

○○第○号 （各制定機関等ごとの一連番号） ※標題を制定する。 令和　年　月　日 制定者の官職　階級　氏名

備考：　記載要領は、次表のとおり。

	規　格	標題の記載例	識別番号等の記載要領
整備段階区分		グレーダ 整備段階区分表	MAS－○○○○○○○－○○○ （主品目番号）　（分冊番号）
整備実施担任区分	日本産業規格A４縦	需品器材 整備実施担任区分表	
整備実施規定		73式大型トラック 整備実施規定	MO－○○○○○○○－○○ （主品目番号）　（段階区分）
弾道技術検査基準		弾道技術検査基準	
計測器校正等基準	日本産業規格A４縦	電気関係（又は非電気関係）計測器校正等基準	

注：１　段階区分の記載要領は次の例による。ただし、次の例によることができない場合は、別に定めるとおりとする。
　第１段階：10　第２段階：20　第３段階：30
２　複数の器材等を合冊して作成する場合の識別番号等は、代表となる器材等のみの主品目番号等を記載する。この際、記載されない器材等の主品目番号等については、合冊する全ての整備諸基準内に記載する。
３　修理基準を整備実施規定から独立して作成する場合、修理基準の識別記号はM.Cとする。
４　航空機等整備実施規定の識別番号等は要すれば米陸軍方式を準用することができる。

別紙第5 （第４条（４）関係）

発簡番号
年　月　日

陸上幕僚長　殿

発簡者名
（公印省略）

整備諸基準制定等報告
（装計定第14号）（衛定第22号）
（　年　月～　年　月）

区分	制定者別一連番号	識別番号等	名称	制定等年月日

寸法：日本産業規格Ａ４

注：1　区分欄は、制定、改正及び廃止ごとにまとめ、各区分は、制定等年月日の順に記入する。
2　制定者別一連番号、識別番号等、名称及び制定等年月日は、整備諸基準の表紙（裏面を含む。）に記載のものを記入する。

別冊第２

作業要求・命令書の作成及び送付等の細部処理要領

（作業要求書の作成区分）

第１条 作業要求書は、部隊整備を行う場合及び業務隊等に被服及び需品器材の整備を要求する場合には取扱主任が作成し、整備部隊等及び補給統制本部に整備を要求する場合には管理官が作成する。

（作業要求書の作成・送付の要領）

第２条 作業要求書は、整備を要する器材等ごと一点一葉に作成する。ただし、次の各号に掲げる場合は、同一品目を一葉にして作成することができる。

(1) 小銃、拳銃、防護マスク、防護衣、被服及び装具類等の同一品目で複数の器材等を整備する場合

(2) 後送品及び回収品等を整備する場合

(3) 器材等の内容品及び組部品で整備部隊等の長が指定した場合

２ 作業要求書の作成・送付の要領は、別紙第１に示す要領を基準として行う。

（送り状の作成・送付の要領）

第３条 送り状の作成・送付の要領は、別紙第２に示す要領を基準として行う。

（作業命令書の分割及び統合）

第４条 整備部隊等の長は、整備作業の工程上必要な場合には、一葉の作業要求書を数葉の作業命令書に分割又は数葉の作業要求書を一葉の作業命令書に統合して整備を行うことができる。

（台帳の使用区分等）

第５条 作業要求（証書）台帳は、作業要求書（甲）の管理に使用する。ただし、管理官は、被服及び需品器材の整備要求を業務隊等に対して行う取扱主任にもこれを使用させることができる。

２ 作業命令（証書）台帳は、業務隊等及び整備部隊等が整備を支援する部隊等からの作業要求に対する作業命令書の管理に使用する。

別紙第1 （その1）（第2条関係）

作業要求・命令書（甲）の作成及び送付要領その1

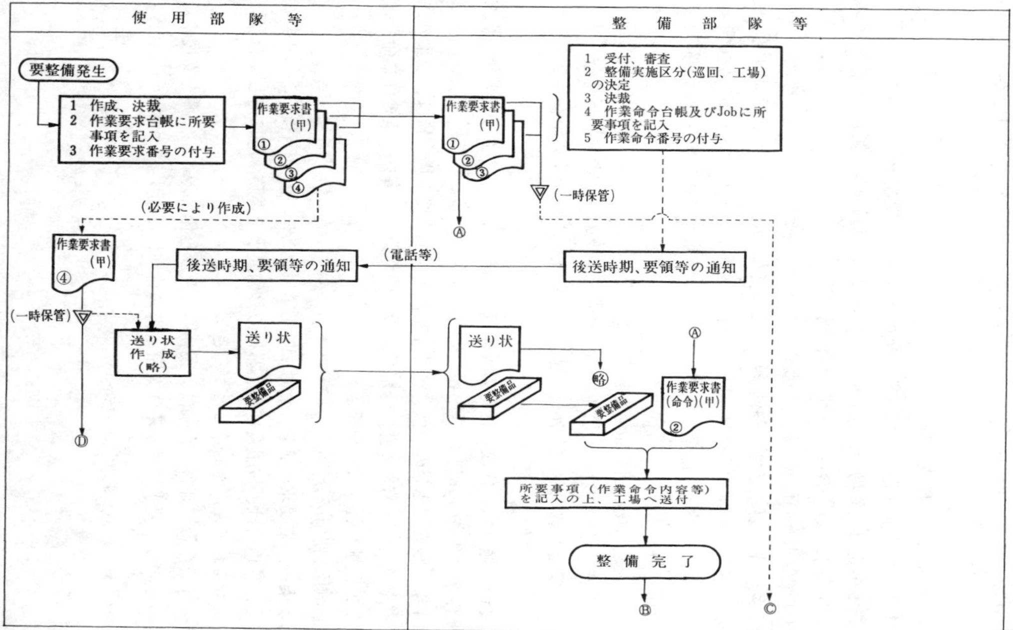

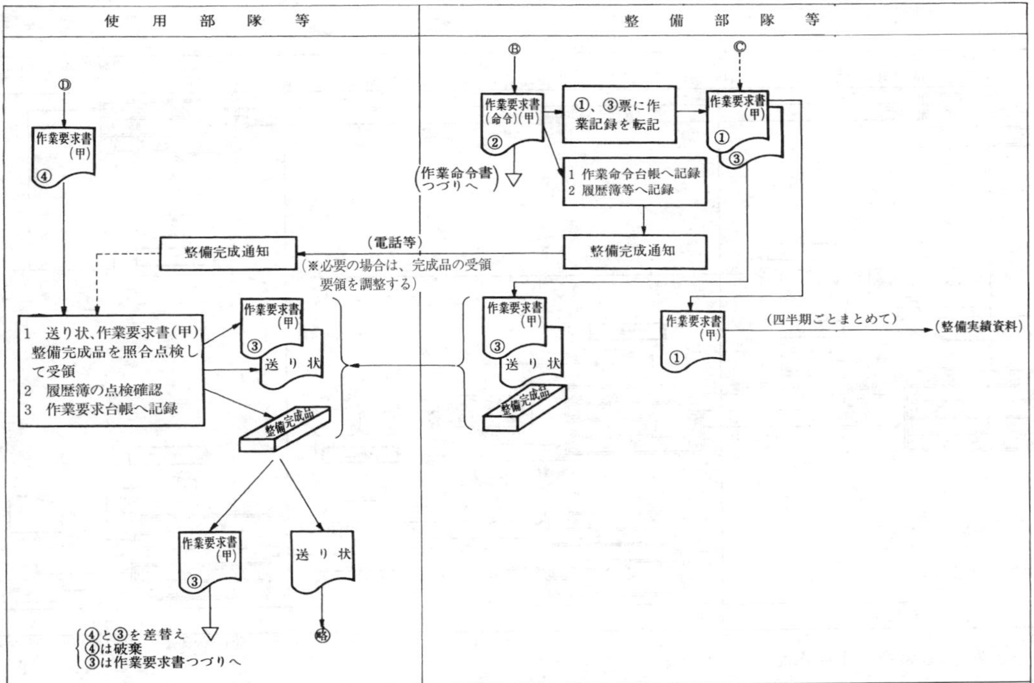

備考	この要領は、電算機処理によることなく、使用部隊等が整備部隊等に作業要求する場合の基準である。

別紙第１（その２）（第２条関係）

作業要求命令書（甲）の作成及び送付要領その２

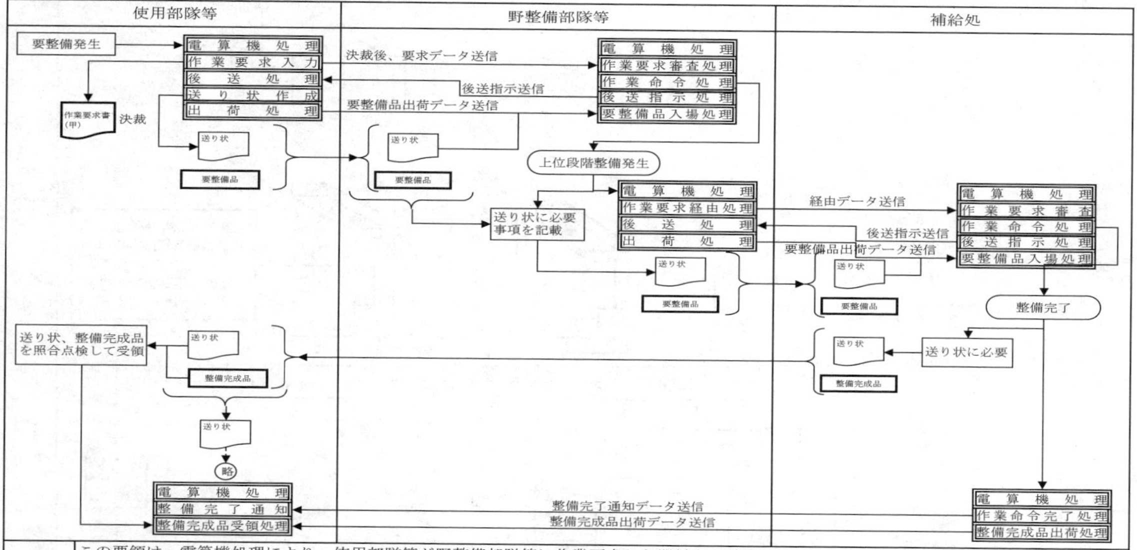

備考	この要領は、電算機処理により、使用部隊等が野整備部隊等に作業要求した器材を野整備部隊等で一部整備した後、更に補給処へ作業要求を行う場合の基準である。

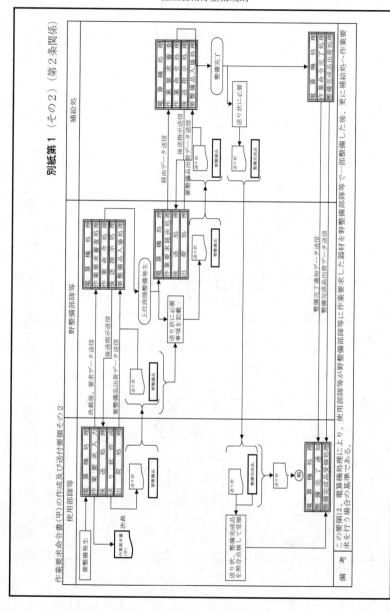

別紙第１　（その３）（第２条関係）

作業要求・命令書(乙)の作成及び送付要領その３

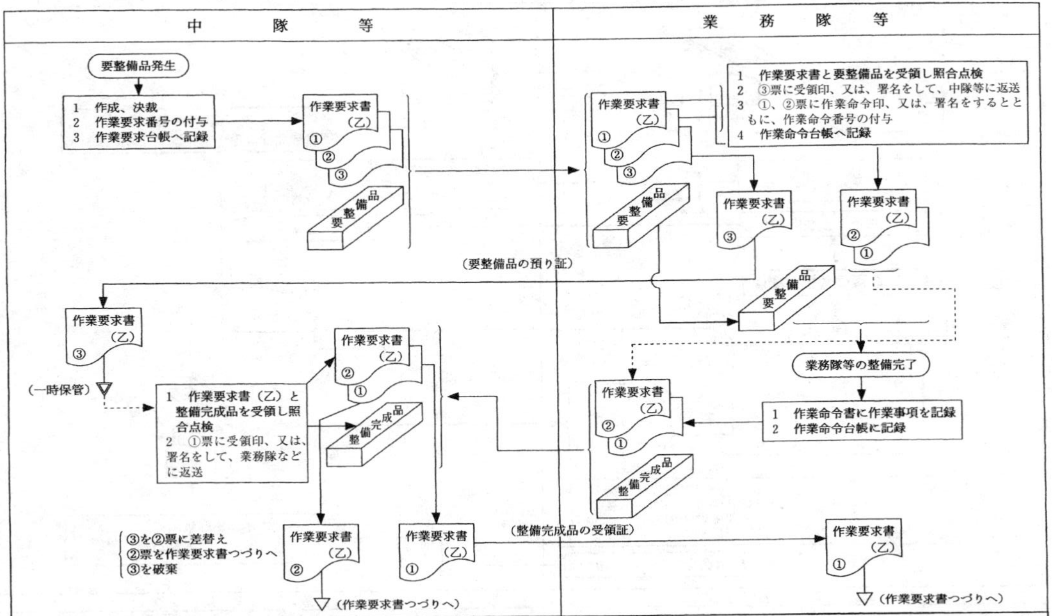

備　考	この要領は、中隊等が業務隊等に対し作業要求する場合の基準である。

別紙第２（その１）（第３条関係）

送り状の作成、送付の要領その１

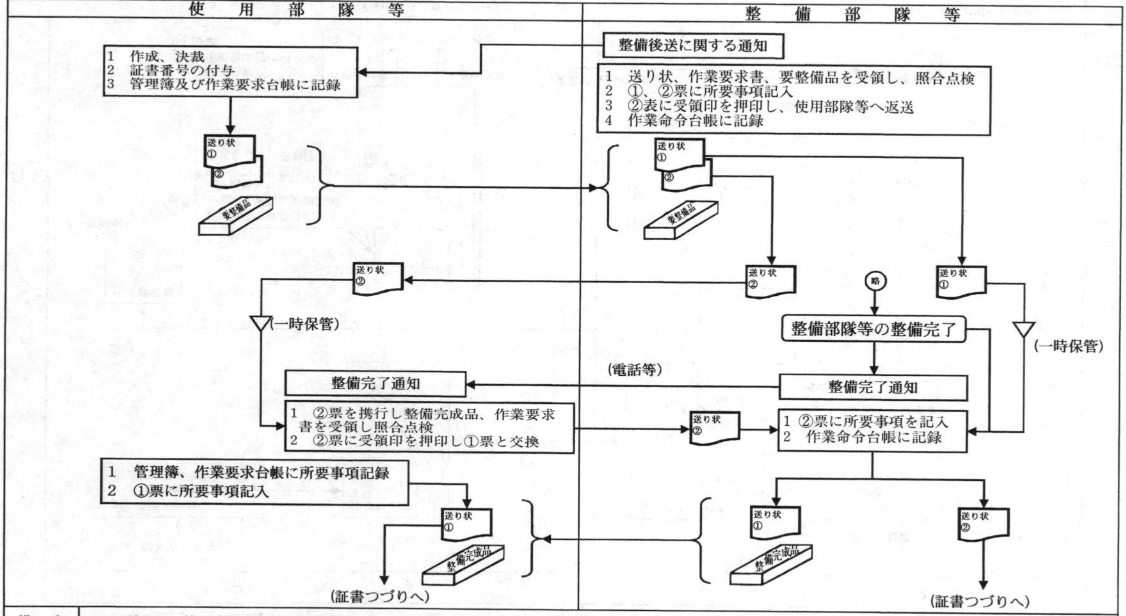

備考　この要領は、使用部隊等が要整備品を自隊で整備部隊等に整備後送する場合の基準である。

別紙第２（その２）（第３条関係）

送り状の作成、送付の要領その２

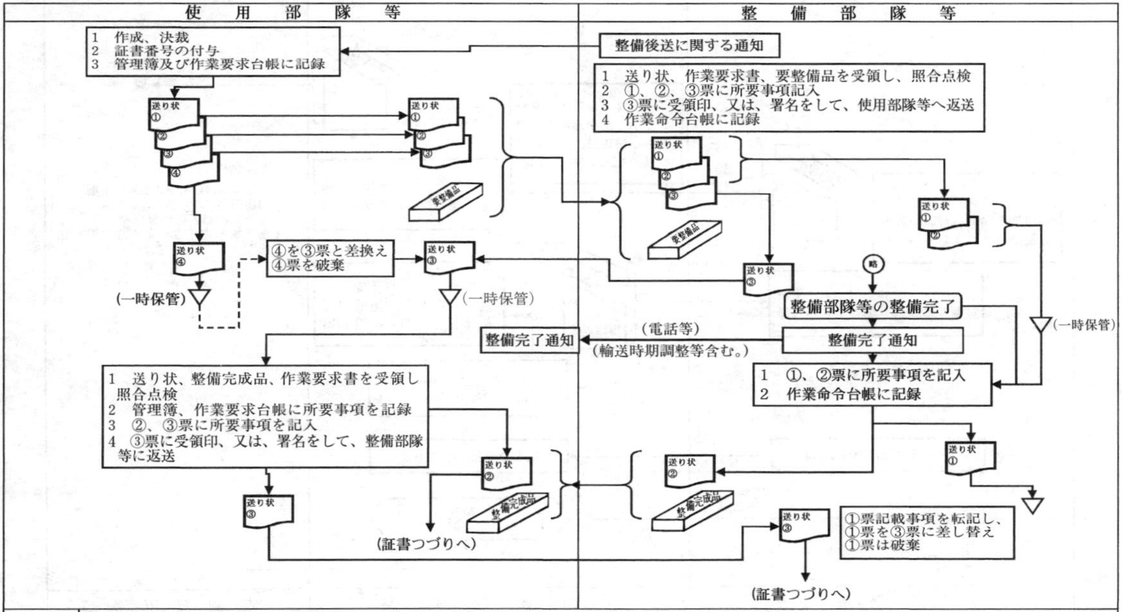
使用部隊等
整備部隊等
1 作成、決裁
2 証書番号の付与
3 管理簿及び作業要求台帳に記録
整備後送に関する通知
1 送り状、作業要求書、要整備品を受領し、照合点検
2 ①、②、③票に所要事項記入
3 ③票に受領印、又は、署名をして、使用部隊等へ返送
4 作業命令台帳に記録
送り状
①
②
③
④
要整備品
④を③票と差換え
④票を破棄
(一時保管)
略
整備部隊等の整備完了
(電話等)
整備完了通知
(輸送時期調整等含む。)
1 ①、②票に所要事項を記入
2 作業命令台帳に記録
1 送り状、整備完成品、作業要求書を受領し照合点検
2 管理簿、作業要求台帳に所要事項を記録
3 ②、③票に所要事項を記入
4 ③票に受領印、又は、署名をして、整備部隊等に返送
整備完成品
(証書つづりへ)
①票記載事項を転記し、
①票を③票に差し替え
①票は破棄

備　考	この要領は、使用部隊等が要整備品を自隊以外の手段で整備部隊等に整備後送する場合の基準である。

別紙第2　（その3）（第3条関係）

送り状の作成、送付の要領その3

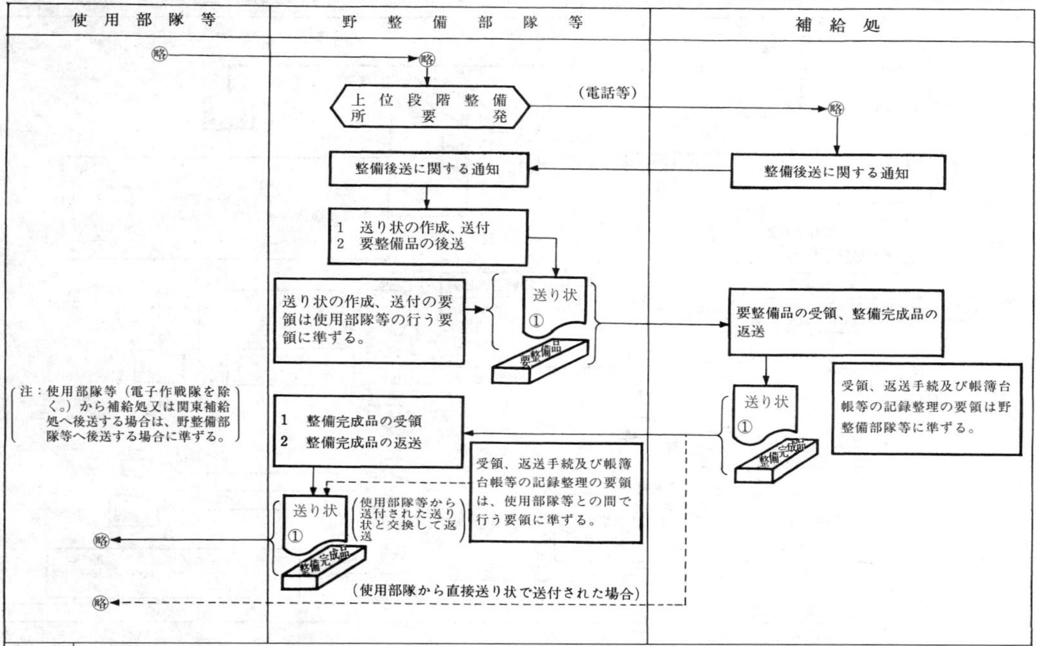

備　考	この要領は、使用部隊等が要整備品を自隊以外の手段により野整備部隊等を経由して補給処に後送する基準である。

別冊第３

履歴簿の様式及び記載要領

１　履歴記録一覧

名　　称	様式番号
表　紙	様式第１
使用記録	様式第２
部隊整備記録	様式第３―１
定期交換部品記録	様式第３―２
砲（銃）射撃記録	様式第４
誘導弾射撃記録	様式第５
改造記録	様式第６
野整備・補給処整備記録	様式第７
移管記録	様式第８
原動機記録	様式第９
累計修理費記録	様式第10
略式履歴簿	様式第11
トランスミッション経歴記録	様式第12
落下傘経歴簿	様式第13

２　取扱説明及び記載上の共通事項等

(1)　履歴簿は、器材等の使用状況、異動状況及び現在の状態並びに整備実施及び改造実施の経過を示す記録である。

(2)　履歴簿は、器材等を使用、整備、改造及び移管等する場合常に器材等とともに保管し、器材等を亡失又は不用決定等により処分したときは、当該履歴簿は次により保管する。

ア　様式第４～第５、第９～第10、第12及び第13……補給統制本部

イ　様式第１～第３、第６～第８及び第11……補給処

(3)　特に示す場合のほか、記入は青又は黒インクを使用して行う。

(4)　器材等名は、別に示すものを記入する。

(5)　物品番号は、補給カタログ等に定められた物品番号又は物品整理番号を記入する。

(6)　器材番号は、器材等の固有番号を記入する。ただし、火砲については砲架番号を記入する。

(7) 「契約不適合」の修補に伴う記載要領は、別に示すところによる。

(8) 各記録は、履歴記録にとじ込み保管するものとし、その保存期間は、当該履歴簿に係る器材等を不用決定した特定日以降５年とする。

(9) 履歴簿の細部の記載要領は、補給統制本部長が示す補給整備等関係細部処理要領に定めるところによるものとする。

(10) 航空機関係履歴簿等の様式及び記載要領は別に示すところによる。

3 履歴記録の様式

様式第１

表　紙

（表）

○　○

主品目番号			物品番号		
品名			型式		
単位		製造年月日	年　月	会社名	
略品名			器材番号		

―― 目　次 ――

1		枚	9		枚
2		枚	10		枚
3		枚	11		枚
4		枚	12		枚
5		枚	13		枚
6		枚	14		枚
7		枚	15		枚
8		枚	16		枚

履　歴　記　録

寸法：日本産業規格Ａ４

（裏）

諸元等

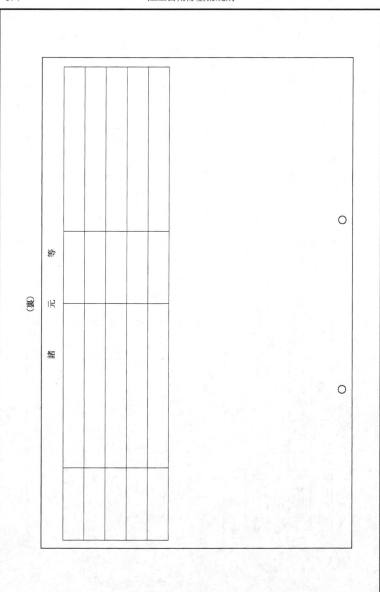

様式第２−１

使　用　記　録

（表）

○　　　　　○

品　名			型　式					器材番号				
年　月	月間走行キロ（時）	月末累計走行キロ（時）	月間燃料補給量	エンジンオイル		ギヤオイル						摘　要
				交換日	補給量	交換日	補給量	交換日	補給量	交換日	補給量	
・												
・												
・												
・												
・												
・												
・												

使用記録　（その　　　　）

寸法：日本産業規格Ａ４

（裏）

年　月	月間走行キロ（時）	月末累計走行キロ（時）	月間燃料補給量	エンジンオイル		ギヤオイル						摘　要
				交換日	補給量	交換日	補給量	交換日	補給量	交換日	補給量	
・												
・												
・												
・												
・												
・												
・												

注：1　この記録は、月末における使用走行キロ（使用時間）、燃料補給量、エンジンオイル、ギヤオイル等の交換日及び補給量をキロ計器、運行指令書等から記入する。
2　ギヤオイル欄の右2個の空欄には、器材の特性に応じ、特に管理を必要とする油脂等について記録する。

様式第２―２

使　用　記　録　（吸　収　缶）

（表）

品名等	品名・型式		製造会社	製造年月	製造時質量（g）	吸収缶番号
項目 年月日	測定質量（g）	増加質量（g）	使用時間（min）	使用薬剤等の種類	記事	部隊等名

使用記録（吸収缶）（その　）

寸法：日本産業規格Ａ４

（裏）

項目 / 年月日	測定質量（g）	増加質量（g）	使用時間（min）	使用薬剤等の種類	記事	部隊等名

寸法：日本産業規格Ａ４

注：この様式は、吸収缶に使用する。

様式第２―３

使　用　記　録　（発　煙　機　等　）

（表）

品名等	品名・型式			製造会社		製造年月日	器材番号
項目／年月日	使用時間（h）又は使用回数		燃料・充填剤等（L）			記事	部隊等名
	使用・放射	累計	発煙油（軽油）・水	ガソリン・ゲル化油	潤滑油・剤		

使用記録（発煙機等）（その　　　）

寸法：日本産業規格Ａ４

（裏）

項目 / 年月日	使用時間（h）又は使用回数		燃料・充填剤等（L）			記事	部隊等名
	使用・放射	累計	発煙油(軽油)・水	ガソリン・ゲル化剤	潤滑油・剤		

注：この様式は、発煙機、放射機用コンプレッサ、化学加熱器、除染車用加温装置部及び携帯（車載）放射機に使用する。

様式第２－４

使用記録（線量率計等）

（表）

○　　　　○

品名等	品名・型式	製造会社	製造年月	器材番号

項目 / 年月日	使用時間（h）		検出器等		記事	部隊等名
	使用	累計	検出器	線量計３形		

使用記録（線量率計等）（その　　）

寸法：日本産業規格Ａ４

（裏）

項目／年月日	使用時間（h）		検出器等		記事	部隊等名
	使用	累計	検出器	線量計3形		

注：この様式は、中隊用線量率計、地域用線量率計、糧食用線量率計及び線量計3形用計測器に使用する。

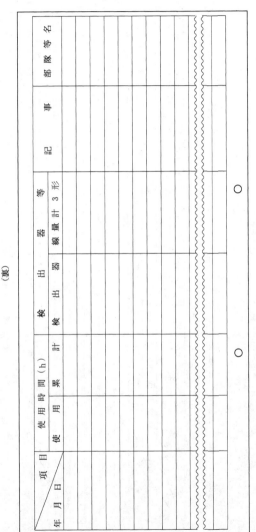

様式第２－５

使　用　記　録（戦　闘　用　防　護　衣）

（表）

○　　　　○

区分／項目／年月日	品名・型式			製造会社		製造年月	固有番号
	使用時間(h)	累計(h)	記事		整備・検査		部隊等名
			使用等	簡易加工・補修	再加工・修理	検査	

使用記録（戦闘用防護衣）（その　　）

寸法：日本産業規格Ａ４

（裏）

項目／年月日	使用時間(h)	累計(h)	記事		整備・検査		部隊等名
			使用等	簡易加工・補修	再加工・修理	検査	

注：この様式は、戦闘用防護衣及び個人用防護装備（防護衣）に使用する。

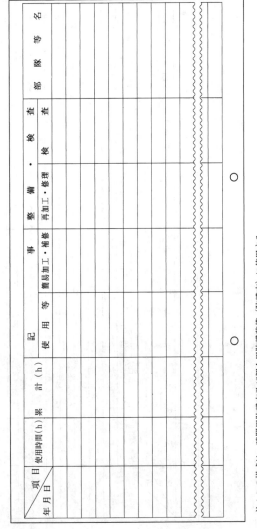

様式第３―１

部　隊　整　備　記　録

（表）

○　　　　○

品名		型式		器材番号		製造年月	．	改造年月	．

年月日	作命番号	整備箇所	主整備内容	工数	主使用部品名（物品番号）	数量	金額	摘要
・　・								
・　・								
・　・								
・　・								
・　・								
・　・								
・　・								

部隊整備記録　（その　　　）

寸法：日本産業規格Ａ４

（裏）

年月日	作命 番号	整備箇所	主整備内容	工数	主使用部品名 （物品番号）	数量	金額	摘要
． ．								
． ．								
． ．								
． ．								
． ．								
． ．								
． ．								
． ．								

○　○

注：1　この記録は、部品を使用する修理等の実施状況について記録する。
　　2　この記録は、作業要求・命令書から転記し、毎期末に「工数」と「金額」を合計して記入する。
　　3　ホーク品目に使用する様式については、別に示す。

様式第３－２

定　期　交　換　部　品　記　録

（表）

○　　　　○

品　名		型　式		器材番号					
期　間	部品名 （物品番号）	数量	交換年月日 （作業要求・命令書番号）						備　考

定期交換部品記録（その　　）

寸法：日本産業規格Ａ４

（裏）

期間	部品名（物品番号）	数量	交換年月日（作業要求・命令書番号）						備考

注：1　この記録は、予防整備記録の補助記録として使用し、定期交換部品の交換について記録する。
2　部品名（物品番号）欄は、定期交換を必要とする部品名（物品番号）を交換単位ごとに別行として記入する。
3　表中の「作業要求・命令書番号」には「作業要求・命令書（甲）番号」を記入する。
4　備考欄は、部品ごとの特記事項等を記入する。
5　この記録に記入した交換部品は、予防整備記録に一括（交換日ごと）記入する。

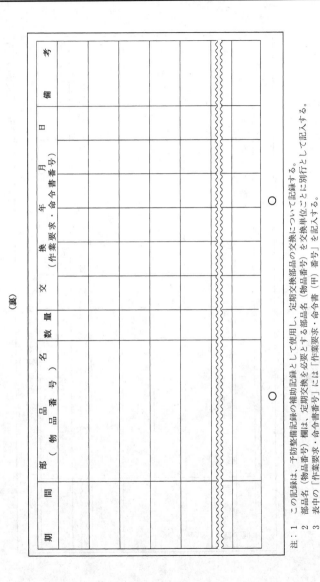

様式第４

砲（銃）射撃記録
（表）

品名					型式				器材番号（砲架番号）		
年月日	弾種型式	装薬種類	発射弾数		延発射弾数		初速（m／s）	砲(銃)腔測定	推定残存命数（％）	担当官（氏階級）	摘要
			実数	EFC	実数	EFC					
・・											
・・											
・・											
・・											
・・											
・・											
特記事項（弾道癖等）											

砲（銃）射撃記録（その　）

寸法：日本産業規格Ａ４

（裏）

年 月 日	弾種型式	装 薬 種 類	発射弾数		延発射弾数		初 速（m／s）	砲(銃)腔測定値	推定残存命数（%）	担 当 官（氏階級）	摘 要
			実数	EFC	実数	EFC					
・・											
・・											
・・											
・・											
・・											
特記事項（弾道癖等）											

注：1　概要

（1）この記録は、砲又は銃の射撃及び弾道技術検査並びに技術検査等による砲腔検査に関する事項を記録する。

（2）担当官欄は、射撃の場合は射場指揮官が、弾道技術検査の場合は弾道技術検査班長が、技術検査等の場合は担当検査官が射撃又は検査の実施の都度記入する。

2　記入要領

（1）ＥＦＣ（等値換算装薬）欄は、別に示す基準装薬に換算した発射弾数を記入する。

（2）摘要欄は、砲腔及び薬室の状況を記入する。

（3）特記事項欄は、砲（銃）弾道癖、銃照門調節量等を記入する。

3　砲身交換の際は、取り外した砲身に関する事項を転記複製して現品に添付する。

様式第5

誘導弾射撃記録

（表）

○　○

品名			型式			器材番号	
年月日	弾種	発数	射場	年月日	弾種	発数	射場
・　・				・　・			
・　・				・　・			
・　・				・　・			
・　・				・　・			
・　・				・　・			
・　・				・　・			
特記事項							

誘導弾射撃記録（その　　　）

寸法：日本産業規格Ａ４

（裏）

年　月　日	弾　　種	発　数	射　　場	年　月　日	弾　　種	発　数	射　　場
・　・				・　・			
・　・				・　・			
・　・				・　・			
・　・				・　・			
・　・				・　・			
・　・				・　・			
・　・				・　・			
・　・				・　・			
特記事項							

注：1　この記録は、誘導弾の射撃に関する事項を記録する。
　　2　品名、型式、器材番号欄は、発射機又は発射装置の品名、型式等を記入する。
　　3　発射機又は発射装置の異動の際には、この記録を当該器材に添付する。

様式第6

改　造　記　録

（表）

○　　　　　　　　○

品　名				型　式			器材番号			
改造指令					改造実施					
指令番号	指令年月日	緊急順位	整備段階	改造の概要	完了年月日	工数	金額	部隊名	実施者氏階級	摘要
	・　・				・　・					
	・　・				・　・					
	・　・				・　・					
	・　・				・　・					
	・　・				・　・					
	・　・				・　・					
	・　・				・　・					

改造記録（その　　）

寸法：日本産業規格A４

（裏）

改造指令					改造実施					
指令番号	指令年月日	緊急順位	整備段階	改造の概要	完了年月日	工数	金額	部隊名	実施者氏階級	摘要
	・　・				・　・					
	・　・				・　・					
	・　・				・　・					
	・　・				・　・					
	・　・				・　・					
	・　・				・　・					

○　○

注：1　この記録は、改造実施部隊が、改造指令に関する事項及びその実施状況について記録する。ただし、略式履歴簿を使用するものについては、この記録に記入しない。

2　記入要領

（1）改造の概要欄は、改造指令書の「改造すべき物品名」及び「改造すべき部位名」から要約記入する。

（2）改造実施の金額欄は、改造に要した部品、資材等の金額を記入する。ただし、電気、水道費等は含まない。

3　この記録を有する構成品等を器材から取り外す場合は、この記録を転記複製して現物に添付する。

別の構成品を受領した器材に組込んだときは、添付された改造記録を当該器材の履歴簿につづり保存する。

様式第７

野　整　備　・　補　給　処　整　備　記　録

（表）

○　　　　　　○

品名		型式				器材番号					
完了年月日	作業要求番号	主修理	延（時・キロ・発）	主整備内容	工数	使用部品名（部品番号）	数量	金額	整備 部隊名	整備 実施者氏階級	摘要
・　・											
・　・											
・　・											
・　・											
・　・											

野整備・補給処整備記録（その　　）

寸法：日本産業規格Ａ４

（裏）

完了年月日	作業要求番号	主修理	延(時・キロ・発)	主整備内容	工数	使用部品名（部品番号）	数量	金額	整備 部隊名	整備 実施者氏階級	摘要
・　・											
・　・											
・　・											
・　・											
・　・											
・　・											

注：1　概要

（1）この記録は、器材等（原動機記録に記載される原動機及びトランスミッション経歴記録に記載されるトランスミッションを除く。）について、野整備部隊及び補給処等が実施した整備（改造作業を除く。）状況を記録する。

（2）記入事項は、作業要求・命令書（甲）等から転記する。

2　記入要領

（1）主修理欄は、作業要求・命令書（甲）の記載事項中主要な修理箇所を記入する。

（2）主整備内容欄は、作業要求・命令書（甲）の記載事項中主要な整備内容、作業区分等を記入する。

（3）金額欄は、作業要求・命令書（甲）の「金額」の集計を記入する。また、外注にあっては、契約金額を記入する。

様式第８－１

移　管　記　録　（主　品　目）

（表）

品　名			型　式			器材番号			
調達機関名		会社名		製造年月		価　格		保証期間	
主要諸元									

経歴記録	保有期間（年　月　日）	部隊名及び番号	取扱主任 階級	取扱主任 氏名㊞	管理官 階級	管理官 氏名㊞	摘　要
	～						
	～						
	～						
	～						
	～						
	～						

移管記録（主品目）（その　　）

寸法：日本産業規格Ａ４

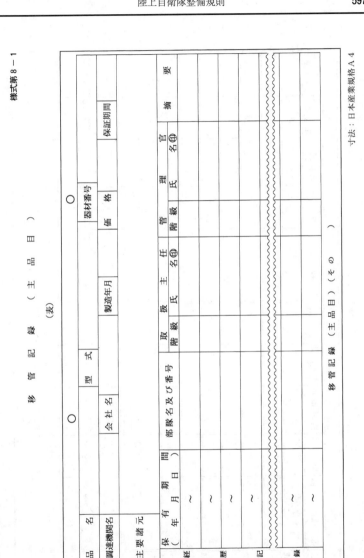

（裏）

	構成品名	型式	器材番号	取付年月日	延(時・キロ・発)	構成品名	型式	器材番号	取付年月日	延(時・キロ・発)
主要構成品表										

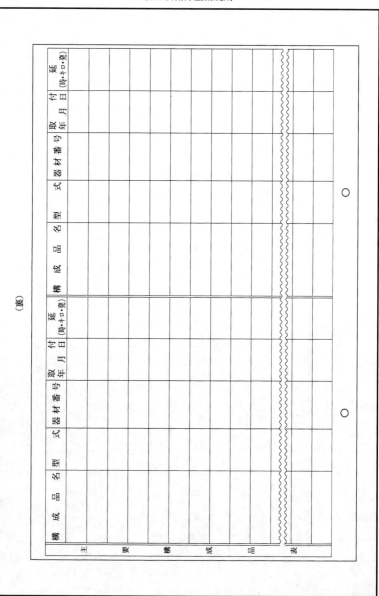

様式第８－２

移　管　記　録　（属　品・工　具　表　）

（表）

○　　○

	No.															
	保有期間	自 至	自 至	自 至	自 至	自 至	自 至	自 至	自 至	自 至	自 至	自 至	自 至	自 至	自 至	自 至
	取扱主任氏階級㊞															
一連番号	品名															

移管記録（属品・工具表）（その　　）

寸法：日本産業規格Ａ４

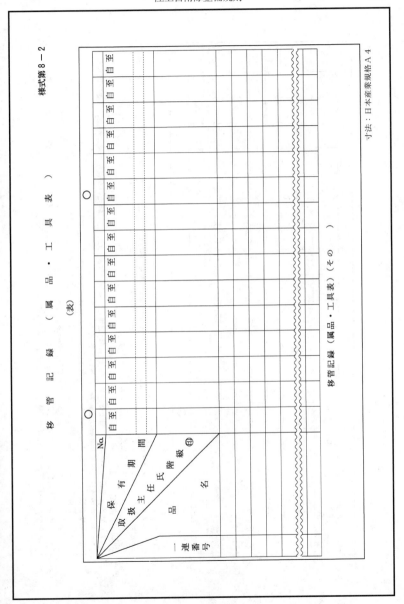

（裏）

一連番号	品　　名　　No.															

注：1　概要

様式８―１移管記録（主品目）は、主体品及びその主要構成品（原動機記録に記載される原動機及びトランスミッション経歴記録に記載されるトランスミッションを除く。）について、様式８―２移管記録（属品・工具表）は、属品、工具について、その移管の状況及び主要構成品の交換の状況を記録する。

2　記入要領

（１）品名、型式、器材番号、調達機関名、会社名、製造年月、価格、保証期間、主要諸元の欄は納入時に調達部隊等の検査官が、その他の欄は器材等の移管元部隊等が移管時に記入する。

（２）摘要欄は、移管の理由、走行キロ、使用時間等のうち移管に必要な事項を記入する。

（３）主要構成品表は、器材等の主要構成品（主として固有の器材番号のあるもの、例えば、エンジン、クラッチ、ミッション、トランスファ、トルクコンバータ、砲、砲架、遠隔操縦装置等）について移管の都度記入する。

（４）属品・工具表は、器材等の付属品及び付属工具について記入し（セット内容品は記載しない。）、器材等を移管等（整備要求のため一時管理換する場合を除く。）する場合に記入する。

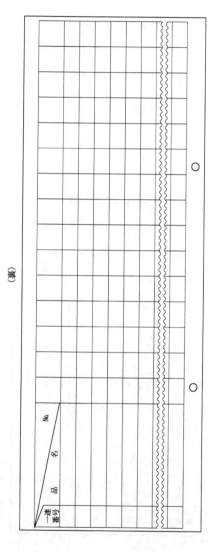

様式第９－１

原動機記録（野整備・補給処整備）
（表）

品名			型式			器材番号					
整備区分	野整備・補給処整備	会社名		製造年月		価格		保証期間			
気筒数		気筒容積		出力		燃料種類		サイクル		使用開始年月日及び延時・キロ	・　・（　　）

作命（甲）完了年月日	搭載又は卸下車両の車番	走行キロメータの読み	延（時・キロ・発）	主整備内容	工数	主使用部品名（物品番号）	数量	金額	整備 部隊名	整備 実施者氏階級	摘要
・　・											
・　・											
・　・											
・　・											
・　・											
・　・											

原動機記録（野整備・補給処整備）

寸法：日本産業規格Ａ４

（裏）

作命（甲）完了年月日	搭載又は卸下車両の車番	走行キロメーターの読み	延（時・キロ・発）	主整備内容	工数	主使用部品名（物品番号）	数量	金額	整備		摘要
									部隊名	実施者氏階級	
・ ・											
・ ・											
・ ・											
・ ・											
・ ・											
・ ・											
・ ・											
・ ・											
・ ・											
・ ・											
・ ・											
・ ・											

様式第９－２

原動機記録（解体整備）

○　　　○

解体整備	完了年月日	・　・
	整備回数	第　　回
	前回整備時からの時・キロ	
	累計走行キロ延(時・キロ)	
	解体整備の理由	
	工数	
	部品費	
	外注役務費	
	整備 部隊名	
	整備 実施者氏階級	
廃品理由書	年月日	・　・
	検査 実施部隊名	
	検査 実施者階級氏名	㊞

項目			単位 ＼ 番号	1	2	3	4	5	6	7	8	9	10	11	12
シリンダー	内径磨耗量		㎜												
	仕上げの内容		㎜												
	圧縮圧力	整備前	kg/㎠												
		整備後	kg/㎠												
	スリーブ	外径	㎜												
クランク軸	ジャー	磨耗量	㎜												
		仕上がり直径	㎜												
	ピン	磨耗量	㎜												
		仕上がり直径	㎜												

消費率			整備前	整備後	備考：
	燃料	L/㎞			
	潤滑油	L/㎞			

廃品理由及び原因（事故の場合は、処置、対策、意見等を記入する。）

原動機記録（解体整備）

寸法：日本産業規格Ａ４

注：１　概要

（１）様式９—１、様式９—２は、原動機の経歴及び補給整備部隊等が実施した整備状況を記録する。

（２）車両から原動機を取外し、当該原動機を整備完了後補給用として繰入れた場合は、この記録は、整備事項を記入の上、補給整備部隊等に原動機とともに保管する。

（３）原動機が廃品となった場合は、この原動機記録は、所要の事項を記入した後、補給統制本部に保管する。

２　記入要領

（１）出力欄は、軸出力又公称出力を記入する。

（２）整備区分欄は、該当事項を○で囲む。

（３）主修理箇所、主整備内容、主使用部品名及び金額の欄は、それぞれ作業要求・命令書（甲）から所要事項を転記する。

（４）摘要欄は、原動機の実際の使用実績等を累計し記入する。

（５）解体整備欄は、主として研磨作業を記入する。

様式第10

累　計　修　理　費　記　録

（表）

品　名		型　式		器材番号	
修理限度額		会社名		製造年月	
価格		耐用年数（時・キロ・発）			

年　月	段階区分	延（時・キロ・発）	工　数	人件費	部品費（外注）	合　計	累　計	摘　要
・								
・								
・								
・								
・								
・								
・								

累計修理費記録（その　　）

寸法：日本産業規格Ａ４

（裏）

年　月	段階区分	延（時・キロ・発）	工　数	人件費	部品費（外注）	合　計	累　計	摘　要
・								
・								
・								

廃品理由書	年　月　日		・　・	廃品理由及び原因（事故の場合は、処置、対策、意見等を記入する。）
	検査	実施部隊名		
		実施者階級氏名	㊞	

注：1　概要

（1）この記録は、器材等の修理費の累計、修理限度額、耐用命数を超えた場合の処置を記録し、その器材等の不用決定の資料とする。

（2）この記録の記入は、器材等の供用を受けている取扱主任が期末に部隊整備記録、野整備・補給処整備記録、原動機記録等からその使用状況、修理費等を転記して行う。

2　記入要領

（1）修理限度額及び耐用命数の欄は、定められた修理限度及び耐用限度を記入（鉛筆書き）する。

（2）価格欄は、別に示す価格を記入する。

（3）延（時・キロ・発）欄は、部隊整備記録の「期末累計走行キロ」から転記する。

（4）工数及び部品費の欄は、部隊整備記録、野整備・補給処整備記録並びに原動機記録から集計し記入する。

（5）人件費欄は、別に示す労賃を記入する。（外注）は、外注費の契約金額を（　）内に記入する。

様式第11

略　　式　　履　　歴　　簿

（表）

○　　　　　　○

品名		型式		主品目番号		物品番号		器材番号	
調達機関名		会社名		製造年月		価格		耐用年数(時・キロ・発)	
主要諸元								使用開始年月日及び延(時・キロ・発)	
								予防整備周期	

使用及び整備記録（部隊整備）	年月日	実施者（氏階級）	延（時・キロ・発・回数）	整備内容	年月日	実施者（氏階級）	延（時・キロ・発・回数）	整備内容
	・　・				・　・			
	・　・				・　・			
	・　・				・　・			
	・　・				・　・			
	・　・				・　・			
	・　・				・　・			

略式履歴簿（その　　　）

寸法：日本産業規格Ａ４

（裏）

	完了年月日	作業要求番号	段階区分	主修理内容	工数	主使用部品名（物品番号）	数量	金額	修理 部隊名	修理 実施者氏階級
修理記録（支援整備）	・・									
	・・									
	・・									
	・・									

	改造指令					改造実施					
	指令番号	指令年月日	緊急順位	整備段階	改造の概要	完了年月日	工数	金額	部隊名	実施者氏階級	摘要
改造記録		・・				・・					
		・・				・・					

	保有期間	部隊名及び番号	付属品					
			品名	数量	摘要	品名	数量	摘要
移管記録	・・～・・							
	・・～・・							
	・・～・・							

○　○

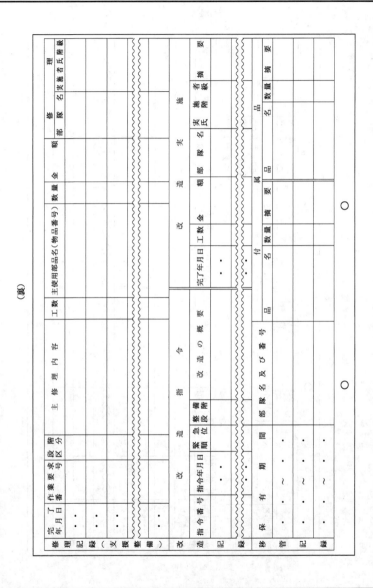

注：1　概要

（1）この記録は、器材等の使用状況、部隊整備、野整備及び補給処整備、改造作業並びに移管状況についての略式の記録である。

（2）この履歴簿は、同種器材等の履歴簿として合冊するか又は単独で保管する。

2　記入要領

（1）耐用命数欄は判明している場合に記入し、主要諸元欄は整備諸基準、補給カタログ等から転記する。

（2）使用開始年月日欄は、使用開始の年月日及びその時までの使用時間等を以前の履歴の得られるものは、その記録により、得られないものは、各隊の受領日付を記入する。

（3）整備内容欄は、使用状況及び部隊整備の結果を作業要求・命令書（乙）から転記する。

（4）修理記録（支援整備）欄は、補給整備部隊等が作業完了の都度作業要求・命令書（甲）から転記する。
改造記録欄は、改造実施部隊等が記入する。

（5）移管記録欄は、器材等を移管（整備要求のため一時管理換する場合を除く。）する場合に発送側の保管責任者が記入する。

3　いずれかの余白がなくなった場合は、新しい用紙に引継いで記入する。

様式第12

トランスミッション経歴記録

（表）

○　　　　○

品　名		型　式		器材番号		使用開始年月日 及び延(時間キロ)	・　・ （　　　）
会社名		製造年月		価　格		保証期間	

作命(甲)番号 完了年月日	使用部隊	搭載又は卸下 車両の車番	走行キロメータの読み		走行キロ （時間）	主要 修理内容	工数	主使用部品名 （物品番号）	数量	金額	整備		使用累計 走行キロ
			使用開始時	使用終了時							部隊名	実施者氏階級	
・　・													
・　・													
・　・													
・　・													
・　・													
・　・													
・　・													

トランスミッション経歴記録（その　　）

寸法：日本産業規格Ａ４

（裏）

作命(甲)番号 完了年月日	使用部隊	搭載又は卸下 車両の車番	走行キロメータの読み		走行キロ （時間）	主　要 修理内容	工数	主使用部品名 （物品番号）	数量	金　額	整　備		使用累計 走行キロ
			使用開始時	使用終了時							部隊名	実施者氏階級	
．　．													
．　．													
．　．													

注：1　概要

（1）この記録は、トランスミッションの使用及び移管並びに補給整備部隊等が実施した整備状況（外注整備を含む。）を記録する。

（2）この記録の対象器材は、国産装軌車（73式以降のもので雪上車及び施設器材を除く。）及び装輪装甲車とする。

（3）車両からトランスミッションを取り外す場合には、この記録を現品に添付する。また、新たに別のトランスミッションを受領して、車両に組み込んだ場合には、添付されている記録を当該車両の履歴簿につづり保管する。

（4）トランスミッションが廃品となった場合は、この記録を補給統制本部に送付する。

2　記入要領

（1）過去に移管経歴のあるものは、追跡調査し、記録可能なものは記入する。ただし、不明の場合は、第1行目に「使用前歴不明」と朱書きする。

（2）主要修理内容欄は、整備の区分（オーバホール又は部品修理）及び主要な修理箇所を記入する。

（3）主使用部品名欄は、機能回復に直接寄与した部品名を記入する。

（4）走行キロメータの読み欄の「使用開始時走行キロ」及び「使用終了時走行キロ」は、当該トランスミッションを搭載している車両のメータの読みを記入する。

（5）走行キロ欄は、走行キロ（(使用終了時走行キロ）－（使用開始時走行キロ)）を記入する。

（6）使用累計走行キロ欄は、当時トランスミッションの使用累計走行キロを記入する。

様式第13

落 下 傘 経 歴 簿

（表紙）

落下傘経歴簿

1　型式

2　番号

3　製造業者名

4　製造年月日

陸 上 自 衛 隊

規格：67mm×95mm

（1ページ）

注意事項

1　本簿は、常に収納ポケットに収納する。

2　記録は、それぞれの責任者において正確に要点を記入する。

3　本簿の保存期間は、当該落下傘が廃品処分されてから1か年後までとする。

（2ページ）

保 管 記 録		
年 月 日	部隊等名	備 考
	↓	
	8 ㎜	
	↑	

（3、4ページ～21、22ページ）

点検・包装・降下記録						
年月日	作業		降下回数	作業実施者（氏階級）	検査官（氏階級）	備考
	点検	包装				

注：1　年月日欄は、作業完了年月日を記入する。
2　点検欄は、点検終了後実施者が✓印を記入する。
3　包装欄は、包装終了後実施者が✓印を記入する。
4　降下回数欄は、包装実施者が包装完了時に降(投)下累計数を記入する。
5　作業実施者及び検査官の欄は、それぞれの担当者の氏階級を記入する。
6　備考欄は、降下の際の破損、要修理状況その他参考事項を記入する。

（23、24ページ～41、42ページ）

<table>
<tr><td colspan="7">修　理　記　録</td></tr>
<tr><td rowspan="2">修理
区分</td><td rowspan="2">受付年月日</td><td rowspan="2">完成年月日</td><td colspan="4">修　理　箇　所</td></tr>
<tr><td>セクション</td><td>パッチ</td><td>吊索
交換</td><td>傘頂吊
索交換</td></tr>
<tr><td></td><td></td><td></td><td rowspan="4"></td><td rowspan="5"></td><td rowspan="5"></td><td rowspan="5"></td></tr>
<tr><td colspan="2">実　施　者</td><td>検　査　官</td></tr>
<tr><td colspan="2"></td><td></td></tr>
<tr><td rowspan="2">補
修
箇
所</td><td colspan="2" rowspan="2"></td></tr>
<tr><td>累
計</td></tr>
</table>

注：1　修理区分欄は、部隊整備の場合は「部」、補給処整備の場合は「補」、外注整備の場合は「外」と記入する。

2　受付年月日及び完成年月日の欄は、作業要求受付及び作業完了年月日を記入する。

3　実施者及び検査官の欄は、それぞれの担当者の氏階級を記入する。

4　補修箇所欄は、右ページの修理箇所以外の修理内容について記入する。

5　修理箇所欄は、完成検査終了後検査官が次の区分により記入する。

（1）「セクション」：セクション交換部位

例：第5ゴアの第3セクションを交換した場合「5―3」

「累計」：セクション交換枚数の累計

（2）「パッチ」：傘体パッチを実施した部位と枚数

例：第2ゴアの第4セクションに3箇所パッチ修理をした場合「2－4×3」

（3）「吊索交換」：交換した吊索の番号

例：「No.10」

（4）「傘頂吊索交換」：交換した吊索の番号

例：「No.2」

（43、44ページ）

傘体及び吊索測定記録					
実施年月日	傘体（m）	吊索（m）	実施年月日	傘体（m）	吊索（m）

注：1　実施年月日欄は、測定した年月日を記入する。

2　傘体欄は、傘頂縁から傘縁（空挺傘主傘では、ネットを含まない。）までの自然長（傘頂を固定した落下傘を両手で引張り、張力を解放したときの長さ。）を小数点以下第2位まで記入する。

3　吊索欄は、傘縁から連結環までの吊索の自然長を小数点以下第2位まで記入する。

（45、46ページ）

改造記録						
根拠通達類	年月日	実施部隊等		改造要領	実施者（氏階級）	検査官（氏階級）
		補給処	部隊			

注：1　根拠通達類欄は、改造の根拠となる通達類の番号及び年月日を記入する。
2　年月日欄は、改造完了の年月日を記入する。
3　実施部隊等欄は、改造を実施した該当欄に○印を付す。
4　改造要領欄は、改造の大要を記入する。
5　実施者欄は、作業実施者の氏階級を記入する。
6　検査官欄は、完成品検査の担当者の氏階級を記入する。

（47、48、49、50、51、52、53、54ページ）

記録確認欄		
本簿の記録は、当該落下傘の経歴に相違ないことを認める。		
年月日	記録確認者（氏階級）	㊞
↑ 10 mm ↓		

Ⅳ その他

日米物品役務相互提供の実施に関する訓令

平25・1・8省訓2

最終改正　令4・3・15省訓10

目次

第1章　総則

（趣旨）

第1条　この訓令は、協定に基づく自衛隊とアメリカ合衆国軍隊（以下「米軍」という。）との間における物品又は役務の相互の提供（以下「日米物品役務相互提供」という。）の実施に関し必要な事項を定めるものとする。

2　日米物品役務相互提供の実施は、協定、法令又はこれらに基づく特別の定めによるほか、この訓令の定めるところによる。

（定義）

第2条　この訓令（第7号に掲げる用語にあっては、第10号を除く。）において、次の各号に掲げる用語の意義は、それぞれ当該各号に定めるところによる。

(1)　協定　日本国の自衛隊とアメリカ合衆国軍隊との間における後方支援、物品又は役務の相互の提供に関する日本国政府とアメリカ合衆国政府との間の協定をいう。

(2)　物品　物品管理法（昭和31年法律第113号）第2条第1項に規定する物品のうち、協定付表1に掲げるものをいう。

(3)　役務　協定付表1に掲げるもののうち、物品に該当しないものをいう。

⑷　手続取極　協定第10条に規定する手続取極をいう。
⑸　幕僚長　統合幕僚長、陸上幕僚長、海上幕僚長又は航空幕僚長をいう。
⑹　部隊等　統合幕僚監部、陸上幕僚監部、海上幕僚監部若しくは航空幕僚監部又は陸上自衛隊、海上自衛隊若しくは航空自衛隊の部隊（自衛隊情報保全隊及び自衛隊サイバー防衛隊を含む。）若しくは機関（自衛隊体育学校、自衛隊中央病院、自衛隊地区病院及び自衛隊地方協力本部を含む。）をいう。
⑺　実施権者　日米物品役務相互提供を適正に実施する責務を有する者であって、防衛大臣及び別表第１に掲げるものをいう。
⑻　物品管理官　物品管理法第８条第３項に規定する物品管理官又は同条第６項に規定する分任物品管理官をいう。
⑼　発注証　手続取極第２条ｆに規定する発注証をいう。
⑽　米軍実施権者　手続取極第２条ａに規定する実施権者であって、米軍の職員をいう。
⑾　送り状　手続取極第２条ｄに規定する送り状をいう。
⑿　消耗品　物品のうち防衛省所管物品管理取扱規則（平成18年防衛庁訓令第115号。以下「物管訓令」という。）第３条第２項第１号に規定する消耗品に該当するものをいう。
⒀　償還　通貨による償還をいう。
⒁　支出負担行為担当官　会計法（昭和22年法律第35号）第13条第３項に規定する支出負担行為担当官又は同条第５項に規定する分任支出負担行為担当官をいう。
⒂　現金払い　資金前渡官吏が指定された通貨により米軍に支払いを行うことをいう。
⒃　契約担当官　会計法第29条の２第３項に規定する契約担当官又は同条第５項に規定する分任契約担当官をいう。
⒄　検査調書　予算決算及び会計令（昭和22年勅令第165号）第101条の９第１項に規定する検査調書をいう。
⒅　官署支出官　予算決算及び会計令第１条第２号に規定する官署支出官をいう。
⒆　資金前渡官吏　出納官吏事務規程（昭和22年大蔵省令第95号）第１条第４項に規定する資金前渡官吏又はその事務の一部を分掌する分任資金前渡官吏をいう。
⒇　債権発生通知書　国の債権の管理等に関する法律施行令（昭和31年政令第337号）第11条第１項に規定する書面をいう。

(21)　歳入徴収官　会計法第４条の２第３項に規定する歳入徴収官をいう。

(22)　納入告知書　国の債権の管理等に関する法律施行令第13条第３項において準用する予算決算及び会計令第29条に規定する書面をいう。

(23)　役務要請部隊等の長　米軍による役務の提供の要請を求めた部隊等の長をいう。

(24)　役務決済　同種であり、かつ、同等の価値を有する役務の提供による決済をいう。

(25)　役務決済部隊等の長　米軍に対し役務決済のための役務の提供を行う部隊等の長をいう。

(26)　役務提供部隊等の長　米軍からの要請を受けて役務を米軍に提供する部隊等の長をいう。

(27)　役務受領部隊等の長　米軍から役務決済のための役務を受領する部隊等の長をいう。

(28)　物品管理簿　物品管理法施行令（昭和31年政令第339号）第42条に規定する物品管理簿をいう。

（防衛大臣の委任を受けた者等）

第３条　自衛隊法（昭和29年法律第165号）第77条の３第１項、第84条の５第１項及び第100条の６第１項の規定により防衛大臣の委任を受け米軍に対する物品の提供を実施することができる者、同法第76条第１項の規定により出動を命ぜられた自衛隊による行動関連措置（武力攻撃事態等及び存立危機事態におけるアメリカ合衆国等の軍隊の行動に伴い我が国が実施する措置に関する法律（平成16年法律第113号。以下「米軍等行動関連措置法」という。）第２条第８号に規定する行動関連措置をいう。）としての米軍に対する物品の提供を実施することができる者並びに自衛隊法第84条の５第２項第４号に定める国際平和協力業務としての米軍に対する物品の提供を実施することができる者は、日米物品役務相互提供を適正に実施する責務を有する者であって、別表第１に掲げるものとする。

（通貨の指定）

第４条　協定第７条１ａⅲ及び同条１ｂの規定に基づき日本国政府が指定する通貨は、本邦通貨（円）とする。

（幕僚長の相互協力）

第５条　幕僚長は、日米物品役務相互提供の実施に関し相互に協力するものとする。

第２章　物品の相互提供

第1節 要請

（物品の提供の要請）

第6条 実施権者は、物品管理官から協定第2条、第3条1a、第4条1、第5条1又は第6条1の規定による物品の提供を要請するよう求められた場合において、必要があると認めるときは、発注証を3通作成し、このうち2通を米軍実施権者に送付するものとする。

2 実施権者は、前項の場合において、米軍実施権者から受諾の署名のある発注証（以下「米軍受諾証」という。）の写しの送付を受けたときは、その内容が同項の規定に基づき作成した発注証の内容と一致することを確認した上で、その謄本を作成し、同項の物品管理官に送付するものとする。

3 物管訓令第22条に規定する防衛大臣が指定する者として、第1項の要請を行う実施権者を指定する。

（物品の受入れ等）

第7条 物品管理官は、前条第2項の規定により米軍受諾証の写しの謄本の送付を受けた場合には、物管訓令の規定に基づき物品を受け入れるものとする。

2 物品管理官は、前項の受入れを完了したときは、米軍実施権者から送付を受けた米軍受諾証2通の内容が実施権者から送付を受けた米軍受諾証の写しの謄本の内容と一致することを確認した上で、米軍受諾証2通に受領証明の署名を行い、米軍実施権者及び実施権者に1通ずつ送付するものとする。この場合において、物品管理官は、当該受領証明を行った米軍受諾証（以下「受領証明済米軍受諾証」という。）の謄本を作成するものとする。

3 物品管理官は、第1項の場合において、米軍から物品の提供を受けなかったとき又は米軍から提供を受けた物品に不具合のあることが判明したときは、直ちに米軍実施権者との協議に必要な事項を実施権者に通知しなければならない。この場合において、実施権者は、当該通知に基づき、直ちに米軍実施権者と協議しなければならない。

（送り状の受領等）

第8条 実施権者は、米軍実施権者から送り状の送付を受けたときは、速やかにその謄本を作成し、物品管理官に送付するものとする。

2 物品管理官は、実施権者が米軍実施権者から送り状の送付を受けていない場合において、必要があると認めるときは、実施権者を通じて、米軍実施権者に送り状の送付を求めるものとする。

（物品の決済）

第9条 物品管理官は、実施権者から送り状の謄本の送付を受けたときは、次の各号に掲げる場合の区分に応じ、当該各号に定める決済を行わなければならない。

(1)　提供を受けた物品が消耗品以外の物品である場合　米軍にとって満足のできる状態及び方法での当該物品の返還による決済

(2)　提供を受けた物品が消耗品である場合　米軍にとって満足のできる状態及び方法での当該物品と同種、同等及び同量の物品の返還による決済

2　物品管理官は、前項第1号に掲げる場合において同号に規定する決済を行うことができないと認めるときは、米軍にとって満足のできる状態及び方法での提供を受けた物品と同種、同等及び同量の物品の返還により決済するものとする。

3　物品管理官は、前2項に規定する物品の返還による決済を行うことができないと認める場合には、償還により決済するものとする。

4　第2項の決済を行おうとする場合には、物品管理官は、速やかにその旨を実施権者に通知するものとする。この場合において、実施権者は、受領証明済米軍受諾証を修正した上で、その謄本を作成し、物品管理官に送付するものとする。

5　第3項の決済を行おうとする場合には、物品管理官は、支出負担行為担当官と協議の上、速やかにその旨を実施権者に通知するものとする。この場合において、実施権者は、受領証明済米軍受諾証を修正した上で、その謄本を2通作成し、物品管理官に送付するものとする。

（物品の返還等）

第10条　物品管理官は、前条第1項の規定により物品の返還による決済を行うとき、又は同条第2項の規定により物品の返還による決済を行う場合において同条第4項の規定により修正された受領証明済米軍受諾証の謄本の送付を受けたときは、物管訓令の規定に基づき物品を払い出すものとする。

2　物品管理官は、前項の払出しを完了したときは、米軍から決済の完了を証明する文書を受領の上、その旨を実施権者に通知しなければならない。

3　実施権者は、第1項の場合において、物品の返還による決済が行われなかった旨又は返還を受けた物品に不具合のあることが判明した旨の通知を米軍から受けたときは、直ちにその旨を物品管理官に通知しなければならない。この場合において、物品管理官は、直ちに当該通知の内容と決済の内容とを確認した上で、米軍実施権者との協議に必要な事項を実施権者に通知しなければならない。

4　実施権者は、前項の通知を受けた場合には、当該通知に基づき、直ちに米軍

実施権者と協議し、必要な措置を講じなければならない。

（物品の提供に係る償還の手続）

第11条　物品管理官は、第９条第３項の規定により償還による決済を行う場合において、同条第５項の規定により修正された受領証明済米軍受諾証の謄本の送付を受けたときは、同項の支出負担行為担当官との協議により現金払いが必要と認められた場合を除き、このうち１通を支出負担行為担当官に送付するものとする。この場合において、支出負担行為担当官が送付を受けた修正された受領証明済米軍受諾証の謄本は、検査調書とみなすことができる。

２　前項の場合において、米軍から請求書の送付を受けた官署支出官は、請求書の発出日から60日以内に、指定された通貨により米軍に支払い、その旨を実施権者に通知するものとする。

第12条　物品管理官は、第９条第３項の規定により償還による決済を行う場合において、同条第５項の支出負担行為担当官との協議により現金払いが必要と認められ、かつ、同項の規定により修正された受領証明済米軍受諾証の謄本の送付を受けたときは、このうち１通を契約担当官に送付するものとする。この場合において、契約担当官が送付を受けた修正された受領証明済米軍受諾証の謄本は、検査調書とみなすことができる。

２　前項の場合において、米軍から請求書の送付を受けた資金前渡官吏は、指定された通貨により遅滞なく米軍に支払い、その旨を実施権者に通知するものとする。

（記載事項の変更に伴う措置）

第13条　物品管理官は、米軍受諾証又は受領証明済米軍受諾証に記載された事項を変更する必要があると認める場合には、第９条第４項及び第５項に規定する場合を除き、速やかにその旨を実施権者に通知するものとする。この場合において、実施権者は、当該通知に基づき、速やかに米軍実施権者と協議し、米軍受諾証又は受領証明済米軍受諾証を修正した上で、その謄本を作成し、物品管理官に送付するものとする。

２　実施権者は、米軍から米軍受諾証又は受領証明済米軍受諾証に記載された事項を変更する旨の通知を受けた場合には、速やかに物品管理官と協議の上、米軍実施権者との協議により米軍受諾証又は受領証明済米軍受諾証を修正した上で、その謄本を作成し、物品管理官に送付するものとする。

（物品の決済期限）

第14条　実施権者は、米軍から提供を受けた物品の決済をその受入れを完了した日の翌日から12月以内に完了するよう必要な措置を講じなければならない。

第2節　受諾

（物品の提供の受諾）

第15条　実施権者は、米軍実施権者から協定第２条、第３条１ａ、第４条１、第５条１又は第６条１の規定による物品の提供を要請する発注証２通の送付を受けた場合には、その受諾について物品管理官と協議するものとする。

２　実施権者は、前項の協議に際して、当該物品を提供することが部隊等の任務遂行に支障を生じさせないと認められ、かつ、当該要請を受諾することが適当であると認められることを確認しなければならない。ただし、防衛大臣又は幕僚長からの特段の指示があるときは、その指示に従うものとする。

３　実施権者は、第１項の協議の結果、米軍への物品の提供を受諾することが適当であると認められる場合には、同項の発注証２通に受諾の署名を行い、当該受諾の署名のある発注証（以下「受諾証」という。）を物品管理官に送付するとともに、受諾証の写しを作成し、米軍実施権者に送付するものとする。

（物品の払出し等）

第16条　物品管理官は、実施権者から受諾証２通の送付を受けた場合には、物管訓令の規定に基づき物品を払い出すものとする。

２　物品管理官は、前項の払出しを完了したときは、受諾証２通に米軍の受領証明の署名を受け、当該受領証明の署名のある受諾証（以下「受領証明済受諾証」という。）を米軍実施権者及び実施権者に１通ずつ送付するものとする。この場合において、物品管理官は、当該受領証明済受諾証の謄本を作成するものとする。

３　実施権者は、第１項の場合において、物品の払出しが行われなかった旨又は提供を受けた物品に不具合のあることが判明した旨の通知を米軍から受けた場合には、直ちにその旨を物品管理官に通知しなければならない。この場合において、物品管理官は、直ちに当該通知の内容と払出しの内容とを確認した上で、米軍実施権者との協議に必要な事項を実施権者に通知しなければならない。

４　実施権者は、前項の通知を受けた場合には、当該通知に基づき、直ちに米軍実施権者と協議し、必要な措置を講じなければならない。

（送り状の送付等）

第17条　物品管理官は、前条第２項の規定により受領証明済受諾証を送付したときは、速やかに送り状を作成し、実施権者を経由して、米軍実施権者に送付するものとする。この場合において、物品管理官は、当該送り状の謄本を作成するものとする。

２　実施権者は、米軍に提供した物品について米軍実施権者に送り状が送付されていない場合には、物品管理官に送り状の作成を要請するものとする。

（決済変更の通知）

第18条　実施権者は、米軍実施権者から次に掲げる変更の通知を受けた場合には、受領証明済受諾証を修正した上で、その謄本を作成し、物品管理官に送付するものとする。

(1)　満足のできる状態及び方法での米軍に提供した物品の返還による決済ができない場合における同種、同等及び同量の物品の返還による決済への変更

(2)　満足のできる状態及び方法での米軍に提供した物品と同種、同等及び同量の物品の返還による決済ができない場合における償還による決済への変更

（返還物品の受入れ等）

第19条　物品管理官は、米軍から物品の返還を受ける場合には、物管訓令の規定に基づき、当該物品を受け入れるものとする。この場合において、物品管理官は、次の各号に掲げる場合の区分に応じ、当該各号に定める決済が行われたことを確認しなければならない。

(1)　提供した物品が消耗品以外の物品である場合　満足のできる状態及び方法での当該物品の返還による決済又は満足のできる状態及び方法での当該物品と同種、同等及び同量の物品の返還による決済

(2)　提供した物品が消耗品である場合　満足のできる状態及び方法での当該物品と同種、同等及び同量の物品の返還による決済

2　物品管理官は、前項の受入れを完了したときは、米軍に決済の完了を証明する文書を交付し、その旨を実施権者に通知するものとする。

3　物品管理官は、第１項の決済が行われなかった場合又は返還された物品に不具合のあることが判明した場合には、直ちに米軍実施権者との協議に必要な事項を実施権者に通知しなければならない。この場合において、実施権者は、当該通知に基づき、直ちに米軍実施権者と協議しなければならない。

（債権発生通知等）

第20条　物品管理官は、第18条第２号に掲げる変更により修正された受領証明済受諾証の謄本の送付を受けた場合には、遅滞なく債権発生通知書を作成し、歳入徴収官に送付するものとする。

2　歳入徴収官は、前項の債権発生通知書の送付を受けた場合には、遅滞なく米軍の指定先に納入告知書を送付し、その旨を実施権者に通知するものとする。

（記載事項の変更に伴う措置）

第21条　物品管理官は、受諾証又は受領証明済受諾証に記載された事項を変更する必要があると認める場合には、速やかにその旨を実施権者に通知するものと

する。この場合において、実施権者は、当該通知に基づき速やかに米軍実施権者と協議し、受諾証又は受領証明済受諾証を修正した上で、その謄本を作成し、物品管理官に送付するものとする。

2　実施権者は、米軍から受諾証又は受領証明済受諾証に記載された事項を変更する旨の通知を受けた場合には、第18条に規定する場合を除き、速やかに物品管理官と協議の上、米軍実施権者との協議により受諾証又は受領証明済受諾証を修正した上で、その謄本を作成し、物品管理官に送付するものとする。

（物品の決済期限）

第22条　実施権者は、米軍に提供した物品の決済をその払出しを完了した日の翌日から12月以内に完了するよう必要な措置を講じなければならない。

第３章　役務の相互提供

第１節　要請

（役務の提供の要請）

第23条　実施権者は、役務要請部隊等の長から協定第２条１、第３条１ａ、第４条１、第５条１又は第６条１の規定による役務の提供を要請するよう求められた場合において、必要があると認めるときは、次の各号に掲げる場合の区分に応じ、当該各号に定める者（次項及び第31条において「役務協議者」という。）と協議の上、発注証を３通作成し、このうち２通を米軍実施権者に送付するものとする。

(1)　償還による決済を行おうとする場合　支出負担行為担当官

(2)　役務決済を行おうとする場合　役務決済部隊等の長

2　実施権者は、前項の場合において、米軍実施権者から受諾の署名のある発注証（以下「米軍役務受諾証」という。）の写しの送付を受けたときは、その内容が同項の規定に基づき作成した発注証の内容と一致することを確認した上で、その謄本を２通作成し、同項の役務要請部隊等の長及び役務協議者に１通ずつ送付するものとする。

3　償還による決済を行おうとする場合においては、支出負担行為担当官は、第１項の発注証の送付に先立ち、同項の実施権者に予算執行職員等の責任に関する法律（昭和25年法律第172号）第２条第１項第12号に規定する補助者を命ずるものとする。この場合において、支出負担行為担当官は、現金払いが必要と認めるときは、その旨を実施権者を経由して役務要請部隊等の長に通知するものとする。

（価格の設定）

第24条　実施権者は、米軍実施権者に提供を要請した役務について償還による決済を行う場合には、前条第１項の発注証を送付するに当たり、あらかじめ米軍実施権者と当該役務の価格について合意し、当該発注証に合意した価格を記載するものとする。ただし、実施権者は、米軍実施権者と当該役務の価格について合意することができない場合には、当該役務の見積価格を設定し、当該発注証に記載するものとする。

2　実施権者は、前項ただし書の規定により見積価格を記載した発注証を米軍実施権者に送付した場合には、速やかに米軍実施権者と当該役務の価格の設定について交渉しなければならない。

3　実施権者は、第１項ただし書に規定する見積価格及び前項の交渉により設定された価格を支出負担行為担当官に通知するものとする。

（償還による役務の受領）

第25条　役務要請部隊等の長は、米軍から提供を受ける役務について償還による決済を行う場合において、第23条第２項の規定により米軍役務受諾証の写しの謄本の送付を受けたときは、当該謄本の記載内容に基づき役務を受領するものとする。

2　役務要請部隊等の長は、前項の役務の受領を完了したときは、米軍実施権者から送付を受けた米軍役務受諾証２通の内容が実施権者から送付を受けた米軍役務受諾証の写しの謄本の内容と一致することを確認した上で、米軍役務受諾証２通に受領証明の署名を行い、米軍実施権者及び実施権者に１通ずつ送付するものとする。この場合において、役務要請部隊等の長は、当該受領証明を行った米軍役務受諾証（以下「受領証明済米軍役務受諾証」という。）の謄本を２通作成し、このうち１通を支出負担行為担当官（現金払いの場合にあっては契約担当官）に送付するものとする。

3　支出負担行為担当官（現金払いの場合にあっては契約担当官）は、前項の規定により送付を受けた受領証明済米軍役務受諾証の謄本に基づき、米軍から提供を受けた役務の受領を確認するため、会計法第29条の11第２項に規定する検査を行うものとする。この場合において、当該謄本を検査調書とみなすことができる。

4　支出負担行為担当官（現金払いの場合にあっては契約担当官）は、第１項の場合において、米軍から受領した役務に不具合のあることが判明したときは、直ちに米軍実施権者との協議に必要な事項を実施権者に通知しなければならない。この場合において、実施権者は、当該通知に基づき、直ちに米軍実施権者と協議しなければならない。

5　役務要請部隊等の長は、第１項の場合において、米軍から役務の提供が行われなかったときは、直ちに米軍実施権者との協議に必要な事項を実施権者に通知しなければならない。この場合において、実施権者は、当該通知に基づき、直ちに米軍実施権者と協議しなければならない。

（役務決済による役務の受領）

第26条　役務要請部隊等の長は、米軍から提供を受ける役務について役務決済を行う場合において、第23条第２項の規定により米軍役務受諾証の写しの謄本の送付を受けたときは、当該謄本の記載内容に基づき役務を受領するものとする。

２　役務要請部隊等の長は、前項の役務の受領を完了したときは、米軍実施権者から送付を受けた米軍役務受諾証２通の内容が実施権者から送付を受けた米軍役務受諾証の写しの謄本の内容と一致することを確認した上で、米軍役務受諾証２通に受領証明の署名を行い、米軍実施権者及び実施権者に１通ずつ送付するものとする。この場合において、役務要請部隊等の長は、当該受領証明済米軍役務受諾証の謄本を２通作成し、このうち１通を役務決済部隊等の長に送付するものとする。

３　役務要請部隊等の長は、第１項の場合において、米軍から役務の提供が行われなかったとき又は受領した役務に不具合のあることが判明したときは、直ちに米軍実施権者との協議に必要な事項を実施権者に通知しなければならない。この場合において、実施権者は、当該通知に基づき、直ちに米軍実施権者と協議しなければならない。

（送り状の受領等）

第27条　実施権者は、米軍実施権者から送り状の送付を受けたときは、速やかにその謄本を作成し、次の各号に掲げる場合の区分に応じ、当該各号に定める者に送付するものとする。

⑴　償還する場合　支出負担行為担当官（現金払いの場合にあっては契約担当官）

⑵　役務決済を行う場合　役務決済部隊等の長

２　実施権者は、米軍実施権者から送り状の送付を受けていない場合において、必要があると認めるときは、米軍実施権者に送り状の送付を求めるものとする。

（役務の決済）

第28条　米軍から受領した役務の決済は、米軍役務受諾証に記載された決済の区分によらなければならない。

（役務の提供に係る償還の手続）

第29条　第25条第１項の場合において、米軍から請求書の送付を受けた官署支出官は、請求書の発出日から60日以内に、指定された通貨により米軍に支払い、その旨を実施権者に通知するものとする。

2　第25条第1項の場合において、米軍から請求書の送付を受けた資金前渡官吏は、指定された通貨により遅滞なく米軍に支払い、その旨を実施権者に通知するものとする。

（役務決済の実施）

第30条　役務決済部隊等の長は、実施権者から送り状の謄本の送付を受けたときは、役務要請部隊等の長から送付を受けた受領証明済米軍役務受諾証の謄本の記載内容に基づき、決済のための役務の提供を行うものとする。

2　役務決済部隊等の長は、前項の役務の提供を完了したときは、米軍から決済の完了を証明する文書を受領の上、その旨を実施権者に通知するものとする。

3　実施権者は、第1項の場合において、役務の提供が行われなかった旨又は提供された役務に不具合のあることが判明した旨の通知を米軍から受けたときは、直ちにその旨を役務決済部隊等の長に通知しなければならない。この場合において、役務決済部隊等の長は、直ちに当該通知の内容と提供した役務の内容とを確認した上で、米軍実施権者との協議に必要な事項を実施権者に通知しなければならない。

4　実施権者は、前項の通知を受けた場合には、当該通知に基づき、直ちに米軍実施権者と協議し、必要な措置を講じなければならない。

（記載事項の変更に伴う措置）

第31条　役務協議者又は役務要請部隊等の長は、米軍役務受諾証又は受領証明済米軍役務受諾証に記載された事項を変更する必要があると認める場合には、速やかにその旨を実施権者に通知するものとする。この場合において、実施権者は、当該通知に基づき、速やかに米軍実施権者と協議し、米軍役務受諾証又は受領証明済米軍役務受諾証を修正した上で、その謄本を2通作成し、役務協議者及び役務要請部隊等の長に1通ずつ送付するものとする。

2　実施権者は、米軍から米軍役務受諾証又は受領証明済米軍役務受諾証に記載された事項を変更する旨の通知を受けた場合には、必要に応じ、速やかに役務協議者又は役務要請部隊等の長と協議の上、米軍実施権者との協議により米軍役務受諾証又は受領証明済米軍役務受諾証を修正した上で、その謄本を2通作成し、役務協議者及び役務要請部隊等の長に1通ずつ送付するものとする。

第2節　受諾

（役務の提供の受諾）

第32条　実施権者は、米軍実施権者から協定第2条、第3条1ａ、第4条1、第5条1又は第6条1の規定による役務の提供を要請する発注証2通の送付を受けた場合には、その受諾について役務提供部隊等の長と協議するものとする。

2　実施権者は、前項の協議に際して、当該役務を提供することが部隊等の任務遂行に支障を生じさせないと認められ、かつ、当該要請を受諾することが適当と認められることを確認しなければならない。ただし、防衛大臣又は幕僚長からの特段の指示があるときは、その指示に従うものとする。

3　実施権者は、第１項の協議の結果、米軍への役務の提供を受諾することが適当であると認められる場合には、決済の区分その他必要な事項を確認した上で同項の発注証２通に受諾の署名を行い、当該受諾の署名のある発注証（以下「役務受諾証」という。）を役務提供部隊等の長に送付するとともに、役務受諾証の写しを作成し、米軍実施権者に送付するものとする。

4　実施権者は、米軍に提供した役務について役務決済を受ける場合には、役務受諾証の写しを作成し、役務受領部隊等の長に送付するものとする。

（価格の設定）

第33条　実施権者は、米軍に提供する役務について償還による決済を受ける場合には、前条第１項の発注証の送付を受けるに当たり、あらかじめ米軍実施権者と当該役務の価格について合意するものとする。ただし、実施権者は、米軍実施権者と当該役務の価格について合意することができない場合には、当該役務の見積価格を設定し、この見積価格を米軍実施権者に通知するものとする。

2　実施権者は、前項ただし書の規定により見積価格を通知した場合には、速やかに米軍実施権者と当該役務の価格の設定について交渉しなければならない。

3　実施権者は、第１項ただし書に規定する見積価格及び前項の交渉により設定された価格を役務提供部隊等の長に通知するものとする。

（役務の提供の実施）

第34条　役務提供部隊等の長は、実施権者から役務受諾証２通の送付を受けた場合には、役務受諾証の記載内容に基づき役務の提供を行うものとする。

2　役務提供部隊等の長は、前項の役務の提供を完了したときは、役務受諾証２通に米軍の受領証明の署名を受け、当該受領証明の署名のある役務受諾証（以下「受領証明済役務受諾証」という。）を米軍実施権者及び実施権者に１通ずつ送付するものとする。

3　前項の場合において、米軍に提供した役務について償還による決済を受けるときは、役務提供部隊等の長は、受領証明済役務受諾証の謄本を作成するものとする。

4　第２項の場合において、米軍に提供した役務について役務決済を受けるときは、役務提供部隊等の長は、受領証明済役務受諾証の謄本を２通作成し、このうち１通を役務受領部隊等の長に送付するものとする。

5　実施権者は、第１項の場合において、役務の提供が行われなかった旨又は提供された役務に不具合のあることが判明した旨の通知を米軍から受けた場合には、直ちにその旨を役務提供部隊等の長に通知しなければならない。この場合において、役務提供部隊等の長は、直ちに当該通知の内容と提供した役務の内容とを確認した上で、米軍実施権者との協議に必要な事項を実施権者に通知しなければならない。

6　実施権者は、前項の通知を受けた場合には、当該通知に基づき、直ちに米軍実施権者と協議し、必要な措置を講じなければならない。

（送り状の送付等）

第35条　役務提供部隊等の長は、前条第２項の規定により受領証明済役務受諾証を送付したときは、速やかに送り状を作成し、実施権者を経由して、米軍実施権者に送付するものとする。この場合において、役務提供部隊等の長は、当該送り状の謄本を作成するものとする。

2　前項の場合において、米軍に提供した役務について役務決済を受けるときは、実施権者は、当該送り状の謄本を作成し、役務受領部隊等の長に送付するものとする。

3　実施権者は、米軍に提供した役務について米軍実施権者に送り状が送付されていない場合において、必要があると認めるときは、役務提供部隊等の長に送り状の作成を要請するものとする。

（債権発生通知等）

第36条　役務提供部隊等の長は、米軍に提供した役務について償還による決済を受ける場合において、前条第１項の規定により送り状を送付したときは、遅滞なく債権発生通知書を作成し、歳入徴収官に送付するものとする。

2　歳入徴収官は、前項の債権発生通知書の送付を受けた場合には、遅滞なく米軍の指定先に納入告知書を送付し、その旨を実施権者に通知するものとする。

（決済のための役務の受領）

第37条　役務受領部隊等の長は、米軍に提供した役務について役務決済が行われる場合において、第35条第２項の規定により送り状の謄本の送付を受けたときは、第34条第４項の規定により送付を受けた受領証明済役務受諾証の謄本の記載内容に基づき役務を受領するものとする。

2　役務受領部隊等の長は、前項の役務の受領を完了したときは、米軍に決済の完了を証明する文書を交付し、その旨を実施権者に通知するものとする。

3　役務受領部隊等の長は、第１項の場合において、米軍から役務の提供が行われなかったとき又は受領した役務に不具合のあることが判明したときは、直ちに米軍実施権者との協議に必要な事項を実施権者に通知しなければならない。この場合において、実施権者は、当該通知に基づき、直ちに米軍実施権者と協議しなければならない。

（記載事項の変更に伴う措置）

第38条 役務提供部隊等の長又は役務受領部隊等の長は、役務受諾証又は受領証明済役務受諾証に記載された事項を変更する必要があると認める場合には、速やかにその旨を実施権者に通知するものとする。この場合において、実施権者は、当該通知に基づき速やかに米軍実施権者と協議し、役務受諾証又は受領証明済役務受諾証を修正した上で、その謄本を２通作成し、役務提供部隊等の長及び役務受領部隊等の長に１通ずつ送付するものとする。

２ 実施権者は、米軍から役務受諾証又は受領証明済役務受諾証に記載された事項を変更する旨の通知を受けた場合には、必要に応じ、速やかに役務提供部隊等の長又は役務受領部隊等の長と協議の上、米軍実施権者との協議により役務受諾証又は受領証明済役務受諾証を修正した上で、その謄本を２通作成し、役務提供部隊等の長及び役務受領部隊等の長に１通ずつ送付するものとする。

（防衛医科大学校病院における医療）

第39条 第32条から第36条まで及び前条の規定は、防衛医科大学校病院における医療の役務の提供について準用する。この場合において、これらの規定中「役務提供部隊等の長」とあるのは「防衛医科大学校長」と、第32条第２項中「部隊等」とあるのは「防衛医科大学校」と読み替えるものとする。

第４章 物品又は役務の価格

（物品の提供価格）

第40条 米軍に提供する物品に係る調達の費用は、米軍に物品を提供した日の当該物品の物品管理簿に記録されている単価とする。ただし、物品管理簿において当該物品の価格の記録が省略されている場合には、当該物品の受入れに係る検査調書又は納品書に記録された金額とする。

２ 前項の規定により価格の設定ができない場合には、当該物品と同種及び同等の物品の直近の契約実績価格を基準として計算した金額を当該物品の調達の費用とするものとする。ただし、直近の契約実績価格を用いることができない場合には、見積価格を基準とするものとする。

３ 前２項の規定により価格の設定ができない場合には、当該物品の類似品目の直近の契約実績価格を基準として計算した金額を当該物品の調達の費用とするものとする。ただし、直近の契約実績価格を用いることができない場合には、見積価格を基準とするものとする。

（役務の価格の構成）

第41条 米軍に提供する役務の価格は、直接費及び間接費の合計額をもって構成する。ただし、相互主義に基づき特に必要がある場合には、間接費の一部又は全部を免除することができる。

2 直接費は、材料費、燃料費、諸手当、水道光熱費、運搬費、旅費、通信費その他の役務の提供のために必要となる費用であって、米軍に役務を提供するに際し、新たに発生することが確認されるものを計算要素とする。

3 間接費は、役務の提供に係る費用のうち、隊員の給与及び糧食費、消耗品でない物品の修理費その他前項に規定する直接費以外のものを計算要素とする。

（医療に要する費用の額）

第42条 前条の規定にかかわらず、米軍に提供する医療に要する費用の額は、健康保険法（大正11年法律第70号）第76条第２項に規定する療養の給付に要する費用の額と同法第85条第２項に規定する入院時食事療養費の額との合計額とする。

（役務の価格の特例）

第43条 法令又はこれに基づく特別の定めにおいて、役務の価格の算定の基準が定められている場合には、第41条の規定にかかわらず、当該基準による。

（物品又は役務の価格に関する委任規定）

第44条 この章に定めるもののほか、物品又は役務の価格に関し必要な事項は、防衛装備庁長官が定める。

第５章 輸出入の手続等

（輸出手続等）

第45条 幕僚長は、日米物品役務相互提供の実施に関し、外国為替及び外国貿易法（昭和24年法律第228号）第25条第１項並びに第48条第１項及び第３項の規定に基づく経済産業大臣の許可又は承認（以下この条において「許可等」という。）を必要とする場合には、許可等の申請を行うために必要な資料を作成し、防衛大臣に上申しなければならない。

2 防衛大臣は、前項の上申を受けた場合には、当該上申に基づき経済産業大臣に許可等の申請を行う。

3 防衛大臣は、経済産業大臣から許可等を受けた場合には、当該許可等に係る許可証又は承認証を第１項の幕僚長に送付する。

（輸入協議）

第46条 幕僚長は、日米物品役務相互提供の実施に関し、輸入貿易管理令（昭和

24年政令第414号）第19条第１項ただし書の規定に基づく輸入の協議（以下この条において「輸入協議」という。）を必要とする場合には、輸入協議を行うために必要な資料を作成し、防衛大臣に上申するものとする。

２　防衛大臣は、前項の上申を受けた場合には、当該上申に基づき経済産業大臣と輸入協議を行う。

３　防衛大臣は、経済産業大臣との輸入協議が整った場合には、当該輸入協議に係る同意文書を第１項の幕僚長に送付する。

（税法に係る手続）

第47条　幕僚長又はその指定する者は、日米物品役務相互提供の実施に関し、国税に関する法律及び地方税法（昭和25年法律第226号）に係る所要の手続を行うものとする。

第６章　雑則

（実施取決めの締結の報告等）

第48条　手続取極第４条３の規定に基づき実施取決めを交渉することができる者は、実施取決めを締結した場合には、速やかに防衛大臣に報告するものとする。この場合において、当該報告は、幕僚長が指名した者が実施取決めを締結したときは当該指名を行った幕僚長を通じて行い、防衛大臣によって権限を付与された部隊等の長がこれを締結したときは当該部隊を監督する幕僚長を通じて行うものとする。

２　統合幕僚長は、手続取極第８条２の規定に基づき手続取極の付表を修正した場合には、速やかに防衛大臣に報告するものとする。

（発注証等の正本が入手できないときの措置）

第49条　実施権者は、米軍実施権者が遠隔地に所在することその他の事由により、発注証、受諾証、役務受諾証、受領証明済受諾証、受領証明済役務受諾証、米軍受諾証、米軍役務受諾証、受領証明済米軍受諾証又は受領証明済米軍役務受諾証（以下この条において「発注証等」という。）を米軍に送付すること又は米軍から送付を受けることが困難な場合には、当該発注証等に記載すべき内容を記載した文書を作成するものとし、発注証等に替えて当該文書に基づき必要な措置を講じることができる。

２　実施権者は、前項に規定する事由が解消した場合には、速やかに、米軍に発注証等を送付し、又は米軍から発注証等の送付を受け、発注証等を同項に規定する文書と合本するものとする。

（事務の引継ぎ）

第50条　実施権者は、必要と認める場合には、他の実施権者に事務を引き継ぐことができる。

（物管訓令の特例）

第51条 幕僚長は、日米物品役務相互提供の実施については、物管訓令第８条の規定にかかわらず、同訓令別表第３事務の範囲の欄中６に規定する事務を物品管理法施行令第９条第５項に規定する代行機関の事務の範囲とすることができる。

２ 物管訓令第40条第１項及び第２項の規定にかかわらず、別表第２証書の欄に掲げる証書については同表物品の管理に関する行為の欄に掲げる物品の管理に関する行為に基づく物品の異動を示すものとして、同表証書として使用することができる謄本の欄に掲げる謄本については同表物品の管理に関する行為の欄に掲げる物品の管理に関する行為を示すものとして、それぞれ使用することができる。

３ 物品管理官は、物管訓令第43条の規定にかかわらず、提供した物品に係る物品管理簿と当該物品の受領証明済受諾証とを照合することによって、物品の現況調査を行うことができる。

（記録の保存）

第52条 実施権者、物品管理官、支出負担行為担当官、官署支出官、歳入徴収官、役務要請部隊等の長、役務決済部隊等の長、役務提供部隊等の長及び役務受領部隊等の長は、日米物品役務相互提供の実施に係る記録を適切に保存しなければならない。

（実績報告）

第53条 実施権者は、日米物品役務相互提供を実施した場合には、速やかにその実績を幕僚長に報告しなければならない。

２ 幕僚長は、前項の報告に基づき、協定第２条、第３条１ａ又は第６条１に規定する物品又は役務の相互提供（国際平和共同対処事態に際して我が国が実施する諸外国の軍隊等に対する協力支援活動等に関する法律（平成27年法律第77号。以下「国際平和協力支援活動法」という。）第１条に規定する国際平和共同対処事態において行われるものを除く。）に関する次に掲げる事項については、４月から６月までの実績を８月末日までに、７月から９月までの実績を11月末日までに、10月から12月までの実績を翌年２月末日までに、１月から３月までの実績を５月末日までに、それぞれ防衛大臣に報告しなければならない。ただし、防衛大臣が別に定める場合はこの限りではない。

(1) 実施部隊等

(2) 実施権者及び米軍実施権者

(3) 実施年月日及び実施場所

(4) 物品又は役務の内容

(5) その他参考事項

3 前項の規定は、協定第4条1、第5条1又は第6条1に規定する物品又は役務の相互提供（協定第6条1に規定する物品又は役務の相互提供は、国際平和協力支援活動法第1条に規定する国際平和共同対処事態において行われるものに限る。）について準用する。この場合において、同項中「4月から6月までの実績を8月末日までに、7月から9月までの実績を11月末日までに、10月から12月までの実績を翌年2月末日までに、1月から3月までの実績を5月末日までに」とあるのは、「重要影響事態に際して我が国の平和及び安全を確保するための措置に関する法律（平成11年法律第60号）第3条第1項第2号に規定する後方支援活動、米軍等行動関連措置法第2条第8号に規定する行動関連措置又は国際平和協力支援活動法第3条第1項第2号に規定する協力支援活動の終了後速やかに」と読み替えるものとする。

（委任規定）

第54条 この訓令の実施に関し必要な事項は、第44条に規定するものを除き、幕僚長が定める。

2 幕僚長は、前項の規定に基づき必要な事項を定めた場合には、速やかに防衛大臣に報告しなければならない。

附 則〔略〕

別表第1（第2条及び第3条関係）

統合幕僚監部	統合幕僚長
陸上自衛隊	陸上幕僚長 陸上総隊司令官 方面総監 師団長 旅団長 団長 連隊長 群長 中央輸送隊長 中央特殊武器防護隊長 対特殊武器衛生隊長 方面戦車隊長 方面特科隊長 方面航空隊長 方面後方支援隊長 方面衛生隊長 旅団特科隊長 旅団後方支援隊長 学校長 補給処長 教育訓練研究本部長 補給統制本部長 駐屯地司令の職にある部隊等の長 分屯地司令の職にある部隊等の長 その他防衛大臣の指定する部隊又は機関の長
海上自衛隊	海上幕僚長 自衛艦隊司令官 護衛艦隊司令官 航空集団司令官 潜水艦隊司令官 地方総監 教育航空集団司令官 練習艦隊司令官 掃海隊群司令 護衛隊群司令 海上訓練指導隊群司令 航空群司令 潜水隊群司令 海洋業務・対潜支援群司令 開発隊群司令 教育航空群司令

	システム通信隊群司令 護衛隊司令 練習隊司令 潜水隊司令 掃海隊司令 輸送隊司令 海上補給隊司令 海上訓練支援隊司令 航空隊司令（第23航空隊司令、第24航空隊司令及び第25航空隊司令に限る。） 航空基地隊司令（硫黄島航空基地隊司令に限る。） 基地隊司令 基地分遣隊長（父島基地分遣隊長に限る。） 学校長 艦船補給処長 航空補給処長 補給本部長 艦長 その他防衛大臣の指定する部隊又は機関の長
航空自衛隊	航空幕僚長 航空総隊司令官 航空支援集団司令官 航空教育集団司令官 航空方面隊司令官 航空救難団司令 補給処長 補給本部長 基地司令の職にある部隊等の長 分屯基地司令の職にある部隊等の長 その他防衛大臣の指定する部隊又は機関の長
共同の機関	病院長

別表第２（第51条関係）

証　　書	物品の管理に関する行為	証書として使用することができる謄本
管理換票・供用換票・保管換票（物管訓令別記様式第35）	米軍から提供される物品の受入命令	米軍受諾証謄本
	米軍に提供される物品の払出命令	受諾証謄本
	米軍から返還される物品の受入命令	受領証明済受諾証謄本
	米軍に返還する物品の払出命令	受領証明済米軍受諾証謄本
納品書・（受領）検査調書（物管訓令別記様式第38）	米軍から提供を受けた物品の償還に伴う受入命令	受領証明済米軍受諾証謄本
受払書（物管訓令別記様式第41）	米軍に提供した物品の償還に伴う受入命令又は払出命令	受領証明済受諾証謄本

陸上自衛隊日米物品役務相互提供の細部実施に関する達

平８・10・21達91―２

最終改正　平31・４・19達122―302

目次

第18　日米物品役務相互提供実績

第1章　総則

（趣旨）

第1条　この達は、日米物品役務相互提供の実施に関し細部の必要な事項を定めるものとする。

2　日米物品役務相互提供の実施は、関係法令等に基づく特別の定めによるほか、この達に定めるところによる。

第2条　削除

（用語の定義）

第3条　この達において、次の各号に掲げる用語の意義は、それぞれ当該各号の定めるところによる。

(1)　歳入徴収官　陸上自衛隊債権管理事務取扱規則（陸上自衛隊達第16―1号）別表第1第1項に掲げる歳入徴収官及び陸上自衛隊会計事務規則（陸上自衛隊達第16―4号）別表第1第1項に掲げる歳入徴収官たる中央会計隊長をいう。

(2)　資金前渡官吏　外国において経費の支払を担当する資金前渡官吏をいう。

(3)　契約担当官　当該資金前渡官吏の支払の原因となる契約に関する事務を行う契約担当官をいう。

(4)　日米相互提供　協定及び手続取極に基づき行われる日米物品役務相互提供をいう。

(5)　謄本　正本又は正本の写しの内容を完全に写しとり、余白に作成者が「正本と相違ないことを証明する」と記述し、証明年月日、作成者の官職及び氏名を記載し、職印又は公印を押印した認証謄本をいう。

（相互後方支援書（MLS様式）の使用）

第4条　日米相互提供における物品又は役務の要請、受諾、提供及び受領に使用する発注証、受諾証、役務受諾証、受領証明済受諾証、受領証明済役務受諾証、米軍受諾証、米軍役務受諾証、受領証明済米軍受諾証及び受領証明済米軍役務受諾証（以下「発注証等」という。）の様式は、別紙第1による。

第2章　物品の相互提供

第1節　要請

（物品提供要請の事前協議）

第5条　実施権者は、物品の提供を受けようとする場合には、発注証の送付に先立ち、当該物品の提供の可能性、受領時期、受領場所その他必要事項について米軍実施権者と協議することができる。

（物品提供の要請）

第６条　実施権者は、発注証の作成に当たっては、別紙第１により、相互後方支援書（MLS様式）に必要事項を記載した上で、要請側実施権者欄に実施権者の氏名、階級及び所属を記載し、職印を押印するものとする。

２　実施権者は、発注証を３通作成し、うち２通を米軍実施権者に送付するとともに、１通を保管するものとする。

３　実施権者は、米軍実施権者から米軍受諾証写しの送付を受けた場合には、前項により保管している発注証とともに保管するものとする。

４　物品提供の要請要領は、別紙第２に定めるところによる。

（物品の受領）

第７条　分任物品管理官は、事前に米軍の提供の内容、受領時期、受領場所等を確認の上、分任物品管理官自ら又は受領者を指名して物品を受領するものとする。この場合において、物品を受領する者（以下「物品受領者」という。）は、米軍受諾証写しの謄本を携帯し、米軍提供者に提示するものとする。

２　物品受領者は、物品を受領するに当たり携帯した米軍受諾証写しの謄本により、提供を受ける物品の品目、数量等を確認しなければならない。この場合において、当該謄本に記載されている品目、数量及び程度を受領する物との間に差異があるときは、米軍受諾証２通の備考欄にその内容を記載するものとする。

３　物品受領者は、物品を受領するに当たっては、米軍から米軍受諾証２通を受け、受領職員欄に分任物品管理官の氏名、階級及び所属を記載し、公印を押印し、日米物品役務相互提供の実施に関する訓令（以下「訓令」という。）第７条第２項に規定する受領証明を行い、受領証明済米軍受諾証２通を作成するものとする。

４　分任物品管理官は、前項で作成した受領証明済米軍受諾証２通を米軍実施権者及び実施権者に送付する。実施権者への送付に当たっては、謄本を作成し米軍受諾証写しの謄本と差し替え、米軍受諾証写しの謄本は破棄するとともに、正本を実施権者に送付するものとする。物品受領者が、受領場所において受領証明済米軍受諾証を米軍の物品を提供する者に交付した場合は、米軍実施権者への送付は行わないものとする。

５　分任物品管理官は、物品を受け入れた場合には、当該物品の管理簿⑴又は管理簿⑵の増欄の物品の受入数量を、摘要欄に「日米相互提供受入」と記載するものとする。

６　実施権者は、分任物品管理官から送付された受領証明済米軍受諾証を米軍受諾証写しと差し替え、米軍受諾証は破棄するものとする。
7　物品提供の要請に伴う物品の受領要領は、別紙第3に定めるところによる。
（送り状の受領）
第8条　訓令第9条第1項又は第2項による決済の場合、前条第4項に規定する米軍に送付した受領証明済米軍受諾証を受領することによって、訓令第8条第1項に規定する米軍実施権者からの送り状の送付とみなす。この場合において、訓令第8条第1項に規定する分任物品管理官への謄本の送付手続は行わないものとする。
（物品の返還）
第9条　分任物品管理官は、物品の返還に当たっては、米軍の受入時期及び場所を確認の上、受領証明済米軍受諾証謄本の返還計画に従い、分任物品管理官自ら又は返還者を指名して物品を返還するものとする。
2　分任物品管理官又は返還者は、受領証明済米軍受諾証を実施権者に送付する以前に物品の返還を行う場合においては、米軍受領者に受領証明済米軍受諾証の支払受領職員の署名欄に、米軍受領者の氏名、階級及び所属を記載させ、署名させるものとする。
3　分任物品管理官は、物品の返還に当たり、米軍から決済の完了を証明する文書の交付が受けられない場合には、請求・異動票に必要事項を記載するほか、備考欄に受領証明済米軍受諾証の実施取決め番号及び要求番号を記載したものを作成し、米軍受領者に受領欄に署名させたものを保管するとともに、写しを実施権者に送付するものとする。
4　分任物品管理官は、物品を返還した場合には、当該物品の管理簿(1)又は管理簿(2)の減欄に物品の返還数量を、摘要欄に「日米相互提供返還」と記載するものとする。
5　物品提供の要請に伴う物品の返還要領は、別紙第4に定めるところによる。
（償還の手続）
第10条　支出負担行為担当官（現金払の場合にあっては契約担当官）は、償還を行う場合において、分任物品管理官から送付された受領証明済米軍受諾証の謄本を検査調書とみなしたときは、これを官署支出官（現金払の場合にあっては資金前渡官吏）に送付するものとする。
2　官署支出官（現金払の場合にあっては資金前渡官吏）は、米軍会計機関から請求書の送付を受けた場合には、当該請求書と支出負担行為担当官（現金払の場合にあっては契約担当官）から送付された検査調書を審査し、支出の手続を行わなければならない。

3　物品提供の要請に伴う償還要領は、別紙第５に定めるところによる。

（記載事項の変更に伴う措置）

第11条　実施権者は、訓令第９条第４項及び第５項並びに訓令第13条第１項及び第２項の規定により、米軍受諾証又は受領証明済米軍受諾証の記載事項を変更する場合には、該当箇所を横朱二線で抹消し、当該欄の余白に変更事項を記載するものとする。ただし、決済方式欄の変更については、変更済みの当該箇所に実施権者の職印を押印するものとする。

2　分任物品管理官は、訓令第９条第４項及び第５項並びに訓令第13条第１項及び第２項により送付された謄本に基づき、前項の要領により自己の保管する謄本の該当箇所を変更し、当該箇所に公印を押印するものとする。

3　分任物品管理官は、米軍から変更された受領証明済米軍受諾証を受領した場合には、実施権者から送付された米軍受諾証と照合した上、米軍が変更した受領証明済米軍受諾証の変更箇所に公印を押印するものとする。

第２節　受諾

（物品受諾の事前協議）

第12条　実施権者は、発注証の受領に先立ち、米軍実施権者から物品の提供について協議を受けた場合には、分任物品管理官と協議の上、米軍実施権者に当該物品の提供の可否、提供時期、提供場所その他必要事項を通知するものとする。

（物品提供の受諾）

第13条　実施権者は、分任物品管理官との協議において、物品の提供ができないとの回答を得た場合には、発注証の追加事項欄に物品が提供できない旨を記載し、直ちに米軍実施権者に送付しなければならない。

2　実施権者は、前項の協議において、物品の一部のみが提供可能である旨の回答を得た場合には、米軍実施権者と協議するものとする。

3　実施権者は、受諾証の記載に当たっては、別紙第１により、発注証に必要事項を記載した上で、提供側実施権者欄に実施権者の氏名、階級及び所属を記載し、職印を押印するものとする。

4　実施権者は、作成した受諾証のうち、２通を分任物品管理官に送付するほか、受諾証の写しを作成し保管するものとする。

5　物品提供の受諾要領は、別紙第６に定めるところによる。

（物品の払出し）

第14条　分任物品管理官は、実施権者から受諾証が送付された場合には、別紙第１により、受諾証に必要事項を記載した上で、払出し又は支援実施職員欄に分任物品管理官の氏名、階級及び所属を記載し、公印を押印するものとする。

2　分任物品管理官は、物品の払出しを行うに当たり、分任物品管理官自ら又は払出者を指名して払出しの準備をするとともに、払出準備が整ったときは、米軍受領者にこの旨を通知するものとする。
3　前項により払出しをする者（以下「物品払出者」という。）は、米軍受領者に受諾証の写しの提示を求め、正当な受領者であることを確認した上で、所要の払出しを行うものとする。
4　物品払出者は、米軍が物品を受領した場合には、受諾証２通の受領職員欄に、米軍受領者の氏名、階級及び所属を記載の上署名させ、訓令第16条第２項に規定する受領証明を受けるものとする。この作成された受領証明済受諾証のうち、１通を米軍受領者に交付することで、訓令第16条第２項に規定する受領証明済受諾証の米軍実施権者への送付とみなすものとする。
5　分任物品管理官は、前項で作成した受領証明済受諾証の謄本を作成し、保管するとともに、正本を実施権者に送付するものとする。
6　分任物品管理官は、物品を払い出した場合には、当該物品の管理簿⑴の貸付寄託欄又は管理簿⑵の減欄に払出数量を、摘要欄に「日米相互提供払出」と記載するものとする。
7　実施権者は、分任物品管理官から送付された受領証明済受諾証を受諾証写しと差し替え、受諾証は破棄するものとする。
8　実施権者は、物品を提供する分任物品管理官と物品を受領する分任物品管理官が異なる場合には、受領証明済受諾証の謄本を作成し、物品を受領する分任物品管理官に送付するものとする。この場合において、物品を提供する分任物品管理官は、当該物品の管理簿⑴又は管理簿⑵の減欄に払出数量を、摘要欄に「日米相互提供払出」と記載するものとする。
9　物品提供の受諾に伴う物品の払出要領は、別紙第７に定めるところによる。

第14条の２　削除

（送り状の送付）

第15条　第14条第４項に規定する米軍受領者への受領証明済受諾証の交付をもって、訓令第17条第１項に規定する米軍実施権者への送り状の送付とみなす。この場合において、訓令第17条第１項に規定する送り状の謄本の作成は行わないものとする。

（返還物品の受入れ）

第16条　物品を提供した分任物品管理官及び第14条第８項の規定により物品を受領する分任物品管理官は、返還物品を受け入れる場合には、米軍の返還時期を確認の上、分任物品管理官自ら又は受入者を指名して受け入れるものとする。

この場合において、物品の数量及び状態を確認し、異常がなければ、別紙第１により受領証明済受諾証の支払受領職員の署名欄に必要事項を記載し、米軍の返還者に交付するものとする。当該交付をもって、訓令第19条第２項に規定する文書の交付とみなすものとする。

2　分任物品管理官は、前項の手続を終えたことを確認した場合には、当該物品の管理簿(1)の貸付寄託欄の数から受入数量を減ずるか又は管理簿(2)の増欄に受入数量を記載し、摘要欄に「日米相互提供受入」と記載するものとする。

3　物品提供の受諾に伴う返還物品の受入要領は、別紙第８に定めるところによる。

（償還の場合の措置）

第17条　分任物品管理官は、訓令第18条に規定する謄本の送付を受けた場合には、払出数量の記載を当該物品の管理簿(1)の貸付寄託欄から減欄に変更するとともに、摘要欄に「日米相互提供償還」と記載するものとする。この場合において、払出数量が既に管理簿(1)又は管理簿(2)で減欄に記載されているときは、摘要欄の「日米相互提供払出」を「日米相互提供償還」に変更するものとする。

2　分任物品管理官は、訓令第20条第１項に規定する債権の発生通知をする場合には、陸上自衛隊債権管理事務取扱規則別表第２及び別表第３により行うものとする。

3　歳入徴収官は、米軍会計機関に納入告知書を送付する場合には、物品提供後60日以内に到達するように処置しなければならない。

4　歳入徴収官は、前項より送付する納入告知書の納付目的欄に、「日米相互提供償還」の旨、実施取決め番号及び要求番号を記載するものとする。

5　物品提供の受諾に伴う償還要領は、別紙第９に定めるところによる。

（記載事項の変更に伴う措置）

第18条　実施権者は、訓令第21条第１項及び第２項の規定により受諾証又は受領証明済受諾証の記載事項を変更する場合には、該当箇所を横朱二線で抹消し、当該欄の余白に変更事項を記載するものとする。ただし、決済方式欄の変更については、変更済みの当該箇所に実施権者の職印を押印しなければならないものとする。

2　分任物品管理官は、訓令第21条第１項及び第２項により送付された謄本に基づき、前項の要領により自己の保管する謄本の該当箇所を変更し、当該箇所に公印を押印するものとする。

第３章　役務の相互提供

第１節　要請

（役務提供要請の事前協議）

第19条　実施権者は、役務の提供を受けようとする場合には、発注証の送付に先立ち、当該役務の提供の可能性、受領時期、受領場所、決済方法及び価格について米軍実施権者と協議することができる。

2　実施権者は、訓令第23条第１項第１号による支出負担行為担当官との協議は、経費の裏付けについて行うものとする。

3　役務決済を行う場合には、陸上幕僚長が必要に応じ、役務決済部隊等及び決済役務の内容を示すものとする。

（役務提供の要請）

第20条　実施権者は、発注証の作成に当たっては、別紙第１により、相互後方支援書（MLS様式）に必要事項を記載した上で、要請側実施権者欄に実施権者の氏名、階級及び所属を記載し、職印を押印するものとする。

2　実施権者は、発注証を３通作成し、うち２通を米軍実施権者に送付するとともに、１通を保管するものとする。

3　実施権者は、米軍実施権者から米軍役務受諾証写しの送付を受けた場合には、前項により保管している発注証とともに保管するものとする。

4　役務提供の要請要領は、別紙第10に定めるところによる。

（役務の受領）

第21条　役務要請部隊等の長は、役務の受領に当たっては、事前に米軍の提供の内容、受領時期、受領場所等を確認の上、役務要請部隊等の長自ら又は受領者を指名して役務を受領するものとする。この場合において、役務を受領する者（以下「役務受領者」という。）は、米軍受諾証写しの謄本を携帯し、米軍提供者に提示するものとする。

2　役務受領者は、携帯した米軍役務受諾証写しの謄本により提供を受ける役務の内容を確認しなければならない。この場合において、当該謄本に記載されている役務の内容と受領した役務との間に差異があるときは、直ちに訓令第25条第５項に規定する通知を行い、実施権者の指示を受けるとともに、米軍役務受諾証２通の備考欄にその内容を記載するものとする。

3　役務受領者は、役務を受領するに当たっては、米軍から米軍役務受諾証２通を受け、受領職員欄に役務受領者の氏名、階級及び所属を記載し、公印を押印し、訓令第25条第２項及び第26条第２項に規定する受領証明を行い、受領証明済米軍役務受諾証２通を作成するものとする。

4　役務要請部隊等の長は、前項で作成した受領証明済米軍役務受諾証２通を米軍実施権者及び実施権者に送付する。実施権者への送付に当たっては、謄本を作成し米軍役務受諾証写しの謄本と差し替え、米軍役務受諾証写しの謄本は破棄するとともに、正本を実施権者に送付するものとする。役務受領者が、受領場所において受領証明済米軍役務受諾証を米軍の役務を提供する者に交付した場合は、米軍実施権者への送付は行わないものとする。

5　実施権者は、役務要請部隊等の長から送付された受領証明済米軍役務受諾証を米軍役務受諾証写しと差し替え、米軍役務受諾証写しは破棄するものとする。

6　役務提供の要請に伴う役務の受領要領は、別紙第11に定めるところによる。

（送り状の受領）

第22条　前条第4項に規定する米軍から受領証明済米軍役務受諾証の受領をもって、訓令第27条第1項に規定する米軍実施権者からの送り状の送付とみなす。

（償還の手続）

第23条　支出負担行為担当官（現金払の場合にあっては契約担当官）は、償還を行う場合において、役務要請部隊等の長から送付された受領証明済米軍役務受諾証の謄本を検査調書とみなしたときは、これを官署支出官（現金払の場合にあっては資金前渡官吏）に送付するものとする。

2　官署支出官（現金払の場合にあっては資金前渡官吏）は、請求書の送付を受けた場合には、当該請求書と支出負担行為担当官（現金払の場合にあっては契約担当官）から送付された検査調書とを審査し、支出の手続を行わなければならない。

3　役務提供の要請に伴う償還要領は、別紙第12に定めるところによる。

（役務決済の実施）

第24条　役務決済部隊等の長は、役務の決済に当たっては、米軍の受入時期、受入場所等を確認の上、受領証明済米軍役務受諾証謄本の返還計画に従い、役務決済部隊等の長自ら又は決済者を指名して役務を決済するものとする。

2　役務決済部隊等の長は、米軍からの役務決済の完了を証明する文書の交付が受けられない場合には、受領証明済米軍受諾証謄本の支払受領職員の署名欄に別紙第1により米軍受領者に必要事項を記載させることにより、役務決済の完了を証明する文書とみなすことができる。

3　役務提供の要請に伴う役務決済の要領は、別紙第13に定めるところによる。

（記載事項の変更に伴う措置）

第25条　実施権者は、訓令第31条第1項及び第2項の規定により米軍役務受諾証又は受領証明済米軍役務受諾証の記載事項を変更する場合には、該当箇所を横朱二線で抹消し、当該欄の余白に変更事項を記載するものとする。

2　役務要請部隊等の長及び役務決済部隊等の長は、訓令第31条第1項及び第2

項により送付された写しの謄本に基づき、前項の要領により自己の保管する写しの謄本の該当箇所を変更するものとする。

3　役務要請部隊等の長及び役務決済部隊等の長は米軍から変更した受領証明済米軍役務受諾証を受領した場合には、実施権者から送付された米軍役務受諾証と照合するものとする。

第２節　受諾

（役務受諾の事前協議）

第26条　実施権者は、発注証の受領に先立ち、米軍実施権者から役務の提供について協議を受けた場合には、関係部隊等の長と協議の上、米軍実施権者に役務提供の可能性その他必要事項を通知するものとする。

（役務提供の受諾）

第27条　実施権者は、役務提供ができる部隊等が隷下部隊等にない場合には、指揮系統上の上官又は陸上幕僚長に役務提供部隊等の指定を上申するものとする。

2　実施権者は、役務提供部隊等の長との協議において、役務の提供ができないとの回答を得た場合は、発注証の追加事項欄に役務が提供できない旨を記載し、直ちに米軍実施権者に送付しなければならない。

3　実施権者は、前項の協議において、役務提供部隊等の長から役務の一部のみが提供可能である旨の回答を得た場合には、米軍実施権者と協議するものとする。

4　実施権者は、受諾証の記載に当たっては、別紙第１により、発注証に必要事項を記載した上で、提供側実施権者欄に実施権者の氏名、階級及び所属を記載し、職印を押印するものとする。

5　実施権者は、作成した受諾証のうち、２通を役務提供部隊等の長に送付するほか、受諾証の写しを作成し保管するものとする。

6　役務提供の受諾要領は、別紙第14に定めるところによる。

（役務提供の実施）

第28条　役務提供部隊等の長は、実施権者から役務受諾証が送付された場合には、別紙第１により、役務受諾証に必要事項を記載した上で、払出し又は支援実施職員欄に役務提供部隊等の長の氏名、階級及び所属を記載し、職印の押印又は署名を行うものとする。

2　役務提供部隊等の長は、役務の提供に当たり、役務提供部隊等の長自ら又は提供者を指名して受諾証に記載された役務の提供を実施するものとする。

3　役務を提供する者（以下「役務提供者」という。）は、役務を提供した場合には、訓令第34条第２項の規定により米軍から受領証明を受ける場合には、受諾証２通の受領職員欄に、別紙第１により、米軍受領者の氏名、階級及び所属を記載の上署名させ、この作成された受領証明済役務受諾証のうち１通を米軍受領者に交付するものとする。この場合において、米軍受領者への受領証明済役務受諾証の交付をもって、訓令第34条第２項に規定する受領証明済役務受諾証の米軍実施権者への送付とみなす。

４　役務提供部隊等の長は、前項で作成した受領証明済役務受諾証の謄本を作成し保管するとともに、正本を実施権者に送付するものとする。ただし、役務決済の場合には、謄本を２通作成し、１通を役務受領部隊等の長に送付するものとする。

５　役務提供部隊等の長は、他の規則等で作成すべきものと規定されている書類については、その摘要欄又は余白に「日米相互提供」と記載するものとする。

６　役務提供の受諾に伴う役務の提供要領は、別紙第15に定めるところによる。

第28条の２　削除

（送り状の送付）

第29条　第28条第３項に規定する米軍受領者への受領証明済役務受諾証の交付をもって、訓令第35条第１項の米軍実施権者への送り状の送付とみなす。

（償還の場合の措置）

第30条　役務提供部隊等の長は、訓令第36条第１項に規定する債権の発生通知をする場合には、陸上自衛隊債権管理事務取扱規則別表第２及び別表第３により行う。

２　歳入徴収官は、米軍会計機関に納入告知書を送付する場合には、役務提供後60日以内に到達するように処置しなければならない。

３　歳入徴収官は、前項により送付する納入告知書の納付目的欄に、「日米相互提供償還」の旨、実施取決め番号及び要求番号を記載するものとする。

４　役務提供の受諾に伴う償還要領は、別紙第16に定めるところによる。

（役務決済の受領）

第31条　役務受領部隊等の長は、役務の受領に当たっては、受領証明済役務受諾証の謄本により、米軍の提供時期、提供場所等を確認の上、役務受領部隊等の長自ら又は受領者を指名して役務を受領するものとする。

２　前項により役務を受領する者は、携帯した受領証明済役務受諾証の写しにより、米軍から決済を受ける役務の内容を確認しなければならない。

３　役務受領部隊等の長は、役務の受領の完了を証明する文書の交付に代え、受領証明済役務受諾証謄本の支払受領職員の署名欄に氏名、階級及び所属を記載し、公印を押印又は署名するものとする。

4　役務提供の受諾に伴う役務決済の要領は、別紙第17に定めるところによる。

（記載事項の変更に伴う措置）

第32条　実施権者は、訓令第38条第１項及び第２項の規定により役務受諾証又は受領証明済役務受諾証の記載事項を変更する場合には、該当箇所を横朱二線で抹消し、当該欄の余白に変更事項を記載するものとする。

2　役務提供部隊等の長及び役務受領部隊等の長は、訓令第38条第１項及び第２項により送付された謄本に基づき、前項の要領により自己の保管する謄本の該当箇所を変更するものとする。

第４章　雑則

（発注証等の正本が入手できないときの措置）

第33条　実施権者は、訓令第49条第１項の規定により発注証等の正本の入手ができない場合には、米軍実施権者と調整の上、別紙第１に規定する項目を記載した文書を作成するものとする。

2　実施権者は、訓令第49条第２項の規定に基づき合本した文書を保管するものとする。

（実績報告）

第34条　実施権者は、次に示す期限内に日米物品役務相互提供実績を、別紙第18により、順序を経て陸上幕僚長に報告するものとする。（装計定第24号）

⑴　協定第２条に規定する日米物品役務相互提供
　訓練終了日の属する四半期の翌月の末日

⑵　協定第３条１a及び協定第６条１に規定する日米物品役務相互提供（国際平和支援法第３条第１項第２号に規定する協力支援活動として行う物品又は役務の相互提供を除く。）
　各四半期の翌月の末日

⑶　協定第４条１及び協定第６条１に規定する日米物品役務相互提供（協定第６条１に規定する物品又は役務の相互提供は、国際平和支援法第３条第１項第２号に規定する協力支援活動として行う物品又は役務の提供に限る。）
　命ぜられた重要影響事態に係る措置及び協力支援活動の終了後、速やかに

⑷　協定第５条１に規定する日米物品役務相互提供
　命ぜられた行動関連措置の終了後、速やかに

2　実施権者は、前項の報告において未決済がある場合は、決済終了後速やかに順序を経て陸上幕僚長に報告するものとする（装計定第24号）。

附　則〔略〕

別紙第1（第4条、第6条、第13条、第14条、第16条、第20条、第24条、第27条、第28条、第33条関係）

相互後方支援書（MLS様式）及び記載要領

1　相互後方支援書（MLS様式）
付紙「相互後方支援書（MLS様式）」を使用

2　記載要領

(1)　要請する実施権者が、提供する実施権者と事前調整を実施した結果に基づいて記入する項目
記入することにより「発注証」となる。

記入欄	記入要領
1　要求番号	要求一連番号を記入（例：JG—NA（実施権者の所属）—001（一連番号））
2　要求年月日	日、月、年の順に記入（例：29 JUL 04）
3　発簡者	要請する実施権者の職名、所属及び電話番号を記入
4　宛先	提供する実施権者の職名、所属及び住所を記入
5　実施取決め番号	実施取決めがある場合は、実施取決め番号を記入
6　資金参照	（米軍が要請する場合のみ米軍側が記入）
7　受領希望日	受領希望年月日を記入 （数日にわたる場合の例：28 OCT 04～02 NOV 04）
8　物品番号	適用される場合は記入
9　要請内容	物品の品名又は役務の内容を記入 詳細は別紙を添付
10　単位	出荷単位（EA、SET、KL等）を記入
11　要求数量	要求する物品等の単位に応じた数を記入
13　単価	事前調整で提供する実施権者から示された単価を記入

	見積価格の場合は、15　備考の欄に「Estimated Price」と記入
15　備考	要請内容について必要事項を記入 必要に応じて別紙を添付
16　希望納地	希望する物品又は役務の受領場所を記入
17　決済方式	金銭償還（CASH）、同種置換（Replacement-in-kind）のいずれかの方式を選択して、提案欄に「レ」でチェックを記入 同額返還（Equal value Exchange）は使用しない。
19　債務限度額	全体として見積りが不可能な場合、要請する実施権者側が支払う最高価格を記入
23　返還計画及び返還物品・役務の納地	物品又は役務の返還計画及びその返還納地を記入
24　要請側実施権者	要請する実施権者の官職、氏名、階級、所属の記入及び署名又は押印

(2)　提供する実施権者が、要請する実施権者から送付された発注証を点検、修正し、記入する項目

修正又は記入することにより、「受諾証」、「米軍受諾証」、「役務受諾証」又は「米軍役務受諾証」となる。

記　入　欄	記　　入　　要　　領
12　提供数量	提供する数量を記入
13　単価	単価を記入
14　合計	合計価格を記入
15　備考	12　提供数量の欄から15　備考の欄の内容を訂正した場合、訂正理由等を記入 必要に応じて別紙を添付

17　決済方式	要請する実施権者が、提案した事項を点検し、合意できる場合は、承諾欄に「レ」のチェックを記入 合意できない場合は、要請する実施権者と調整の上、新たに合意した方法を○で囲んだ上、承諾欄に「レ」のチェックを記入
18　請求総額	13　単価の欄の合計価格を記入 （日本円の場合は、¥の記号を記入）
20　送金先	提供側の会計機関名及び住所を記入 （償還の必要がない場合はＮ／Ａを記入）
21　追加事項及び処理コード	必要がある場合、追加事項を記入
23　返還計画及び返還物品・役務の納地	物品又は役務の返還計画及びその返還納地を記入
25　提供側実施権者	提供する実施権者の氏名、階級、所属の記入及び署名又は押印

(3)　分任物品管理官又は役務提供部隊等の長から指名された物品又は役務の提供者が確認し、記入する項目

記　入　欄	記　入　要　領
26　払出し又は支援実施職員	物品又は役務の提供者の氏名、階級、所属の記入及び署名又は押印

(4)　分任物品管理官又は役務提供部隊等の長から指名された物品又は役務の受領者が記入する項目

記　入　欄	記　入　要　領
21　追加事項及び処理コード	受領した物品又は役務と要請した物品又は役務に差異がある場合に、その差異を記入
27　受領職員	受領者の氏名、階級、所属の記入及び署名又は押印

(5)　返還物品又は役務を受領する分任物品管理官又は役務受領部隊等の長から指名された物品又は役務の受領者が記入する項目

記　入　欄	記　　入　　要　　領
21　追加事項及び処理コード	受領した物品又は役務と要請した物品又は役務に差異がある場合に、その差異を記入
28　支払受領職員の署名	受領者の氏名、階級、所属の記入及び署名又は押印

備考：1　本様式への記載は英語とし、字体はアルファベット活字体とする。
2　第16条第1項に規定する受領証明済受諾証及び第31条第3項に規定する分任物品管理官又は役務受領部隊等の長が保管する受領証明済役務受諾証への記載は日本語とする。

付紙

相互後方支援書（ＭＬＳ様式）

MUTUAL LOGISTICS SUPPORT
ORDER/RECEIPT/INVOICE FORM

Guidance on completion is in ACSA,MLS Handbook and Service procedures.
·The requester must complete areas 1 to 11,13,15,16,17,19,23
·The supplier must complete areas 12 to 15,17,18,20,21,23,25
·The financial activity must complete areas 28.

Distribution ONE COPY-INVOICE
TWO COPIES-REQUESTER
TWO COPIES-SUPPLIES

1.Request Number 要求番号	3.From:(Requester) 発簡者	5.Implementation Arrangement Number 実施取決め番号
2.Date of Request 要求年月日	4.To:(Issuing Activity) 宛先	
6.Fund Cite(U.S.use only) 資金参照(米軍のみ)		7.Date of Requested Delivery 受領希望日

8.Stock number 物品番号	9.Description of requested Support 要請内容 (Detail description may be attached) (詳細を添付)	10.Units 単位	11.Quantity Required 要求数量	12.Quantity Delivered 提供数量	13.Unit Price 単価	14.Total 合計	15.Remarks 備考

16.Place of Delivery of requested support 希望納地	17.Method of Reimbursement 決済方式	Proposed 提案	Agreed 承諾	18.Total Amount Claimed 請求総額	19.Liability Limitations 債務限度額
	Cash 金銭償還			20.Payable To 送金先	
	Replacement-in-kind 同種置換				21.Add'l Remarks & Transaction Codes 追加事項及び処理コード
	Equal Value Exchange 同額返還			22.Payment Forwarded To 送金受領確認	

23.Schedule for Replacement/Exchange and Place of delivery of replacement Item 返済計画及び返還物品・役務の納地

Name/Grade 氏名／階級	24.Authorized Requesting Officer 要請側実施権者	25.Authorized Supplying Officer 提供側実施権者	26.Issuing Individual(Supplier's Agent) 払出又は支援実施職員	27.Received Inspected & Accepted by(Requester's Agent) 受領職員（提供側の代理）
Organization 所属				
Signature 署名				

28.Signiture block of payment receiving Officer 支払い受領職員の署名欄

I certify that I received ＿＿＿＿ from ＿＿＿＿ representing the
(Amount,Cash or Exchange Item/Service) (現金総額又は、物品・役務内容)　(Officer's Name) (返還職員の氏名)

＿＿＿＿ Government on ＿＿ This payment represents the ＿＿ payment due under this invoice. The amount of payment still outstanding is ＿＿＿＿
(Country 国名)　(Date 日付)　(Amount,Cash or Exchange Item/Service) 現金総額又は物品・役務内容)

＿＿＿＿＿＿＿＿
(Signature,Title and Date of(Country)Official 日付、受領職員の署名(国名)

別紙第2（第6条関係）

物品提供の要請要領（要請）

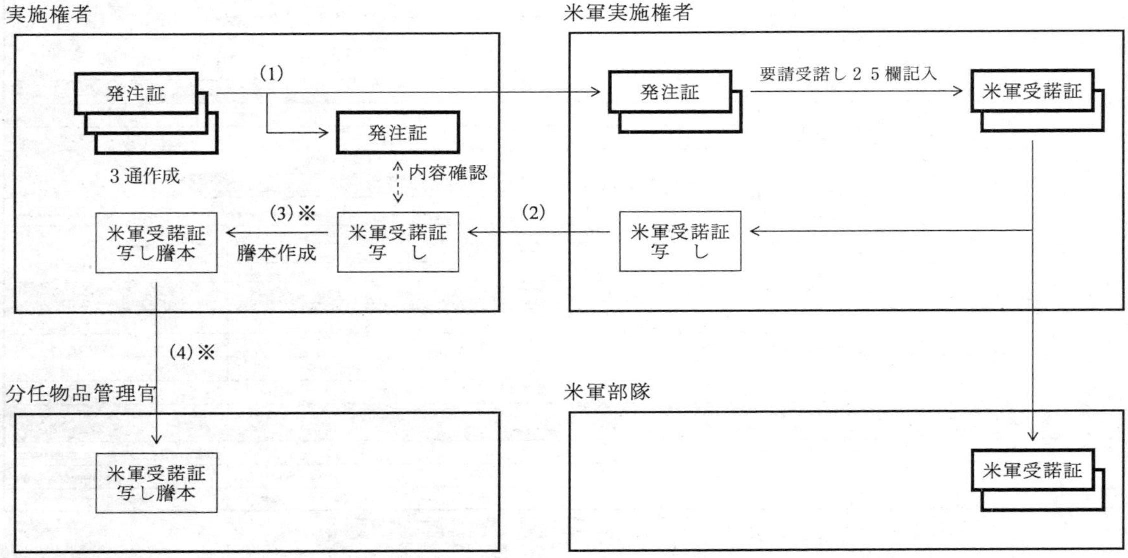

凡例：▭は、発注証等を示す。
（　）内の数字は、順序を示す。
(3)及び(4)は、訓令第6条による。

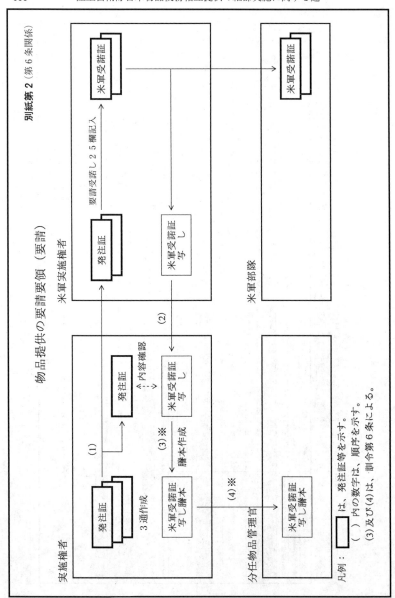

別紙第３（第７条関係）

物品提供の要請要領（物品の受領）

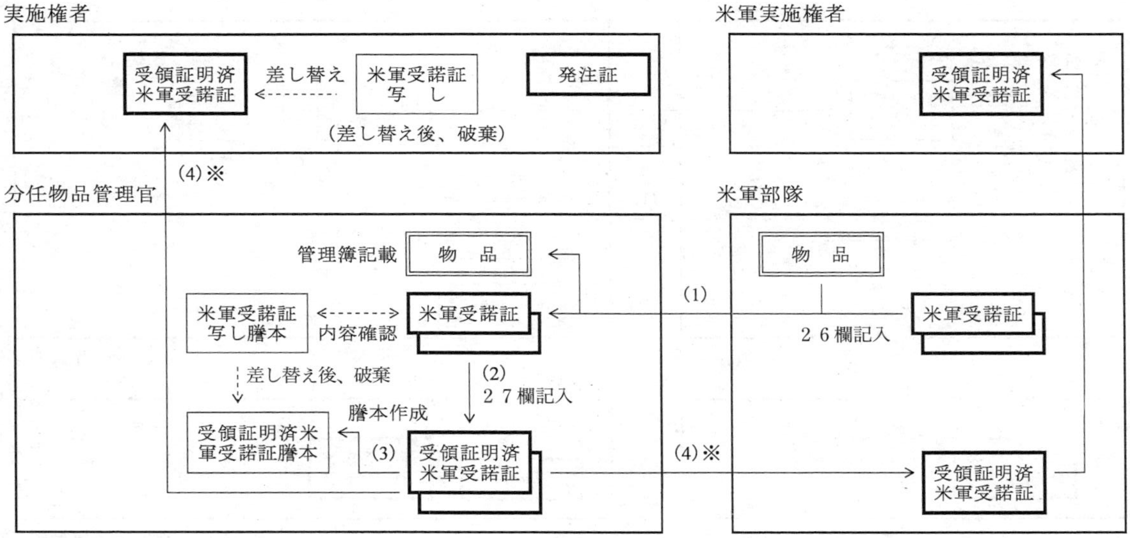

凡例：［太枠］は、発注証等を示す。
（　）内の数字は、順序を示す。
(4)は、訓令第７条による。

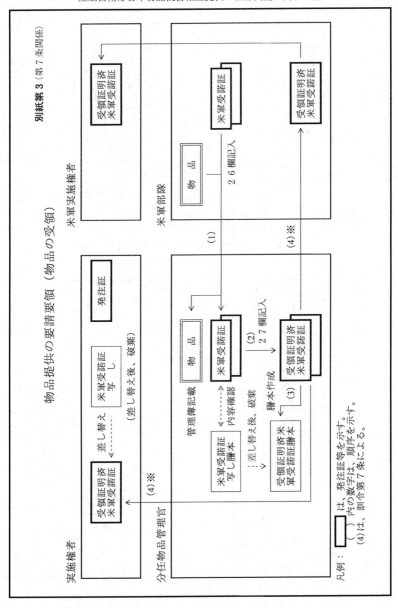

別紙第4（第9条関係）

物品提供の要請要領（物品の返還）

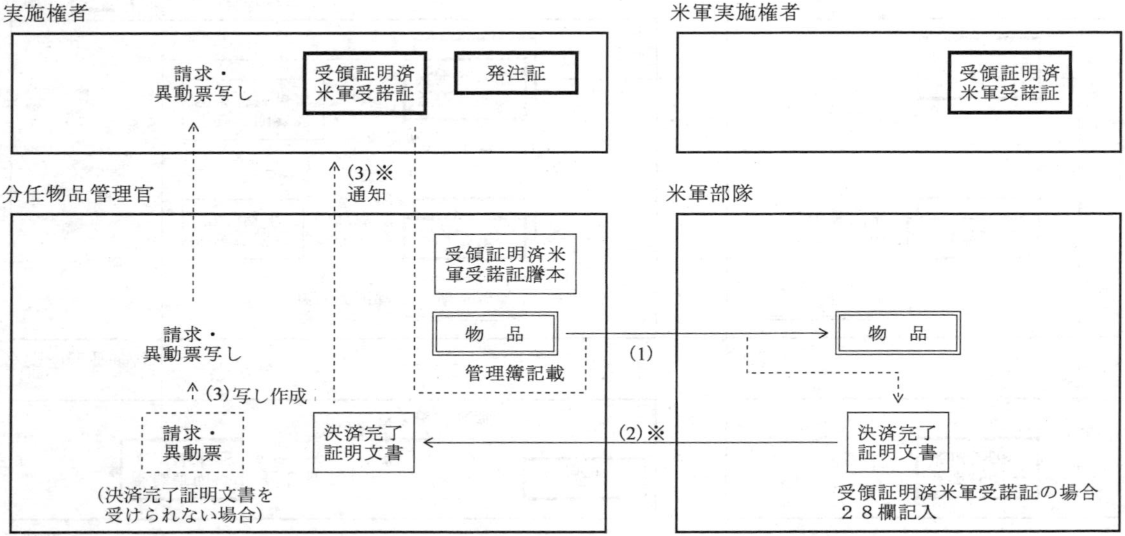

凡例：［太枠］は、発注証等を示す。
（　）内の数字は、順序を示す。
(2)及び(3)は、訓令第１０条による。

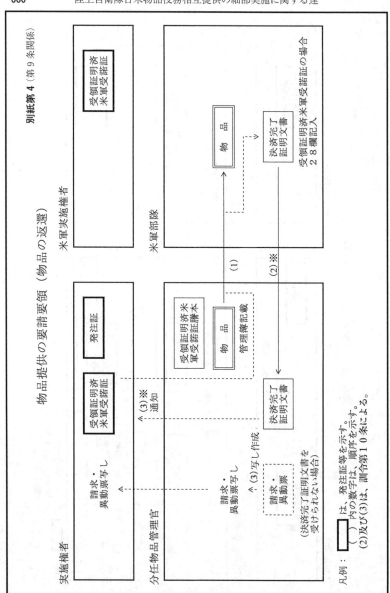

別紙第５（第10条関係）

物品提供の要請要領（償還）

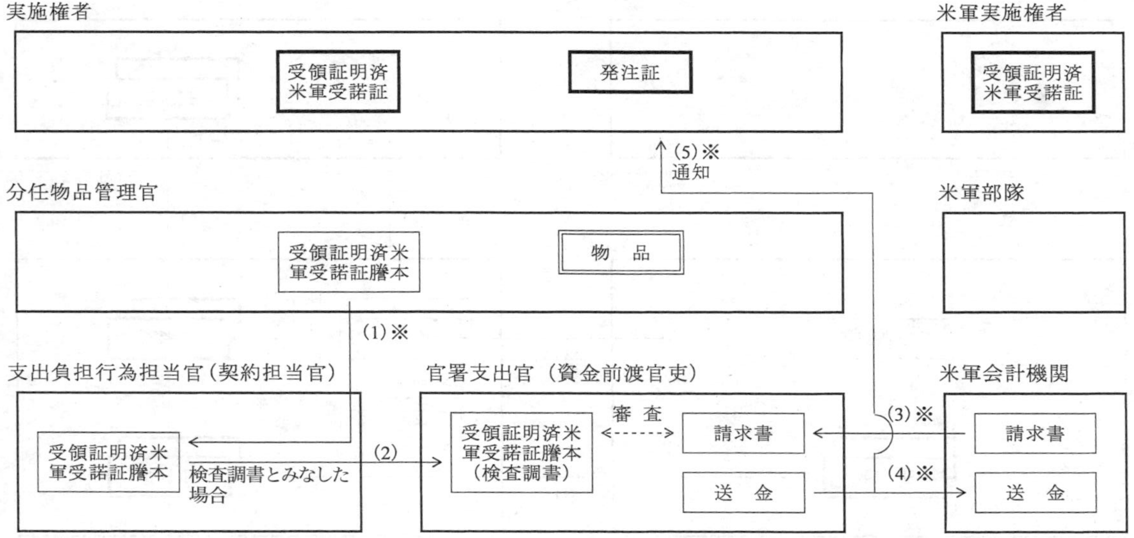

凡例：▭は、発注証等を示す。
（　）内の数字は、順序を示す。
(1)及び(3)から(5)は、訓令第11条及び第12条による。

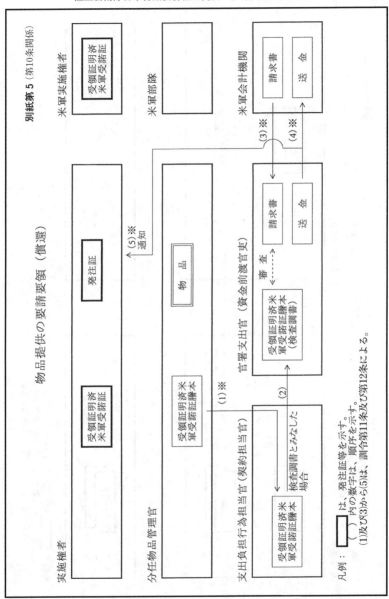

別紙第６（第13条関係）

物品提供の受諾要領（受諾）

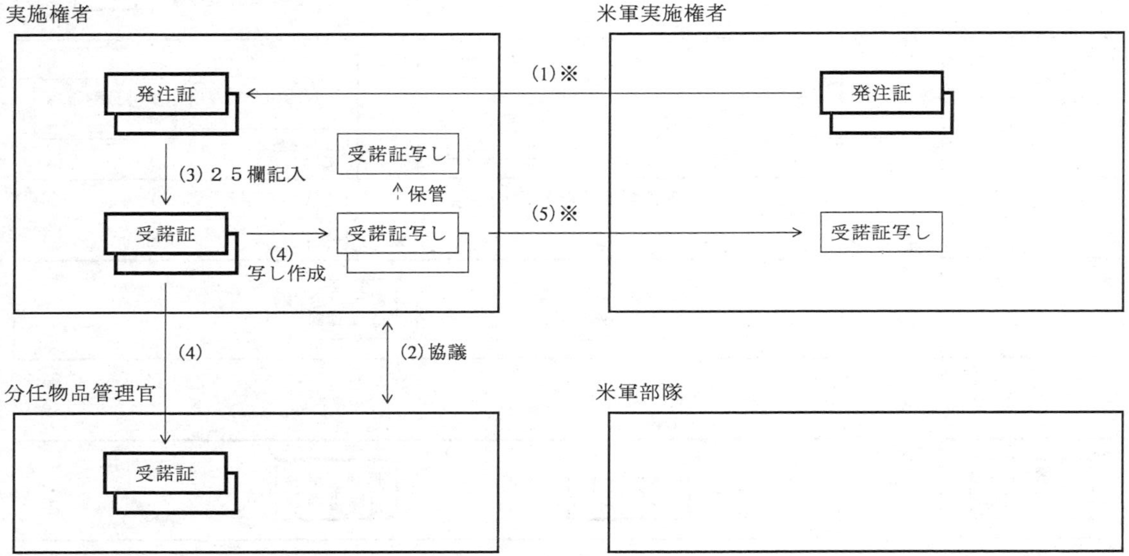

凡例：□は、発注証等を示す。
（　）内の数字は、順序を示す。
(1)及び(5)は、訓令第１５条による。

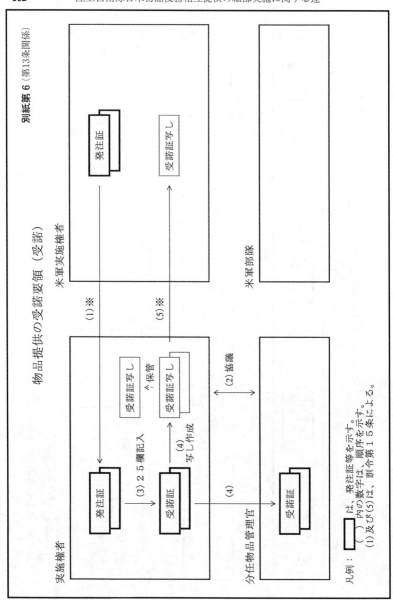

別紙第７（第14条関係）

物品提供の受諾要領（物品の払出し）

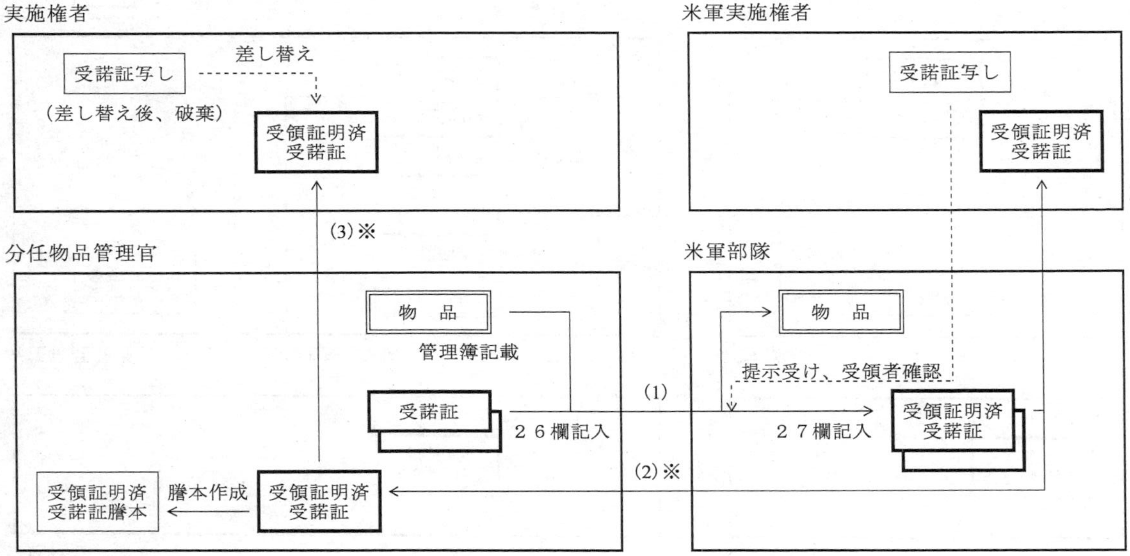

凡例：▭は、発注証等を示す。
（　）内の数字は、順序を示す。
(2)及び(3)は、訓令第１６条による。

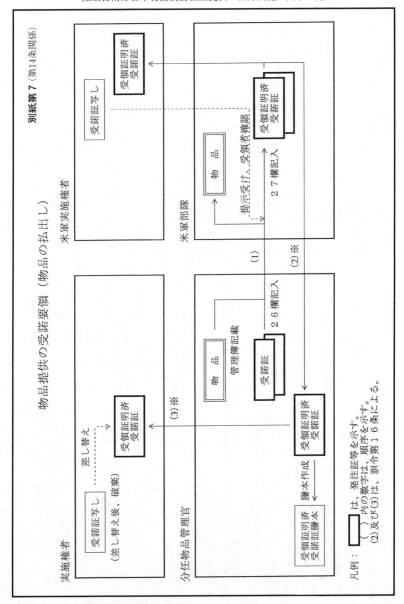

別紙第 8（第16条関係）

物品提供の受諾要領（返還物品の受入れ）

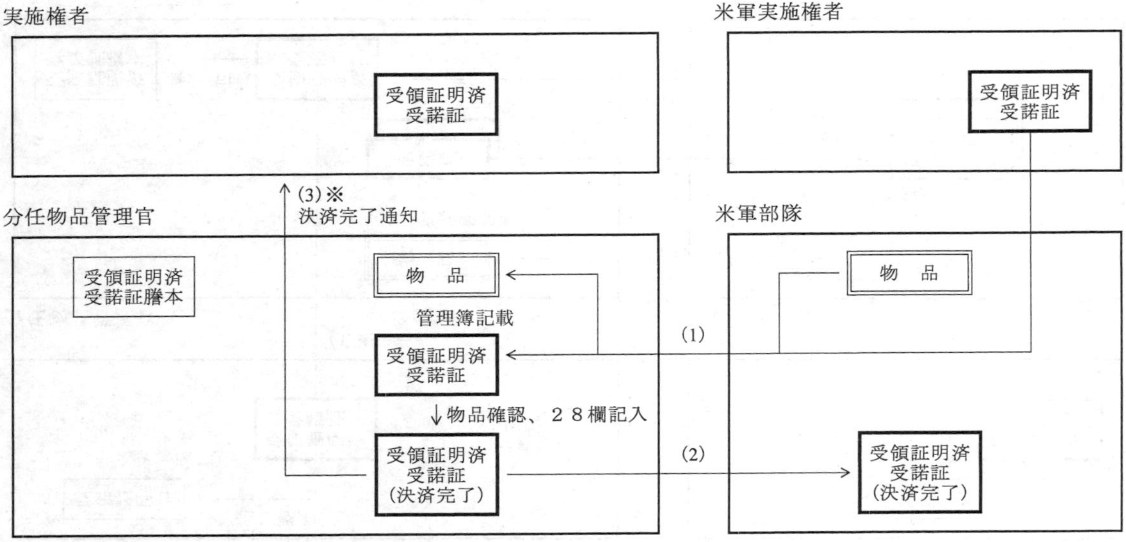

凡例：［枠］は、発注証等を示す。
（　）内の数字は、順序を示す。
(3)は、訓令第１９条による。

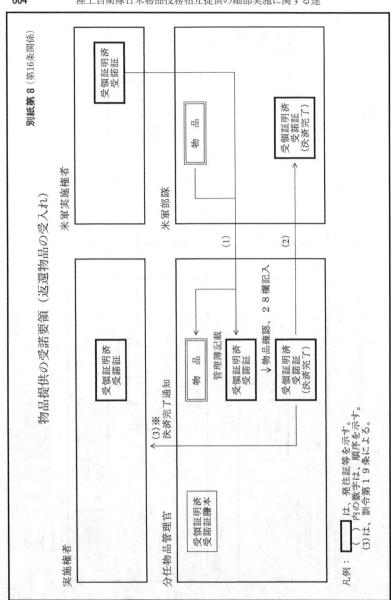

別紙第 9（第17条関係）

物品提供の受諾要領（償還）

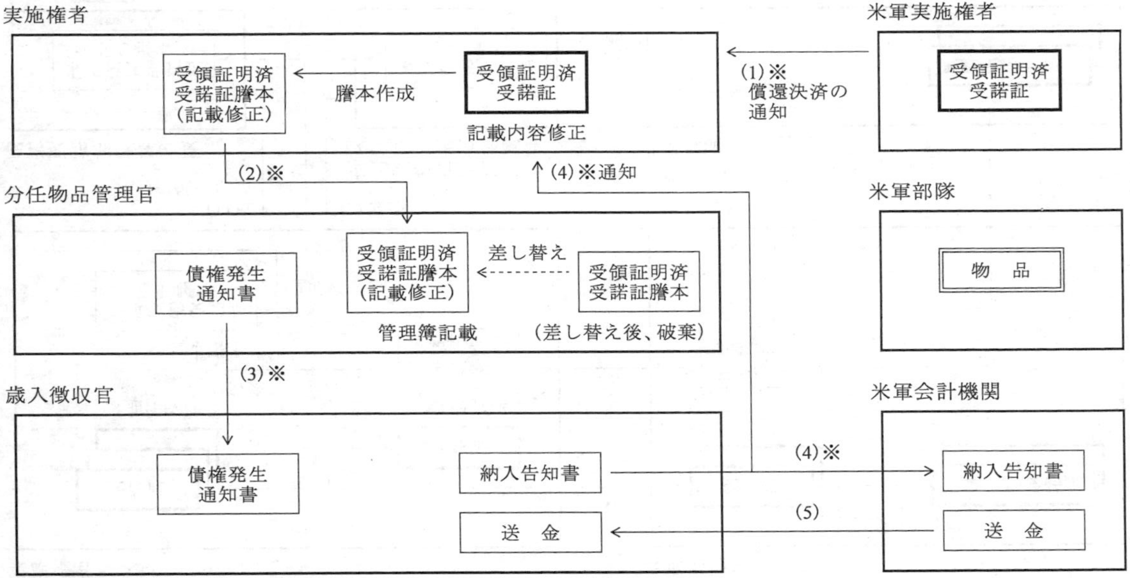

凡例：▭ は、発注証等を示す。
（　）内の数字は、順序を示す。
(1)及び(2)は訓令第18条、(3)及び(4)は訓令第20条による。

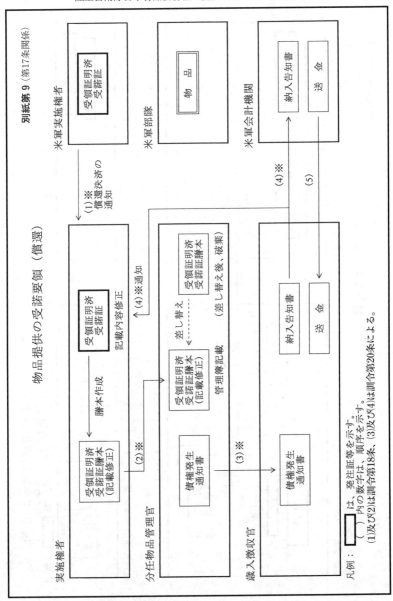

別紙第10（第20条関係）

役務提供の要請要領（要請）

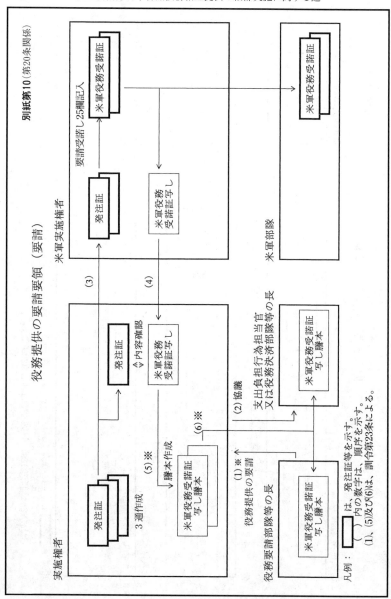

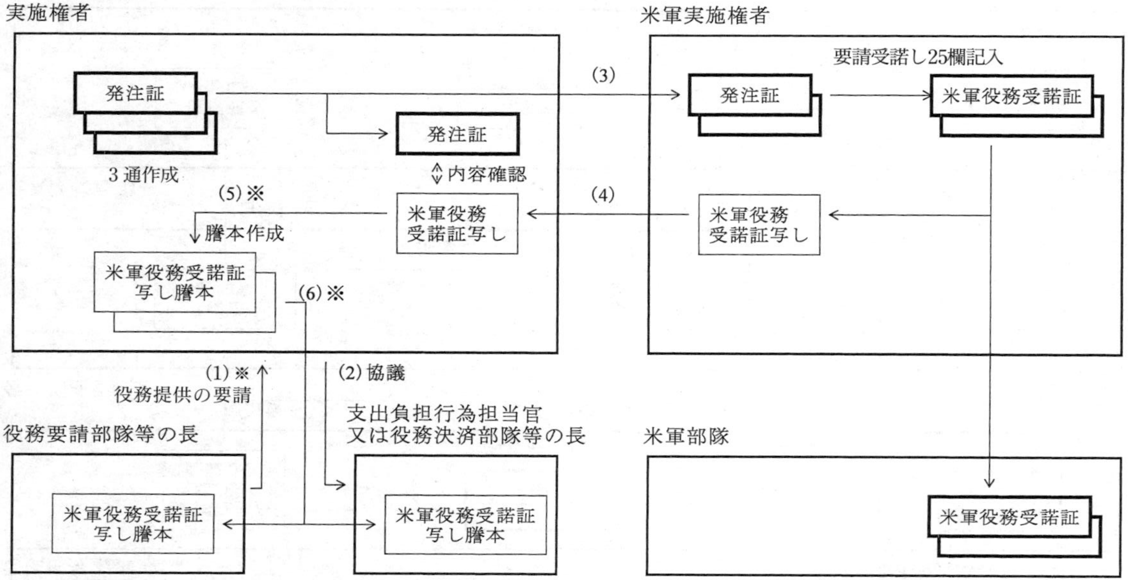

凡例：［太枠］は、発注証等を示す。
（　）内の数字は、順序を示す。
(1)、(5)及び(6)は、訓令第23条による。

別紙第11（第21条関係）

役務提供の要請要領（役務の受領）

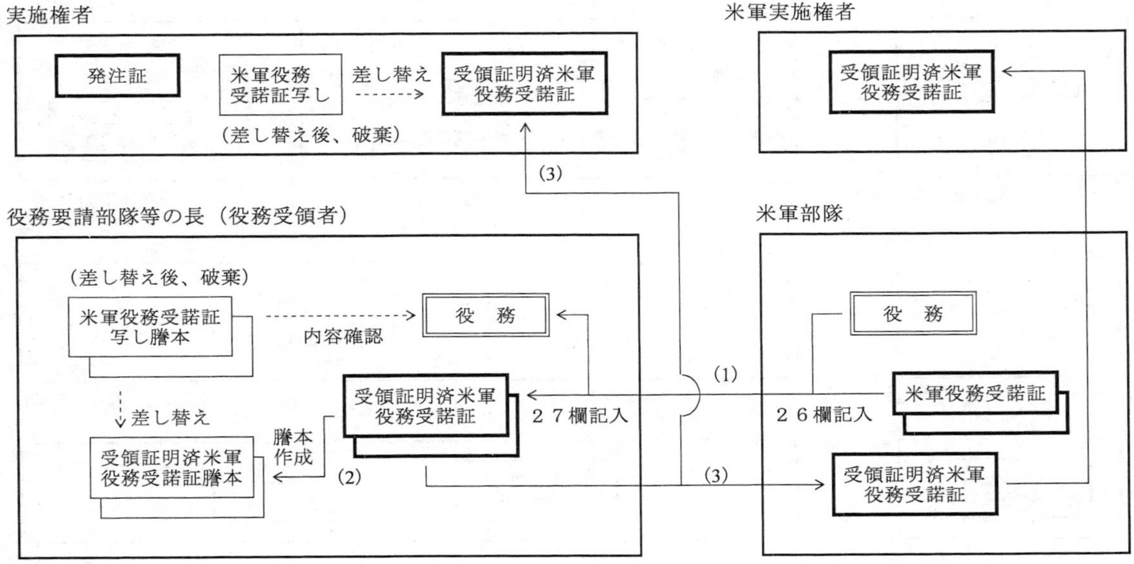

凡例：□は、発注証等を示す。
（　）内の数字は、順序を示す。

別紙第12（第23条関係）

役務提供の要請要領（償還）

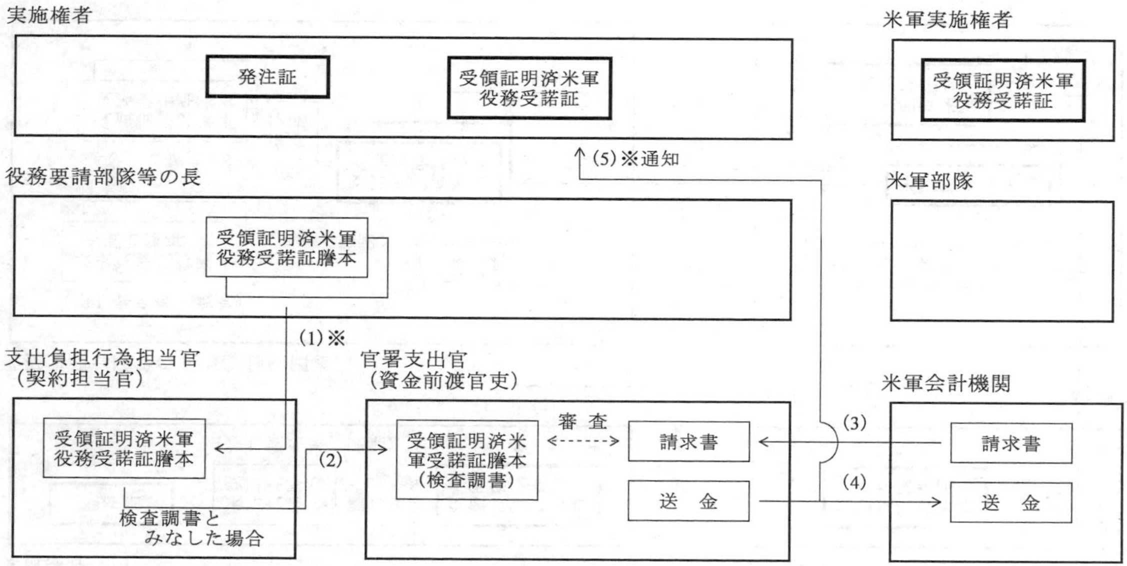

凡例：□は、発注証等を示す。
（　）内の数字は、順序を示す。
(1)は訓令第２５条、(5)は訓令第２９条による。

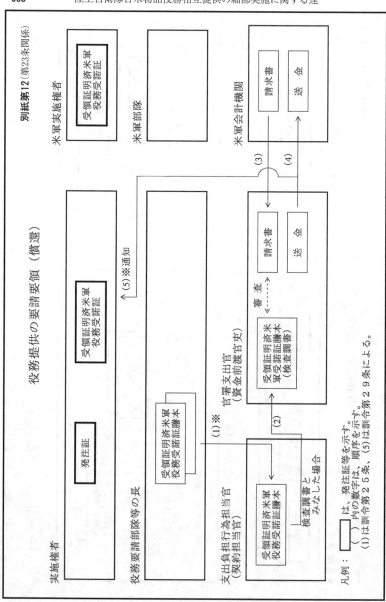

別紙第13（第24条関係）

役務提供の要請要領（役務決済）

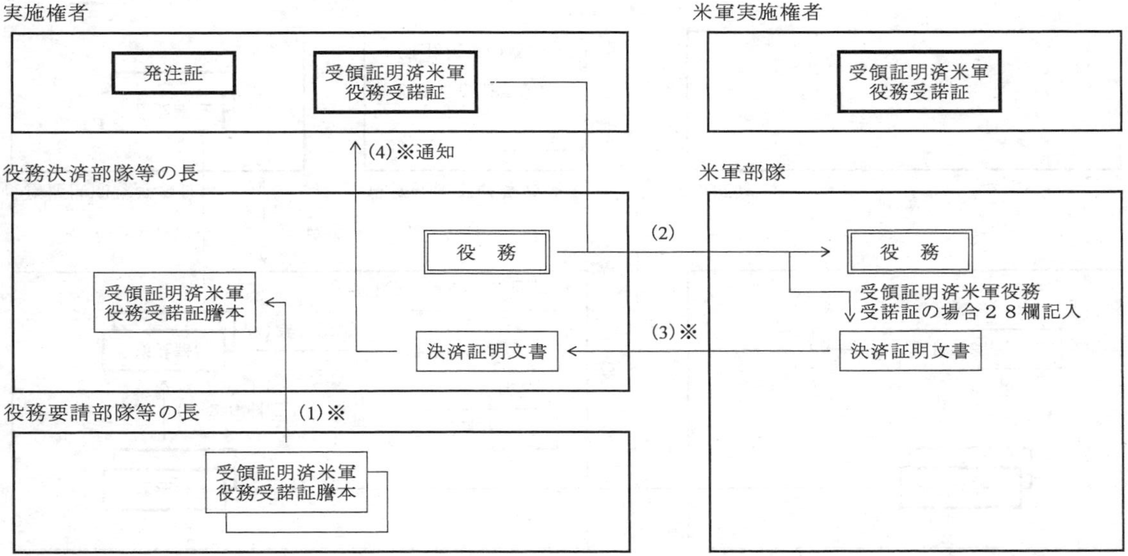

凡例：［太枠］は、発注証等を示す。
（　）内の数字は、順序を示す。
(1)は訓令第２６条、(3)及び(4)は訓令第３０条による。

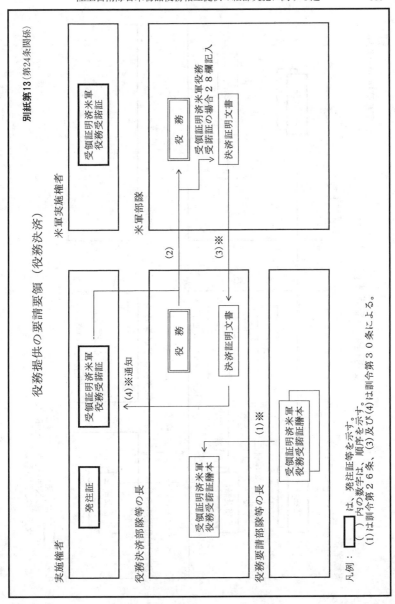

別紙第14（第27条関係）

役務提供の受諾要領（受諾）

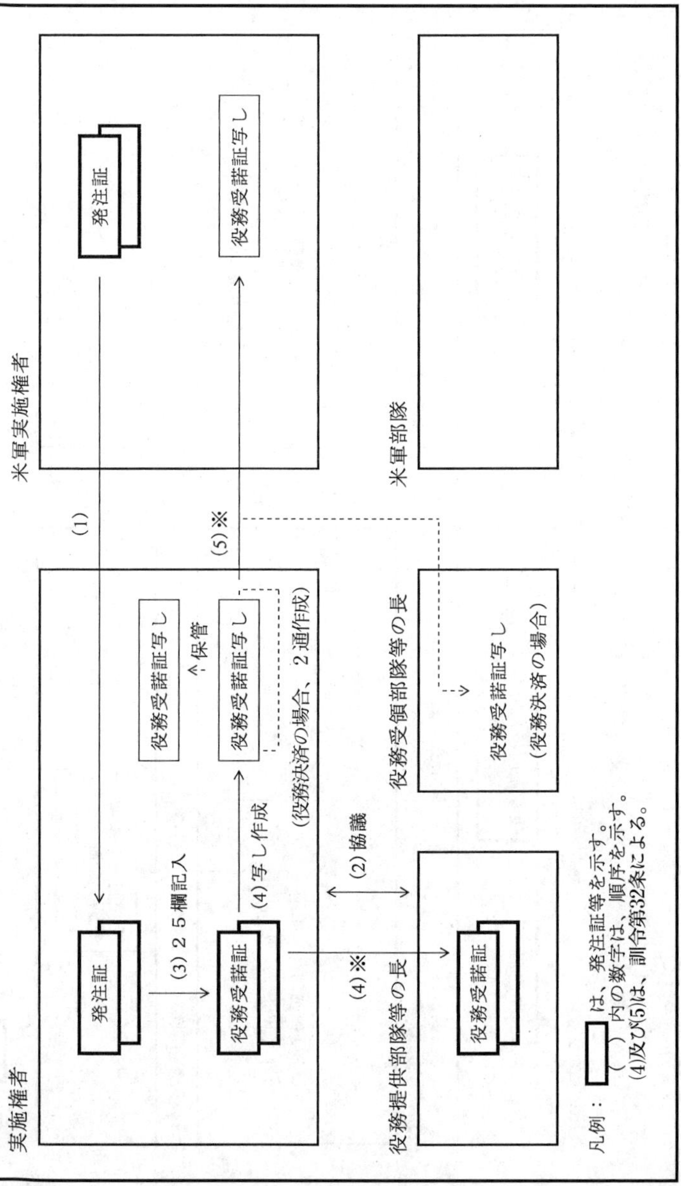